机械制图

主　编　佟　莹　赵学科　叶　勇
副主编　宋丽莉　陈小娟　周　敏

重庆大学出版社

内容提要

本书的主要内容包括制图的基本知识和技能、投影基础与三视图、基本立体的投影、轴测图、组合体的绘制与识读、机械图样的基本表示法、常用机件及结构要素的表示法、零件图、装配图和附录。各章节均按照"学习目标-案例引入-专业知识-课程育人-课程练习"递进式模块化设计，案例与专业知识深入融合，更有利于课程思政的过程实施，力求使学生在学习过程中达成课程目标。

本书可作为高职高专院校、成人教育学院机械类相关专业机械制图课程的教学用书，也可作为在岗技术人员的参考用书。

图书在版编目(CIP)数据

机械制图 / 佟莹，赵学科，叶勇主编. -- 重庆：
重庆大学出版社，2021.8(2024.8 重印)
高职高专机械类专业系列教材
ISBN 978-7-5689-2256-2

Ⅰ.①机… Ⅱ.①佟… ②赵… ③叶… Ⅲ.①机械制图—高等职业教育—教材 Ⅳ.①TH126

中国版本图书馆 CIP 数据核字(2020)第 178547 号

机械制图

主　编　佟　莹　赵学科　叶　勇
副主编　宋丽莉　陈小娟　周　敏
责任编辑：周　立　　版式设计：周　立
责任校对：刘志刚　　责任印制：张　策

*

重庆大学出版社出版发行
出版人：陈晓阳
社址：重庆市沙坪坝区大学城西路 21 号
邮编：401331
电话：(023) 88617190　88617185(中小学)
传真：(023) 88617186　88617166
网址：http://www.cqup.com.cn
邮箱：fxk@cqup.com.cn(营销中心)
全国新华书店经销
POD：重庆市圣立印刷有限公司

*

开本：787mm×1092mm　1/16　印张：16.5　字数：415 千
2021 年 8 月第 1 版　　2024 年 8 月第 2 次印刷
印数：3 001—3 500
ISBN 978-7-5689-2256-2　　定价：48.00 元

前　言

为深入贯彻落实全国高校思想政治工作会议精神，根据教育部相关高等职业教育文件要求，本书针对机械制图“课程思政”教学改革发展需要，结合本课程组多年教学改革经验编写而成，更符合高等职业教育培养新时代高素质技术技能型人才的目标要求。

本书从高等职业教育培养应用型人才的总目标出发，坚持“立德树人”从理念走向实践，由校企合作共同开发，深入挖掘专业课程思政元素，注重德技并修，结合教育数字化转型要求，探索解决思政教育与专业教学“两张皮”的问题。本书具有以下特点：

(1)将课程的知识目标、能力目标和育人目标有机结合，将中华优秀传统文化的宝贵资源和先进制造业的典型案例恰当引入相应知识点，彰显了中国智慧、中国价值的信念和信心，能更好地促进学生知识、能力和育人“三位一体”课程教学目标的实现。

(2)全部采用最新颁布的《技术制图》与《机械制图》国家标准，内容由浅入深，图文并茂，注重数字化呈现，理实一体，注重理论联系实际，突出应用性。以培养学生识图和绘图能力为重点，注重两者的有机结合，培养学生的产品表达能力，力求提高教材的科学性、实践性和适用性。

(3)各章节均按照“学习目标-案例引入-专业知识-课程育人-课程练习”递进式模块化设计，符合混合式教学实施逻辑，案例与专业知识深入融合，更有利于课程思政的过程实施，力求使学生在学习过程中达成课程育人目标。

本书的主要内容包括制图的基本知识、投影基础与三视图、立体的投影、轴测图、组合体的绘制与识读、机械图样的基本表示法、常用件及结构要素的表示法、零件图、装配图和附录。

本书由重庆电子工程职业学院的佟莹、赵学科、叶勇担任主编，宋丽莉、陈小娟、周敏担任副主编，重庆机电智能制造有限公司傅朝斌参与编写。《机械制图》一书为校企合作新形态教材，以思政案例为导入，以专业知识为载体，以课程育人为落脚点，内容紧扣“立德树人”的根本宗旨，将价值塑造、知识传授和能力培养融为一体，着眼培养新时代高素质技术技能人才。本书根据教学实际需求配置了课程相关微课视频，全部上传到出版社教材及资源平台，方便教师和学生更好的使用教材内容，教师和学生可以通过扫码二维码或者登陆重庆大学出版社教材平台，使用手机、电脑、ipad 等移动终端，进行资源的在线观看、浏览，教师可以在线备课，学生可根据实践需求进行线上和线下学习。

本书在编写过程中参考了国内一些同类教材，特向有关作者表示诚挚的谢意，特别感谢重庆电子工程职业学院智能制造与汽车学院的领导和老师在教材编写过程中给予的帮助和指导，在此表示衷心的感谢。

由于编者水平有限，时间仓促，书中难免存在缺点和不足，恳请读者批评指正。

编　者

2021 年 1 月

目　录

绪论

绪 论

1)学习本课程的目的

根据投影原理、标准或有关规定表示的工程对象,并有必要的技术说明的“图”,称为“图样”。工程图样被称为“工程界的语言”,它是表达和交流技术思想的重要工具,是工程技术部门的一项重要技术文件。

本课程是一门既有系统理论又有较强实践性的专业技术基础课。通过研究绘制和阅读工程图样的原理和方法,培养学生形象思维能力和工程设计能力。本课程的学科知识是后续课程及工作实践中分析问题和解决问题的工具,更是交流技术思想、表达设计成果的语言,起着训练思维和工程入门的重要作用,为职业的可持续发展提供必要的知识和实践技能。同时可使学生逐步形成严谨、务实、认真的作风和创新思维能力和科学的工作方法,为新时代高素质技术技能人才的培养提供必备知识、能力和素质要求。

2)本课程的主要任务

①学习并掌握正投影法图示空间物体的基本理论和方法,培养形象思维、空间思维和辩证思维能力。

②掌握仪器绘图、徒手绘图、计算机绘图的方法和技能,培养绘制和阅读机械工程图样的能力。

③掌握查阅和使用国家标准及有关手册的方法,培养标准化意识和遵守各种标准规定的习惯,具有分析和解决工程图样中所需相关研究资料的能力。

④培养严谨、认真、细致的工作作风和一丝不苟的工作态度,培养良好的职业道德素养。

⑤培养爱国情感和中华民族自豪感和责任感,帮助树立正确的世界观、人生观和价值观。

3)本课程的学习方法

①本课程具有实践性强的特点,绘图技能和读图能力的培养,必须通过大量的作业实践来实现。应将“画图”与“读图”训练紧密结合。为此,学生必须及时完成规定的练习和作业,并做到概念正确,注重理论联系实际,多思考,勤动手,掌握正确的读图、绘图方法,提高绘图技能。

②要正确掌握形体分析法、线面分析法和投影分析方法,“从空间到平面,再从平面到空间”进行反复研究与思索,逐步提高空间思维能力和独立分析问题的能力。

③严格遵守机械制图的国家标准,并具备查阅有关标准和资料的能力。

④在学习过程中,要逐步培养自学能力、独立工作能力和团队合作能力。

⑤工程图样是现代生产中一项重要的技术文件，是工程界交流的共同“语言”，读图和绘图的一点差错都会给工作造成损失甚至严重事故。因此，学习本课程应严格要求自己，随时注重严谨、认真、负责、细致等优秀工程素养和工匠精神的培养。

4）我国工程图学的发展历史

“图”在人类社会的文明进步中和推动现代科学技术的发展中起了重要作用。中国工程图学的发展和科学技术中的各门学科一样都有着悠久的历史。今天的工程图学以及计算机图学，正是由过去的工程图学发展而来的。

从出土文物中考证，我国在新石器时代（约一万年前），就能绘制一些几何图形、花纹，具有简单的图示能力。在春秋时代的一部技术著作《周礼·考工记》中，有画图工具“规、矩、绳、墨、悬、水”的记载。在战国时期我国人民就已运用设计图（有确定的绘图比例、酷似用正投影法画出的建筑规划平面图）来指导工程建设。自秦汉起，我国已出现图样的史料记载，并能根据图样建筑宫室。宋代李诫（字仲明）所著《营造法式》一书，总结了我国历史上的建筑技术成就。全书 36 卷，其中有 6 卷是图样（包括平面图、轴测图、透视图），这是一部闻名世界的建筑图样的巨著，图上运用投影法表达了复杂的建筑结构，这在当时是极为先进的。宋代天文学家、药学家苏颂所著的《新仪象法要》，元代农学家王桢撰写的《农书》，明代科学家宋应星所著的《天工开物》等书中都有大量为制造仪器和工农业生产所需要的器具和设备的插图。明代徐光启所著《农政全书》，画出了许多农具图样，包括构造细部和详图，并附有详细的尺寸和制造技术的注解。但是，由于我国长期处于封建社会，科学技术发展缓慢，虽然很早就有相当高的成就，但未能形成专著流传下来。

20 世纪 50 年代，我国著名学者赵学田教授简明而通俗地总结了三视图的投影规律，从而使工程图易学易懂。1959 年，我国正式颁布国家标准《机械制图》，1970 年、1974 年、1984 年相继做了必要的修订。之后，又陆续制定和修订了多项适合于多种专业的《技术制图》国家标准，逐步实现了与国际标准的接轨。

随着科学技术的高速发展，对绘图的准确度和速度提出了更高的要求。目前计算机绘图已逐步显示了它的极大优越性。随着我国现代制造业的飞速发展，工程图学一定能得到更加广泛的应用和发展。

1　制图的基本知识和技能

知识目标

1. 掌握国家标准关于技术制图和机械制图的有关规定；
2. 掌握绘图工具的使用方法和平面图形的绘制方法；

技能目标

1. 具备熟练查阅国家标准的能力；
2. 能够使用绘图工具准确绘制平面图形；
3. 具备徒手制图的基本能力。

素质目标

1. 培养遵守国家标准和遵纪守法的职业素养；
2. 培养严谨求实，一丝不苟的职业精神；
3. 培养传承和发扬传统文化的文化素养。

1.1　国家标准关于《技术制图》和《机械制图》的有关规定

【案例】“极限表”促进机械厂迅速发展

纽瓦尔作为英国伦敦一家纺织机械厂的技术员，最早采用“极限表”这一标准来要求工人控制零件加工误差，这一举措带动公司迅速发展，最终英国国家工业局在调查该公司发展的内在因素时,通过"极限表"看到了制定国家标准对工业生产和商品流通的重要性,英国成为第一个制定国家标准的国家。

【启示】制造业是一个在"标准"约束下得以迅速发展的行业,遵循"标准"和规则是行业的要求,也是做人的要求。要使用工程图学语言进行交流,也必须要有统一的"标准",这就是《技术制图》与《机械制图》的国家标准。

1.1.1 制图标准的基本规定

为了正确地绘制和阅读机械图样,必须熟悉有关标准和规定。《技术制图》国家标准普遍适用于工程界各种专业技术图样。《机械制图》国家标准则适用于机械图样。例如,"GB/T 17451—1998"是国家标准《技术制图 图样画法 视图》的代号,"GB/T"表示推荐性国家标准,如果"GB"后没有"/T"表示强制性国家标准,"17451"是该标准的顺序号,"1998"表示该标准颁布的年份。

1)图纸幅面及格式(GB/T 14689—2008)

图纸幅面和格式、比例

【小知识】世界上最早的纸片——灞桥纸

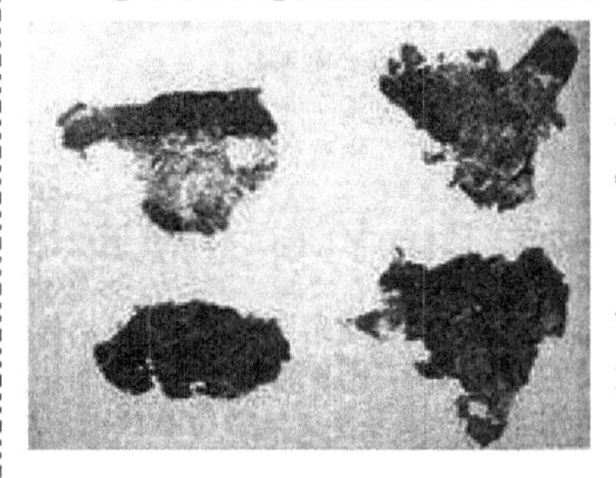

1957 年 5 月 8 日,西安东郊灞桥砖瓦厂在取土时,发现了一座不晚于西汉武帝时代的土室墓葬,墓中一枚青铜镜上,垫衬着麻类纤维纸的残片,考古工作者细心地把黏附在铜镜上的纸剔下来,大大小小共 80 多片,其中最大的一片长宽各约 10 cm,专家们给它定名"灞桥纸",现陈列在陕西历史博物馆。

【启示】这一发现,在世界文化史上具有重大意义。它说明我国古代四大发明之一的造纸术,至少可以上溯到公元前一二世纪。

(1)图纸幅面

绘制图样时,应优先采用表 1.1 规定的基本幅面尺寸。必要时也允许采用加长幅面,但应按基本幅面的短边整数倍增加。各种加长幅面参见图 1.1。其中粗实线部分为基本幅面;细实线部分为第一选择的加长幅面;虚线为第二选择的加长幅面。加长后幅面代号,如 A3×3,表示按 A3 图幅短边 297 加长 3 倍,加长后图纸尺寸为 420 mm×891 mm。

表 1.1 图纸基本幅面的尺寸 单位:mm

幅面代号		A0	A1	A2	A3	A4
尺寸 $B\times L$		841×1 189	594×841	420×594	297×420	210×297
边框	a	25				
	c	10			5	
	e	20		10		

基本幅面图纸中,A0 图纸长边 L=1 189 mm,短边 B=841 mm,A1 图纸的面积是 A0 的一半,A2 图纸的面积是 A1 的一半,其余依此类推,其关系如图 1.1 所示。

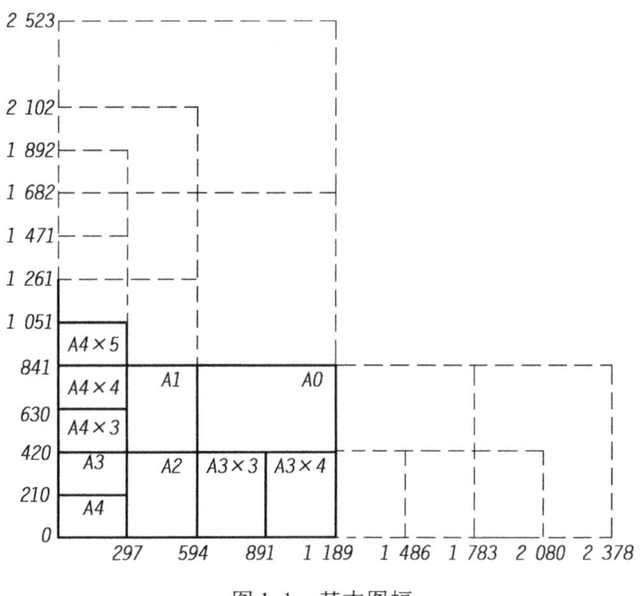

图 1.1 基本图幅

(2)图框格式

每张图样均需用粗实线绘制出图框,图样必须画在图框之内。要装订的图样,应留装订边,其图框格式如图 1.2 所示,周边尺寸 a、c 由表 1.1 选取。

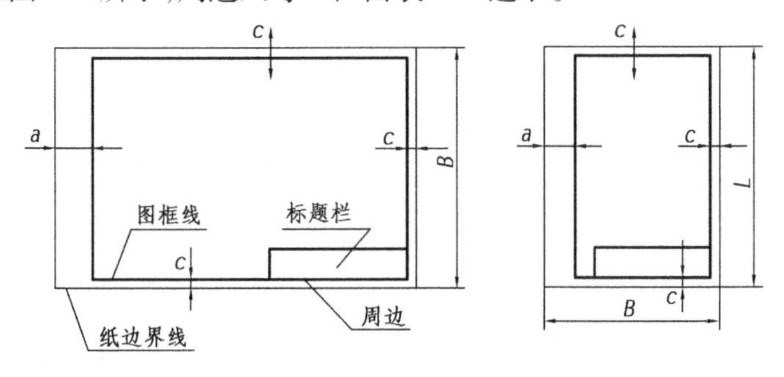

图 1.2 留有装订边

不需要装订的图样其图框格式如图 1.3 所示,周边尺寸 e 由表 1.1 选取。同一产品的图样只能采同一种格式。

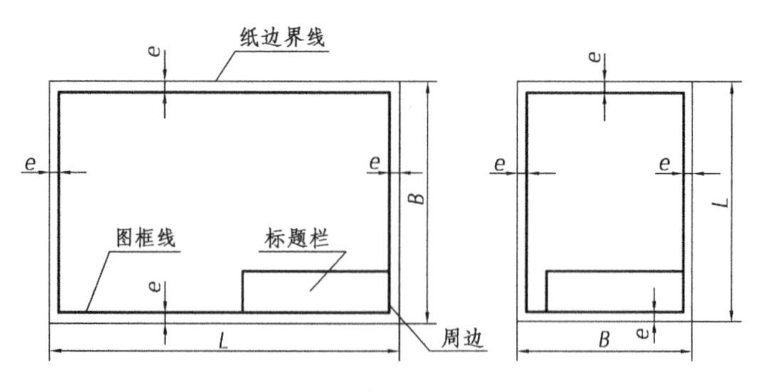

图 1.3　不留装订边

(3)标题栏

每张图样必须绘制标题栏,标题栏位于图纸的右下角。国家标准(GB/T 10609.1)对标题栏的内容、格式及尺寸做了统一规定,如图 1.4 所示。本书在制图作业中建议采用图 1.5 和图 1.6 所示的标题栏格式。

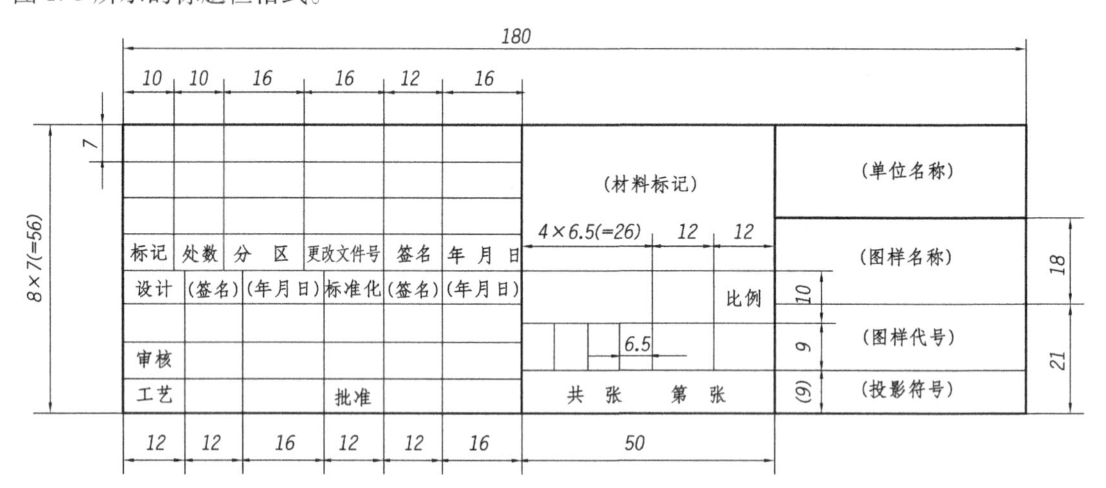

图 1.4　国家标准规定的标题栏格式

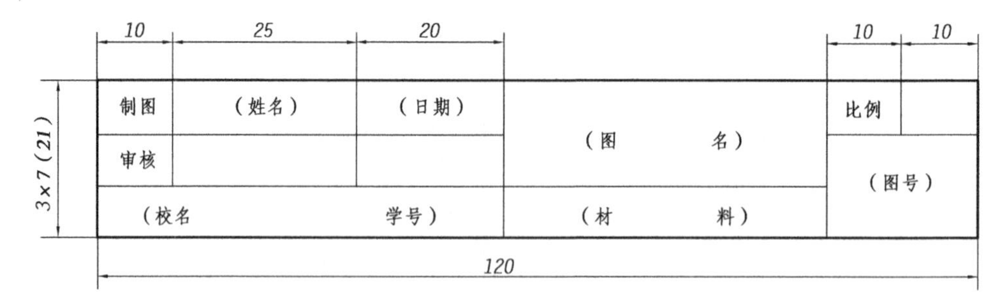

图 1.5　制图作业零件图标题栏

此外,标题栏的线型、字体(签字除外)和年、月、日的填写均应符合相应国家标准的规定。

2)比例(GB/T 14690—1993)

比例是指图中图形与其实物相应要素的线性尺寸之比。

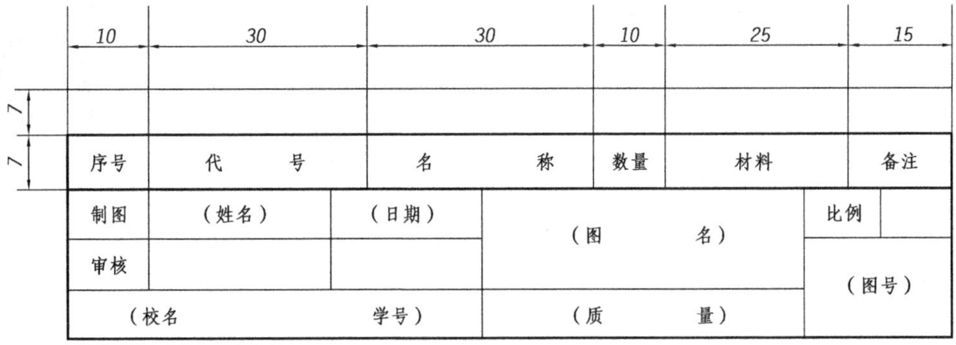

<table>
<tr><td>10</td><td>30</td><td>30</td><td>10</td><td>25</td><td>15</td></tr>
<tr><td></td><td></td><td></td><td></td><td></td><td></td></tr>
<tr><td>序号</td><td>代　号</td><td>名　称</td><td>数量</td><td>材料</td><td>备注</td></tr>
</table>

<table>
<tr><td>制图</td><td>（姓名）</td><td>（日期）</td><td rowspan="2">（图　名）</td><td>比例</td><td></td></tr>
<tr><td>审核</td><td></td><td></td><td rowspan="2" colspan="2">（图号）</td></tr>
<tr><td colspan="3">（校名　学号）</td><td>（质　量）</td></tr>
</table>

7　7

图 1.6　制图作业装配图标题栏

原值比例：比值为 1 的比例，即 1∶1。

放大比例：比值大于 1 的比例，如 2∶1 等。

缩小比例：比值小于 1 的比例，如 1∶2 等。

绘制图样时，应尽可能按物体的实际大小，采用原值比例画出，以方便读图，如果物体太大或太小，则可用表 1.2 中所规定的第一系列中选取，必要时也允许选取表 1.3 中第二系列的比例。

表 1.2　比例（第一系列）

种类	比例
原值比例	1∶1
放大比例	5∶1　2∶1　5×10^n∶1　2×10^n∶1　1×10^n∶1
缩小比例	1∶2　1∶5　1∶10　1∶2×10^n　1∶5×10^n　1∶1×10^n

注：n 为正整数。

表 1.3　比例（第二系列）

种类	比例
放大比例	2.5∶1　4∶1　2.5×10^n∶1　4×10^n∶1
缩小比例	1∶1.5　1∶2.5　1∶3　1∶4　1∶6　1∶1.5×10^n 1∶2.5×10^n　1∶3×10^n　1∶4×10^n　1∶6×10^n

注：n 为正整数。

不论采用何种比例，图形中所标注的尺寸数字必须是物体的实际大小，与图形的比例无关。绘制同一物体的各个视图时应尽量采用相同的比例，当某个视图需要采用不同比例时，必须另行标注。

图线和字体

3)字体(GB/T 14691—1993)

在图样中书写的汉字、数字、字母必须做到:字体工整、笔画清楚、间隔均匀、排列整齐。

字体的大小以号数表示,字体的号数就是字体的高度(mm),字体高度(用 h 表示)的公称尺寸系列为:1.8、2.5、3.5、5、7、10、14、20。用作指数、分数、注脚和尺寸偏差数值,一般采用小一号字体。

(1)汉字

汉字应写成长仿宋体,并采用我国正式公布推行的《汉字简化方案》中规定的简化字。汉字的高度 h 不应小于 3.5 mm,其字宽一般为 $h/\sqrt{2}$。

书写长仿宋体的要领是:横平竖直、注意起落、结构匀称、填满方格。书写时笔画应一笔写成,不要勾描;另外,由于字形特征不同,切忌一律追求满格,对笔画少的字不能与格子同大。图 1.7 为汉字示例。

10 号汉字

字体工整　笔画清楚　间隔均匀　排列整齐

7 号汉字

横平竖直　注意起落　结构均匀　填满方格

图 1.7　汉字

甲骨文	日	月	車	馬
金 文	日	月	車	馬
小 篆	日	月	車	馬
隶 书	日	月	車	馬
楷 书	日	月	車	馬
草 书	日	月	車	馬
行 书	日	月	車	馬

【小知识】文字的统一

秦统一后,诏书发至桂林,当地人均不认识。秦始皇命李斯等人整理文字,创造出一种形体匀圆齐整、笔画简略的新文字"小篆"。后来程邈把小篆圆转笔画变成方折的字体,便于书写,这就是"隶书"。秦以小篆作为标准文字,用于官方文书法令,以隶书作为日用文字在全国范围内推广。现在的楷书,就是从隶书演化而来的,到西汉时,隶书便成了通行全国的文字。

【启示】文字的统一,对于文化的传播和发展具有深远的影响。中国字是中国文化传承的标志,从甲骨文开始,3 000 多年来,汉字结构没有变,这种传承是真正的中华基因。

(2)字母和数字

字母和数字分为A型和B型两种。A型字体的笔画宽度 d 为字高的1/14,B型字体的笔画宽度 d 为字高的1/10。绘图时,一般用A型斜体字,在同一张图样上,只允许选用一种形式的字体。

字母和数字可写成斜体或直体。斜体字字头向右倾斜,与水平基准线成75°,和汉字混合书写用直体,单独书写用斜体,如图1.8所示为A型斜体字母及数字和A型直体拉丁字母。

拉丁字母(A型斜体)示例

大写斜体

ABCDEFGHIJKLMN

OPQRSTUVWXYZ

拉丁字母小写斜体示例

小写斜体

abcdefghijklmn

opqrstuvwxyz

阿拉伯数字示例

斜体

1234567890

直体

1234567890

图1.8 字体应用

国家标准中所规定的字体与图纸幅面的关系见表1.4。

表1.4 字体与图幅的关系

图幅字体	A0	A1	A2	A3	A4
汉字	7	7	5	5	5
字母与数字	5	5	3.5	3.5	3.5

4)图线(GB/T 17450—1998,GB/T 4457.4—2002)

(1)线型

机械图样中常用的图线名称、形式、宽度及其应用见表1.5。

表 1.5　常用图线的线型及应用

名称	图线形式	线宽	一般应用
粗实线		d	可见轮廓线、相贯线、螺纹牙顶线、螺纹长度终止线、齿顶圆(线)、剖切符号用线
细实线		$d/2$	过渡线、尺寸线、尺寸界线、指引线和基准线、剖面线、重合断面的轮廓线、短中心线、螺纹牙底线、尺寸线的起止线、重复要素表示线,例如:齿轮的齿根线、辅助线、不连续同一表面连线、成规律分布的相同要素连线
波浪线		$d/2$	断裂处边界线;视图与剖视图的分界线
双折线		$d/2$	断裂处边界线;视图与剖视图的分界线
细虚线		$d/2$	不可见轮廓线
粗虚线		d	允许表面处理的表示线
细点画线		$d/2$	轴线、对称中心线、分度圆(线)、孔系分布的中心线、剖切线
粗点画线		d	限定范围表示线
细双点画线		$d/2$	相邻辅助零件的轮廓线、可动零件的极限位置的轮廓线、成形前轮廓线、剖切面前的结构轮廓线、轨迹线、毛坯图中制成品的轮廓线、特定区域线、工艺用结构的轮廓线、中断线

(2)**图线的画法**(见表 1.6)

表 1.6　图线画法

注意事项	图例	
	正确	错误
为了保证图样的清晰度,两条平行线之间的最小间隙不得小于 0.7 mm		
点画线应以长画相交,点画线的起始与终了应为长画		
中心线应超出圆周约 5 mm,较小的圆形其中心可用细实线代替,超出图形约 3 mm	5　3	

续表

注意事项	图例	
	正确	错误
虚线与虚线相交,或与实线相交,应以线段相交,不得留有空隙		
虚线为粗实线的延长线时,不得以短画相接,应留有空隙,以表示两种图线的分界线		

①同一图样中同类图线的宽度应基本一致。虚线、点画线及双点画线的线段长度和间隔应各自大致相等。

②绘制圆的对称中心线时,圆心应为线段的交点。点画线和双点画线的首末两端应是线段而不是点,且应超出图形外 2 ~5 mm。

③在较小的图形上绘制点画线或双点画线有困难时,可用细实线代替。

④虚线、点画线、双点画线相交时,应该是线段相交。当虚线是粗实线的延长线时,在连接处应断开。

⑤当各种线型重合时,应按粗实线、虚线、点画线的优先顺序画出。

(3)线宽

机械图样中的图线分为粗线和细线两种。粗线宽度 d 应根据图形的大小和复杂程度在 0.5 ~2 mm 选择,细线的宽度约为粗线宽度的一半。图线宽度的推荐系列为:0.13,0.18,0.25,0.35,0.5,0.7,1,1.4,2 mm。实际画图中,粗线一般取 0.5 mm 或 0.7 mm。

绘制图样时,应注意:

①同一图样中,同类图线的宽度应基本一致。

②虚线、点画线及双点画线的线段长度和间隔应各自大小相等。

③在较小的图形上绘制点画线、双点画线有困难时,可用细实线代替。

④若各种图线重合,应按粗实线、虚线、点画线的先后顺序选用线型。

如图 1.9 所示为常用图线应用举例。

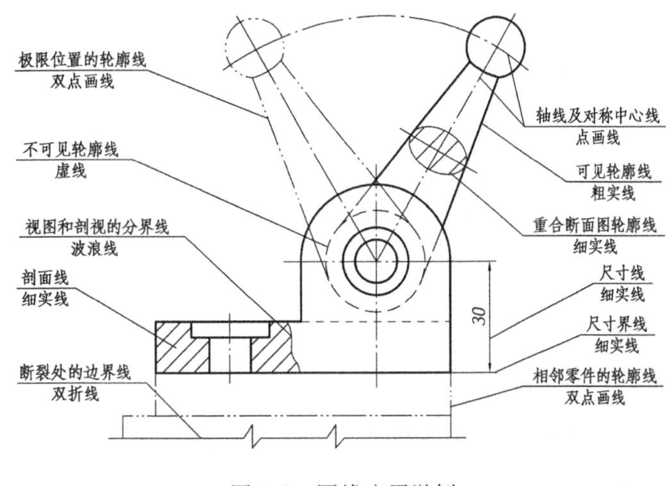

图 1.9 图线应用举例

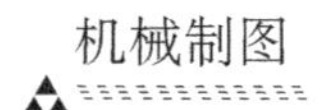

1.1.2　尺寸注法(GB/T 4458.4—2003,GB/T 16675.2—2012)

尺寸标注

【案例】一个尺寸符号错误导致数百万经济损失

数控加工厂加工了一大批圆盘零件,结果交付时客户说尺寸不对,造成全部报废,并且客户要得急,影响了甲方公司的加工进度,最后甲方公司把数控加工厂告上法庭,要求赔偿百万元违款。经调查,原因是图纸中的一个尺寸标注不规范造成的。

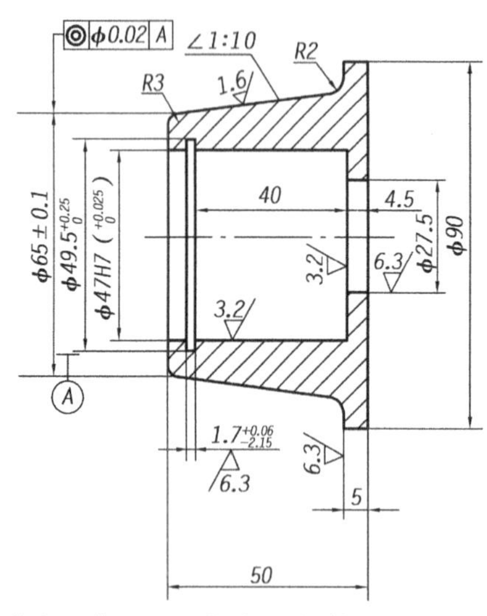

【启示】图形只能表达物体的形状,而物体的大小则由标注的尺寸确定。作为设计人员,一定要严谨,严格按照图纸标准标准尺寸。作为加工人员,看图千万不能马虎,在弄不清图纸标注的前提下,不可盲目地加工,否则会出现批量报废。

1)标注尺寸的基本规则

①物体的真实大小应以图样上所注的尺寸数值为依据,与图形的大小及绘图的准确度无关。

②图样中的尺寸,以毫米为单位时,不需注明计量单位的代号或名称,如果采用其他单位,则必须注明。

③在图样中,物体的每一个尺寸只标注一次,并应标注在反映该物体结构形状最清楚的图形上。

④图样中所标注的尺寸应该是物体最后完工的尺寸,否则应当另加说明。

2)尺寸的组成

一个完整的尺寸应由尺寸线、尺寸界线、尺寸线终端和尺寸数字组成,如图 1.10 所示。

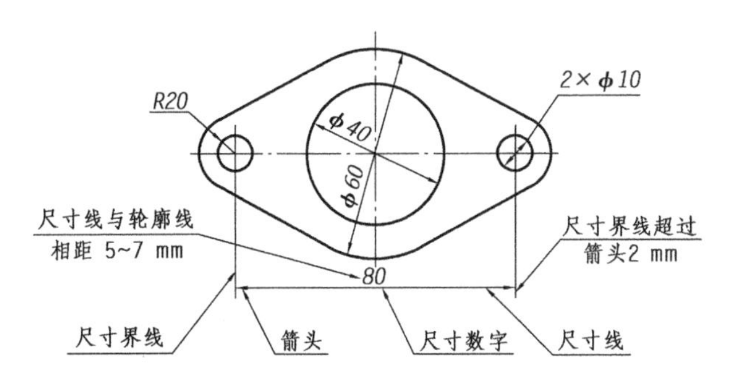

图 1.10 尺寸的组成

尺寸界线表示尺寸的度量范围,用细实线绘制,由图形的轮廓线、轴线或对称中心线处引出。也可以利用轮廓线、轴线或对称中心线作为尺寸界线。尺寸界线一般应与尺寸线垂直,并超出尺寸线的终端 2 ~3 mm。

尺寸线表示尺寸的度量方向,一端或两端带有终端符号(一般采用箭头),用细实线单独画出。尺寸线不能用其他图线代替,也不得与其他图线重合或画在其他图线的延长线上。标注线性尺寸时,尺寸线与所标注的线段平行。

尺寸线的终端有箭头[图 1.11(a)]和斜线[图 1.11(b)]两种形式。机械图样中一般采用箭头作为尺寸线的终端,斜线作为尺寸线的终端形式主要用于建筑图样。箭头尖端与尺寸界线接触,不得超出也不得离开。当没有足够的地方画箭头时,可用小圆点代替[图 1.11(c)]。

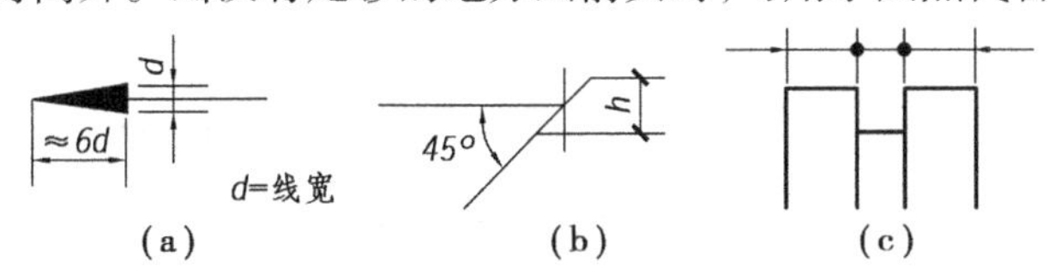

图 1.11 箭头终端

3)常用尺寸的基本标注方法

①尺寸数字一般应标注在尺寸线的上方,不可被任何图线所通过,否则,必须将该图线断开,如图 1.12 所示。

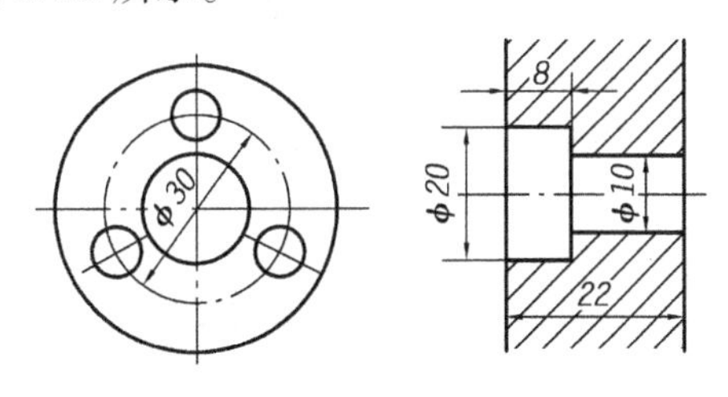

图 1.12 任何图线不可通过尺寸数字

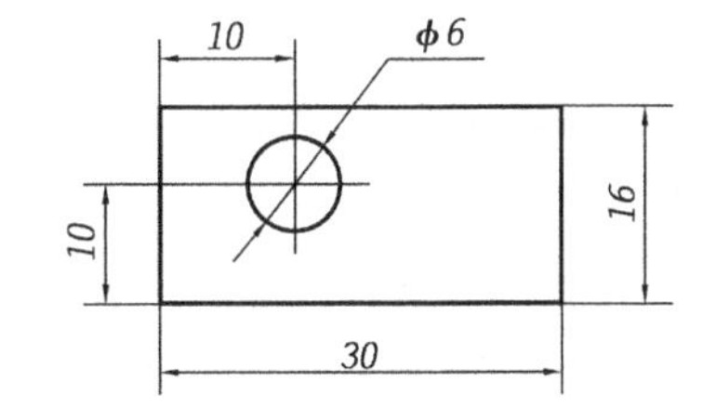

图 1.13 尺寸数字注写方向

②尺寸数字的方向一般应按图 1.13 所示的方向标注,水平方向的尺寸数字由左向右书写,字头朝上;竖直方向的尺寸数字由下向上书写,字头朝左;倾斜方向的尺寸数字字头应有向上的趋势。尽可能避免在图示 30°范围内标注尺寸,若无法避免时,可按图 1.14 的形式标注。

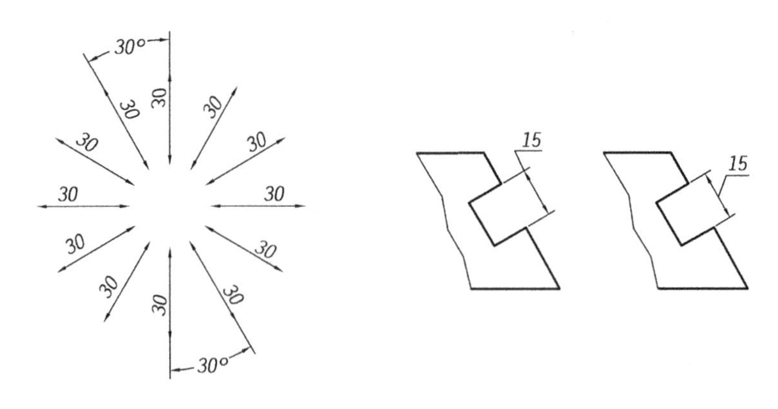

图 1.14　尽可能避免在图示 30°范围内标注尺寸

③尺寸线应与所标注的线段平行，如图 1.15 所示。

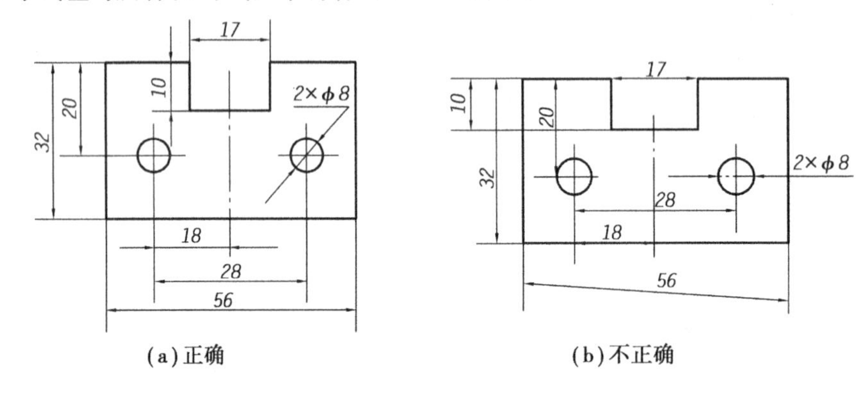

图 1.15　尺寸线的画法

④相互平行的尺寸线，大尺寸在外，小尺寸在内且平行，尺寸线间的间距尽量保持一致，一般为 5 ~ 10 mm，如图 1.15 所示。

⑤尺寸界线应超出尺寸线的终端 2 ~ 3 mm。

⑥圆、圆弧的尺寸注法。

标注圆或大于半圆的圆弧时，尺寸线通过圆心，以圆周为尺寸界线，尺寸数字前加注直径符号“ϕ”。标注小于或等于半圆的圆弧时，尺寸线自圆心引向圆弧，只画一个箭头，尺寸数字前加注半径符号“R”。若圆心位置不需注明，则尺寸线可只画靠近箭头的一段，如图 1.16 的形式标注。

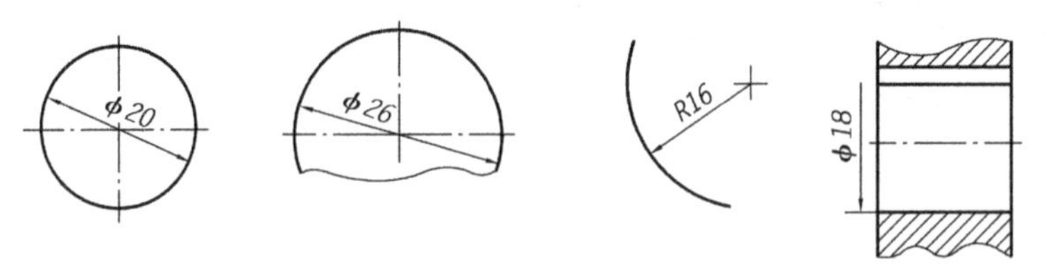

图 1.16　圆、圆弧的尺寸注法

⑦标注球面直径或半径时，应在符号 Φ 或 R 前加注符号“S”，如图 1.17 所示。对于螺钉、铆钉的头部、轴和手柄的端部等，在不致引起误解的情况下，可省略符号“S”。

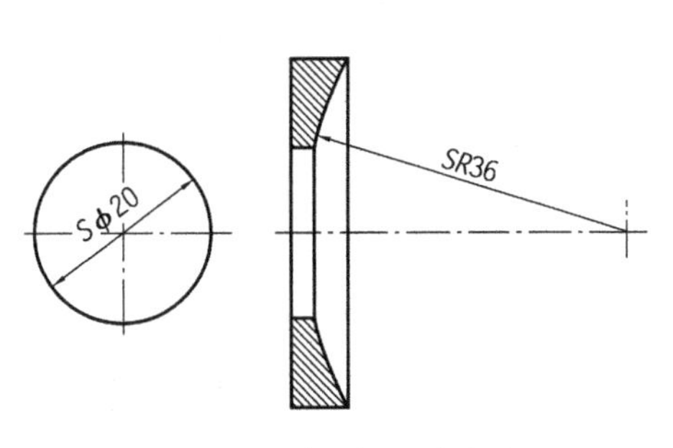

图 1.17 球面的尺寸注法

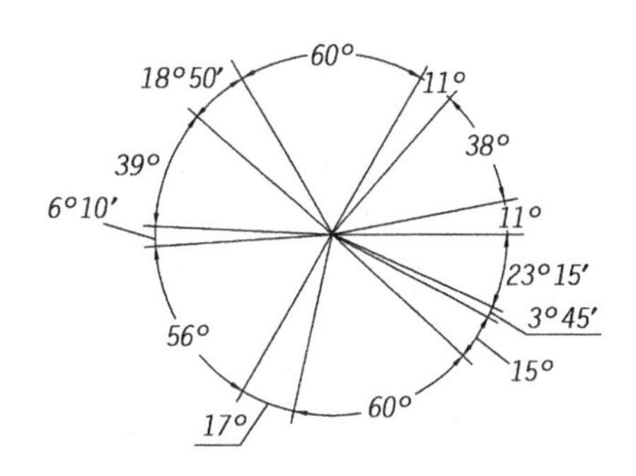

图 1.18 角度尺寸的注法

⑧角度尺寸的注法。

角度尺寸线应画成圆弧,其圆心是该角的顶点。角度尺寸界线应沿径向引出。

角度的数字应一律写成水平方向,一般注写在尺寸线的中断处,必要时也可以注写在尺寸线的上方或外面,也可引出标注,如图 1. 18 所示。

⑨小尺寸的标注。

当遇到连续几个较小的尺寸时,允许用黑圆点或斜线代替箭头。在图形上直径较小的圆或圆弧,在没有足够的位置画箭头或注写数字时,可按下图的形式标注。标注小圆弧半径的尺寸线,不论其是否画到圆心,但其方向必须通过圆心,可按图 1. 19 所示标注。

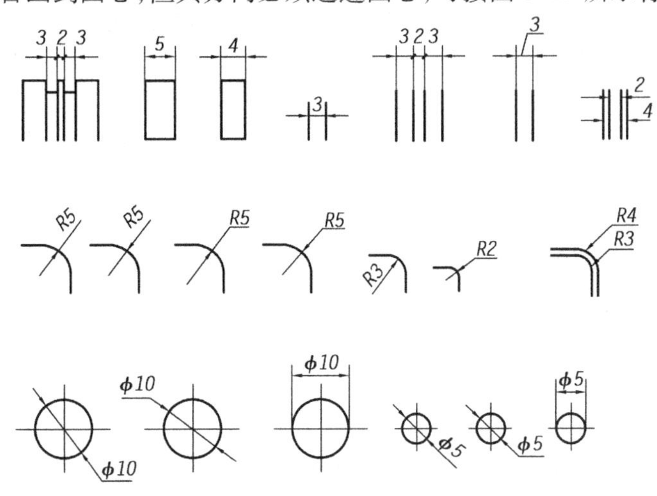

图 1. 19 小尺寸的标注

⑩当对称机件的图形只画出一半或略大于一半时,尺寸线应略超过对称中心线或断裂处的边界线,并在尺寸线一端画出箭头,如图 1. 20 所示。

⑪表示剖面为正方形结构的尺寸时,可在正方形边长尺寸数字前加注符号“□”,如□14,或用 14×14 代替□14,如图 1. 21 所示。

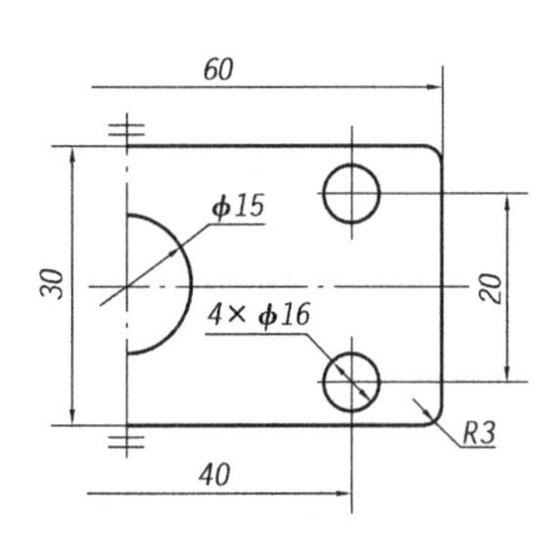

图 1.20　对称机件的图形画法

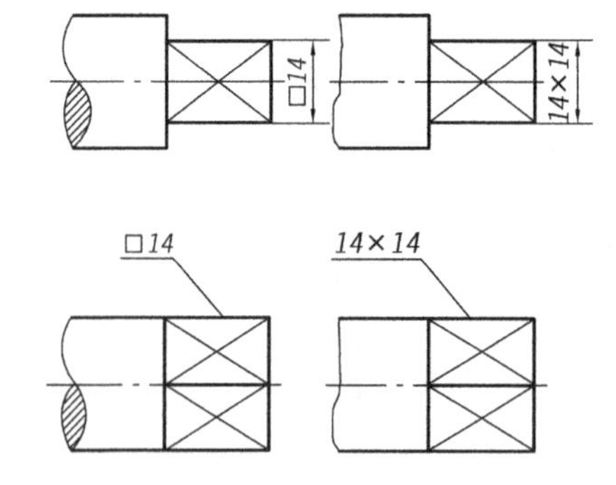

图 1.21　剖面为正方形结构画法

课程育人

1. 珍重“标准”和规则是行业的要求,也是做人的要求。

2. 图样是工程界进行交流的技术语言,是传递设计思想的信息载体,是生产过程中加工(或装配)和检验(或调试)的依据。图纸出错,生产的产品将成废品,给生产带来损失甚至是严重的生产事故。所以大家一定要养成严肃认真对待图纸,一线一字都不能马虎的习惯。

3. 文字的统一,是华夏文化的重大发展,中国字是中国文化传承的标志。

课后练习

1. 同学们,你们认识下图中的文字吗?

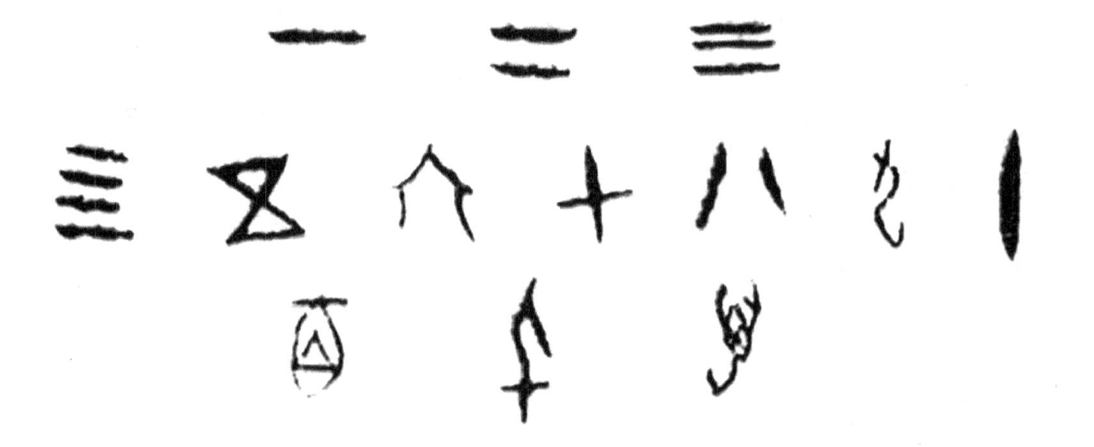

2. 字体练习。

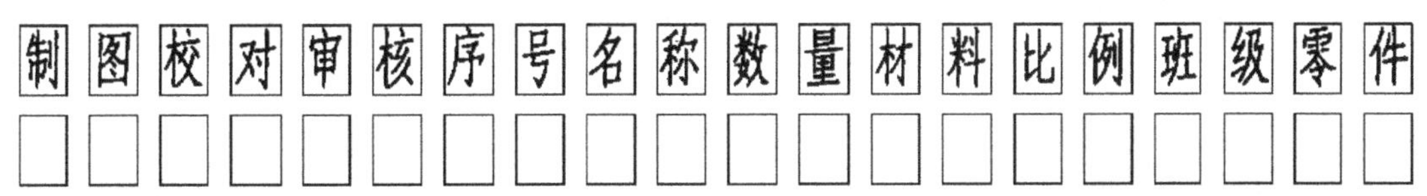

3. 找出图(a)所示图形中标注尺寸的错误，并在图(b)中给予改正。

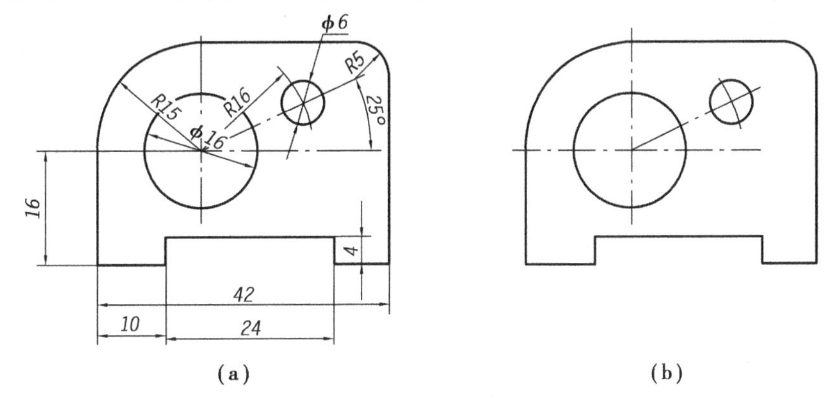

(a)　　(b)

1.2　绘图工具及仪器的用法和平面图形的画法

【小知识】没有规矩，不成方圆

在图学发展的历史长河中，中国曾有光辉的一页。春秋时代的《周礼·考工记》中记载了规矩、绳墨、悬锤等绘图工具的运用。在汉代的石刻造像中有“伏羲氏手执矩，女娲氏手执规”的图像[图(a)]，反映了规、矩的形象。规的形状如图(b)所示，中间直立的杆为规的固定的脚，右面下垂部分的尖端为画笔，横杆绕立杆旋转即画出圆。矩的形状如图(c)所示。

图(a)　“伏羲氏手执矩，女娲氏手执规”图

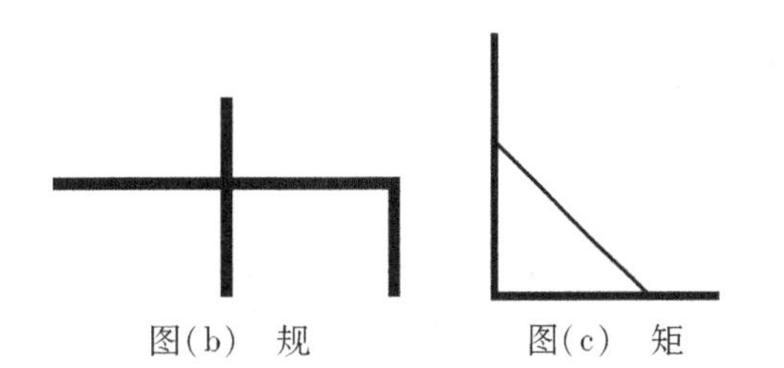

图(b)　规　　图(c)　矩

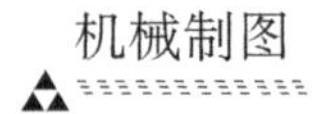

【启示】“没有规矩，不成方圆”，反映了我国古代对尺规作图已有深刻的理解和认识。

1.2.1　绘图工具及仪器的用法

虽然目前技术图样已经逐步由计算机绘制，但尺规绘图仍然是工程技术人员必备的基本技能，同时也是学习和巩固图学理论知识不可忽略的训练方法，因此必须熟练掌握。

1）图板、丁字尺、三角板

图板是固定图纸用的矩形木板，板面要求光滑平整，图板左侧边为导边，必须平直。使用时要注意保持图板的整洁完好。

丁字尺由尺头和尺身组成，尺身的上边是工作边，画水平线是从左到右画，铅笔前后方向应与纸面垂直，而在画线前进方向倾斜约 30°，如图 1.22 所示。

一副三角板包括等腰直角三角板（两个锐角都是 45°）和细长三角板（锐角分别是 30°和 60°）各一块。三角板与丁字尺配合使用，自下而上画出不同位置的垂直线，如图 1.22 所示；也可画水平线成 15°倍角的斜线（45°、30°、60°及 15°、75°、105°等）。

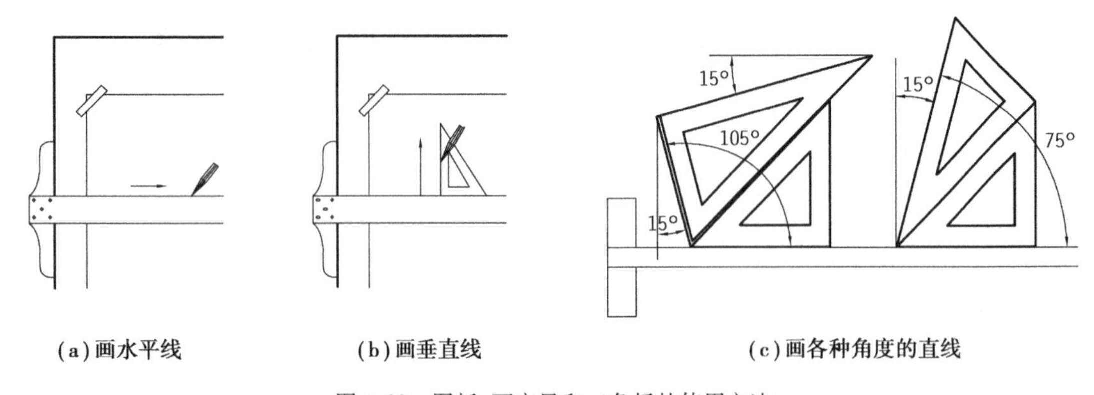

图 1.22　图板、丁字尺和三角板的使用方法

2）圆规、分规

圆规是用来画圆和圆弧的工具。圆规的一脚装有带台阶的小钢针，称为针脚，用来确定圆心。圆规的另一脚可装上铅芯，称为笔脚，用来作图线。笔脚可替换使用铅笔芯、鸭嘴笔尖（上墨用）、延长杆（画大圆用）和钢针（当分规用）。圆规的规格较多，常用的有大圆规、弹簧规和点圆规等。画直径不同的圆时，应调整两脚；需要大直径的圆时，可在活动腿上装上加长杆。如图 1.23 所示。

分规主要用来量取线段长度或等分已知线段。使用分规前将其两脚的针尖并拢后调齐。从比例尺上量取长度时，针尖不要正对尺面，应使针尖与尺面保持倾斜。用分规等分线段时，通常要用试分法。分规的用法如图 1.24 所示。

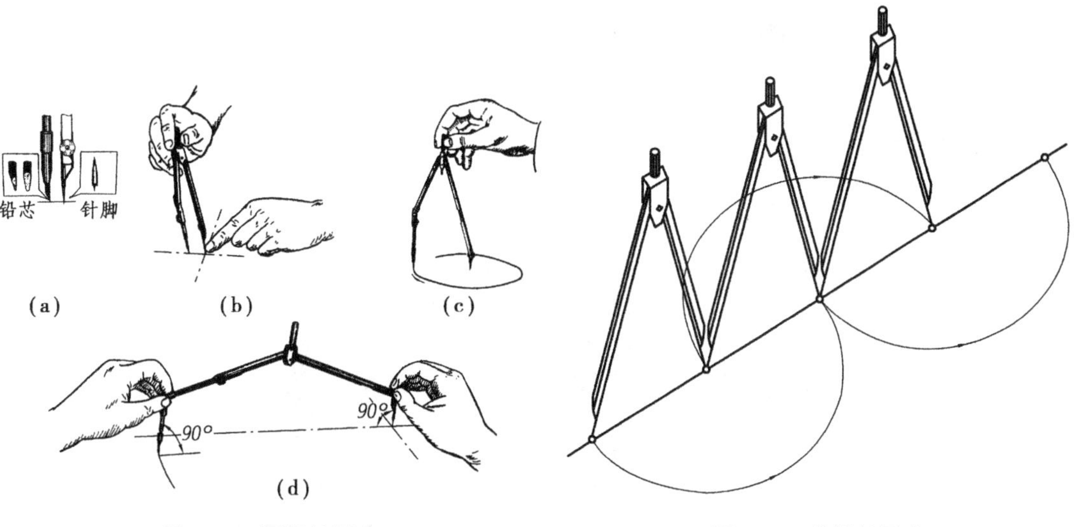

图 1.23 圆规的用法

图 1.24 分规的用法

3)铅笔

绘图铅笔的铅芯的软硬用字母“H”和“B”表示。H 前的数值越大,表示铅芯越硬,所画图线越浅;B 前的数值越大,表示铅芯越软,所画图线越黑;HB 表示铅芯软硬适中。画图时,应根据不同用途,按表 1.7 选用适当的铅笔及铅芯,并将其磨削成一定的形状。

4)绘图纸

图纸要求质地坚实用橡皮擦拭不易起毛。必须用图纸正面画图,识别方法是用橡皮擦拭几下,不易起毛的一面即为正面。

表 1.7 铅笔的选用

	用途	软硬代号	削磨形状	
铅笔	画细线	2H 或 H	圆锥	≈7 ≈18
	写字	HB 或 B	钝圆锥	
	画粗线	B 或 2B	截面为矩形的四棱柱	d
圆规用铅芯	画细线	H 或 HB	楔形	
	画粗线	2B 或 3B	正四棱柱	

注:d 为粗实线宽度。

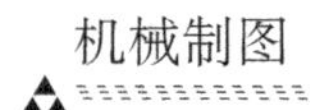

1.2.2 几何作图

【想一想】同学们，你们知道古代圆周率是怎么得到的吗？

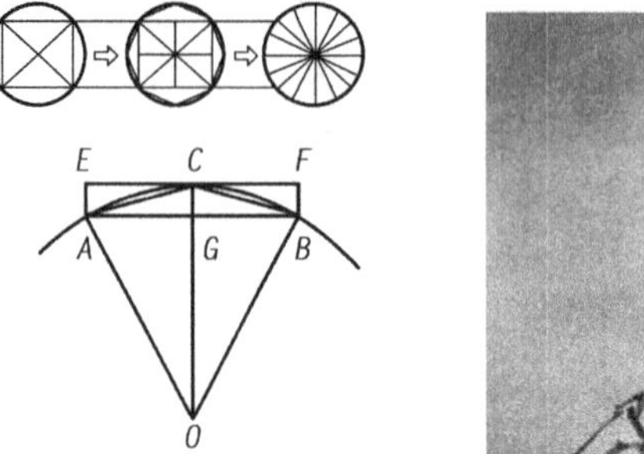

【小知识】我国魏晋时期伟大的数学家刘徽是中国数学史上第一位用科学的方法来推算圆周率的科学家。刘徽提出了用圆内接正多边形的周长来逼近圆周长的思想。圆内接正多边形的边数越多，所求得的圆周率就越精确。他从圆内正六边形开始算起，将边数一倍一倍增加，最后算到了圆内正 3 072 边形，得到圆周率的近似值 3. 141 6。

【启示】刘徽的割圆术是求圆周率的正确方法，它奠定了中国圆周率计算长期在世界上领先的基础。他一生刻苦探求，治学态度严谨，为中华民族留下了宝贵的财富，为后世树立了楷模。

1)等分圆周

用圆规作圆周的三、六等分，如图 1. 25、图 1. 26 所示。以此类推，可以做出圆内接正多边形。

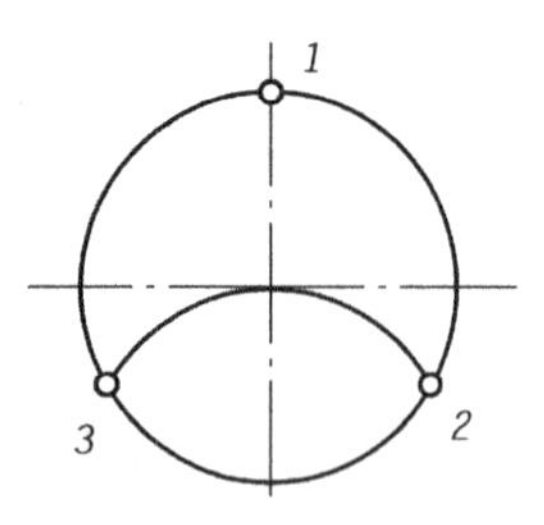

图 1.25　圆周三等分

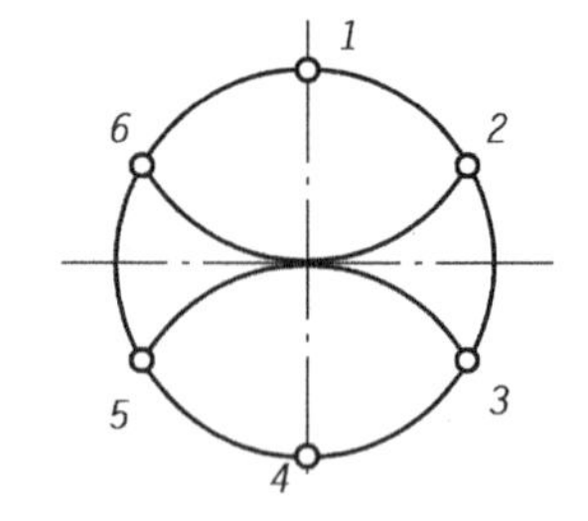

图 1.26　圆周六等分

2)正六边形的画法

(1)作对角线长为 D 的正六边形

画两条垂直相交的对称中心线，以其交点为圆心，$D/2$ 为半径作圆。有以下两种画法：

方法一：如图 1. 27(a)所示，在圆上以 $D/2$ 为半径画弧六等分圆周，依次连接圆上六个分点 1、2、3、4、5、6 即为正六边形；

方法二：如图 1.27(b)所示，用丁字尺与 30°、60°三角板配合，作出正六边形。

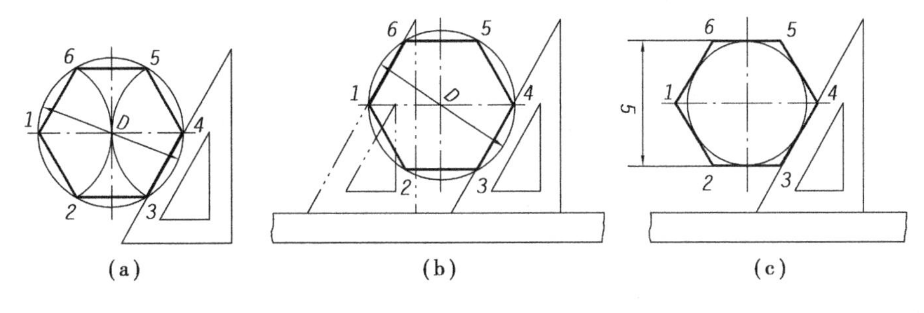

图 1.27　正六边形

(2)作对边距离为 S 的正六边形

如图 1.27(c)所示，先画对称中心线及内切圆(直径为 S)，然后利用丁字尺与 30°、60°三角板配合，即可画出正六边形。

3)圆内接正五边形

作图步骤如下：

①求 OB 中点 K；

②以 K 为圆心，AK 为半径，作弧与 OB 延长线交于 C；

③以 AC 为边长，A 为起点等分圆，并连接各等分点，如图 1.28 所示。

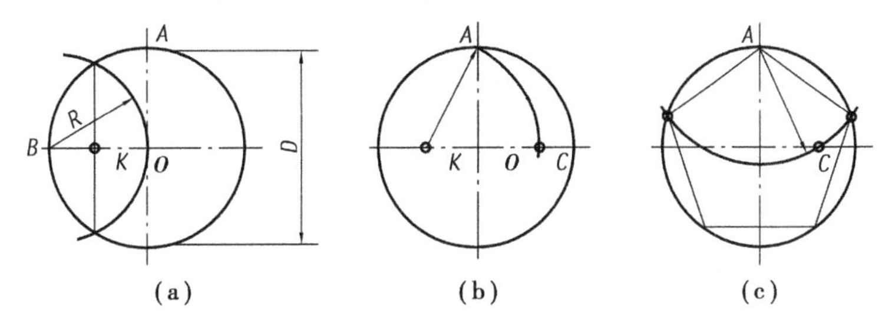

图 1.28　圆内接正五边形

4)椭圆

(1)同心圆法(精确画法)

以 O 为圆心，分别以 OA、OC 为半径作同心圆。过 O 作圆周 12 等分放射线与两圆相交，各得 12 个交点，由大圆的各交点作短轴的平行线，再由小圆的各交点作长轴的平行线，每两对应平行线的交点即为椭圆上一系列点，用曲线板光滑连接即得椭圆，如图 1.29(a)所示。

(2)四心法(近似画法)

连接长短轴的端点 AC，取 $CE_1=CE$，作 AE_1 的中垂线，与两轴相交分别得点 O_1、O_2，并取对称点 O_3、O_4，分别以 O_1、O_2、O_3、O_4 为圆心，以 O_1A、O_2C、O_3B、O_4D 为半径画圆弧，四段圆弧拼画成近似椭圆，如图 1.29(b)所示。

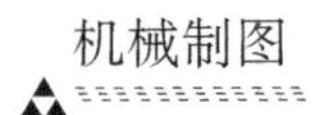

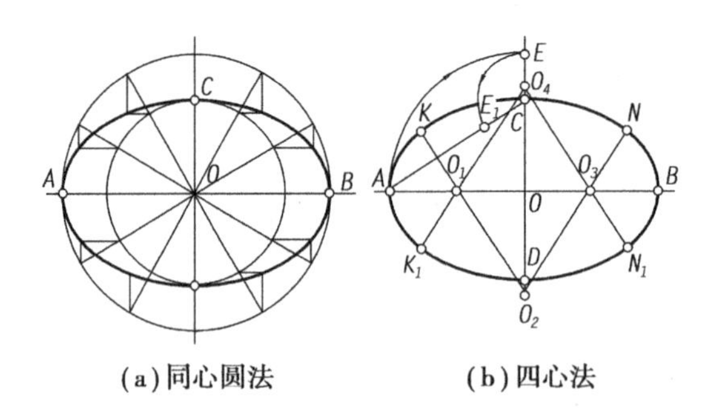

(a)同心圆法　　(b)四心法

图 1.29　椭圆的画法

5)**斜度**(GB/T 4458.4—2003)

斜度是指一直线(或平面)对另一直线(或平面)的倾斜程度,其大小用两直线(或平面)夹角的正切来表示,通常以 1 : n 的形式标注。

标注斜度时,在数字前应加注符号"∠",符号"∠"的指向应与直线或平面倾斜的方向一致,如图 1.30(b)所示。

若要对直线 AB 作一条斜度为 1 : 10 的倾斜线,则作图方法为:先过点 B 作 $CB \perp AB$,并使 $CB : AB = 1 : 10$,连接 AC,即得所求斜线,如图 1.30(c)所示。

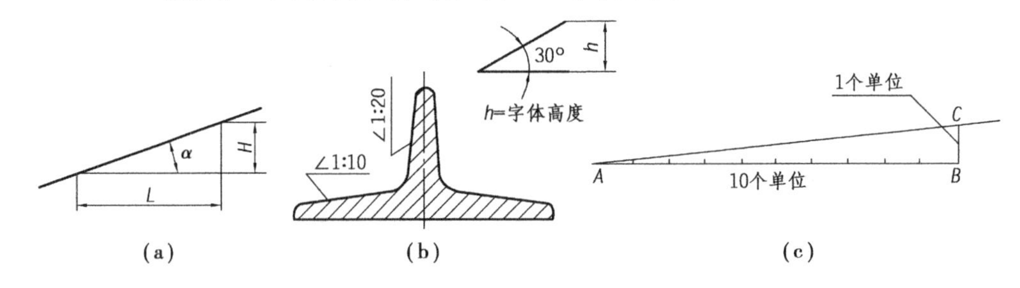

(a)　　(b)　　(c)

图 1.30　斜度、斜度符号和斜度的画法

6)**锥度**(GB/T 4458.4—2003)

锥度是指正圆锥的底圆直径 D 与该圆锥高度 L 之比;而对于圆台,则为两底圆直径之差 $D-d$ 与圆台高度 l 之比,即锥度 $=D/L=(D-d)/l=2\tan\alpha$(其中 α 为 1/2 锥顶角),如图 1.31(a)所示。

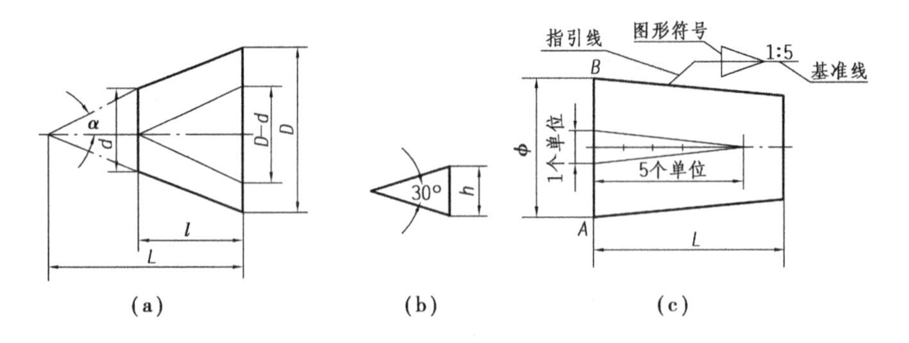

(a)　　(b)　　(c)

图 1.31　锥度、锥度符号和锥度的画法

锥度在图样上的标注形式为 1 : n,且在此之前加注符号"◁"如图 1.31(b)所示。符号

尖端方向应与锥顶方向一致。

若要求作一锥度为 1∶5 的圆台锥面，且已知底圆直径为 ϕ，圆台高度为 L，则其作图方法如图 1.31(c)所示。

7）圆弧连接

用一个已知半径的圆弧来光滑连接（即相切）两个已知的直线或圆弧，这种作图方法称为圆弧连接。其中起连接作用的圆弧称为连接弧。

用已知半径为 R 的圆弧连接两已知线（直线或圆弧）的作图见表 1.8。

表 1.8　圆弧连接两已知线

几种连接	已知条件	求圆心位置	求切点	连接并描粗
直线与直线间的圆弧连接	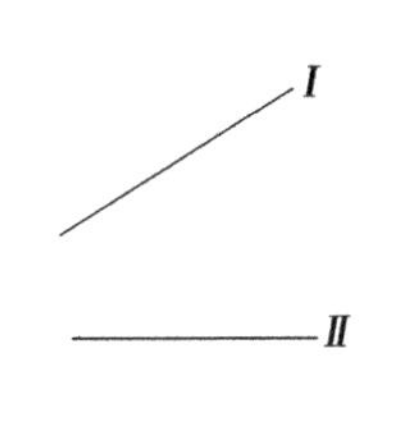	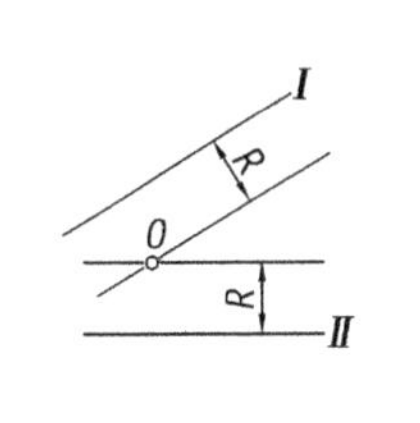	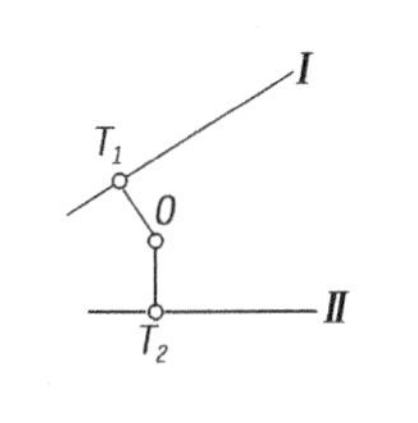	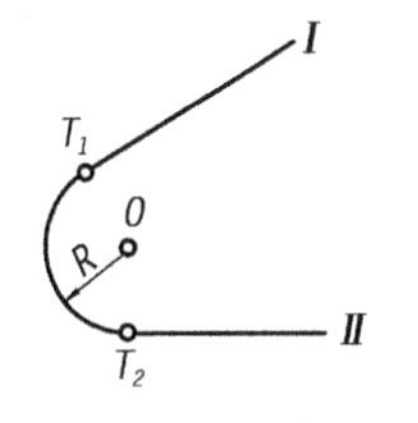
直线与圆弧间的圆弧连接	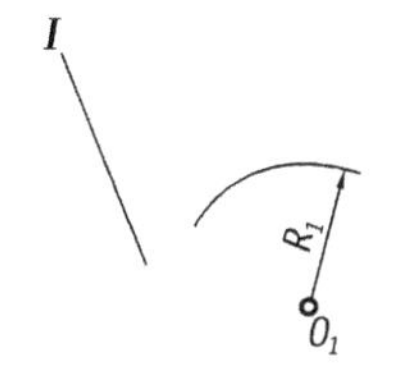	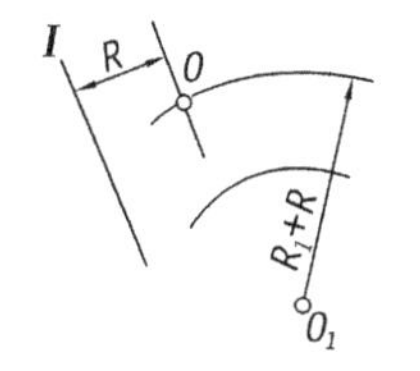	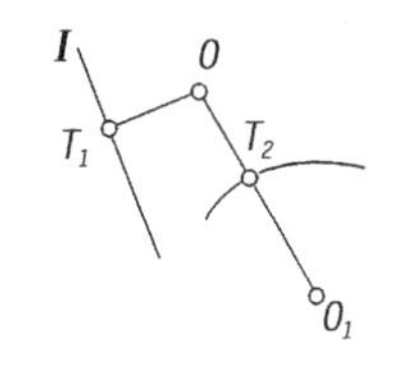	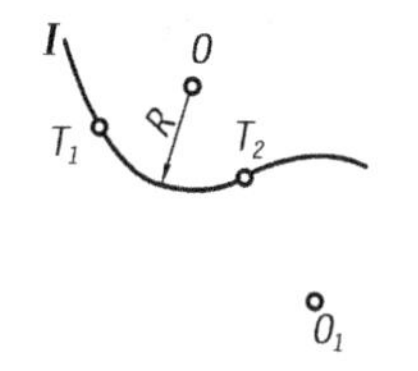
两圆弧间的外切圆弧连接	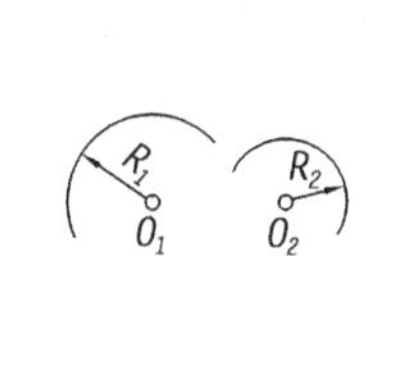	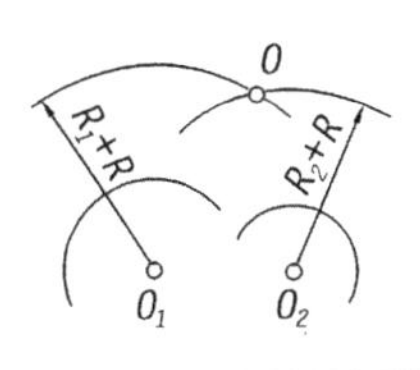	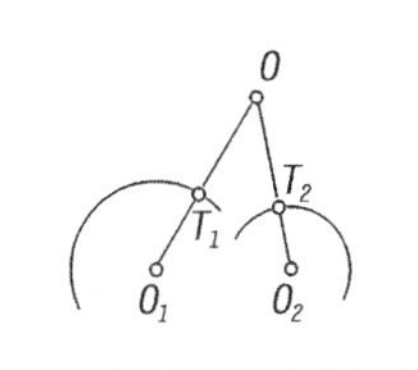	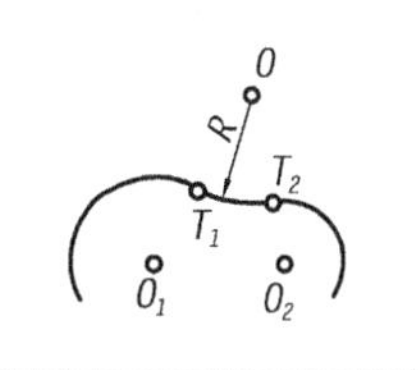
两圆弧间的内切圆弧连接	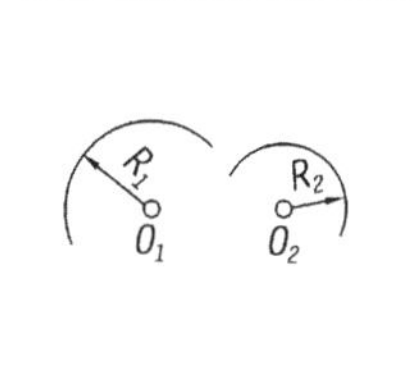	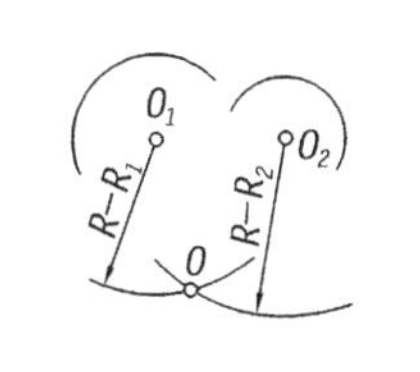	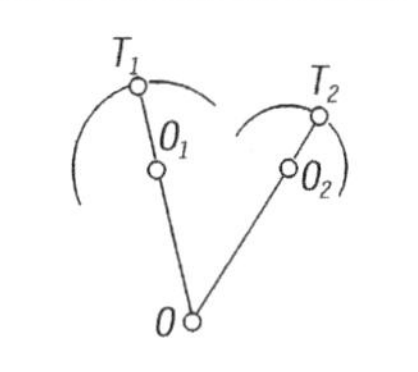	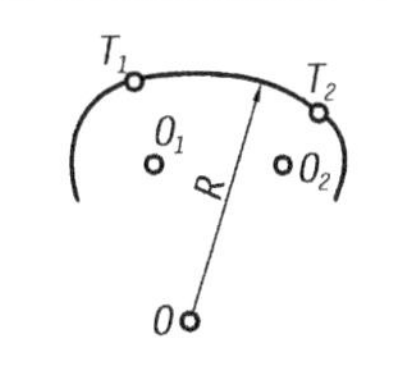
两圆弧间的内外切圆弧连接	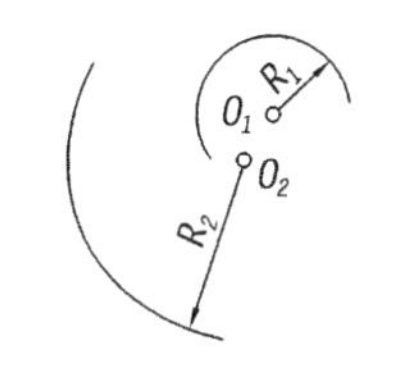	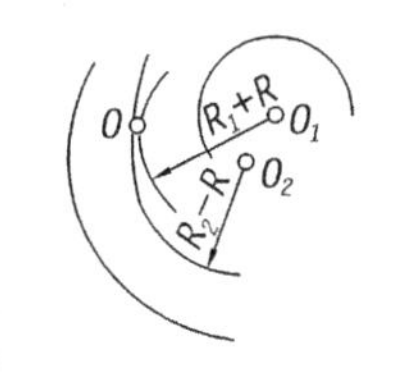	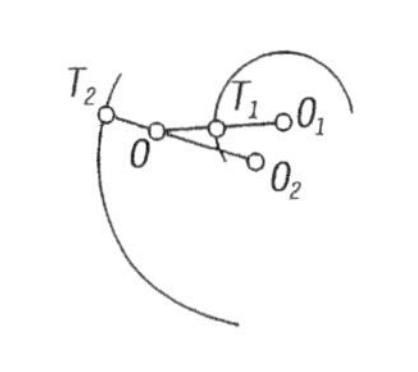	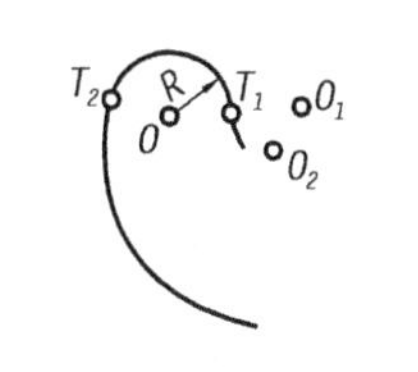

1.2.3　平面图形的画图方法

1）平面图形分析

在平面图形中，有些线段可以根据所给定的尺寸直接画出；而有些线段则需利用线段连接关系，找出潜在的补充条件才能画出。要处理好这方面的问题，就必须首先对平面图形中各尺寸的作用、各线段的性质，以及它们间的相互关系进行分析，在此基础上才能确定正确的画图步骤及正确、完整地标注尺寸。

(1)尺寸基准

在平面图形中标注尺寸的起点称为基准。平面图形有上下、左右两个方向的基准。通常用对称图形的对称线、较大圆的中心线、较长的直线(重要的轮廓线)等作为尺寸基准。图1.32是以水平的对称中心线和较长的铅垂线作为尺寸基准。

(2)尺寸分类

平面图形中的尺寸，按其在图中所起的作用分为定形尺寸和定位尺寸两类。

①定形尺寸：确定图形中各部分形状和大小的尺寸称为定形尺寸，如直线的长度、圆及圆弧的直径(半径)、角度大小等。图1.32中的$\phi20$、$\phi5$、$R15$、$R12$、$R50$、$R10$等均为定形尺寸。

②定位尺寸：确定图形中各部分之间相对位置的尺寸称为定位尺寸。图1.32中确定$\phi5$小圆位置的尺寸8和确定$R10$圆弧位置的尺寸75均为定位尺寸。必须注意，图形中的有些尺寸既是定形尺寸又是定位尺寸，如15。

2)平面图形的线段分析

线段分析就是从几何角度研究线段与尺寸的关系，从而确定画图步骤。平面图形中的线段，根据其定位尺寸是否齐全，可分为已知线段、连接线段和中间线段三种。

(1)已知线段

凡是定形尺寸和定位尺寸齐全的线段称为已知线段。如图1.32中的$\phi5$、$R15$、$R10$的圆弧和长度为15的直线等。

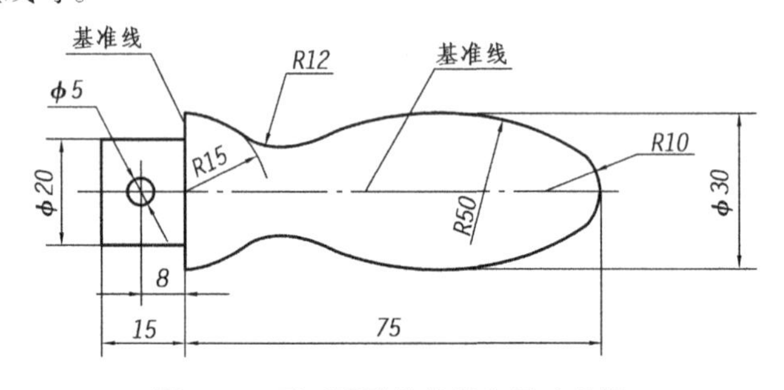

图1.32　平面图形的线段和尺寸分析

(2)连接线段

只有定形尺寸而无定位尺寸的线段称为连接线段。这种线段须根据与其相邻的两条线段的相切关系，用几何作图的方法画出。如图1.32中的$R12$的圆弧。

(3)中间线段

有定形尺寸和定位尺寸但定位尺寸不全的线段称为中间线段。它是介于已知线段与连接线段之间的线段。画图时亦须根据与其相邻的已知线段的相切关系画出。如图1.32中的$R50$的圆弧，该圆弧只有一个定位尺寸30 mm，不能确定其圆心位置，还须根据它与已知弧$R10$的相切关系确定其圆心，因此为中间线段。

3）平面图形的画图步骤

平面图形的画图步骤是根据对平面图形的尺寸分析和线段分析确定的。现归纳如下：

①对平面图形作尺寸分析和线段分析；

②绘制平面图形的基准线、定位线［图 1.33（a）］；

③绘制已知线段［图 1.33（b）］；

④其次绘制中间线段［图 1.33（c）］；

⑤最后绘制连接线段［图 1.33（d）］；

⑥检查全图，加深图线并标注尺寸。

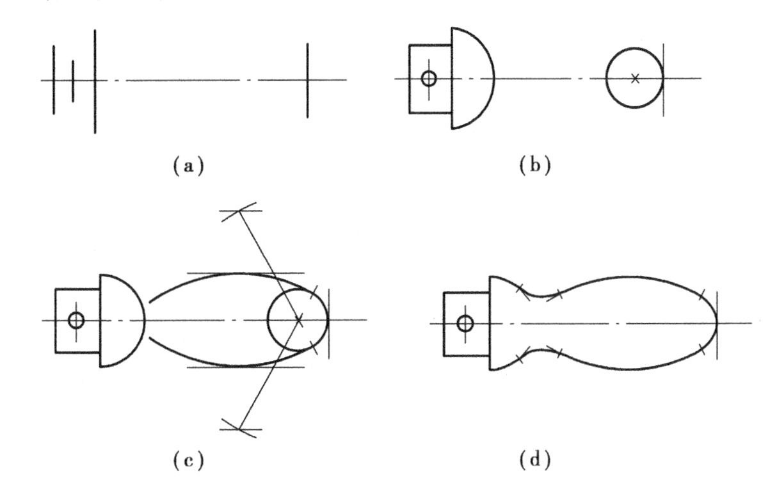

图 1.33　手柄的画图步骤

平面图形的尺寸标注，要求正确、完整、清晰。

正确：平面图形的尺寸标注必须按国标的规定标注，尺寸数值书写确切，不能有误。

完整：尺寸标注要齐全即没有多余尺寸、没有遗漏尺寸。不遗漏图形中各要素的定形和定位尺寸；一般情况下不注重复尺寸，即不注可以按已标注的尺寸计算出的尺寸、不注可根据相切关系画出的连接线段的定位尺寸。尺寸标注中，保证尺寸完整的一般规律是：在两条已知线段之间，可以有任意段中间线段，但必须且只有一段连接线段。

清晰：尺寸注写清晰，位置明显，布局整齐。

4）平面图形的绘图方法和步骤

（1）准备工作

①分析图形的尺寸及其线段。

②确定比例，选用图幅、削好铅笔、固定图纸。

③按国家标准规定的幅面尺寸和标题栏位置，绘制图框和标题栏。

④拟订具体的作图方案并布图。

选好物体的表达方案，按照国家标准规定的各视图的投影关系配置，留有标注尺寸、注写技术要求的余地，定出各个视图在图纸上位置，使绘出的各个图形均匀分布。

（2）画底稿

画底稿的步骤如图 1.33 所示。按布图确定各图形的位置，先画轴线或对称中心线，再画主要轮廓线，然后画细节。图形完成后，画其他符号。底稿完成后，经校核，擦去多余的作图线。

画底稿的注意事项：

①画底稿用“H”铅笔，铅芯应经常修磨以保持尖锐。

②底稿上，各种线型均暂不分粗细，且要画得很轻很细。

③作图力求准确。

④画错的地方，在不影响画图的情况下，可先作记号，待底稿完成后一起擦掉。

(3)描深底稿

描深底稿的步骤如下：

①先粗后细。

一般应先描深全部粗实线，再描深全部虚线、点画线及细实线等，这样既可提高作图效率，又可保证同一线型在一图中粗细一致，不同的线型之间的粗细也符合比例关系。

②先曲后直。

在描深同一种线型，特别是粗实线时，应先描深圆弧和圆，然后描深直线，以保证连接圆滑。

③先水平后垂斜。

先用丁字尺自上而下画出全部相同线型的水平线，再用三角板自左向右画出全部相同线型的垂直线，最后画出倾斜的直线。

描深底稿的注意事项：

a. 一般用“B”铅笔加深。画圆时，圆规的铅芯应比画相应直线的铅芯软一号。

b. 描深前必须检查底稿，修正错误。

c. 描深时用力要均匀一致，以免线条浓淡不匀。

d. 标注尺寸、填写标题栏

一般采用“HB”铅笔，填写标题栏中的各项内容，完成全部绘图工作。

1.2.4 草图的绘制方法

【案例】从《显微制图》中学习科学家的“工匠精神”

1665年，英国物理学家、天文学家罗伯特·胡克发表了《显微制图》一书。该书是胡克根据显微镜下的观察记录，手绘完成的精美绝伦、栩栩如生的58幅图画。这些精确而美丽的素描，描绘了从来没有得到过的显微镜观察结果，这些图中有不少奇迹。例如，图(a)这张跳蚤图片，引发神学争论，人们开始思考这些微小生物是不是曾经过精心设计。激烈的争论促使年轻的查尔斯·达尔文开始进行生物学研究。图(b)为苍蝇的眼睛。图(c)为软木细胞，这是史上第一次成功观察细胞。

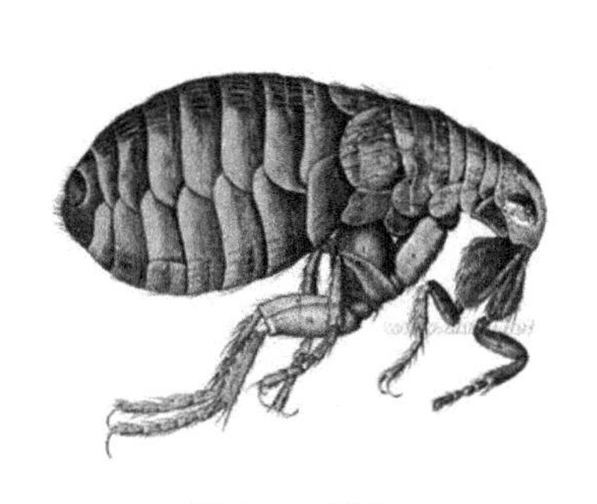

图(a)　跳蚤

图(b)　苍蝇的眼睛

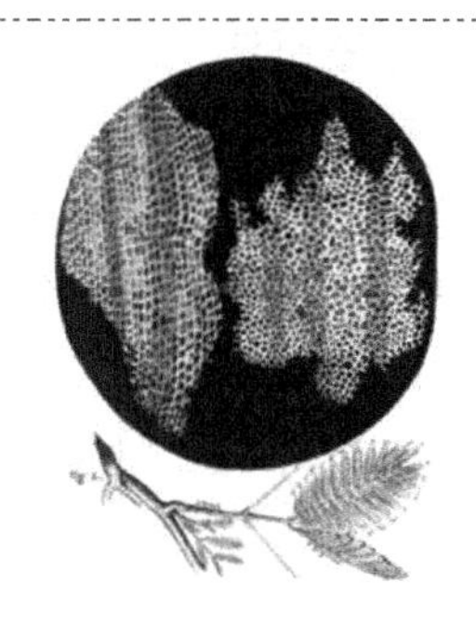

图(c)　软木细胞

【启示】《显微制图》一书为实验科学提供了前所未有的既明晰又美丽的记录和说明，开创了科学界借用图画这种最有力的交流工具进行阐述和交流的先河，为日后的科学家们所效仿。

徒手图也称草图，它是以目测来估计物体的形状和大小，不借助绘图工具，徒手绘制的图样。开始练习画徒手图时，可先在方格纸上进行，这样较容易控制图形的大小比例，尽量让图形中的直线与分格线重合，以保证所画图线的平直。

1)直线的画法

徒手画直线时，握笔的手要放松，沿着画线的方向移动，如图 1. 34(a)所示。

画垂直线时，自上而下运笔，如图 1. 34(b)所示。画斜线时的运笔方向如图 1. 34(c)所示。每条图线最好一笔画成；对于较长的直线也可用数段连续的短直线相接而成。

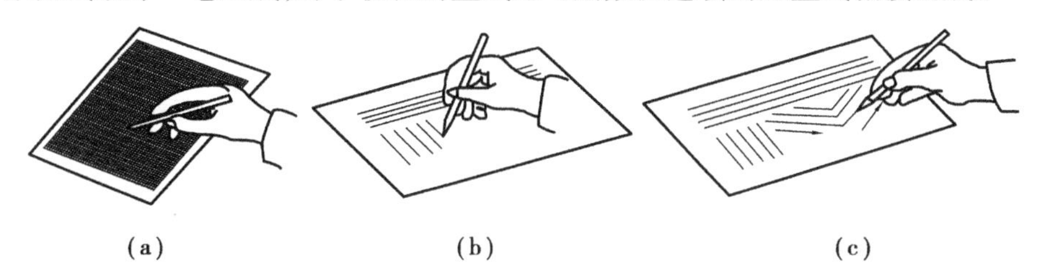

图 1. 34　直线的徒手画法

2)斜线的画法

画 30°、45°、60°等特殊角度的斜线时，可利用两直角边的比例关系近似地画出，如图 1. 35 所示。

3)常用角度的画法

画 30°、45°、60°等常见角度斜线时，可根据两直角边的比例关系，定出两端点，然后连接两点即为所画角度线，如图 1. 36 所示。

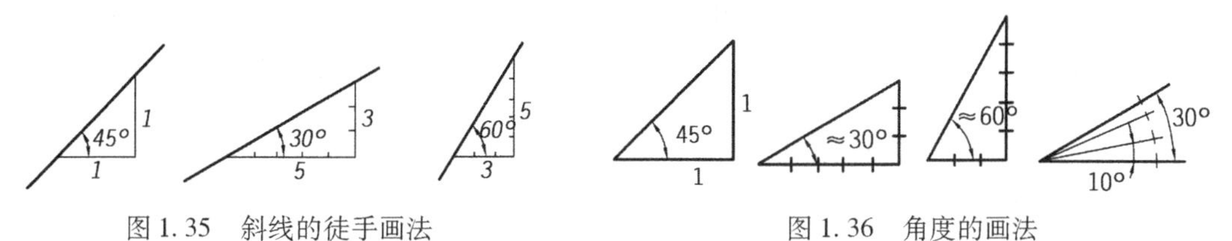

图 1. 35　斜线的徒手画法

图 1. 36　角度的画法

4)圆的画法

画圆时,先定出圆心位置,过圆心画出两条互相垂直的中心线,再在中心线上按半径大小目测定出四个点后,分两半画成。如图 1. 37(a)所示。对于直径较大的圆,可在 45°方向的两中心线上再目测增加四个点,分段逐步完成,如图 1. 37(b)、(c)所示。

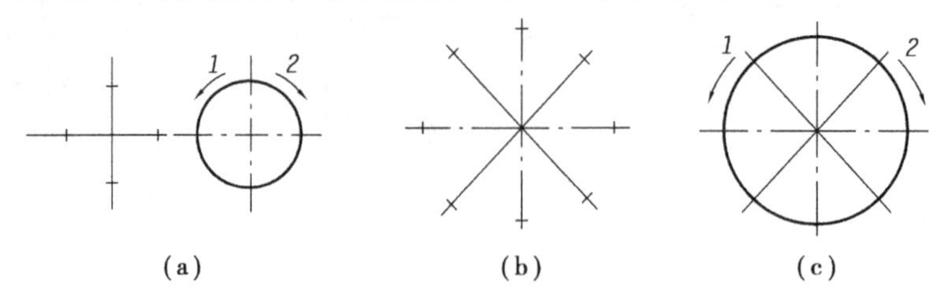

图 1. 37　圆的徒手画法

5)圆弧及椭圆的画法

画圆弧、椭圆等曲线时,同样用目测定出曲线上若干点,光滑连接即可,如图 1. 38 所示。

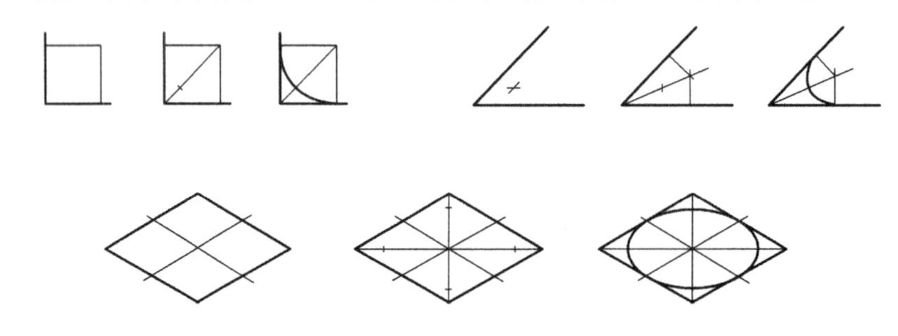

图 1. 38　徒手画圆角及椭圆

总而言之,画草图一定要做到:画图速度尽量要快;目测比例尽量要准;画面质量尽量要好。

1. "没有规矩,不成方圆",告诫我们立身处世乃至治国安邦,必须遵守一定的准则和法度。家有家规,国有国法,学校也有严格的校规校纪。如果不规范自己的行为,不仅自身安全得不到保障,而且还会影响、干扰他人,甚至受到法律的惩罚。

2. 割之弥细,所失弥少,从正六边形算到正 3072 边形,老一代科学家严谨治学,精益求精的精神,为我们树立了榜样。

3.《显微制图》开创了科学界借用图画这种最有力的交流工具进行阐述和交流的先河。从胡克的 58 幅手绘图中我们可以看出科学家耐心、专注、敬业、精益求精的"工匠精神"。

1. 在图学发展的历史长河中，中国曾有光辉的一页。在春秋时代的一部技术著作《周礼·考工记》中，有画图工具“规、矩、绳、墨、悬、水”的记载。你能说说这些工具的用途吗？

2. 按给定尺寸 1∶1 抄画如下图形。

(1)

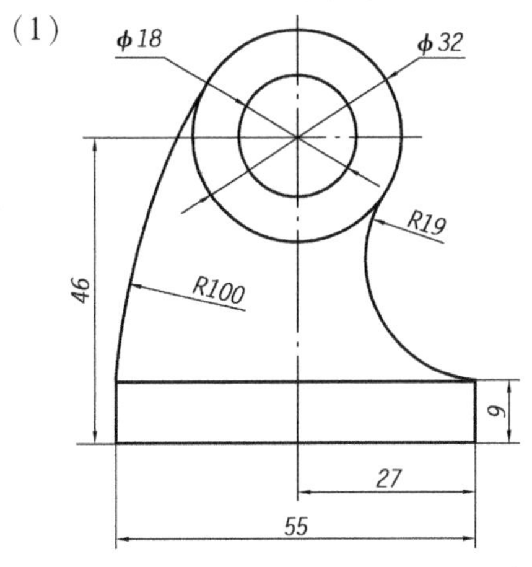

(2)

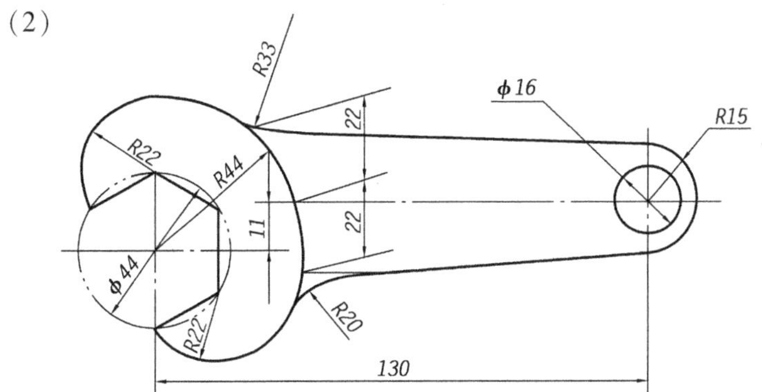

2 投影基础与三视图

知识目标

1. 了解投影法的分类和特点；
2. 掌握三视图的投影规律和对应关系；
3. 掌握点、线、面的投影规律及作图方法。

技能目标

1. 能判断中心投影和平行投影法绘制的图形；
2. 能根据立体图绘制简单形体的三视图；
3. 能准确绘制点、线、面的投影。

素质目标

1. 培养传承与创新的思想；
2. 培养多角度看问题的科学思维习惯；
3. 培养化繁为简的科学思维方法。

2.1 投影法概述

【小知识】时间的刻度

矗立在北京故宫太和殿门口的日晷，是中国古代最经典的计时仪器。它属于赤道式日晷，晷面和赤道呈平行状态，古人通过借助日光的照射，来观察指针的投影用以确定时间，日冕是我国古代较为普遍使用的计时仪器，被人类沿用长达千年之久。

【启示】日晷是利用指针投影的长度和方向来计时的。它的出现使人类对时间有了进一步的认知。

投影法的概述

1）投影法分类

（1）中心投影法

投射线自投射中心 S 出发，将空间△ABC 投射到投影面 P 上，所得△abc 即为△ABC 的投影。这种投射线自投射中心出发的投影法称为中心投影法，所得投影称为中心投影，如图 2.1 所示。

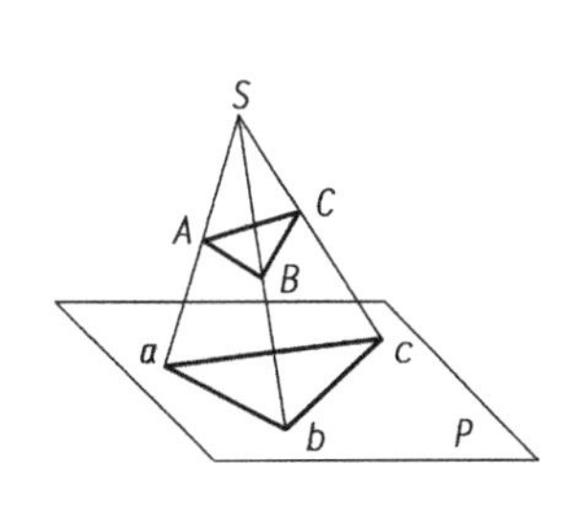

图 2.1　中心投影

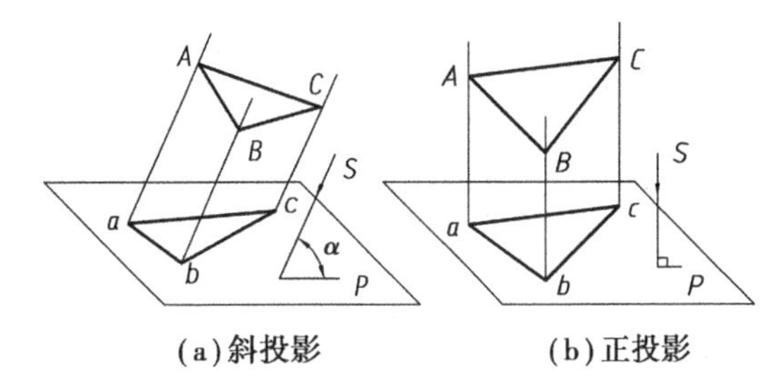

图 2.2　平行投影

日常生活中，照相、电影和人眼看东西得到的影像，都属于中心投影。由于用中心投影法绘制的图形符合人们的视觉习惯，立体感强，因而主要用于绘制产品或建筑物富有真实感的立体图，也称透视图。但由于它作图复杂，且度量性差，故机械图样中很少采用。

（2）平行投影法

若将投射中心 S 移到离投影面无穷远处，则所有的投射线都相互平行，这种投射线相互平行的投影方法，称为平行投影法，所得投影称为平行投影，如图 2.2 所示。

平行投影法中以投射线是否垂直于投影面分为正投影法和斜投影法。若投射线倾斜于投影面，称为斜投影法，所得投影称为斜投影，如图 2.2(a) 所示；若投射线垂直于投影面，称为正投影法，所得投影称为正投影，如图 2.2(b) 所示。

斜投影法主要用于绘制有立体感的图形，如斜轴测图。由于正投影能准确地反映物体的形状和大小，便于测量且作图简便，所以机械图样通常采用正投影法绘制。

2)正投影的基本性质

(1)真实性

当线段或平面图形平行于投影面时,其投影反映线段的实长或平面图形的实形。如图2.3(a)所示,$AB /\!/ P$,则 $ab = AB$;$\triangle ABC /\!/ P$,则 $\triangle ABC \cong \triangle abc$。

(2)积聚性

当线段或平面图形垂直于投影面时,其投影成为一点或一直线,如图2.3(b)所示。投影的这种性质称为积聚性。

(3)类似性

当线段或平面图形倾斜于投影面时,线段的投影比实长短,平面图形的投影成为类似形。如图2.3(c)所示,$\triangle ABC$ 倾斜于 P,则 abc 仍为三角形,但不反映实形。

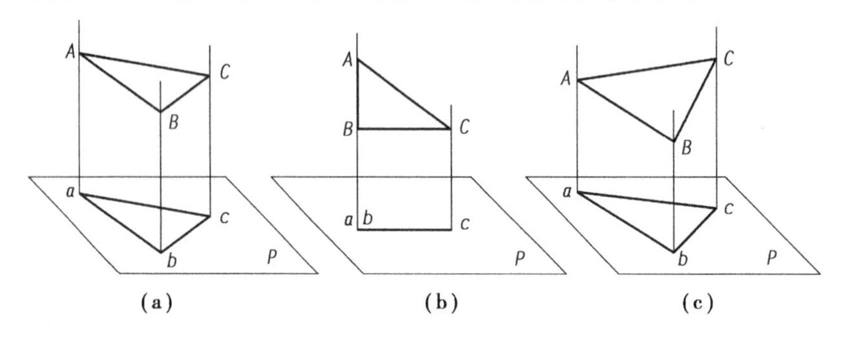

图2.3 正投影的基本性质所示

3)工程中常用的两种作图方法

(1)多面正投影图

采用相互垂直的两个或两个以上的投影面,在每个投影面上分别用正投影法获得物体的投影。它有良好的度量性,作图简便,但直观性差。由这些投影能确定几何形体的空间位置和物体形状。

(2)轴测图

将物体连同其参考直角坐标系,沿不平行于任一坐标面的方向,用平行投影法将其投射在单一投影面上所得的具有立体感的图形。它能反映长、宽、高的形状,但作图较繁且度量性差,常作辅助图样。

利用日晷计时的方法是人类在天文计时领域的重大发明,我国是世界上最早使用日晷计时的文明古国之一。如今它已成为人类文明的象征,赋予珍惜时间、拼搏向上,开拓创新等寓意。

1. 你知道照相用的是什么投影法吗？为什么有些照片看起来歪歪斜斜，而有些照片看起来很有冲击力呢？这些都和拍摄角度有关。工业产品的宣传也是一样，不论是照片拍摄还是3D效果图拍摄，拍摄角度都会赋予产品一定的思想，也会影响产品之于用户的视觉感受。请大家选择合适的角度进行产品的拍摄并展示。

2. 请同学们观察与思考，下图中用的是哪种投影方法？

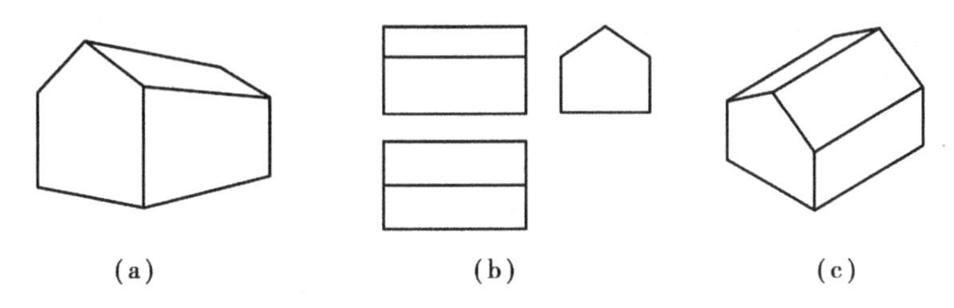

(a)　　(b)　　(c)

2.2　三视图的形成和对应关系

【想一想】请同学们观察下面4幅图，找出区别和联系？

【小知识】　　题西林壁

横看成岭侧成峰，远近高低各不同。

不识庐山真面目，只缘身在此山中。

【启示】角度不同，结果各异。观察事物，处理问题，要客观全面。

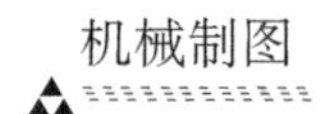

1)三视图的形成

通常假设人的视线为一组平行的,且垂直于投影面的投影线,这样在投影面上所得到的正投影称为视图。

一般情况下,一个视图不能确定物体的形状。如图 2.4 所示,两个形状不同的物体,它们在投影面上的投影都相同。因此,要反映物体的完整形状,必须增加由不同投影方向所得到的几个视图,互相补充,才能将物体表达清楚。工程上常用的是三视图。

(1)三投影面体系的建立

三投影面体系由三个互相垂直的投影面所组成,如图 2.5 所示。

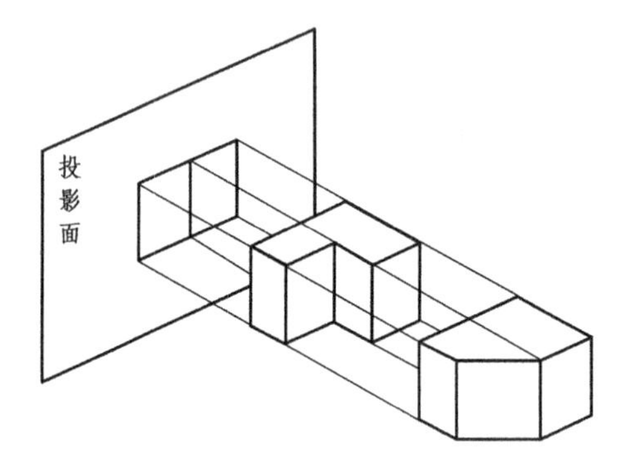

图 2.4　一个视图不能确定物体的形状

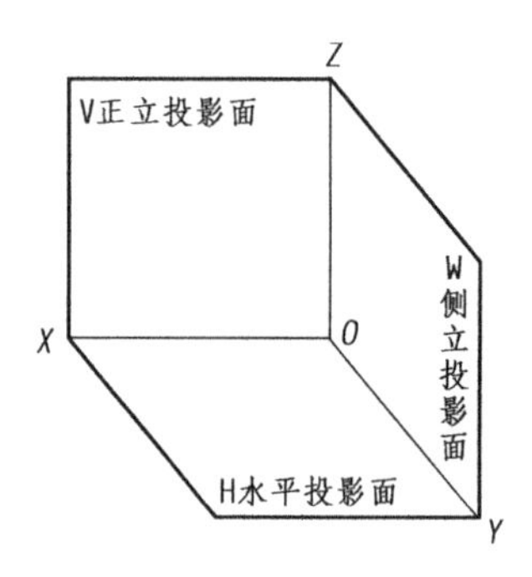

图 2.5　三投影面体系

在三投影面体系中,三个投影面分别为:

- 正立投影面:简称为正面,用 V 表示;
- 水平投影面:简称为水平面,用 H 表示;
- 侧立投影面:简称为侧面,用 W 表示。

三个投影面的相互交线,称为投影轴。它们分别是:

OX 轴:是 V 面和 H 面的交线,它代表长度方向;*OY* 轴:是 H 面和 W 面的交线,它代表宽度方向;*OZ* 轴:是 V 面和 W 面的交线,它代表高度方向;三个投影轴垂直相交的交点 *O*,称为原点。

(2)三视图的形成

将物体放在三投影面体系中,物体的位置处在人与投影面之间,然后将物体对各个投影面进行投影,得到三个视图,这样才能把物体的长、宽、高三个方向,上下、左右、前后 6 个方位的形状表达出来,如图 2.6(a)所示。三个视图分别为:

- 主视图:从前往后进行投影,在正立投影面(V 面)上所得到的视图。
- 俯视图:从上往下进行投影,在水平投影面(H 面)上所得到的视图。

● 左视图：从左往右进行投影，在侧立投影面（W 面）上所得到的视图。

(3) 三投影面体系的展开

在实际作图中，为了画图方便，需要将三个投影面在一个平面（纸面）上表示出来，规定：使 V 面不动，H 面绕 OX 轴向下旋转 90°与 V 面重合，W 面绕 OZ 轴向右旋转 90°与 V 面重合，这样就得到了在同一平面上的三视图，如图 2.6(b) 所示。可以看出，俯视图在主视图的下方，左视图在主视图的右方。在这里应特别注意的是：同一条 OY 轴旋转后出现了两个位置，因为 OY 是 H 面和 W 面的交线，也就是两投影面的共有线，所以 OY 轴随着 H 面旋转到 OY_H 的位置，同时又随着 W 面旋转到 OY_W 的位置。为了作图简便，投影图中不必画出投影面的边框，如图 2.6(c) 所示。由于画三视图时主要依据投影规律，所以投影轴也可以进一步省略，如图 2.6(d) 所示。

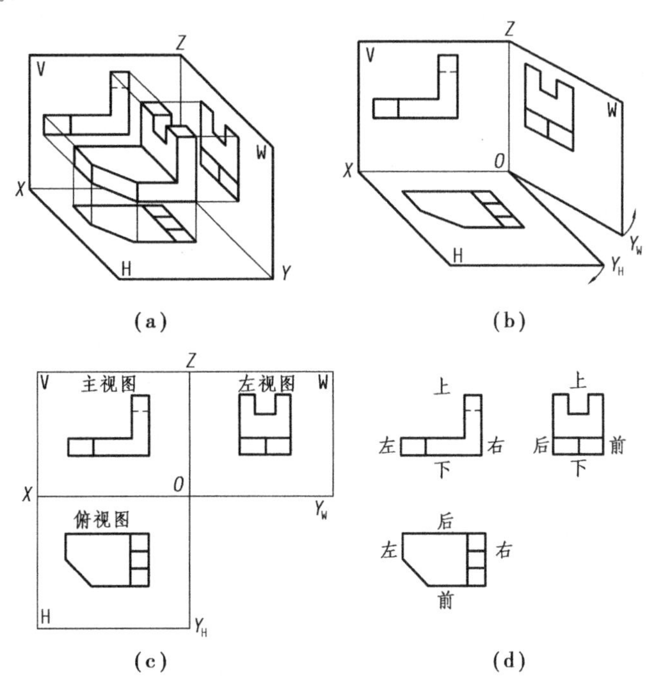

图 2.6　三视图的形成

2) 三视图的投影规律

从图 2.7 可以看出，一个视图只能反映两个方向的尺寸，主视图反映了物体的长度和高度，俯视图反映了物体的长度和宽度，左视图反映了物体的宽度和高度。由此可以归纳出三视图的投影规律：

主、俯视图“长对正”（即等长）；

主、左视图“高平齐”（即等高）；

俯、左视图“宽相等”（即等宽）。

三视图的投影规律反映了三视图的重要特性，也是画图和读图的依据。无论是整个物体还是物体的局部，其三面投影都必须符合这一规律。

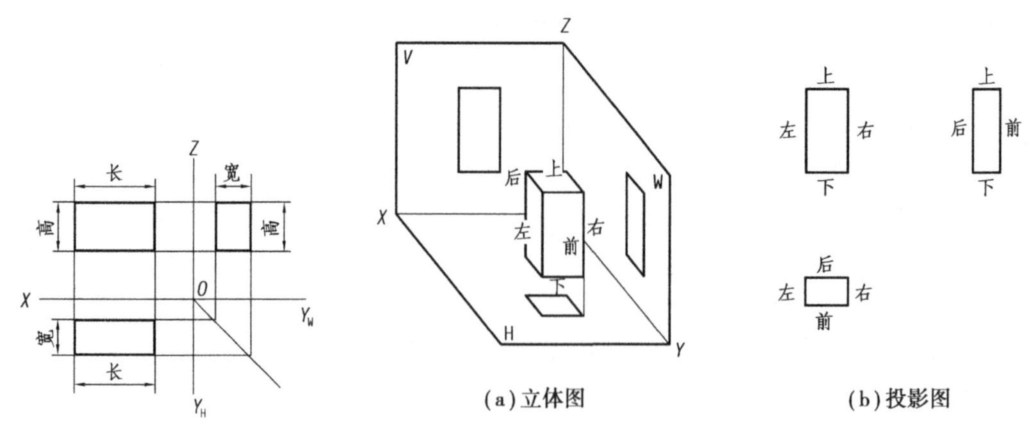

图 2.7　视图间的“三等”关系　　　　图 2.8　三视图的方位关系

3)三视图与物体方位的对应关系

物体有长、宽、高三个方向的尺寸,有上下、左右、前后 6 个方位关系,如图 2.8(a)所示。6 个方位在三视图中的对应关系如图 2.8(b)所示。

主视图反映了物体的上下、左右 4 个方位关系;

俯视图反映了物体的前后、左右 4 个方位关系;

左视图反映了物体的上下、前后 4 个方位关系。

注意:以主视图为中心,俯视图、左视图靠近主视图的一侧为物体的后面,远离主视图的一侧为物体的前面。

物体的一个视图只能反映出两个方向的尺寸情况,不同形状物体的某一视图可能会相同。如图 2.4 所示,所以,一个视图不能准确的表达物体的形状。

4)画三视图的方法

①分析物体。分析物体上的面、线与三个投影面的位置关系,再根据正投影特性判断其投影情况,然后综合想出各个视图。

②确定图幅和比例。根据物体上最大的长度、宽度和高度及物体的复杂程度确定绘图的图幅和比例。

③选择主视图的投影方向。以最能反映物体形状特征和位置特征且使三个视图投影虚线少的方向作为正投影方向。

④布图、画底图。画作图基准线、定位线;画三视图底图。从主视图画起,三个视图配合着画图。

⑤检查、修改底图。

⑥加深图线,完成三视图。如图 2.9 所示。

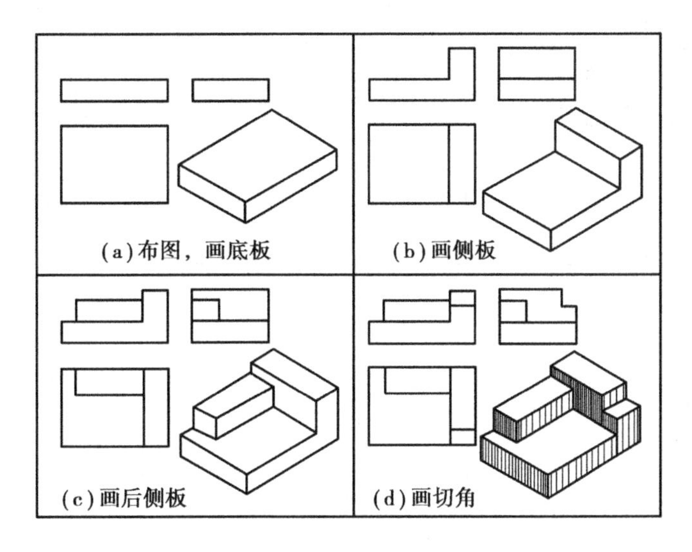

图 2.9 三视图的画法

要反映物体的完整形状,必须由不同投影方向所得到的几个视图,互相补充,才能将物体表达清楚。工程上常用的是三视图。思考角度不同,所看到的事物也会不同,我们要学会多角度,全方面地分析和解决问题。

1. 伟大的发明家爱迪生,在研究了 8 000 多种不适合做灯丝的材料后,有人问他:你已经失败了 8 000 多次,还继续研究有什么用? 爱迪生说,我从来都没有失败过,相反,我发现了 8 000 多种不适合做灯丝的材料。同学们,请谈谈你对这件事的看法?

2. 根据立体图辨认其相应的两视图(在立体图下方括号内注明对应的图号),并补画所缺的第三视图。

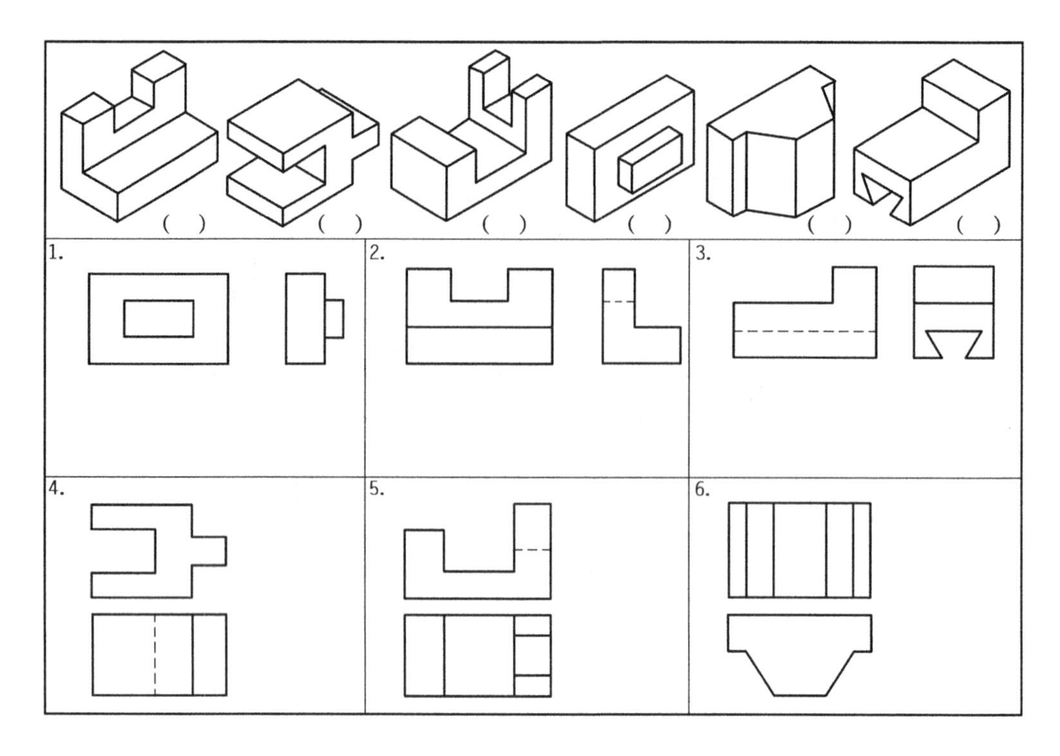

2.3 点、直线、平面的投影

【案例】化繁为简，推动图学知识发展

20世纪50年代，国家大规模经济建设初期，机械工业首先碰到的问题是工人文化和技术水平低，看不懂图纸，经常生产出废品和返修品，此时，开展科学技术普及工作，为国家的生产建设服务是每个科学技术工作者的共同责任。我国著名图学家赵学田教授，以毕生精力献身图学教育，普及图学知识，教学中将机械制图最基本的投影几何知识点编成歌诀，比如"三视图的投影关系"的歌诀为"长对正、高平齐、宽相等"。"面的投影规律"的歌诀为"平行投影原形现，斜着投影面改变，平面垂直投影面，图上只见一条线"。"三视图想象实物"的歌诀为"指出主体定图名，找到关系认面形，对着线条分前后，合起来辨认的清"。

【启示】使繁难变为简易，极大地推动了科学技术与图学知识的社会化，从而使工程图易学易懂。

点的投影

2.3.1 点的投影

1)点的三面投影规律

点的投影仍为一点,且空间点在一个投影面上有唯一的投影。但已知点的一个投影,不能唯一确定点的空间位置。

在三投影面体系中,过空间点 A 分别向 H、V、W 三个投影面投射,得到点 A 的三个投影 a、a'、a'',分别称为点 A 的水平投影、正面投影和侧面投影。空间点及其投影的标记规定为:空间点用大写拉丁字母表示,如 A、B、C …;水平投影用相应的小写字母表示,如 a、b、c …;正面投影用相应的小写字母加一撇表示,如 a'、b'、c'…;侧面投影用相应的小写字母加两撇表示,如 a'',b'',c''…,如图 2.10(a)所示。

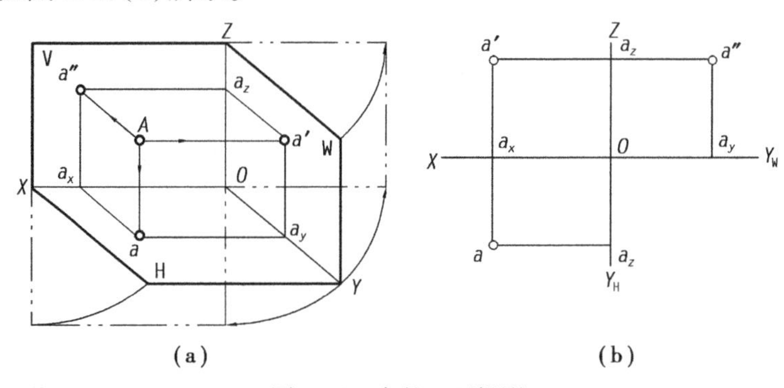

图 2.10　点的三面投影

如图 2.10(b)所示,将投影面展开后,点的三个投影在同一平面内,得到了点的三面投影图,应注意的是:投影面展开后,同一条 OY 轴旋转后出现了两个位置。

由于投影面相互垂直,所以三投影线也相互垂直,8 个顶点 A、a、a_y、a'、a''、a_x、O、a_z 构成正六面体,根据正六面体的性质,可得出点在三投影面体系中的投影规律:

①点的正面投影和水平投影的连线垂直于 OX 轴,即 $a'a \perp OX$;

②点的正面投影和侧面投影的连线垂直于 OZ 轴,即 $a'a'' \perp OZ$;

③点的水平投影到 OX 轴的距离等于点的侧面投影到 OZ 轴的距离,即 $aa_x = a''a_z$。可以用过原点且与水平方向成45°的直线反映该关系。

2)点的直角坐标

如果把三投影面体系看作一个直角坐标系,把投影面 H、V、W 作为坐标面,投影轴 X、Y、Z 作为坐标轴,则点 A 的直角坐标(x、y、z)便是 A 点分别到 W、V、H 面的距离。点的每一个投影由其中的两个坐标所决定:V 面投影 a' 由 x_A 和 z_A 确定,H 面投影 a 由 x_A 和 y_A 确定,W 面投影 a'' 由 y_A 和 z_A 确定。点的任意两投影包含了点的三个坐标,因此根据点的三个坐标值,以及点的投影规律,就能作出该点的三面投影图,也可以由点的两面投影补画出点的第三面投影。如图 2.11 所示。

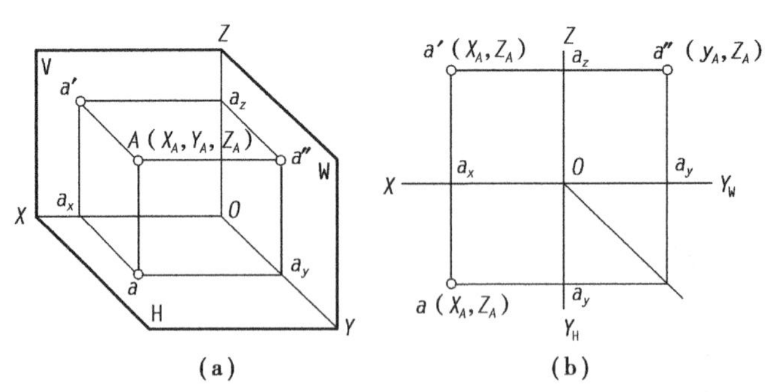

(a)　　(b)

图 2.11　由点的两面投影求第三投影

例 2.1　已知空间点 A 的坐标(15,10,20)。求做点 A 的三面投影。

解:①画出投影轴,并标出相应的符号[图 2.12(a)]。

②从原点 O 沿 OX 轴向左量取 $x=15$,得 a_x;然后过 a_x 作 OX 的垂线,由 a_x 沿该垂线向下量取 $y=10$,即得点 A 的水平投影 a;向上量取 $z=20$,即得点 A 的正面投影 a'[图 2.12(b)]。

③由 a,a'作出 a''[图 2.12(c)]

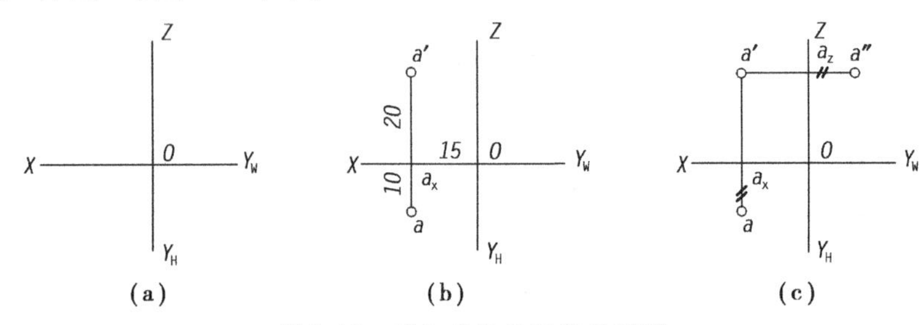

(a)　　(b)　　(c)

图 2.12　已知点的坐标作投影图

3)两点的相对位置

根据 x 坐标值的大小可以判断两点的左右位置;根据 z 坐标值的大小可以判断两点的上下位置;根据 y 坐标值的大小可以判断两点的前后位置,如图 2.13 所示。

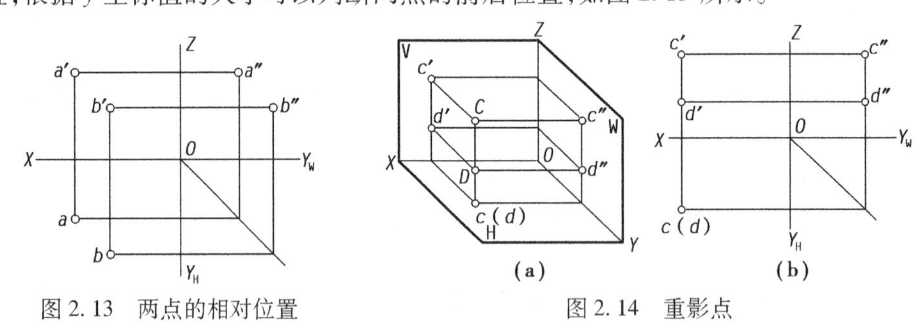

图 2.13　两点的相对位置　　(a)　　(b)　　图 2.14　重影点

点 b 的 x 和 z 坐标均小于点 a 的相应坐标,而点 b 的 y 坐标大于点 a 的 y 坐标,因而,点 B 在点 A 的右方、下方、前方。

若点 c 在点 d 正上方或正下方时,两点的水平面投影重合,点 c 和点 d 称为对 H 面投影的重影点,如图 2.14 所示。同理,若一点在另一点的正前方或正后方时,则两点是对 V 面投影的重影点;若一点在另一点的正左方或正右方时,则两点是对 W 面投影的重影点。

重影点需判别可见性。根据正投影特性,可见性应是前遮后、上遮下、左遮右。图 2.14 中的重影点应是点 c 遮挡点 d,点 d 的 H 面投影不可见。规定不可见点的投影加括号表示。

2.3.2 直线的投影

线的投影

1)直线对一个投影面的投影特性

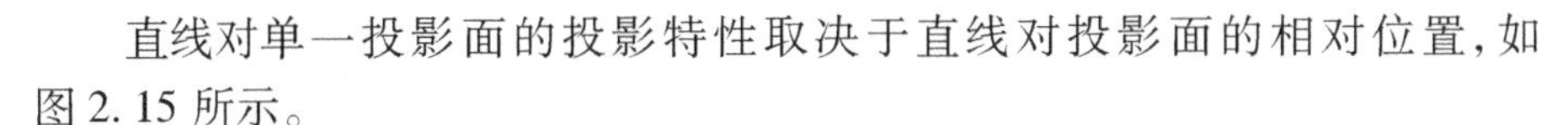

直线对单一投影面的投影特性取决于直线对投影面的相对位置，如图2.15所示。

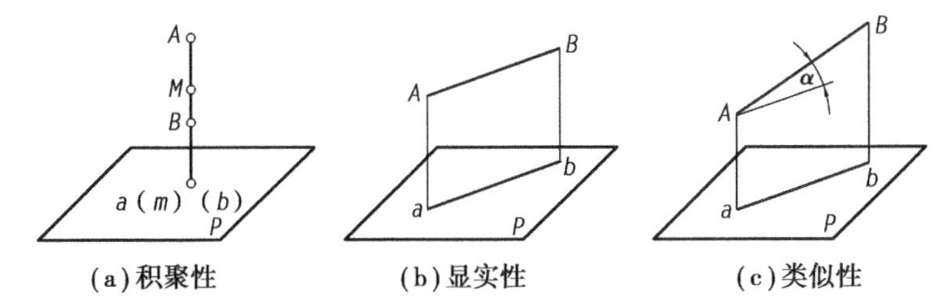

图2.15 直线对一个投影面的投影特性

①直线垂直于投影面时，其投影积聚为一点，表现出积聚性，如图2.15(a)所示。

②直线平行于投影面时，其投影仍为直线，且投影长度等于实长，表现出显实性，如图2.15(b)所示。

③直线倾斜(既不平行，也不垂直)于投影面时，其投影仍为直线，且投影长度小于实长，表现出类似性，如图2.15(c)所示。

2)直线在三投影面体系中的投影特性

直线的投影一般仍为直线，两点可以唯一确定一直线，所以在绘制直线的投影图时，只要作出直线上任意两点的投影，然后连接这两点的同面投影，即是直线的三面投影图，如图2.16所示。

根据直线与三个投影面的相对位置不同，可以把直线分为三种：

(1)一般位置直线

与三个投影面都倾斜的直线。如图2.16所示的直线即为一般位置直线。

一般位置直线的投影特性：

①三面投影都倾斜于投影轴。

②投影长度均比实长短，具有类似性。

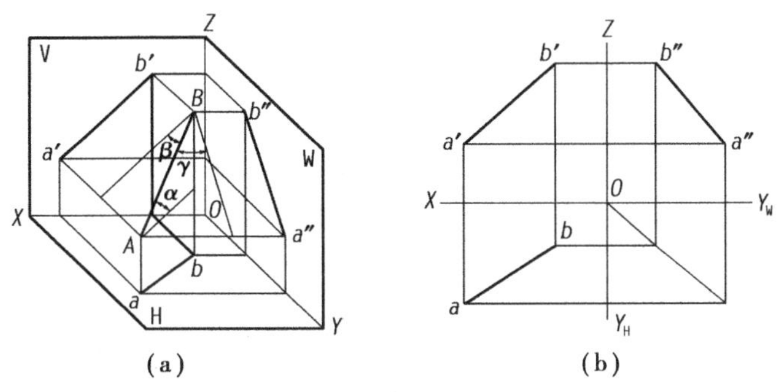

图2.16 直线的投影

(2)投影面平行线

平行于一个投影面，倾斜于另外两个投影面的直线。

投影面平行线分为三种：正平线——平行于 V 面的线；水平线——平行于 H 面的线；侧平线——平行于 W 面的线，见表 2.1。

表 2.1　投影面平行线的投影特性表

名称	立体图	投影图	投影特性
正平线	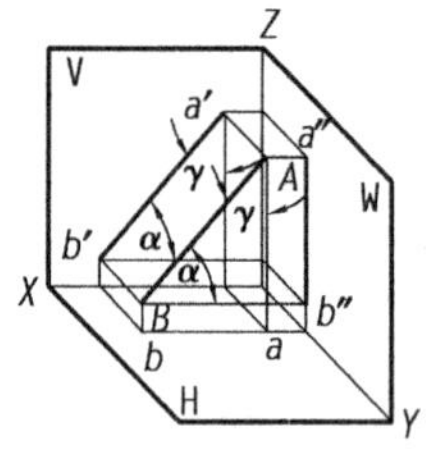	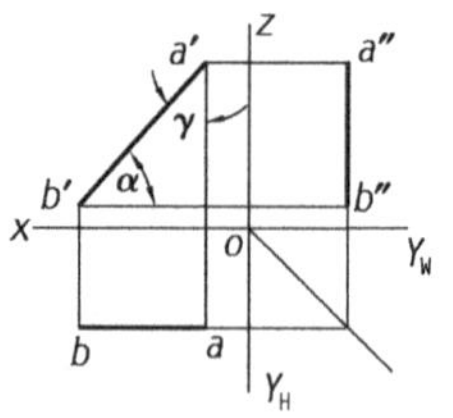	(1) $a'b'$ 反映实长和真实倾角 α、γ； (2) $ab // OX$, $a''b'' // OZ$，长度缩短
水平线	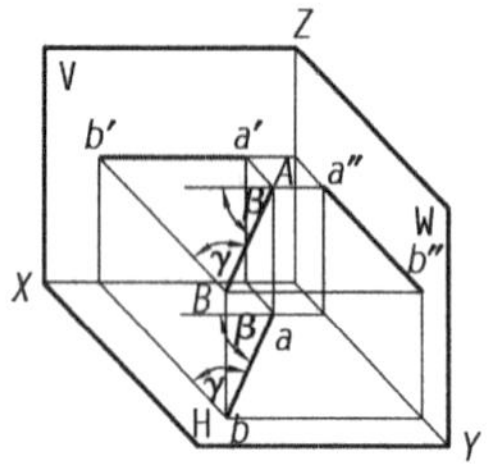	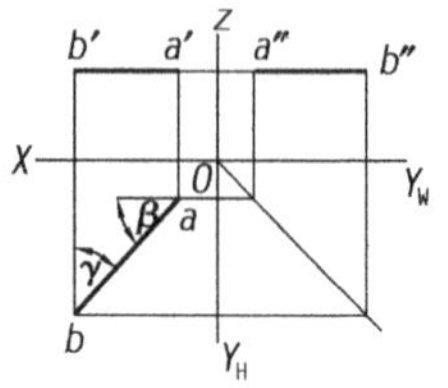	(1) ab 反映实长和真实倾角 β、γ； (2) $a'b' // OX$, $a''b'' // OY_W$，长度缩短
侧平线	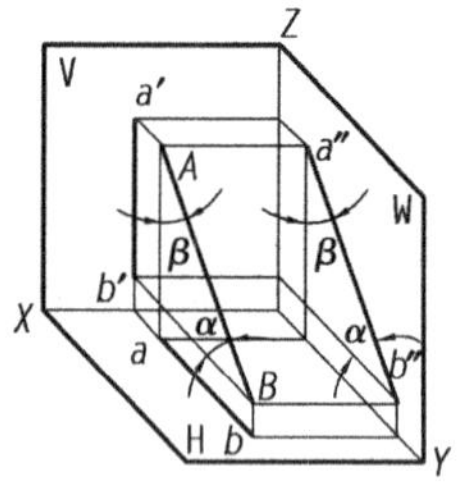	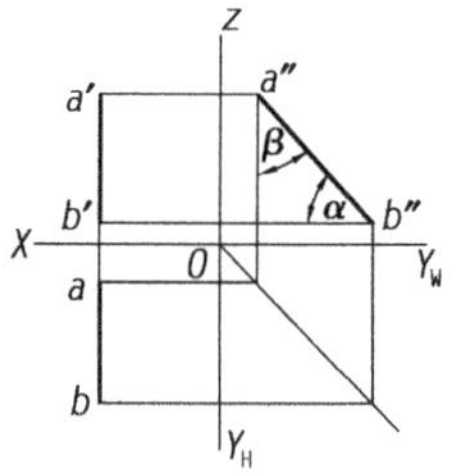	(1) $a''b''$ 反映实长和真实倾角 α、β； (2) $a'b' // OZ$, $ab // OY_H$，长度缩短
投影面平行线的投影特性： ①直线在与其平行的投影面上的投影，反映该线段的实长及该直线与其他两个投影面的倾角。 ②直线在其他两个投影面的投影分别平行于相应的投影轴。			

(3) 投影面垂直线

垂直于一个投影面，同时必平行于另外两投影面的直线。

投影面垂直线也可分为三种：正垂线——垂直于 V 面的线；铅垂线——垂直于 H 面的线；侧垂线——垂直于 W 面的线，见表 2.2。

表 2.2　投影面垂直线的投影特性

名称	立体图	投影图	投影特性
正垂线	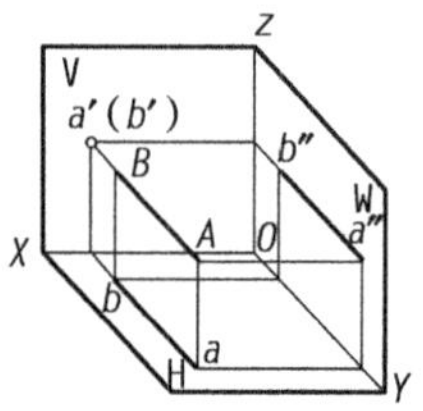	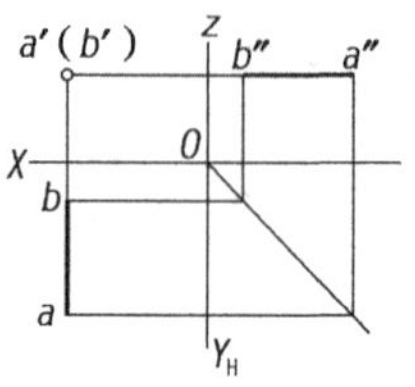	(1) $a'b'$ 积聚成一点； (2) $ab \perp OX$, $a''b'' \perp OZ$，且反映实长，即 $ab = a''b'' = AB$

续表

名称	立体图	投影图	投影特性
铅垂线			(1) ab 积聚成一点； (2) $a'b' \perp OX$, $a''b'' \perp OY_W$，且反映实长，即 $a'b' = a''b'' = AB$
侧垂线			(1) $a''b''$积聚成一点； (2) $a'b' \perp OZ$, $ab \perp OY_H$，且反映实长，即 $ab = a'b' = AB$
投影面垂直线的投影特性： ①直线在与其垂直的投影面上的投影积聚成一点。 ②直线在其他两个投影面的投影分别垂直于相应的投影轴，且反映该线段的实长。			

3) 直线上的点

如图 2.17 所示，直线与其上的点有如下关系：

①点在直线上，则点的投影必定在直线的同面投影上。

②点在直线上，则点分割线段之比等于其投影之比，即 $ac : cb = a'c' : c'b' = a''c'' : c''b'' = AC : CB$。

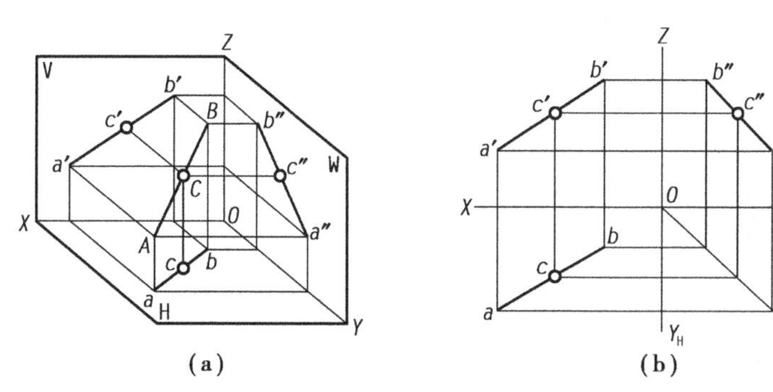

图 2.17　直线上的点

例 2.2　如图 2.18(a)所示，已知点 K 在直线 AB 上，求作它们的三面投影。

解：由于点 K 在直线 AB 上，所以点 K 的各个投影一定在直线 AB 的同面投影上。如图 2.18(b)所示，求出直线 AB 的侧面投影 $a''b''$后，即可在 ab 和 $a''b''$上确定点 K 的水平投影 k 和侧面投影 k''。

例 2.3　如图 2.19(a)所示，已知点 K 在直线 EF 上，求点 K 的正面投影。

解：方法一：

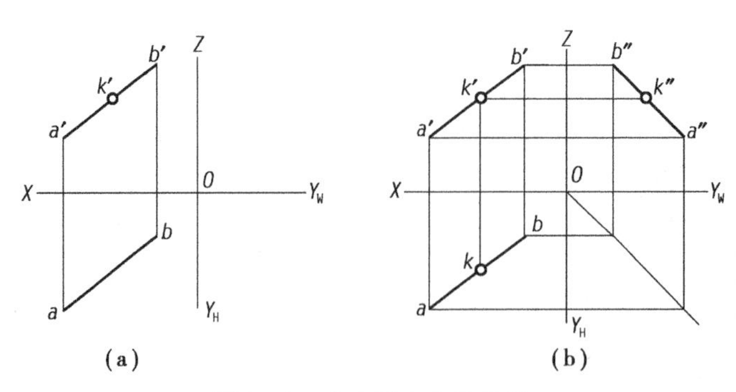

图 2.18　求直线上点的投影

点 K 的正面投影 k' 一定在 $e'f'$ 上，但 EF 是侧平线，由 k 作垂直于 OX 轴的投影连线，不能在 $e'f'$ 定出 k'，必须先做出侧面投影 $e''f''$，由 k 作投影连线 $e''f''$ 在上求得 k''，再由 k'' 作投影连线求得 k'，如图 2.19(b)所示。

方法二：

用定比法作图如下(图 2.19(c))：

①自 $e'f'$ 的一个端点 e' 任作一辅助线，在此线上截取 $e'K_0=ek$，$K_0F_0=kf$。

②连接 $f'F_0$，并由 K_0 作的 $f'F_0$ 的平行线，此平行线与 $e'f'$ 的交点，即 K 点的正面投影 k'。

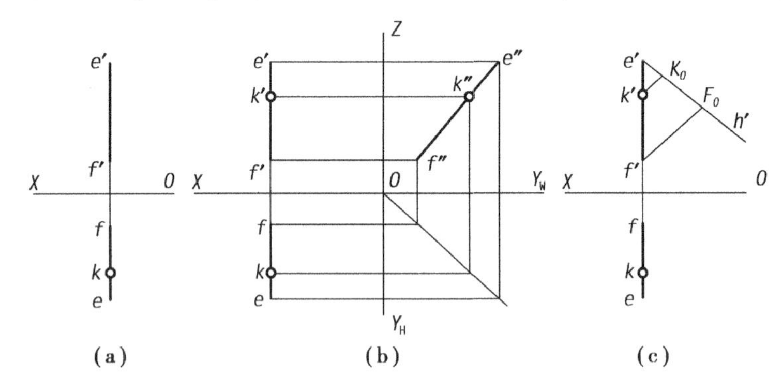

图 2.19　侧平线上点的两种作图方法

【想一想】同学们，我们的国旗上有五颗五角星，五角星是非常美丽的，请大家思考这是为什么？

【小知识】因为在五角星中可以找到的所有线段之间的长度关系都是符合黄金分割比。黄金分割点是指将整体一分为二,较大部分与整体部分的比值等于较小部分与较大部分的比值的分割点。这是一个十分有趣的数字,我们以 0.618 来近似表示。在很多科学实验中,选取方案常用一种 0.618 法,即优选法,它可以使我们合理地安排较少的试验次数找到合理的地方和合适的工艺条件。

【启示】黄金分割比具有严格的比例性、艺术性、和谐性,蕴藏着丰富的美学价值。黄金分割点法在建筑、文艺、工农业生产和科学实验中有着广泛而重要的应用。

4)两直线的相对位置

空间两直线的相对位置有三种:平行、相交和交叉(异面)。

两直线的相对位置投影特性见表 2.3。

表 2.3 两直线的相对位置投影特性

名称	立体图	投影图	投影特性
平行两直线	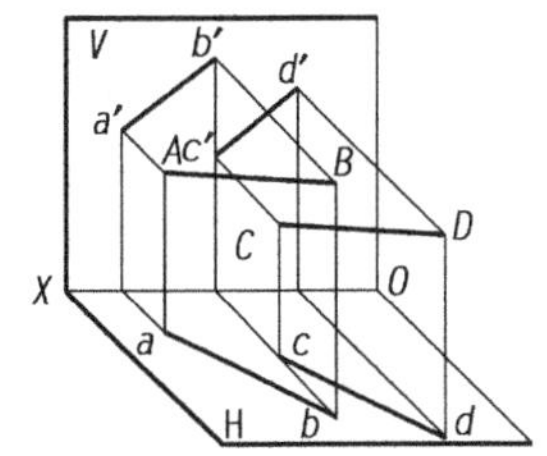	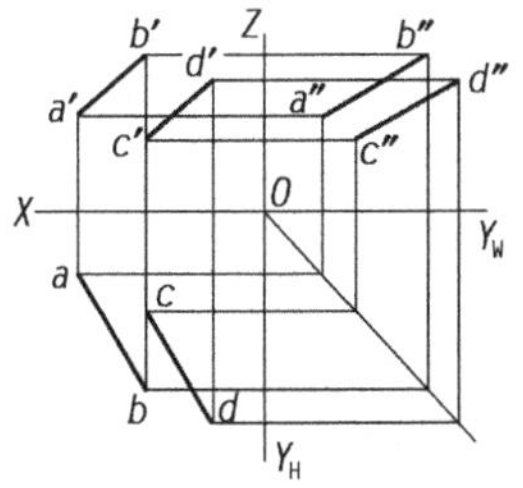	平行两直线的同面投影分别相互平行,且具有定比性
相交两直线	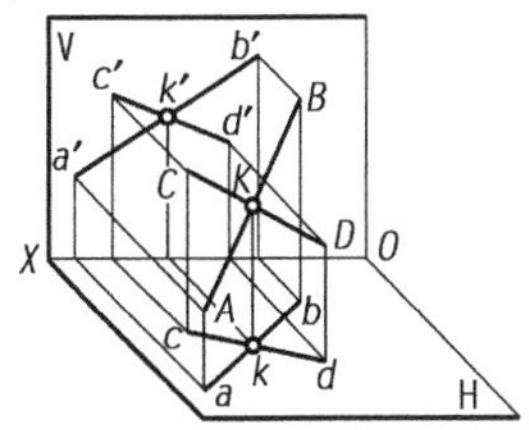	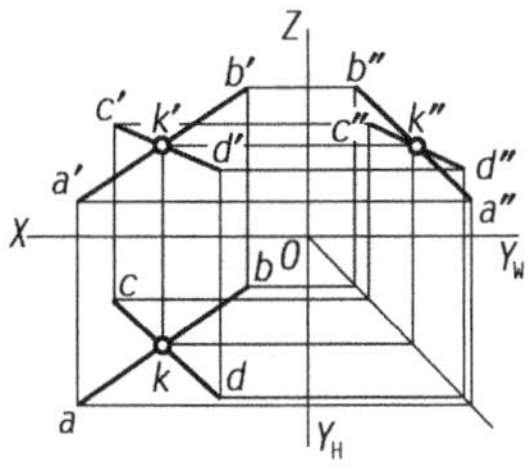	相交两直线的同面投影分别相交,且交点符合点的投影规律
交叉两直线	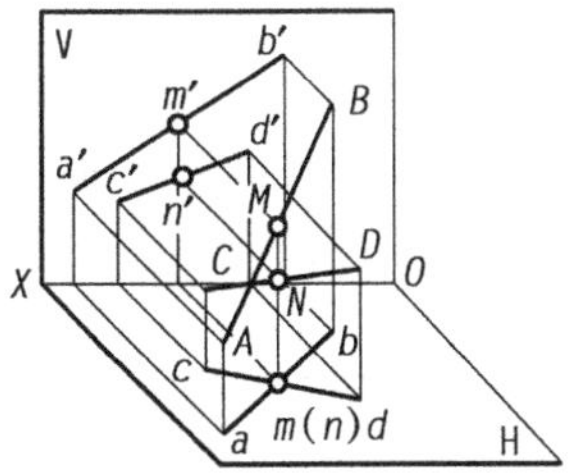	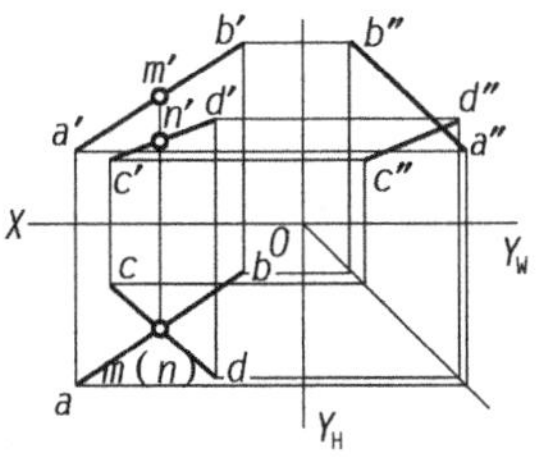	既不符合平行两直线的投影特性,又不符合相交两直线的投影特性

2.3.3 平面的投影

面的投影

1)平面的表示法

在投影图上,通常用如图 2.20 所示的五组几何要素中的任意一组表示平面的投影。

①不在同一直线上的三点[图 2. 20(a)];

②一直线及直线外一点[图 2. 20(b)];

③两平行直线[图 2. 20(c)];

④两相交直线[图 2. 20(d)];

⑤平面几何图形,如三角形、四边形、圆等[图 2. 20(e)]。

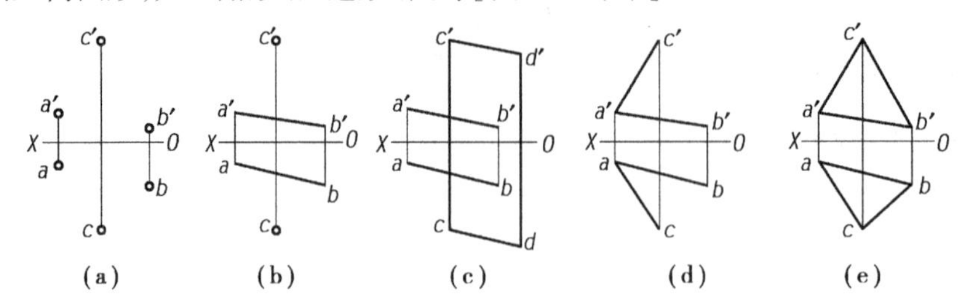

图 2. 20　平面的表示方法

2)平面的投影特性

根据平面与三个投影面的相对位置不同可将平面分为三类:投影面垂直面、投影面平行面和一般位置平面。投影面垂直面和投影面平行面又称特殊位置平面。

(1)投影面垂直面

垂直于某一投影面而与其余两投影面都倾斜的平面称为投影面垂直面。

- 铅垂面——垂直于 H 面并与 V、W 面倾斜的平面;
- 正垂面——垂直于 V 面并与 V、W 面倾斜的平面;
- 侧垂面——垂直于 W 面并与 V、W 面倾斜的平面。

它们的投影特性见表 2. 4。

表 2. 4　投影面垂直面的投影特性

名称	立体图	投影图	投影特性
铅垂面	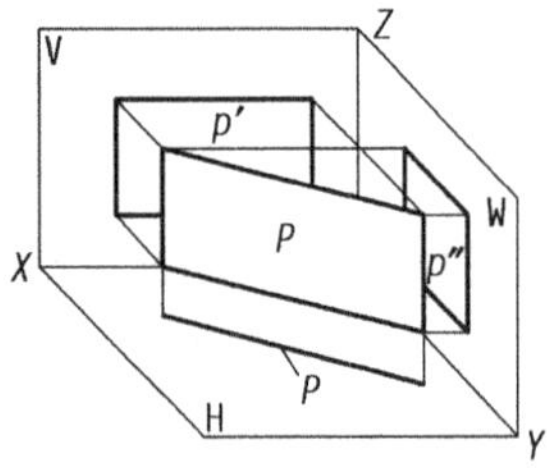	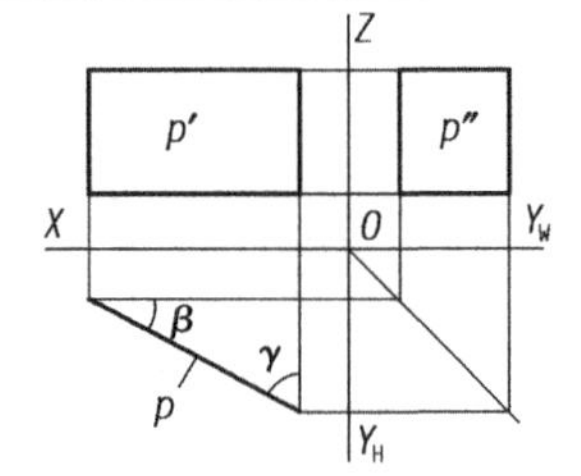	①水平投影积聚成一直线,并反映真实倾角 β、γ; ②正面投影和侧面投影仍为平面图形,但面积缩小
正垂面	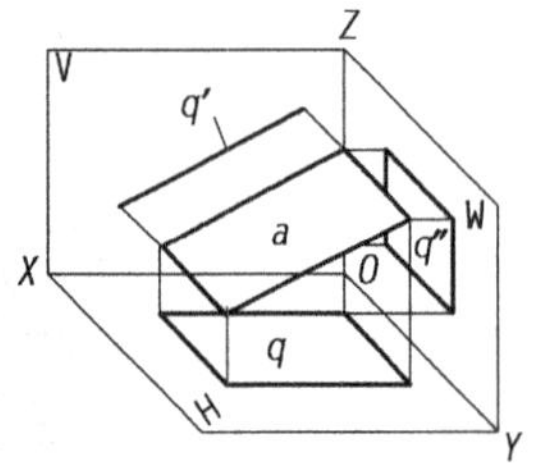	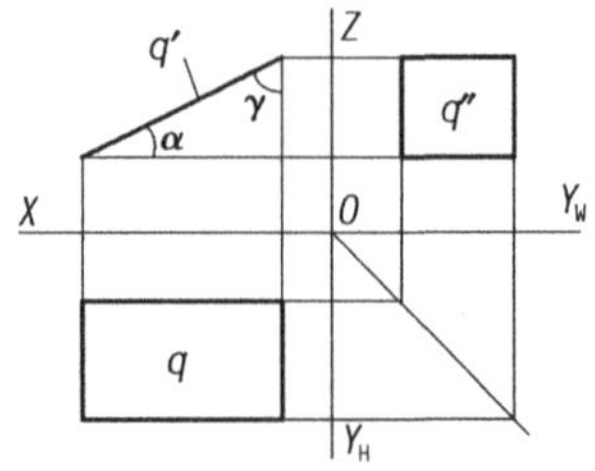	①正面投影积聚成一直线,并反映真实倾角 α、γ; ②水平投影和侧面投影仍为平面图形,但面积缩小

续表

名称	立体图	投影图	投影特性
侧垂面			①侧面投影积聚成一直线，并反映真实倾角 α、β； ②正面投影和水平投影仍为平面图形，但面积缩小
投影面垂直面的投影特性： ①平面在与其垂直投影面上的投影积聚成一直线，并反映该平面对其他两个投影面的倾角。 ②平面在其他两个投影面的投影都是面积小于原平面图形的类似形。			

(2)投影面平行面

平行于某一投影面从而垂直于其余两个投影面的平面称为投影面平行面。

- 水平面——平行于 H 面并与 V、W 面倾斜的平面；
- 正平面——平行于 V 面并与 V、W 面倾斜的平面；
- 侧平面——平行于 W 面并与 V、W 面倾斜的平面。

它们的投影特性见表 2.5。

表 2.5　投影面平行面的投影特性

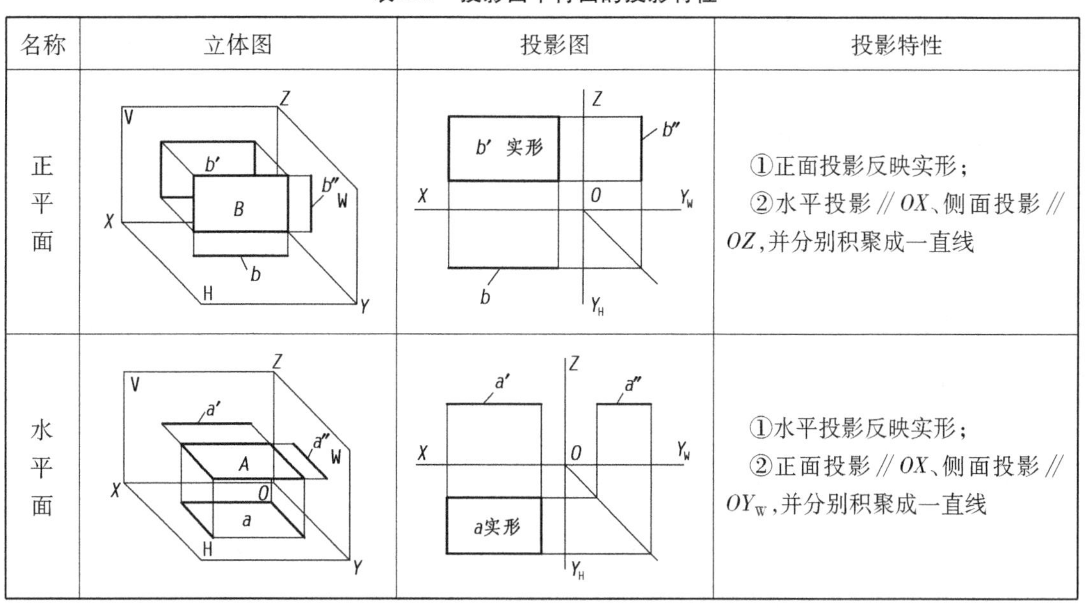

名称	立体图	投影图	投影特性
正平面			①正面投影反映实形； ②水平投影 // OX、侧面投影 // OZ，并分别积聚成一直线
水平面			①水平投影反映实形； ②正面投影 // OX、侧面投影 // OY_W，并分别积聚成一直线

续表

名称	立体图	投影图	投影特性
侧平面	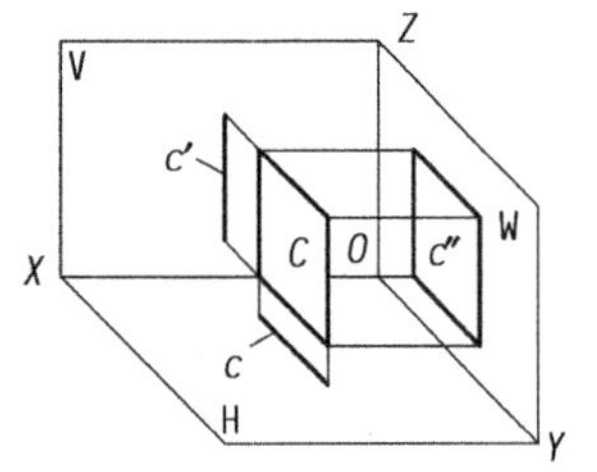	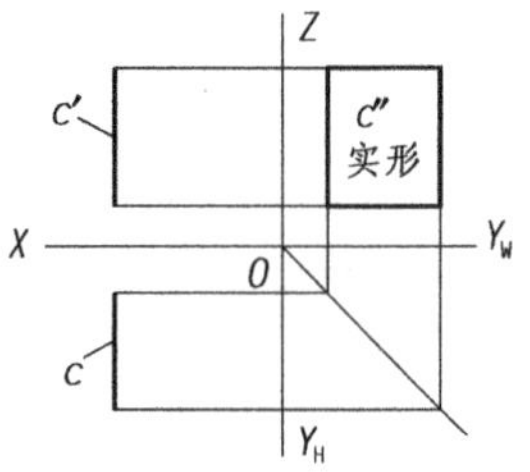 c″ 实形	①侧面投影反映实形； ②正面投影 // OZ、水平投影 // OY_H，并分别积聚成一直线
投影面平行面的投影特性： ①平面在与其平行的投影面上的投影反映平面实形。 ②平面在其他两个投影面的投影都积聚成平行于相应投影轴的直线。			

(3)一般位置平面

与三个投影面都倾斜的平面叫做一般位置平面。

一般位置平面的投影特性为：三个投影面的投影均为缩小的类似形。如图 2.21 所示，$\triangle ABC$ 与三个投影面都倾斜，它的三个投影的形状相类似，但都不反映$\triangle ABC$ 的实形。

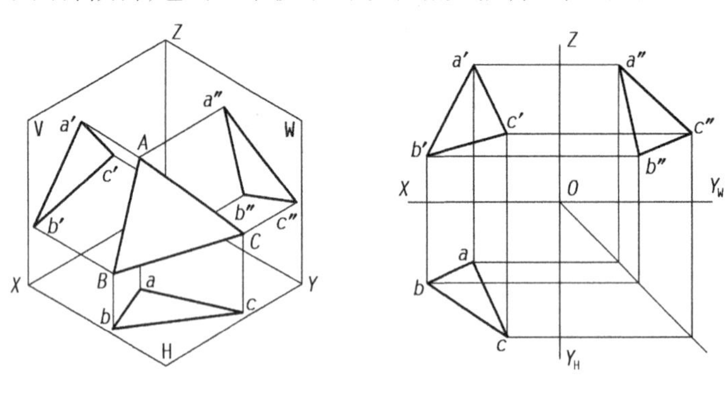

图 2.21　一般位置平面

3)平面上的直线和点的投影

(1)平面上取直线

平面上取直线的条件如下：

①直线通过一平面内的两个点。

②直线通过平面内的一个点且平行于平面内的另一条直线。

例 2.4　在相交二直线 AB、AC 所确定的平面内，任作一条直线[图 2.22(a)]。

解：可用下面两种作图方法：

①在平面内任找两个点连线[图 2.22(b)]。

在直线 AB 上任取一点 $M(m,m')$，在直线 AC 上任取一点 $N(n,n')$，用直线连接 M、N 的同名投影，直线 MN 即为所求。

②过平面内一点作平面内已知直线的平行线[图 2.22(c)]。

过点 C 作直线 $CM /\!/ AB$（$cm /\!/ ab$，$c'm' /\!/ a'b'$），直线 CM 即为所求。

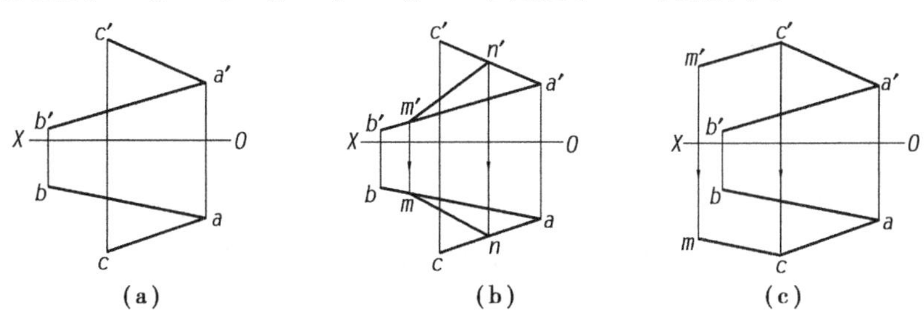

图 2.22　平面内取直线

例 2.5　已知平面△ABC，在平面内作一条正平线，并使其到 V 面的距离为 10 mm，如图 2.23(a)所示。

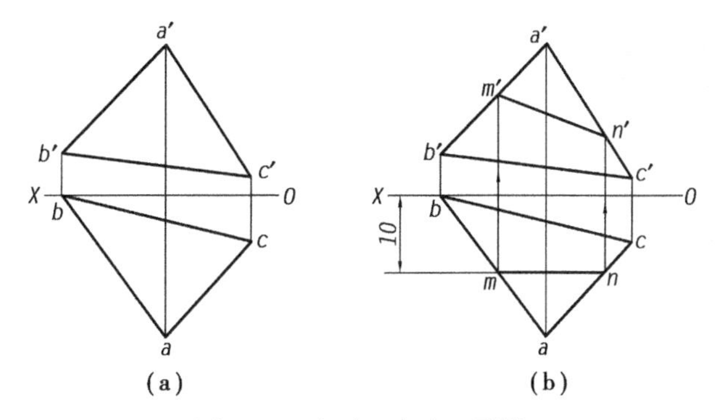

图 2.23　在平面内取正平线

解：平面内的投影面平行线应同时具有投影面平行线和平面内的直线的投影特性。因此，所求直线的水平投影应平行于 OX 轴，且到 OX 轴的距离为 10 mm，其与直线 ab、ac 分别交于 m 和 n。过 m、n 分别作 OX 轴的垂线与 $a'b'$、$a'c'$交于 m'、n'，连接 mn、$m'n'$，即为所求。

(2)平面上取点

点在平面内的几何条件是：点在直线上，直线在平面上，则点一定在该平面上。所以在平面内取点应首先在平面内取直线，然后再在该直线上取符合要求的点。

例 2.6　已知点 K 位于△ABC 内，求点 K 的水平投影[图 2.24(a)]。

解：在平面内过点 K 任意作一条辅助直线，K 的投影必在该直线的同面投影上。

作图　如图 2.24(b)所示，连接 $b'k'$与 $a'c'$交于 d'，求出直线 AC 上点 D 的水平投影 d，按投影关系在 bd 上求得点 K 的水平投影 k。

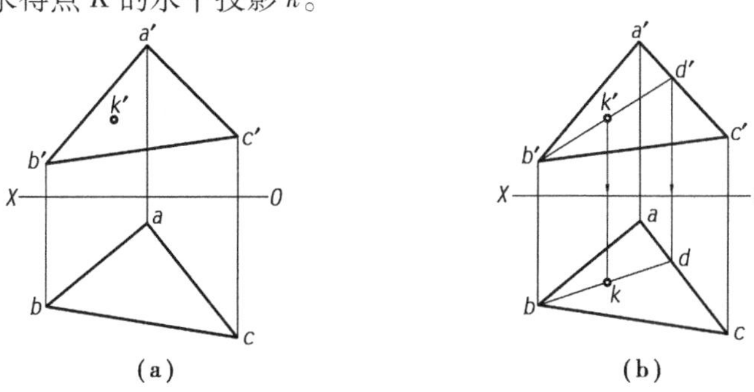

图 2.24　平面内取点

1.“长对正、高平齐、宽相等”,这首“图学三视图投影关系”的歌诀,既表示了长宽高三个方面,又指出了三个视图的关系,九字歌诀将投影几何学的深奥化为浅显易懂的口诀,使繁难变为简易。十年教学,九字歌诀,在当时的社会条件下,形成“千人唱,万人和”的情景,极大地推动着科学技术与图学知识的社会化。

2. 观察、感受和运用黄金分割点,体验艺术中的美学并把它应用于实践。

1. 东方明珠广播电视塔是上海的标志性文化景观之一,位于浦东新区陆家嘴,塔高约 468 m。多年来已成为上海对外宣传,向世界展示上海乃至中国精神风貌的窗口。请同学们找出该建筑中的黄金分割点。

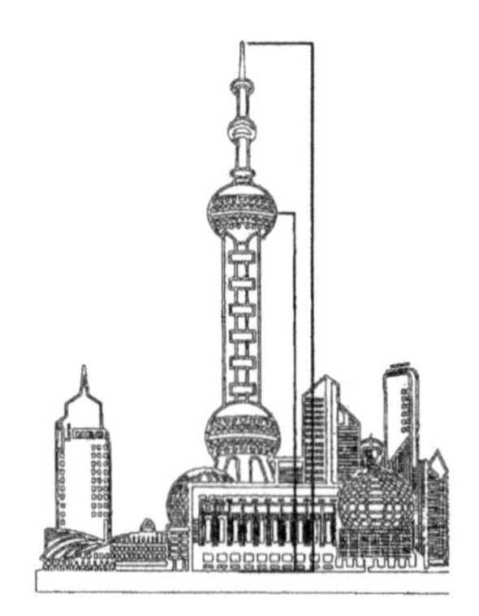

2. 请同学们为点、线、面的投影规律编成歌诀。

3. 已知点 *B* 距 H 面 20 mm、距 V 面 15 mm、距 W 面 30 mm,试作出点 *B* 的三面投影。

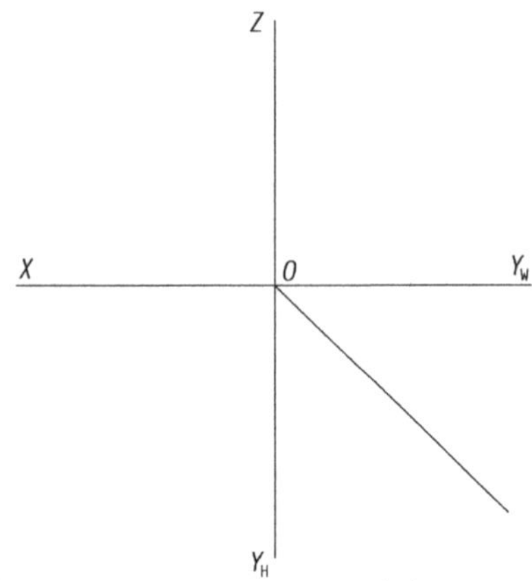

4. 已知点 *A* 在点 *B* 的左方 15 mm、下方 10 mm、前方 5 mm,求 *A*、*B* 两点的三面投影。

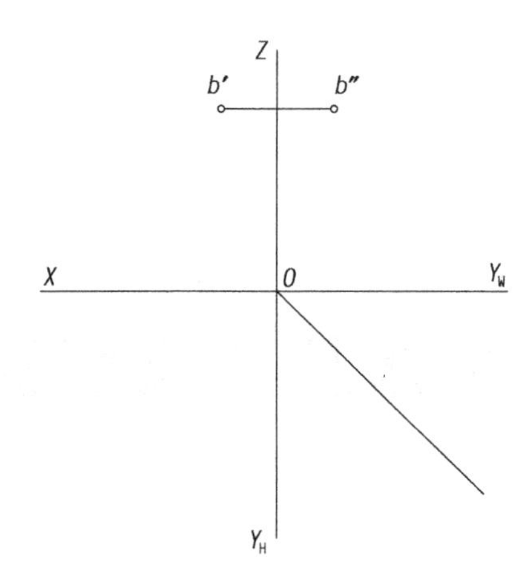

5. 作直线 AB 的 H 面投影，并标出它与 V、W 面的倾角 β 和 γ。

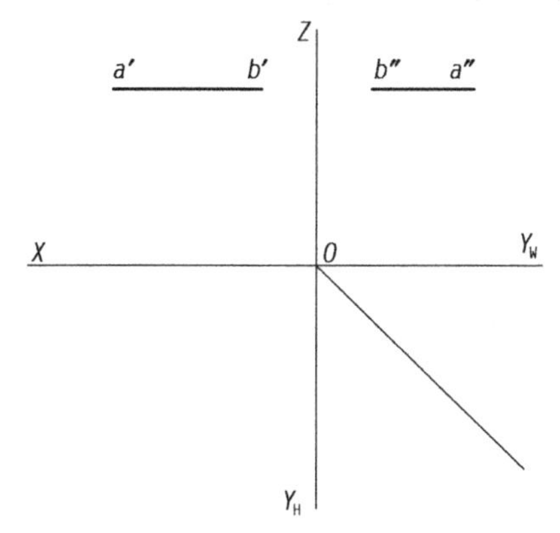

6. 根据平面图形的两个投影，求作它的第三投影，并判断平面的空间位置。

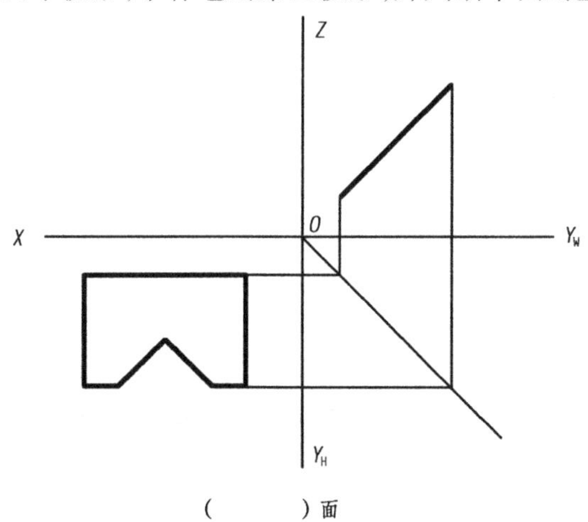

(　　　)面

3　立体及其表面交线

知识目标

1. 掌握基本体的投影特性和作图方法；
2. 掌握基本体表面上点、线的作图方法；
3. 掌握截交线的作图方法；
4. 掌握相贯线的作图方法。

技能目标

1. 能准确作出基本体的投影；
2. 能准确作出立体表面的点的投影；
3. 能准确绘制切割体的投影；
4. 能准确绘制回转体相贯线的投影。

素质目标

1. 培养追求卓越的创造精神和精益求精的“工匠”精神；
2. 培养克服困难，勇于创新，攻关克难的中国精神；
3. 激发时代责任感；
4. 培养家国情怀。

3.1　平面体的投影作图

【小知识】揭开金字塔“永恒的象征”背后的秘密

金字塔是一种高大的角锥体建筑物，底座为四边形，每个侧面是三角形。由于生产力

和原材料的限制要求，通过相应的数学水平计算出最大限制“少用”建造用料，金字塔的形状设计应运而生。它朝着东、西、南、北四个正向，夹角是52°，这刚好是沙子自然下落，堆成沙堆的角度，人们把这种角度称为“稳定角”。最令人惊奇的是，金字塔的建筑完美地运用了地磁场和磁轴与地球自转轴稍倾斜的原理，建造在非常接近正北纬30°的线上，使得金字塔随地球自转运动而承受极小振幅，可以常年屹立不倒。所以在人类的文明史上，金字塔就是永恒的象征。

【启示】这个四千多年屹立不倒的“正四棱锥体”建筑反映了古人卓越的智慧、令人难以置信的创造能力和劳动能力。

平面体的投影作图

平面立体的表面是由若干个多边形平面所围成，绘制平面立体的投影可归结为绘制立体各表面的投影。平面立体的各表面是由棱线所围成，而每条棱线可由其两端点确定，因此，又可归结为绘制各棱线及各顶点的投影。画三视图时，应首先分析平面立体各表面、棱线对投影面的相对位置，然后运用有关点、直线、平面的投影规律进行作图。

3.1.1 棱柱

棱柱的棱线互相平行。常见的棱柱有三棱柱、四棱柱、五棱柱和六棱柱等。以图3.1(a)所示正五棱柱为例，分析其投影特征和作图方法。

1)投影分析

图示正五棱柱的顶面和底面都是水平面，它们的边分别是4条水平线和一条侧垂线；棱面是4个铅垂面和一个正平面，棱线是五条铅垂线。

直棱柱的投影特点：一个投影为多边形，反映棱柱的形状特征，另外两个投影是由实线或虚线组成的矩形线框。

2)作图步骤

①画出正面投影和侧面投影的对称线、水平投影的对称中心线；

②画出顶面、底面的三面投影；

③画出五个棱面的三面投影。投影如图3.1(b)所示。

注意：可见棱线画粗实线，不可见棱线画虚线。当它们重影时，画可见棱线。

3)棱柱表面上点的投影

在平面立体表面上取点，其原理和方法与平面上取点相同。但需要判别点的投影可见性：若点所在表面的投影可见，则点的同面投影也可见；反之不可见，对不可见的点的投影，需要加圆括号表示。

例3.1 如图3.2所示，已知正五棱柱表面上的点F和G的正面投影$f'(g')$，作出它们的水平投影和侧面投影。

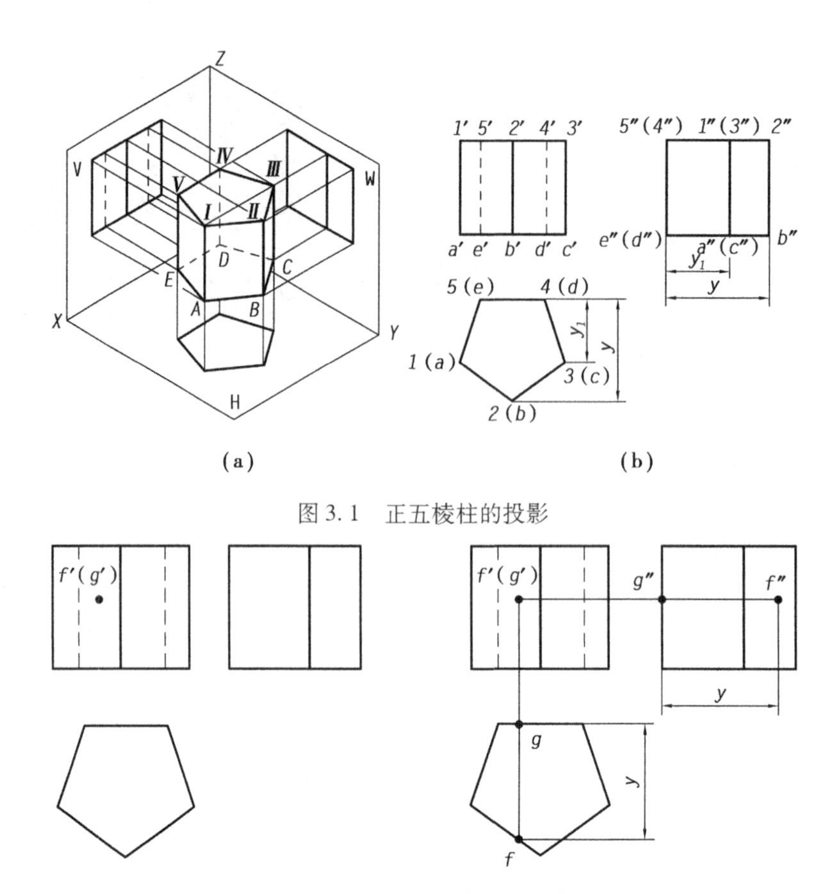

图3.1 正五棱柱的投影

图3.2 正六棱柱表面上取点

因为 F 和 G 在正五棱柱的表面上，根据 f' 可见，g' 不可见，点 F 在左前侧棱面上，点 G 在后棱面上。其作图思路主要是根据点在棱面上，若棱面的某投影积聚成一条直线，则点的同面投影在这条直线上。

作图过程如图3.2所示，其步骤如下：

①由 $f'(g')$ 分别在这两个棱面的有积聚性的水平投影（直线）上作出 f、g。

②由 (g') 在后棱面的有积聚性的侧面投影（直线）上作出 g''。

③根据点的投影规律由 f、f' 作出 f''。

3.1.2 棱锥

棱锥的底面为多边形，各侧面为具有公共顶点的三角形。常见的棱锥有三棱锥、四棱锥、五棱锥等。以图3.3所示的正三棱锥为例，分析其投影特征和作图方法。

1）投影分析

图3.3(a)为一正三棱锥，它由底面 $\triangle ABC$ 和3个棱面 SAB、SBC、SAC 组成。棱锥的底 $\triangle ABC$ 是一个水平面，它的水平投影 $\triangle abc$ 反映 $\triangle ABC$ 的实形，正面和侧面投影积聚成水平直线段；棱面 SBC 为侧垂面，侧面投影积聚成一直线段，水平和正面投影不反映实线；棱面 SAB 和 SAC 为一般位置平面，即与三个投影面均倾斜，所以三个投影既没有积聚性也不反映实形。底边 AB、AC 为水平线，CB 为侧垂线、棱线 SA 为侧平线，棱线 SB、SC 为一般位置直线。

画棱锥的投影时，画出底面 $\triangle ABC$ 的三面投影和棱线 SA、SB、SC 的三面投影即可。

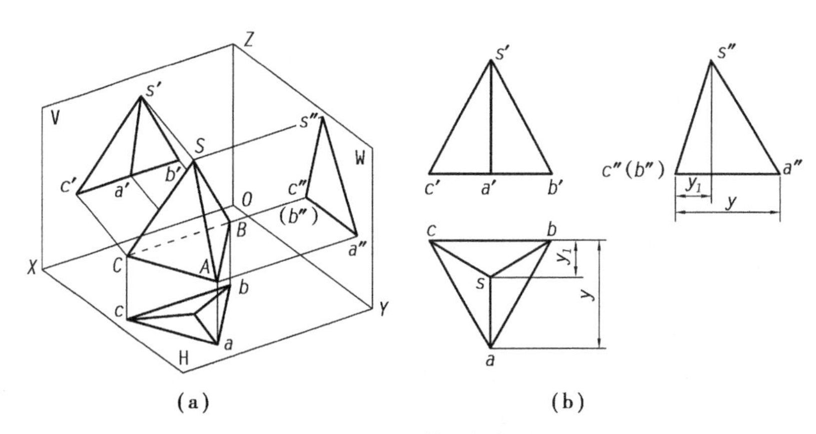

图 3.3　正三棱锥的投影

2)作图步骤

①先从反映底面△*ABC* 实形的水平投影画起,画出△*ABC* 的三面投影;

②再画出顶点 *S* 的三面投影;

③画出棱线 *SA*、*SB*、*SC* 的三面投影,判别可见性。

3)棱锥表面点的投影

组成棱锥的表面既有特殊位置平面,也有一般位置平面。特殊位置平面上点的投影可利用平面的积聚性作图,一般位置平面上点的投影,可选取适当的辅助直线作图。

例 3.2　如图 3.4 所示,已知棱面表面上点的正面投影 m',作 *M* 的其他两面投影。

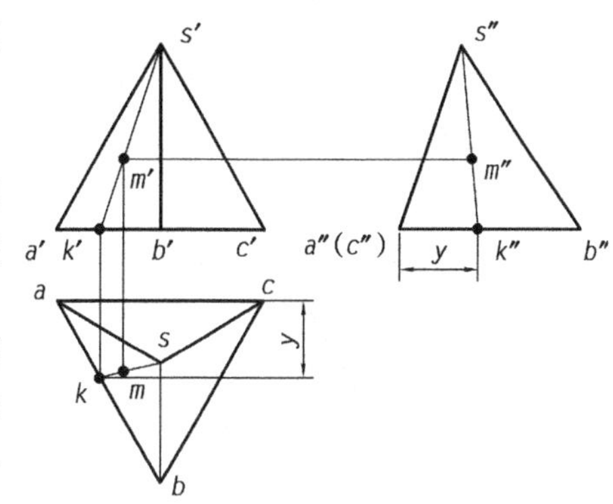

图 3.4　正三棱锥表面上取点

作图步骤如下:

①空间分析。先判断 M 在棱锥哪个表面上。因为 m'在棱锥的左边且可见,所以点 *M* 必在棱锥的左前棱面三角形 *SAB* 上。

②分析该点所在平面的投影特性,利用点在平面上的投影作图方法,作出该点的投影。棱面三角形 *SAB* 为一般位置平面,可采用辅助线法,过点 *M* 在平面上作一条辅助直线 *SK*,与底边 *AB* 交于点 *K*,利用点在直线上的投影规律,作出 *SK* 的水平投影,由于点 *M* 属于直线 *SK*,*M* 的水平投影 *M* 必在直线 *SK* 的水平投影 *sk* 上,进而求出 *M* 的水平投影 *m*,再根据 *m*、m'求出 m''。

③判断点投影的可见性。点投影的可见性的判别原则是,若点所在面的投影可见(或有积聚性),则点的投影也可见。由于棱面三角形 *SAB* 的水平投影和侧面投影均可见,所以 *m* 和 m''均可见。

古人对几何形体的完美运用领我们叹服。数千年屹立不倒的金字塔告诉我们:世界

上从来都没有什么奇迹,奇迹的背后一定是人类巧妙的设计和精心的建造,是追求卓越的创造精神和精益求精的“工匠”精神。

1. 建筑的地域性、文化性、时代性是一个整体的概念,地域是建筑赖以生存的根基,文化是建筑的内涵和品味,时代性体现建筑的精神和发展。三者是相辅相成不可分割的。下图是南京大屠杀遇难同胞纪念馆,纪念馆的外观是个三棱锥体,请大家了解一下原因,并绘制出它的三视图。

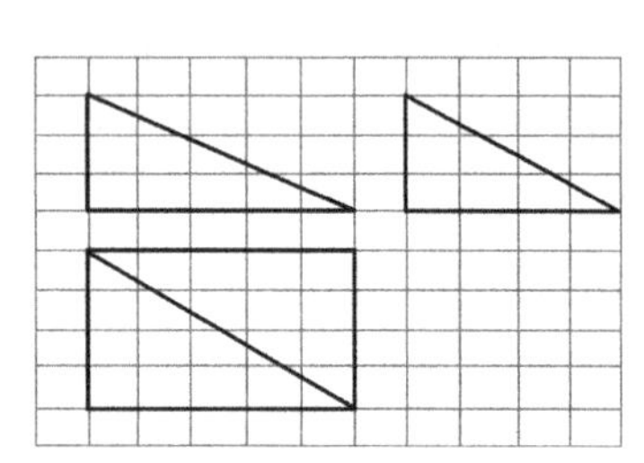

2.《九章算术》是我国古代内容极为丰富的数学名著,系统地总结了战国、秦、汉时期的数学成就。书中将底面为长方形且有一条侧棱与底面垂直的四棱锥称为“阳马”,若某“阳马”的三视图如图所示(网格纸上小正方形的边长为1),则该“阳马”最长的棱长为(　　)。

A. 5　　B. $\sqrt{41}$　　C. $\sqrt{34}$　　D. $5\sqrt{2}$

3. 补画第三视图,并补全其表面上点的三面投影。

(1)

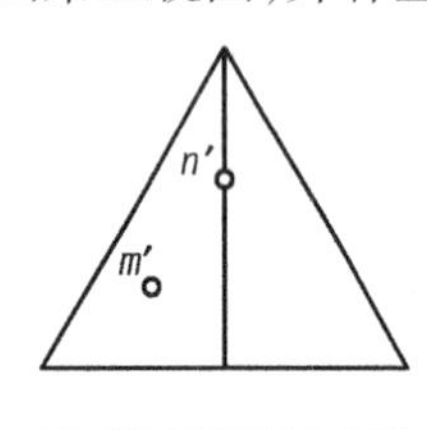

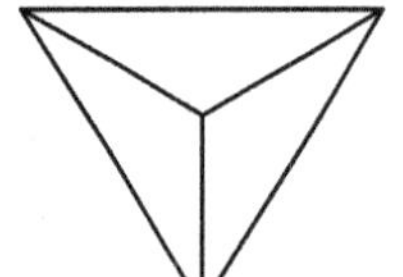

(2)

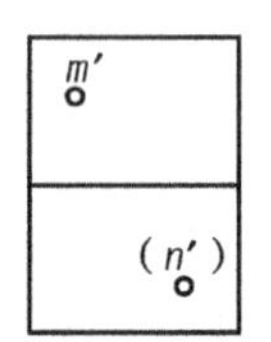

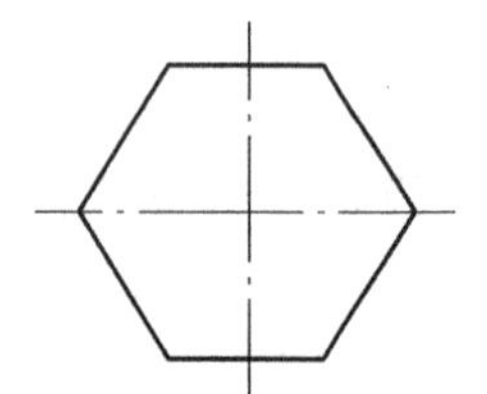

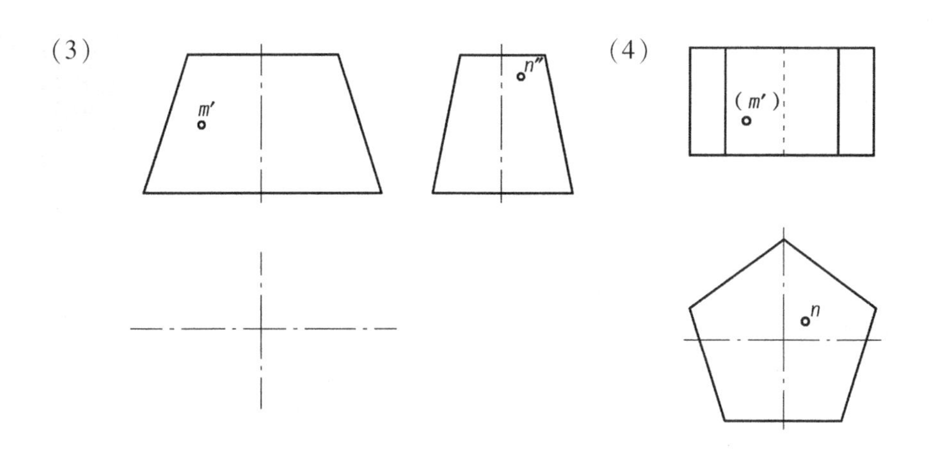

3.2 曲面体的投影作图

【案例】120 个圆柱形钢筒筑起港珠澳大桥人工岛

人工岛是港珠澳大桥的控制性工程之一,要把大桥海面上的部分和海底隧道连接起来,办法就是通过填海造出两座人工岛,可是用传统的方法填海造岛大概要花 2 年多的时间,这是大桥工期所不允许的。工程师们设计了一套全新的方案,他们将巨大的圆柱形钢筒插入海底深度超过 30 m,围成一个人工岛,两座人工岛一共使用 120 个钢筒,每个钢筒直径 22 m,高 40 ~ 50 m,相当于四辆大卡车,钢筒被敲进海床后,人工岛便在此基础上建造。

【启示】120 个钢圆筒筑起“定海神针”,看似简单,却历经了重重难关。中国工程师的构想展示着国际首创精神。

曲面体的
投影作图

由一母线绕轴线回转而形成的曲面称为回转面,由回转面或回转面与平面所围成的立体称为回转体,也称曲面立体。常见的回转体有圆柱、圆锥和圆球等。

3.2.1 圆柱

圆柱体由圆柱面与上、下两端面围成。圆柱面可看作由一条直母线绕平行于它的轴线回转而成,圆柱面上任意一条平行于轴线的直母线,称为圆柱面的素线。

1)投影分析

如图 3.5 所示,当圆柱轴线垂直于水平面时,圆柱上、下端面的水平投影反映实形,正、侧面投影积聚成直线。圆柱面的水平投影积聚为一圆周。在正面投影中,前、后两半圆柱面的投影重合为一矩形,矩形的两条竖线分别是圆柱面最左、最右素线的投影,也是圆柱面前、后分界的转向轮廓线。在侧面投影中,左、右两半圆柱面的投影重合为一矩形,矩形的两条竖线分别是圆柱面最前、最后素线的投影,也是圆柱面左、右分界的转向轮廓线。

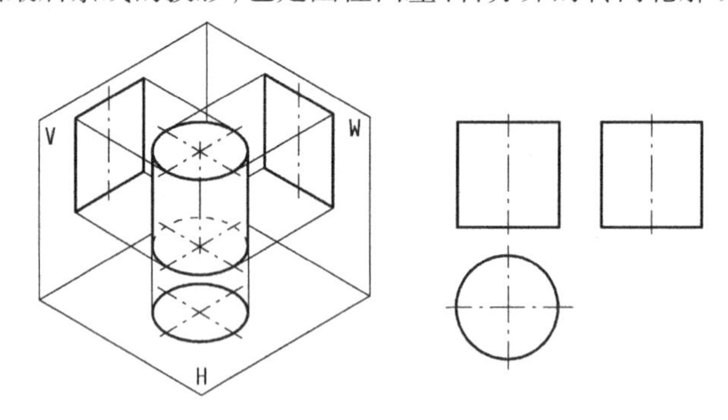

图 3.5　圆柱体的投影

2)作图步骤

①先用细点画线画出轴线和圆的中心线;

②然后画出反映为圆的投影;

③再根据圆柱的高度作出另外两个投影——矩形。

3)圆柱表面上点的投影

圆柱表面找点,若点在转向轮廓线上,可直接根据线上取点的方法直接找出点的投影。若点不在转向轮廓线上,可根据圆柱面的积聚性,先找出点的积聚性投影,然后再根据点的投影规律找出点的其余投影。

例 3.3　如图 3.6 所示,已知圆柱面上两个点 a、b 的正面投影 $a'(b')$,求作它们的水平投影和侧面投影。

解:从 a'可见和(b')不可见知道,点 A 在前半圆柱面上,而点 B 在后半圆柱面上。其作图思路主要是根据点在圆柱表面上,而圆柱表面的水平投影是圆,则点的水平投影在圆上。作图过程如图 3.7(b)所示,其步骤如下:

①由 $a'(b')$ 向下做垂线,与圆柱面的水平投影相交,交点 a 和 b 即分别为点 A、B 的水平

投影。

②由 a' 和 a、b' 和 b 分别作出 a''、b''。由于点 A、B 都在左半圆柱面上，所以 a''、b'' 都是可见的。

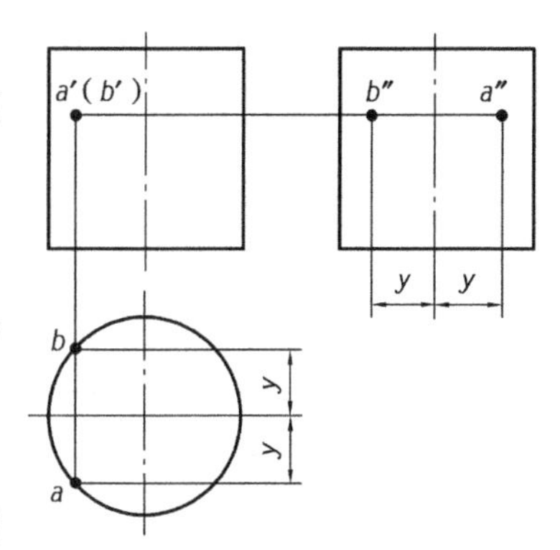

图 3.6　圆柱体表面上取点

3.2.2　圆锥

圆锥面可看作母线绕与它相交的另一直线(轴线)旋转一周而形成的曲面，如图 3.7(a)所示。

1)投影分析

图 3.7(b)表示一直立圆锥，它的正面和侧面投影为同样大小的等腰三角形。正面投影 $s'a'$ 和 $s'c'$ 是圆锥面的最左和最右素线(正面投影的转向轮廓线)的投影，其侧面投影与轴线重合，它们把圆锥面分为前、后两半；侧面投影 $s''b''$ 和 $s''d''$ 是圆锥面最前和最后素线(侧面投影的转向轮廓线)的投影，其正面投影与轴线重合，它们把圆锥面分为左、右两半。

圆锥面的水平投影为圆，其直径为圆锥的底圆直径。最左和最右素线 SA、SC 为正平线，其侧面投影与轴线重合，水平投影与圆的水平中心线重合；最前和最后素线 SB、SD 为侧平线，其正面投影与轴线重合，水平投影与圆的竖直中心线重合。

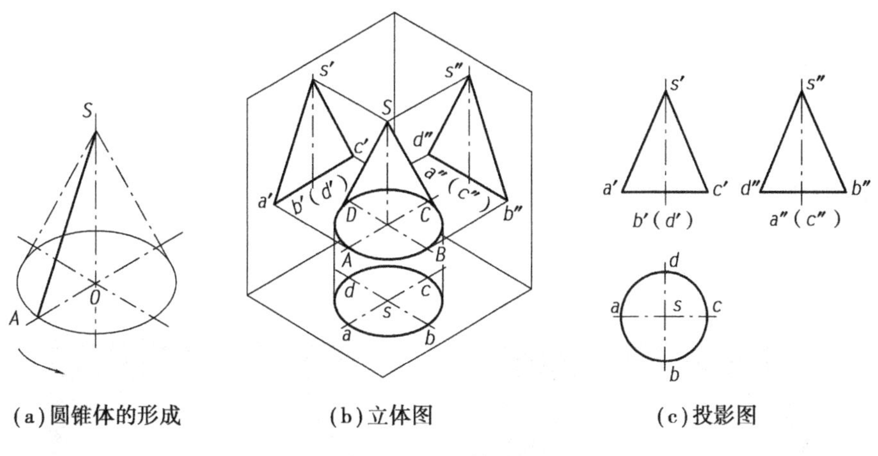

(a)圆锥体的形成　(b)立体图　(c)投影图

图 3.7　圆锥体投影

2)作图步骤

①先用细点画线画出轴线和圆的对称中心线；

②然后画出反映为圆的投影；

③再根据圆锥的高度作出另外两个投影，如图 3.7(c)所示。

3)圆锥表面上的点

(1)辅助线法

图 3.8 表示圆锥面上取点的作图原理。由于圆锥面的各个投影都不具有积聚性，因此，取点时必须先作辅助线，再在辅助线上取点，这与在平面内取点的作图方法类似。

(2)辅助圆法

过圆锥面上点 A 作一垂直于圆锥轴线的辅助圆，点 A 的各个投影必在此辅助圆的相应投影上。在图 3.9 中过 a' 作水平线 $b'c'$，此为辅助圆的正面投影积聚线。辅助圆的水平投影为

一直径等于 $b'c'$ 的圆，圆心为 s，由 a' 向下引垂线与此圆相交，且根据点 A 的可见性，即可求出 a。然后再由 a' 和 a 可求出 a''。

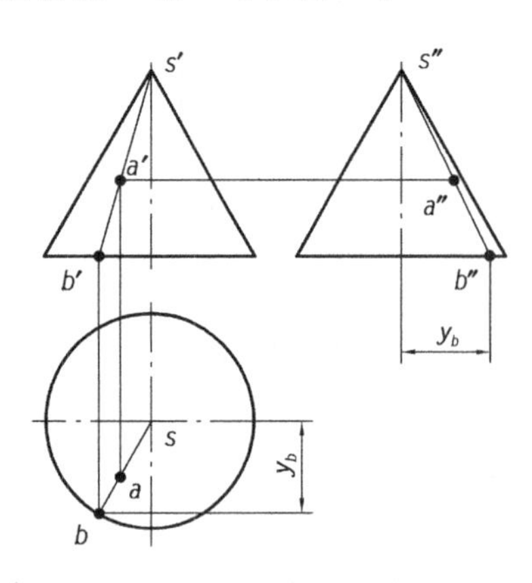

图 3.8　圆锥及表面上取点（辅助线法）

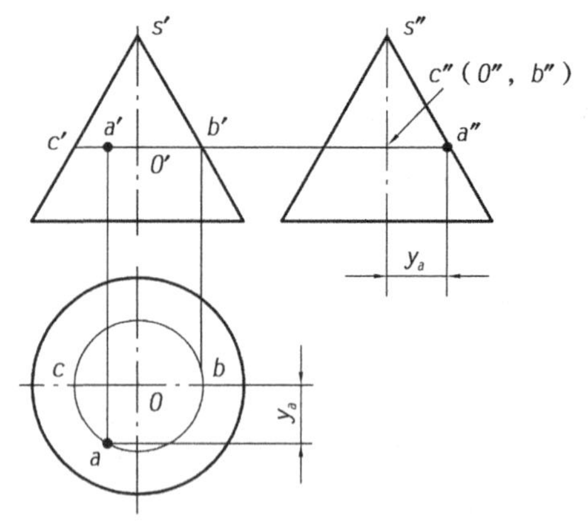

图 3.9　圆锥及表面上取点（辅助圆法）

3.2.3　圆球

【案例】地球的标准照——中国版“蓝色弹珠”

在 2017 年 9 月的几天里，微信启动界面上的地球照片由非洲大陆上空视角变成了我们的祖国上空。中国版的“蓝色弹珠”，是由我国中科院自主研发的风云四号气象卫星在离地球表面 36 000 km 的轨道上拍摄的。

【启示】中国版的“蓝色弹珠”寓意从“人类起源”到“华夏文明”的历史发展，旨在向亿万微信用户展示我国大好河山风貌。

圆球面可看成是一个圆（母线）绕它的一直径（回转轴）旋转一周而形成的曲面。

1）投影分析

如图 3.10 所示，圆球三个投影是圆球上平行于相应投影面的三个不同位置的最大轮廓圆。正面投影的轮廓圆是前、后两半球面的可见与不可见的分界线，该圆的水平投影与圆的水平中心线重合，侧面投影与圆的竖直中心线重合。水平投影的轮廓圆是上、下两半球面的可见与不可见的分界线，该圆的正面投影与圆的水平中心线重合，侧面投影也与圆的水平中心线重合。侧面投影的轮廓圆是左、右两半球面的可见与不可见的分界线，该圆的正面投影与圆的竖直中心线重合，水平投影也与圆的竖直中心线重合。

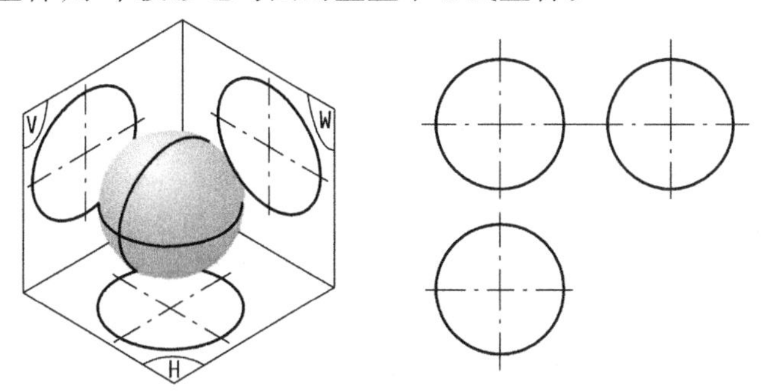

图 3.10　圆球投影

2）作图步骤

①先用细点画线画出圆的对称中心线；

②然后画出反映为圆的三个投影。

3）圆球表面上点的投影

辅助圆法，即过该点在球面上作一个平行于任一投影面的辅助圆。过点 M 作一平行于水平面的辅助圆，它的正面投影为过 m' 的直线 $a'b'$，水平投影为直径等于 $a'b'$ 长度的圆。又由于 m' 不可见，故点 M 必在后半球面上，据此可确定位置偏上的点即为(m)，再由 m、m' 可求出 m''，如图 3.11 所示。

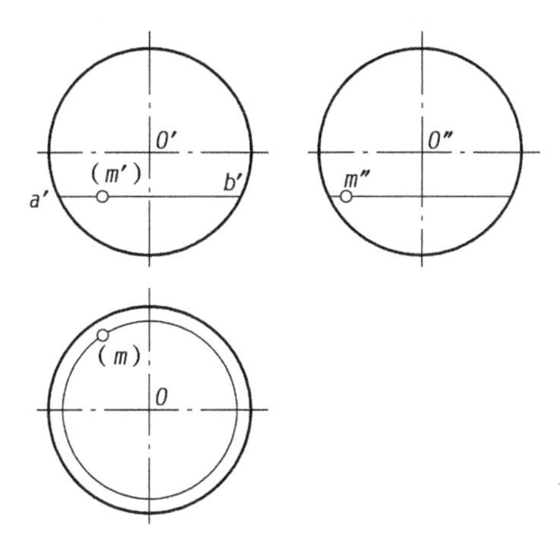

图 3.11　圆球表面上的点

1. “世纪工程”港珠澳大桥被誉为“当代世界七大奇迹”之一，是“一国两制”框架下粤港澳三地首次合作建设的大型跨海交通工程。港珠澳大桥中的海底隧道工程属于国内首创，120 个圆筒筑起的“定海神针”，非一日之功，历经了重重难关，展示着中国的国际首创精神。

2. 中国版“蓝色弹珠”是由我国新一代静止轨道气象卫星风云四号 A 星拍摄的。它可以给地球表层的大气层做 CT 一样的切片，体现了我们国家在气象卫星上跨越式的发展。

1. 公元前 5 到 6 世纪，古希腊数学家毕达哥拉斯率先提出地球是球形的这一概念，但是他的这种信念仅是因为他认为圆球在所有几何形体中最完美。公元前 350 年前后，古希腊的亚里士多德通过观察月食得出大地是球形的结论。公元前 200 年前后，亚历山大城图书馆馆长埃拉托色尼测量出地球的周长与现代的数据相差无几。1519 年，葡萄牙航海家麦哲伦开始了环球航行，用实践证明了地球是一个球体。请大家谈谈对这件事的看法？

2. 补画第三视图，补全其表面上点的三面投影。

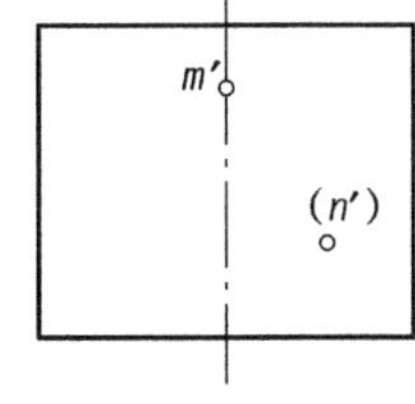

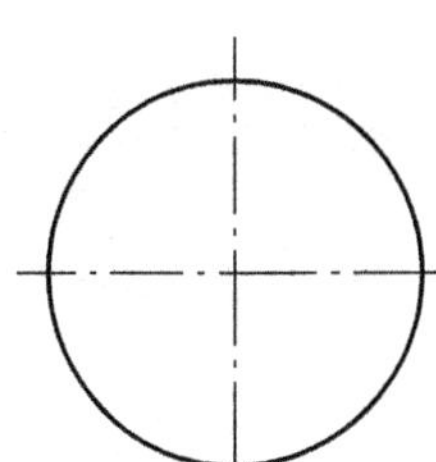

(2)

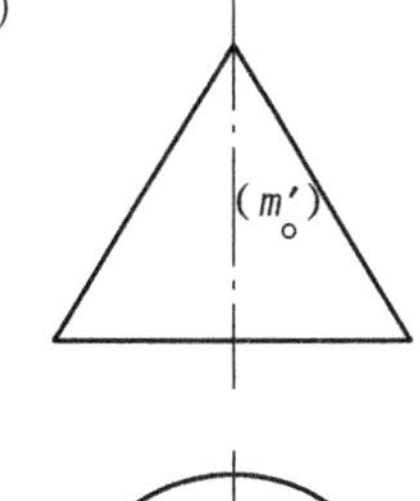

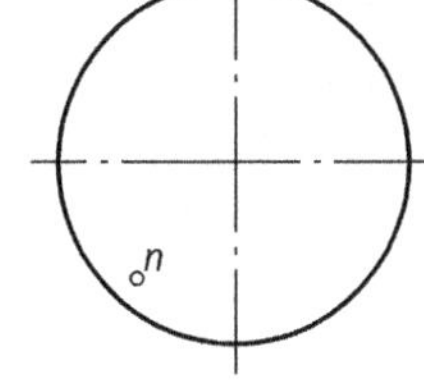

(3)

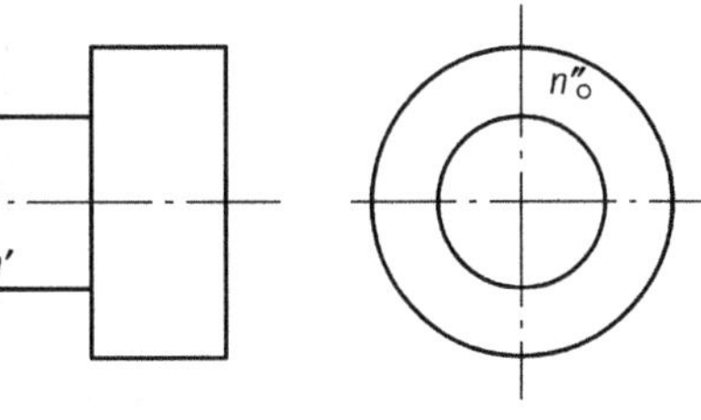

(4)

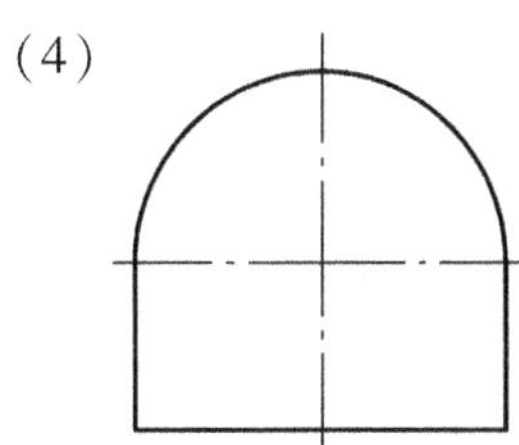

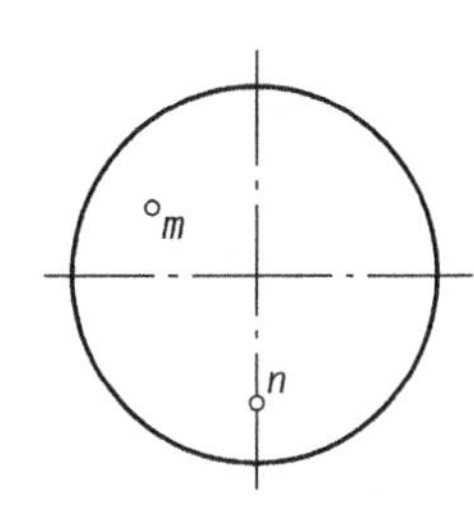

3.3 切割体的投影作图

【案例】全球最佳高层建筑奖——央视大楼中蕴含的中国精神

中央电视台总部大楼2007年12月24日被美国《时代》周刊杂志评选为世界十大建筑奇迹之一;2013年11月7日获世界高层都市建筑学会“2013年度全球最佳高层建筑奖”。主楼的两座塔楼双向内倾斜6°,在163 m以上由“L”形悬臂结构连为一体,总体形成一个闭合的环,从技术上讲,这座建筑存在很大难度,在建筑界还没有现成的施工规范可循。

【启示】它的外形可以简化成由基本体切割得到的。通过央视大楼的外观“切割体”的设计,我们体会到“不惧权威,敢于尝试,无所畏惧,高度自信”的中国精神。

平面切割平面体投影作图

在机器零件上经常见到一些立体与平面相交,或立体被平面截去一部分的情况。这时,立体表面所产生的交线称为截交线。这个平面称为截平面。截交线围成一个封闭的平面图形称为截断面。截交线举例如图3.12所示。

截交线的性质如下:

①截交线是封闭的平面图形。

②截交线是截平面与立体表面的共有线。

③根据截交线的性质,截交线的画法可归结为求作平面与立体表面的共有点。

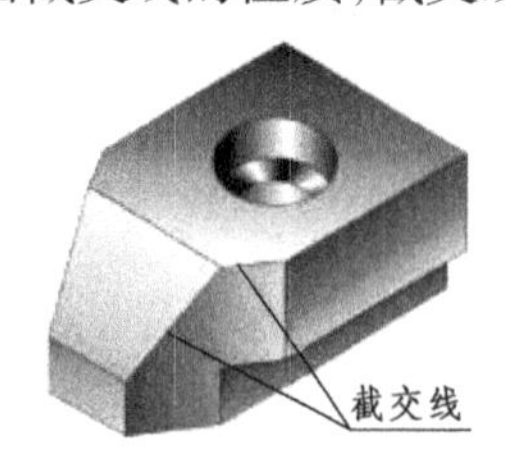

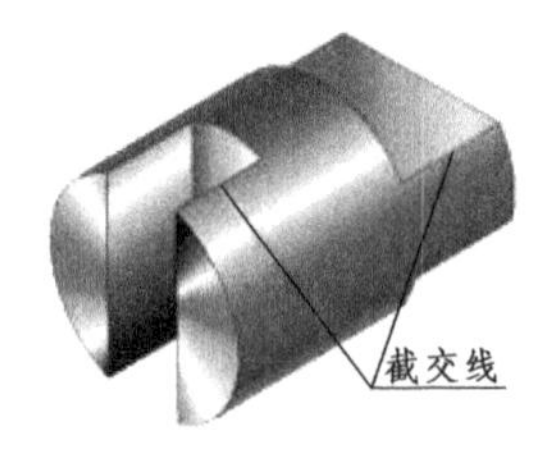

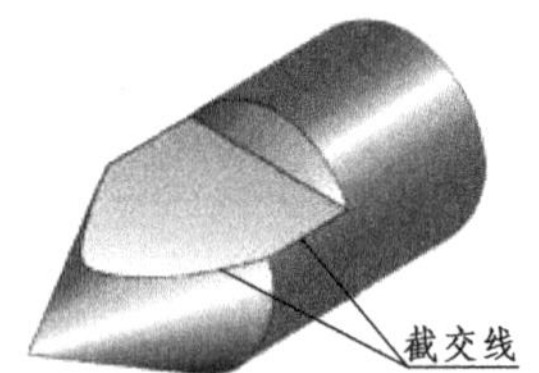

图3.12 截交线举例

3.3.1 平面切割平面体

平面立体被截平面截切后所得的交线称为截交线。截交线是由直线组成的一个封闭的平面多边形。多边形的边是立体表面与截平面的交线,而多边形的顶点则是立体棱线与截平面的交点。截交线既在立体表面上,又在截平面上,所以它是立体表面和截平面的共有线,截交线上的每一点都是它们的共有点。

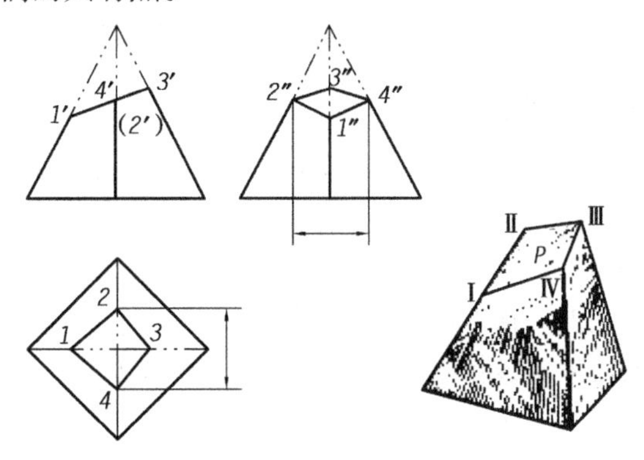

图 3.13 平面切割四棱锥

例 3.4 如图 3.13 所示,求作被正垂面截切后的四棱锥的三视图。

解:因截平面 P 与四棱锥四个棱面相交,所以截交线为四边形,它的四个顶点即为四棱锥的四条棱线与截平面 P 的交点。截平面垂直于正立投影面,而倾斜于侧立投影面和水平投影面。所以,截交线的正面投影积聚在 p' 上,侧面和水平投影则都是类似形。

作图过程如下:

①先画出完整正四棱锥的三个投影。

②因截平面 P 的正面投影具有积聚性,所以截交线四边形的四个顶点Ⅰ、Ⅱ、Ⅲ、Ⅳ的正面投影 1′、2′、3′、4′可直接得出,据此即可在水平投影上和侧面投影上分别求出 1、2、3、4 和 1″、2″、3″、4″。将顶点的同面投影依次连接起来,即得截交线的投影。

③在三个投影图上擦去被截平面 P 截去的投影,即完成作图。

例 3.5 如图 3.14(a)所示,完成五棱柱被两平面 P、Q 截切后的正面投影。

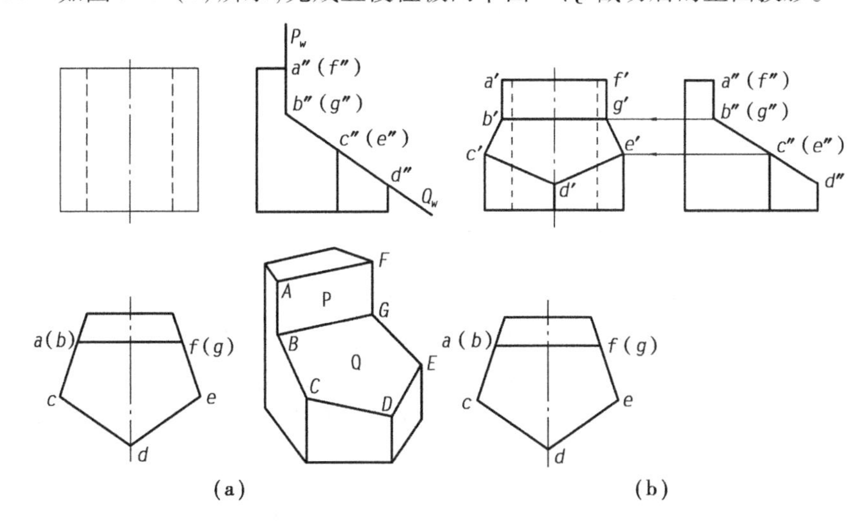

图 3.14 平面切割五棱柱

作图步骤如下:

①先画出完整五棱柱的正面投影。

②分析两个切断面的空间形状和投影形状，画出截断面的投影。平面 P 截切后截断面的空间形状为矩形，P 为正平面，正面投影反映矩形实形，其他两个投影为两条平行线段。平面 Q 截切后截断面的空间形状为五边形 $BCDEG$，其为侧垂面，侧面投影积聚为一倾斜线段，其他两个投影为五边形的类似性，通过描点，求出该侧垂面的正面投影，如图 3.14(b)所示。

3.3.2 平面切割曲面体

曲面立体被平面切割时，其截交线一般为闭合的平面曲线，特殊情况下是直线。作图的基本方法是求出曲面立体表面上若干条素线与截平面的交点，然后光滑连接而成。截交线上一些能确定其形状和范围的点，如最高、最低点，最左、最右点，最前、最后点，以及可见与不可见的分界点等，均称为特殊点。作图时，通常先作出截交线上的特殊点，再按需要作出一些中间点，最后依次连接各点，并注意投影的可见性。

平面切割圆柱体投影作

1)平面切割圆柱体

根据截平面与圆柱轴线的相对位置不同，其截交线有三种形状，见表 3.1。

表 3.1 圆柱的截交线

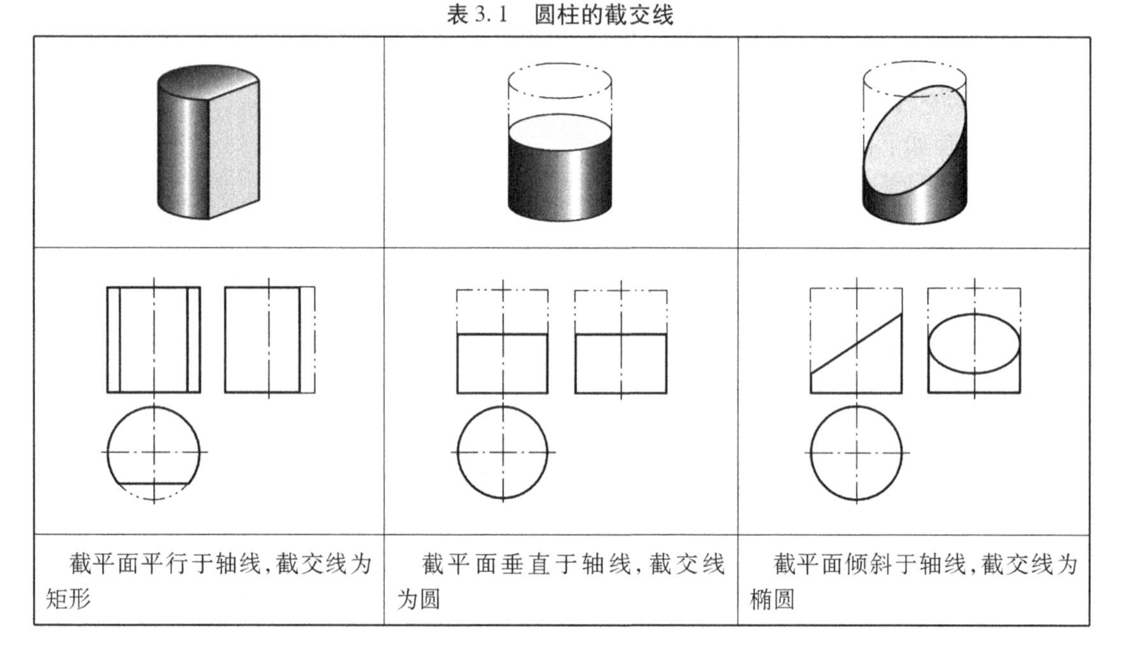

截平面平行于轴线，截交线为矩形	截平面垂直于轴线，截交线为圆	截平面倾斜于轴线，截交线为椭圆

例 3.6 如图 3.15 所示，求作斜切圆柱的截交线。

分析：截平面与圆柱的轴线倾斜，故截交线为椭圆。此椭圆的正面投影积聚为一直线。由于圆柱面的水平投影积聚为圆，而椭圆位于圆柱面上，故椭圆的水平投影与圆柱面水平投影重合。椭圆的侧面投影是它的类似形，仍为椭圆。可根据投影规律由正面投影和水平投影求出侧面投影。

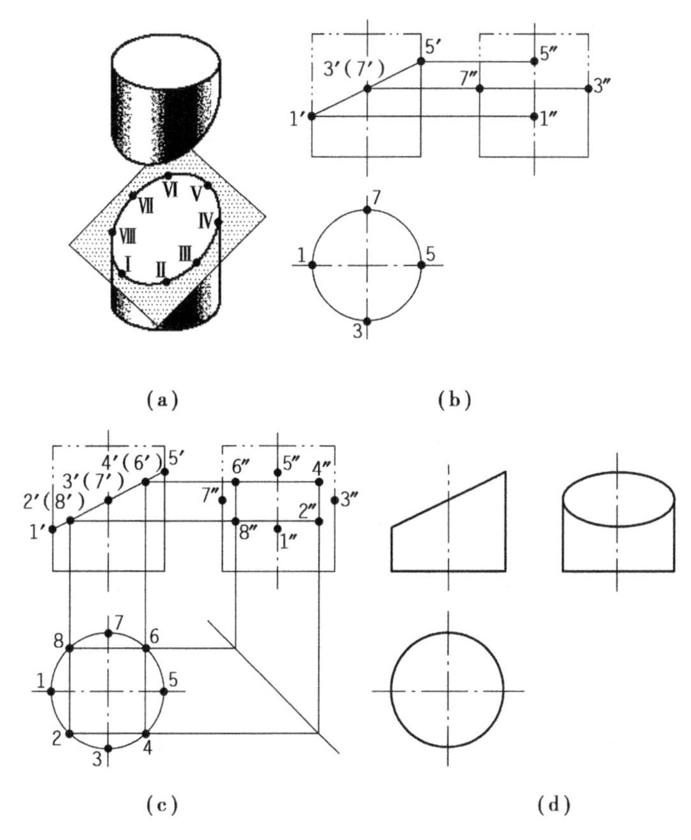

图 3.15　圆柱的截交线

例 3.7　如图 3.16(a)所示,圆柱中间切割一通槽,已知正面投影和水平投影,求其侧面投影。

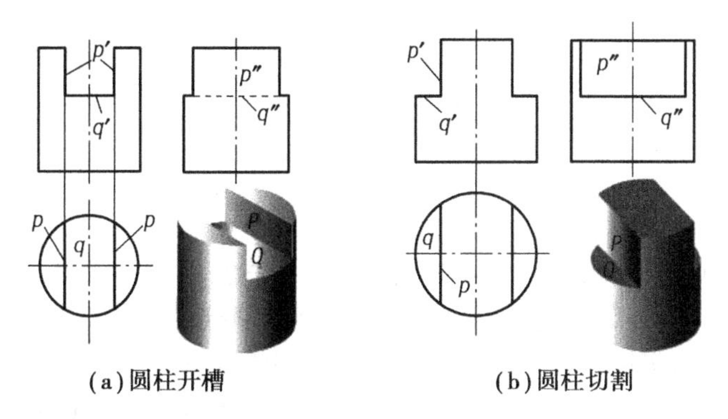

(a)圆柱开槽　　**(b)圆柱切割**

图 3.16　圆柱切口开槽的画法

解:作图步骤如下:

①先用双点画线画出完整圆柱的投影。

②分析截断面的空间形状和投影形状,画出截断面的投影。

图 3.16(a)中,截平面 P 平行于圆柱轴线切割,截断面空间形状为矩形,由于截平面 P 为一侧平面,其侧面投影反映矩形实形,其他两投影积聚为两条平行线段。根据平面的投影规律,作出 P 平面的投影。平面 Q 垂直于圆柱轴线切割,截断面空间形状为圆(图中为中间的部分圆),由于 Q 为水平面,其水平投影反映空间实形,其他两个投影积聚为两条平行线段,根

据平面的投影规律,作出 Q 平面的投影,注意 Q 平面的侧面投影中间为虚线。

③整理圆柱轮廓线,并加粗。由于圆柱最前、最后轮廓线的上面部分被切割,所以侧面投影中应去掉前后部分轮廓线。结果如图 3.16(a)所示。

如图 3.16(b)中的圆柱被几个平面切割,其投影分析和画图步骤同图 3.16(a),请自行分析。

平面切割圆锥体投影作图

2)平面切割圆锥体

当平面与圆锥相交时,由于平面对圆锥的相对位置不同,其截交线可以是圆、椭圆、抛物线或双曲线,这四种曲线总称为圆锥曲线;当截切平面通过圆锥顶点时,其截交线为过锥顶的两直线,见表 3.2。

表 3.2 圆锥的截交线

截平面垂直于轴线,截交线为圆	截平面倾斜于轴线,当 $\alpha<\theta$ 时,截交线为椭圆(或椭圆弧加直线)	截平面平行于一条素线即 $\alpha=\theta$ 时,截交线为抛物线加直线	截平面平行或倾斜于轴线,当 $\alpha>\theta$ 时,截交线为双曲线加直线	截平面过锥顶,截交线为三角形

例 3.8 如图 3.17 所示,求正垂面截切圆锥的投影。

解:由于正垂面倾斜于圆锥轴线,且 $\alpha<\theta$,所以截交线在空间是椭圆,其长轴为 AB,短轴为 CD。因截交线属于截平面,而截平面的正面投影有积聚性,所以截交线的正面投影为斜线段,它反映椭圆长轴的实长。又因为截交线也属于圆锥面,所以可以利用圆锥表面取点的方法(一般点及特殊点),求出椭圆上一系列点的水平和侧面投影,再将同面投影按顺序光滑连接,即得截交线水平和侧面投影。

作图步骤:

(1)求完整侧面投影图。

(2)求截交线上特殊位置点和一般位置点的侧面投影。

①求作特殊点。该题的特殊点有两类,一是椭圆的长、短轴端点,另一是圆锥轮廓素线上的点,应分别作出。椭圆长轴端点为 A、B,其正面投影是截平面的积聚性投影与圆锥最右、最左轮廓素线的交点 a'、b',由 a'、b'作出 a、b 和 a''、b'';短轴端点 C、D 的投影 c'、d'为线段 $a'b'$的中点,过 C、D 作水平面截圆锥截出一个辅助圆,作出辅助圆的水平投影,从该投影上得 c、d,

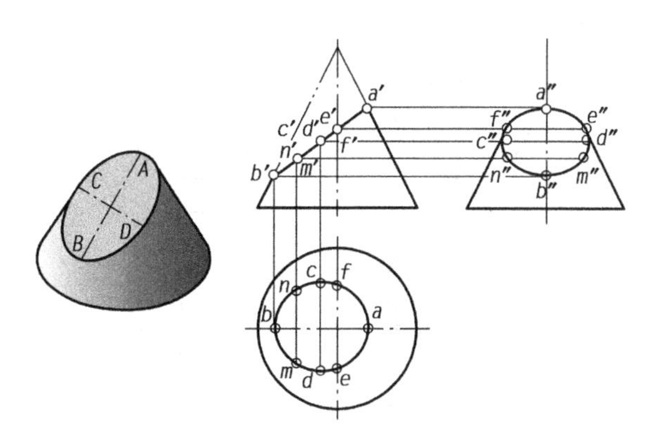

图 3.17　正垂面截切圆锥

再由 c、d 和 c'、d'得到 c''、d''。圆锥最前、最后轮廓素线上的点 E、F，先确定其正面投影 e'、f'，由 e'、f'得 e''、f''，再得 e、f。如图 3.17。

②求作一般位置点。为了准确地作出截交线，在特殊点间作出若干一般位置点，如图中的 m、m'、m''，n、n'、n''这些点的求作方法可以用辅助圆法，如图 3.17 所示。

(3)依次光滑连接各点，并判别可见性。由于截平面可见，故截交线的水平投影与侧面投影均可见。完成轮廓线的投影，侧面投影未被切去部分的轮廓素线画到 e''、f''。

例 3.9　如图 3.18 所示，求正平面截切圆锥的截交线。

解：正平面与圆锥轴线平行，所以截交线为双曲线。双曲线的侧面投影和水平投影具有积聚性；正面投影反映实形，作图时用表面取点法求出双曲线的顶点 C(正面投射轮廓线上点)的正面投影 c'和 A、B 两点(截交线上最低点)的正面投影 $a'b'$，再求出若干一般位置点的投影，例如点 D、E 的投影 $d'e'$。按 a'-d'-c'-e'-b'的顺序连接成光滑曲线，即是截交线的正面投影。

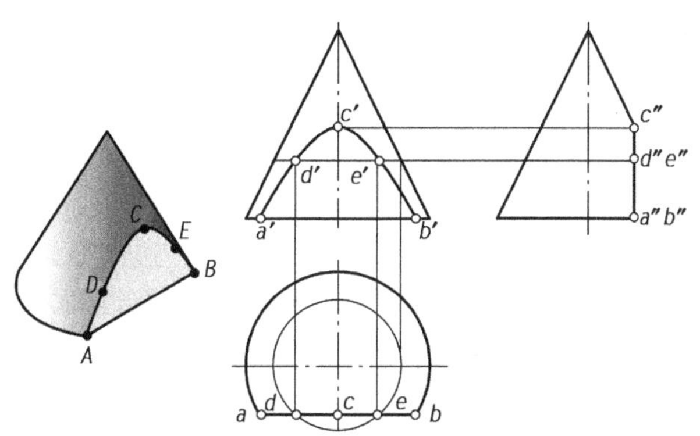

图 3.18　正平面截切圆锥

3)平面切割圆球

平面与圆球相交，其截交线总是圆，如图 3.19 所示。根据截平面对投影面的相对位置不同，所得截交线圆的投影不同。当截平面平行于投影面时，截交线圆在该投影面上的投影反映实形，在另外两个投影面上的投影积聚成长度等于该圆直径的直线段。当截平面垂直投影面时，截交线圆在所垂直的投影面上的投影积聚成直线，在另外两个投影面上的投影都是椭圆。

平面切割圆球体投影作图

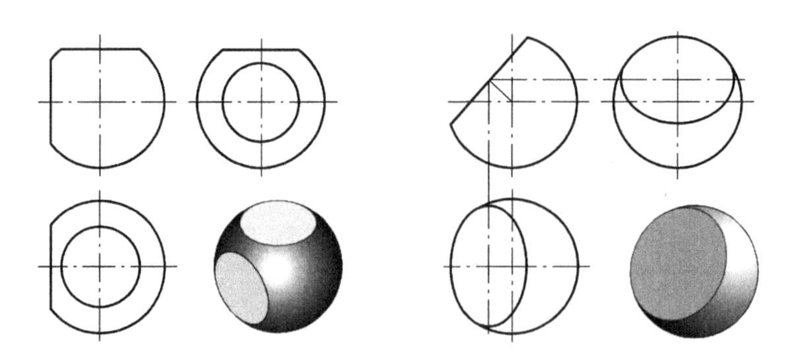

图 3.19　平面切割圆球

例 3.10　如图 3.20 所示,补全开槽半圆球的水平和侧面投影。

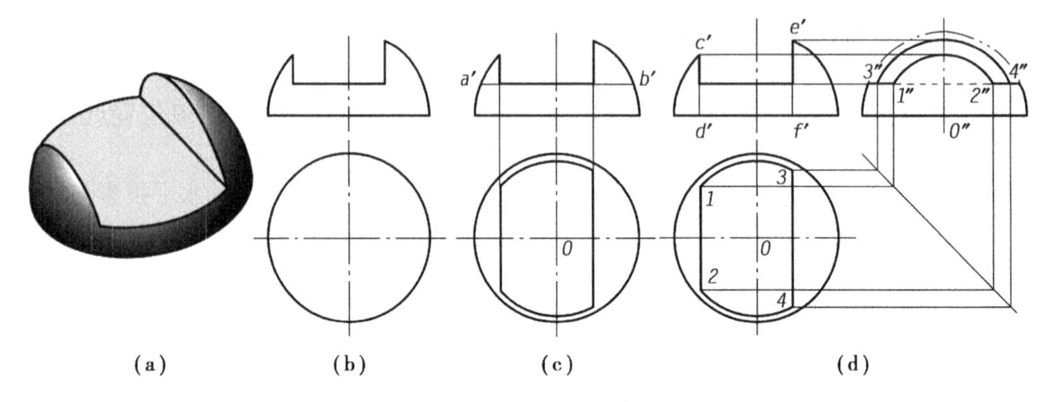

图 3.20　开槽半圆球的投影

半圆球顶部的通槽是由两个侧平面和一个水平面切割形成。侧平面与球面的交线在侧面投影中为圆弧,在水平投影中为直线;水平面与球面的交线,在水平投影中为两段圆弧,侧面投影为两段直线。作图步骤如下:

(1)作通槽的水平投影。以 $a'b'$ 为直径画水平面与球面截交线的水平投影(前、后两段圆弧);两个侧平面的水平投影为两条直线,如图 3.20(c)所示。

(2)作通槽的侧面投影。分别以 $c'd'$ 和 $e'f'$ 为半径,以 o'' 为圆心,画两侧平面与球面截交线的侧面投影。水平面与球面截交线的侧面投影为 3″4″,左边侧平面与水平面的交线 1″2″由于被左半球面遮住,故画成虚线。1″2″也表示水平截断面的部分侧面积聚投影,也表示右侧截断面与水平截断面交线的部分侧面投影,如图 3.20(d)所示。

(3)完成其余轮廓线的投影。

4)综合举例

求作组合回转体的截交线,必须先弄清它由哪些回转体组成,截平面的位置及截切回转体的范围,截平面与各回转体的截交线的形状及接合点。然后分别求出截平面与各被截回转体的截交线,并在接合点处将它们连接起来。由此看来,求作组合回转体的截交线,关键是熟悉各种基本体的截交线的画法。

例 3.11　如图 3.21 所示,已知组合回转体正面投影,求作水平、侧面投影。

解:该形体是同轴的圆锥与圆柱相组合,左上部被一水平面和一正垂面截切后形成。水平截平面截到圆锥及圆柱,截交线是双曲线和两条平行直线。正垂截平面仅截切圆柱,交线为椭圆弧。三种截交线分别在回转体分界面和两截平面的交线处连接起来,接合点为 B、F 和

C、E。作图步骤如下(图 3.21(c)):

(1)作水平截平面截切圆锥面的截交线:正面投影积聚为直线段 $a'b'$;侧面投影积聚为直线段 $b''a''f''$;水平投影为双曲线,a 为其顶点,b、f 为其最前和最后点,可由 b'' 及 f'' 对应作出。为准确作图,可在双曲线上取一般点,先确定 $1'$、$2'$,再用辅助圆法确定 $1''$、$2''$,而后确定 1、2。最后依次光滑连接得双曲线。

(2)作水平截平面截切圆柱面的截交线:截交线是两条平行直线,正面投影为直线段 $b'c'$;侧面投影积聚为点 b''、f'';水平投影为两条平行直线 bc 和 fe,bc、fe 参照 b''、f'' 得到。

(3)作正垂截平面截切圆柱面的截交线:正面投影积聚为直线段 $c'd'$;侧面投影为圆弧 $c''d''e''$,与圆柱的侧面投影图部分重合;水平投影为椭圆弧,d 点为最右点,由 d' 对应作出。c、e 为椭圆弧最左边点,也是与水平截平面截切圆柱面的两条平行直线的接合点。为准确作图,可在椭圆弧上取一般点,先确定 $3'$、$4'$,再确定 $3''$、$4''$,而后确定 3、4。最后依次光滑连接得椭圆弧。

(4)作两截平面的交线。连接 c、e。

(5)作圆锥、圆柱结合面的水平投影:b、f 间用虚线连接,前后两段用粗实线连接。

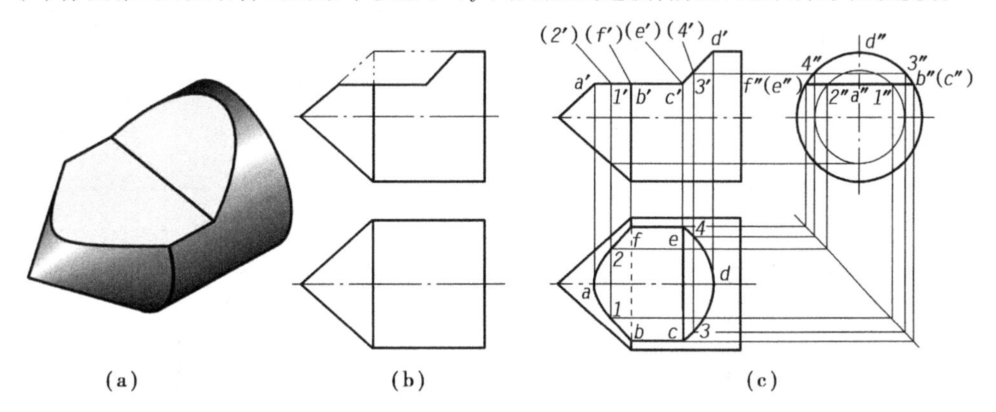

图 3.21　平面与组合回转体的截交线

建筑的最高层次是文化,文化是建筑的灵魂。通过央视大楼的外观“切割体”的设计,体会到“不惧权威,敢于尝试,无所畏惧,高度自信”的精神,这种精神也正是中国在新时期展现出来的精神。

1. 同学们,你们认识下图的建筑吗?它是上海世博会中国馆,融合了中国古代营造法则和现代设计理念,阐释着中国特有的建筑美学,体现着厚重的中国文化,表达着亿万中国人的开放情怀,展现出城市发展的中华智慧。东方之冠,中国传统,中国特色,中国精神。请大家画出它的三视图,同时谈谈其文化内涵。

2. 作出平面切割体的左视图。

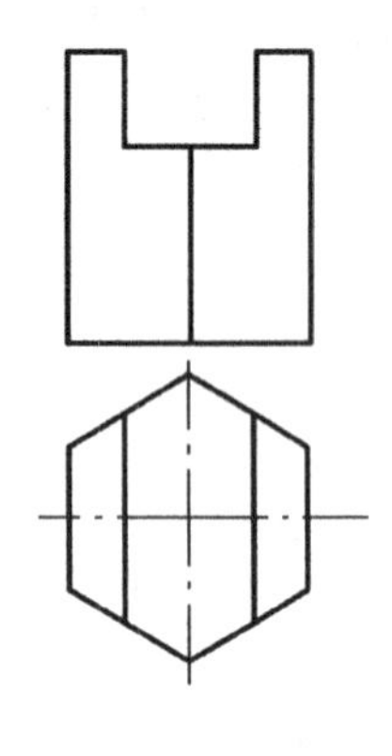

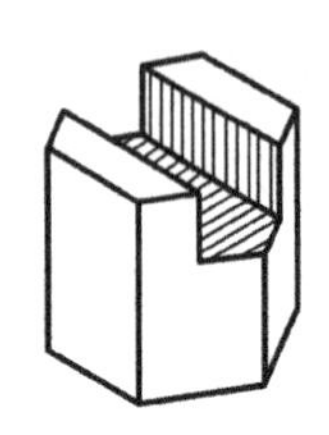

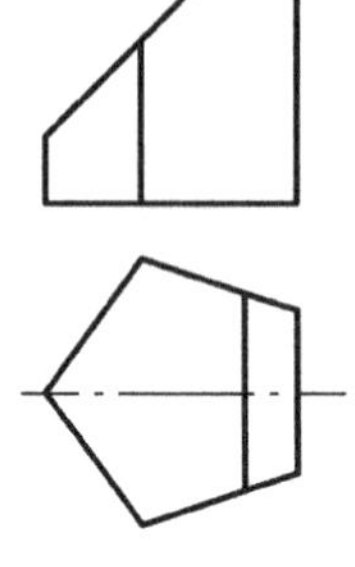

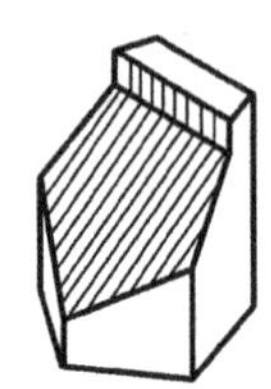

3. 作出曲面切割体的第三面视图。

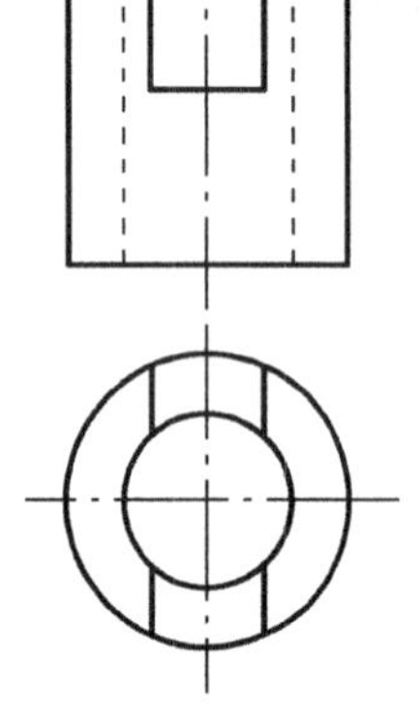

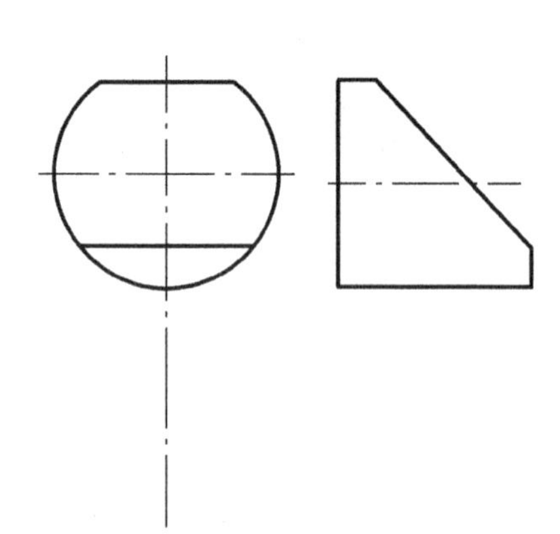

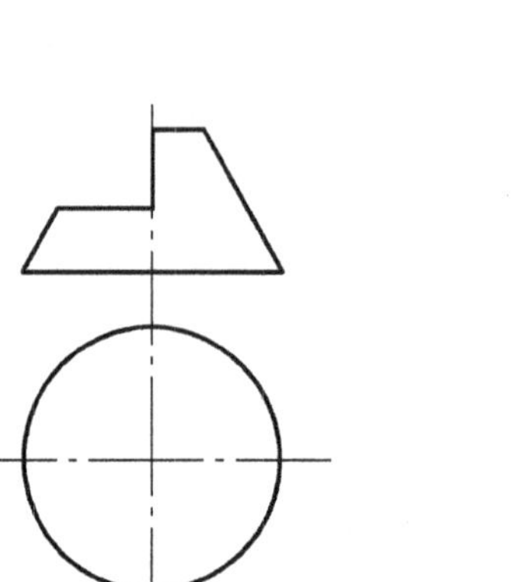

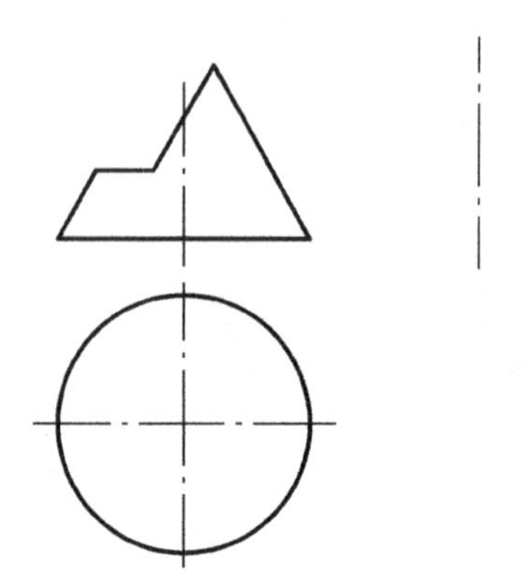

3.4 两回转体相贯线的投影作图

【案例】临高角灯塔和守塔人的故事

临高角灯塔，被评为"世界一百座文物灯塔"之一，它不仅有自己的传奇经历，也有着守塔人的传奇故事。灯塔见证了侵略者入侵中国的屈辱，也见证了中国共产党解放海南的历史，同时守塔人王光民独自守护灯塔30多年，日复一日，年复一年，重复着冲洗灯塔，点亮灯塔，打扫卫生，更换器材，直到退休，又由他的儿子接替了他的工作。

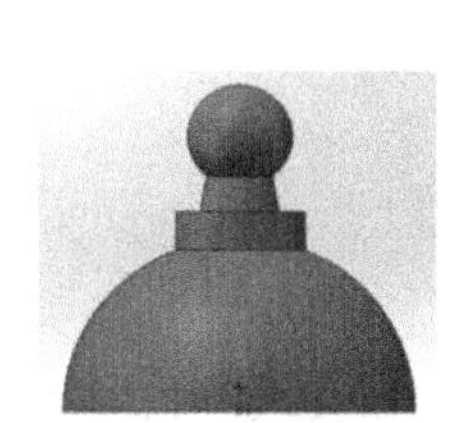

【启示】临高角灯塔塔顶的回转体相交的造型，将各种回转体灵活地运用，淋漓尽致地体现形体之美且经久不衰。同时守塔人的传奇故事令我们感受到深厚的家国情怀。

两回转体相贯线的投影作图

两回转体相交，最常见的是圆柱与圆柱相交、圆锥与圆柱相交以及圆柱与圆球相交，其交线称为相贯线。

两回转体相交时，相贯线的基本性质是：

①相贯线是相交两立体表面的分界线，也是它们的共有线，所以相贯线上的点是两立体表面的共有点；

②由于立体有一定的范围，所以相贯线一般为封闭的空间曲线，特殊情况下为平面曲线或直线，如图3.22所示。

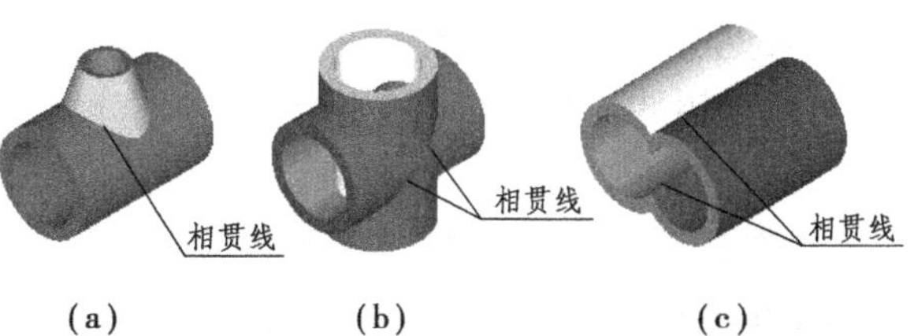

图3.22　曲面立体的相贯线

3.4.1 圆柱与圆柱相交

1)不同直径两圆柱正交

两圆柱轴线垂直相交称为"正交",直立圆柱的直径小于水平圆柱的直径,它们的相贯线为闭合的空间曲线,且前后、左右对称(图3.23)。

如图3.23所示,由于直立圆柱的水平投影和水平圆柱的侧面投影都有积聚性,所以相贯线的水平投影和侧面投影分别积聚在它们有积聚性的圆周上。因此,只要求作相贯线的正面投影即可。因为相贯线的前后、左右对称,在其正面投影中,可见的前半部与不可见的后半部重合,且左右对称。

例3.12 如图3.23所示,求作轴线正交的两圆柱的相贯线。

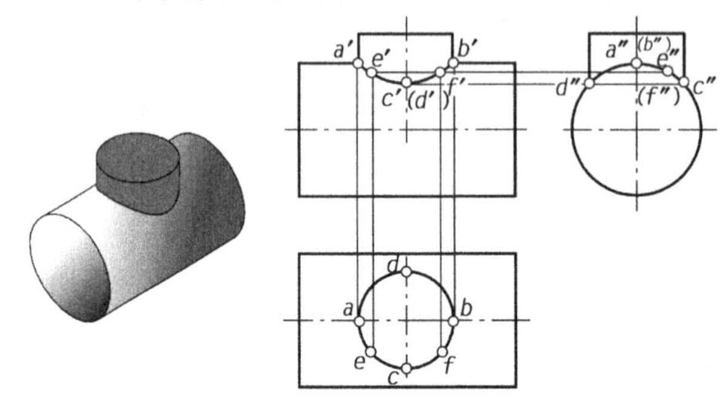

图3.23 利用积聚性求作相贯线

解:作图过程:

①求特殊点。与作截交线的投影一样,首先应求出相贯线上的特殊点,特殊点决定了相贯线的投影范围。由图3.23可知,相贯线上A、B两点是相贯线上的最高点,同时也分别是相贯线上的最左点和最右点。C、D两点是相贯线上的最低点,同时也分别是相贯线上的最前点和最后点。定出它们的水平投影a、b、c、d和侧面投影a''、(b'')、c''、(d''),然后根据点的投影规律可作出正面投影a'、b'、c'、(d')。

②求一般点。在相贯线的水平投影圆上的特殊点之间适当地定出若干一般点的水平投影,如图中e、f等点,再按投影关系作出它们的侧面投影e''、(f'')。然后根据水平投影和侧面投影可求出正面投影e'、f'。

③判断可见性。只有当两曲面立体表面在某投影面上的投影均为可见时,相贯线的投影才可见,可见与不可见的分界点一定在轮廓转向线上。在图3.23中,两圆柱的前半部分均为可见,可判定相贯线由A、B两点分界,前半部分$a'\ e'\ c'\ f'\ b'$可见,后半部分不可见且与前半部分重合。

④依次将a'、e'、c'、f'、b'光滑连接起来,即得正面投影。

2)常见圆柱正交相贯线的其他形式

(1)内、外圆柱表面相交的情况

①如图3.24(a)所示,若在水平圆柱上穿孔,就出现了圆柱外表面与圆柱孔内表面的相贯线,该相贯线的作图方法与上例求两圆柱外表面相贯线相同。

②如图3.24(b)所示,若要求作两圆柱孔内表面的相贯线,作图方法也与求作两圆柱外

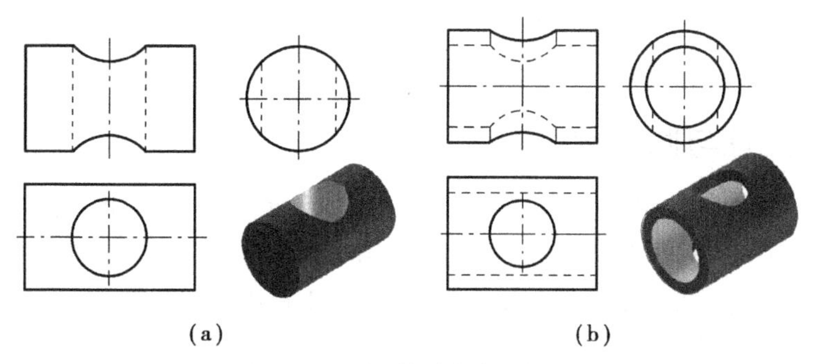

图 3. 24　内、外圆柱表面相交

表面相贯线的方法相同。

(2)正交两圆柱相对大小的变化引起相贯线的变化

如图 3. 25 所示,当正交两圆柱的相对位置不变,而相对大小发生变化时,相贯线的形状和位置也将随之变化。在相贯线的非积聚性投影上,相贯线的弯曲方向总是朝向较大圆柱的轴线。

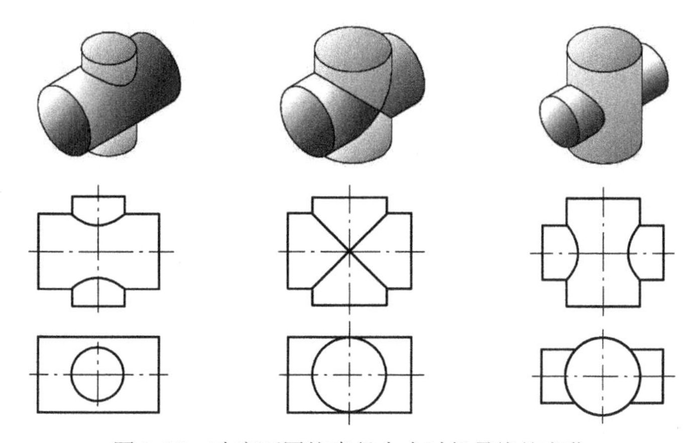

图 3. 25　改变两圆柱直径大小时相贯线的变化

(3)相贯线近似画法

在实际画图中,当两圆柱轴线垂直相交,且对相贯线形状的准确度要求不高时,相贯线可采用近似画法。用大圆柱的半径作圆弧来代替相贯线的投影,圆弧的圆心在小圆柱的轴线上,相贯线向着大圆柱的轴线方向弯曲,如图 3. 26 所示。其作图步骤如下:

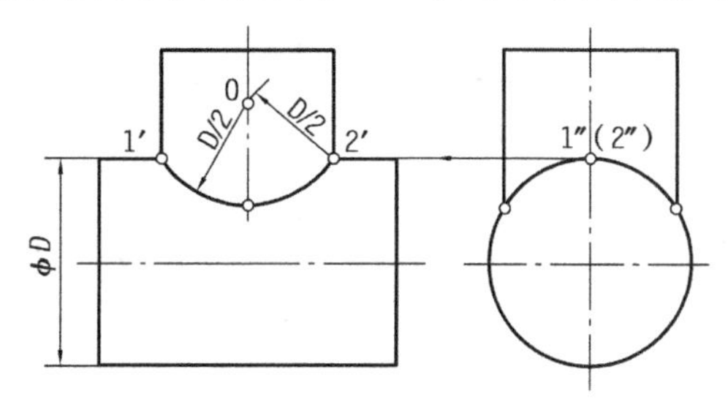

图 3. 26　相贯线的简化画法

①找圆心:以两圆柱转向轮廓线的交点 1′(或 2′)为圆心,以大圆柱的半径 $D/2$ 为半径,

在小圆柱的轴线上找出圆心 O。

②作圆弧:再以 O 为圆心,$D/2$ 为半径画弧。

3.4.2 圆柱与圆锥相交

圆柱与圆锥轴线垂直相交,其相贯线为闭合的空间曲线,并且相贯线的前后、左右对称。由于圆柱轴线垂直于侧面,所以相贯线的侧面投影与圆柱面的侧面投影重合为一段圆弧。因为圆锥面的投影没有积聚性,相贯线的正面投影和水平投影采用辅助平面法作图。

例 3.13 如图 3.27(a)所示,求作圆柱与圆锥正交的相贯线投影。

解:相贯线为一封闭的空间曲线。由于圆柱面的轴线垂直于 W 面,它的侧面投影积聚成圆,因此,相贯线的侧面投影也积聚在该圆上,为两体共有的一段圆弧。相贯线的正面投影和水平投影没有积聚性,应分别求出。

作图过程:

①求特殊点:如图 3.27(b)所示 C、D 两点为相贯线上的最高点,也是最左、最右点。A、B 两点为最低点,也是最前、最后点。根据点的投影规律可直接求出它们的投影。

②求一般点:采用辅助平面法。如图 3.27(c)所示,用水平面 P 作为辅助平面,它与圆锥面的交线为圆,与圆柱的交线为两平行直线。两直线与圆交于四个点Ⅰ、Ⅱ、Ⅲ、Ⅳ,先求出它们的水平投影,然后再求其正面投影。

③将这些特殊点和中间点光滑地连接起来,即得相贯线的投影,如图 3.27(d)所示。

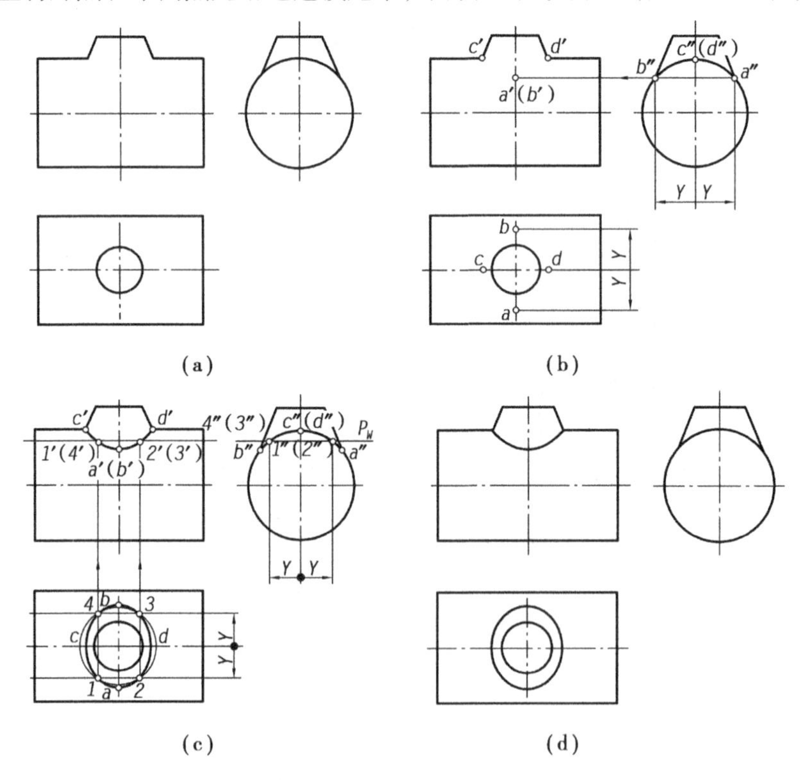

图 3.27 利用辅助平面法求作相贯线

3.4.3 相贯线的特殊情况

两回转体相交,其相贯线一般为空间曲线,但在特殊情况下,也可能是平面曲线或直线。下面介绍相贯线为平面曲线的几种比较常见的特殊情况。

1)两同轴回转体的相贯线

当两回转体具有公共轴线时,其相贯线为垂直于轴线的圆,圆在轴线所平行的投影面上投影为直线,如图 3.28 所示。

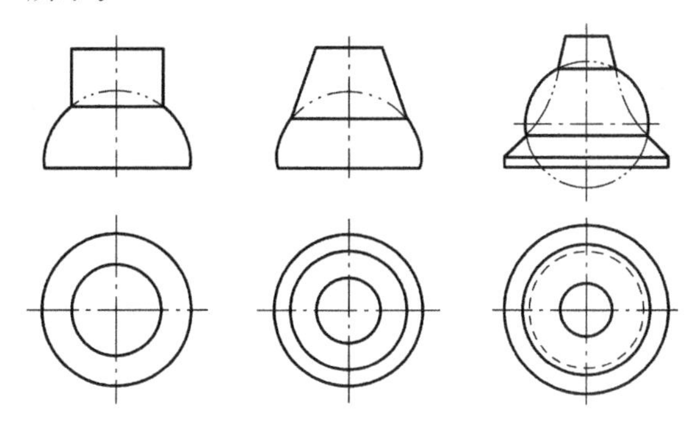

图 3.28 同轴回转体的相贯线

2)两个外切于同一球面的回转体的相贯线

在图 3.29 中,*a* 图表示两个等径圆柱正交,两圆柱外切于同一球面,其相贯线是两个相同的椭圆。椭圆的正面投影为两圆柱投影轮廓线交点的连线。*b* 图表示两个外切于同一球面的圆柱和圆锥正交。其相贯线也是两个相同的椭圆,正面投影也是两立体投影轮廓线交点的连线。*c* 图和 *d* 图表示圆柱和圆柱、圆锥和圆柱斜交的情况,它们分别外切于同一球面,其交线为大小不等的椭圆,椭圆的正面投影也是两立体投影轮廓线交点的连线。

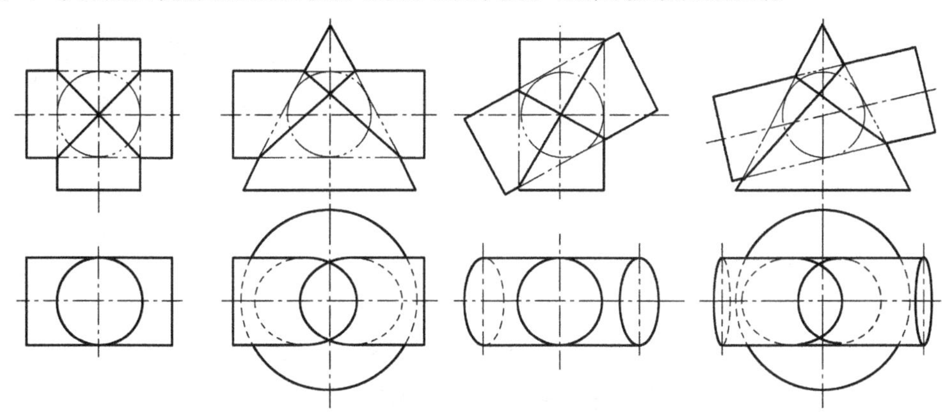

图 3.29 外切于同一球面的回转体的相贯线

3)两轴线平行的圆柱、两共顶锥的相贯线

两轴线平行的圆柱相交时,其相贯线为平行于圆柱轴线的直线。两共顶锥相交时,其相贯线为过锥顶的直线,如图 3.30 所示。

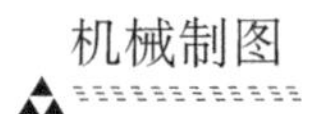

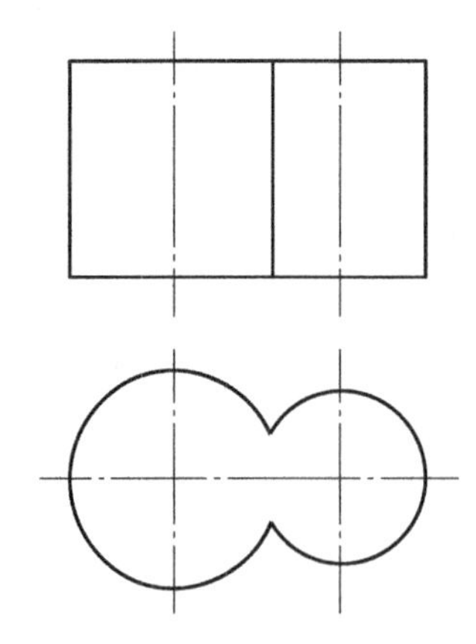

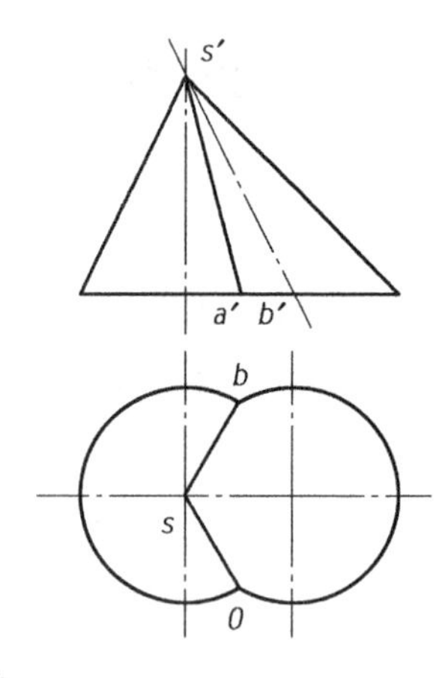

图 3.30　相贯线为直线

通过回转体交线的绘制，我们在体会形体之美的同时，更为守塔人的传奇故事所感动。灯塔守护着船员，守塔人守护着灯塔，家人守护着守塔人，一棒接着一棒，爱得到传承。

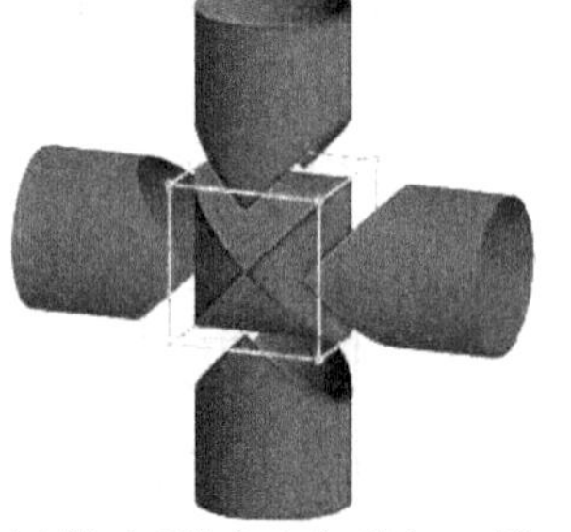

1. “牟合方盖”是我国古代数学家刘徽在研究球的体积的过程中构造的一个和谐优美的几何体，充分体现了古人丰富的想象力，以及为解决问题建立模型的智慧。它由完全相同的四个曲面构成，相对的两个曲面在同一个圆柱的侧面上，好似两个扣合（牟合）在一起的方形伞（方盖）。其直观图如右图所示，图中四边形是为体现其直观性所作的辅助线，当其主视图和左视图完全相同时，它的主视图和俯视图分别可能是（　　）。

A. a，b　　B. a，c　　C. c，b　　D. b，d

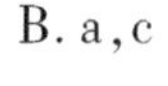

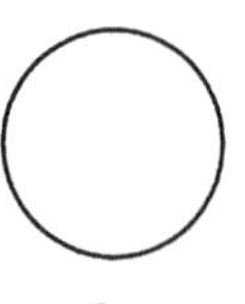
a

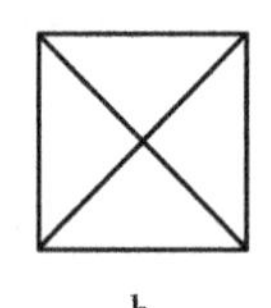
b

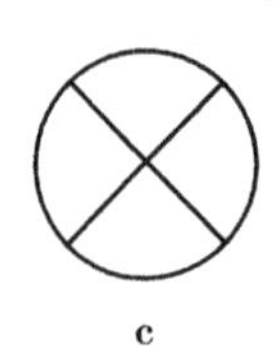
c

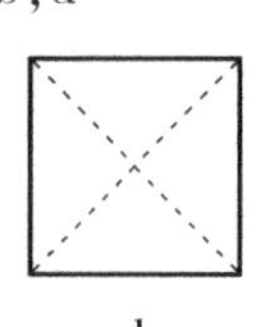
d

2. 补全立体中的相贯线。

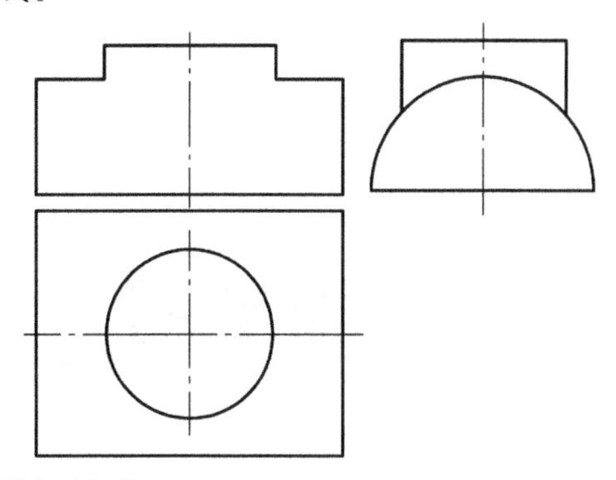

3. 用近似法画出相贯线的投影。

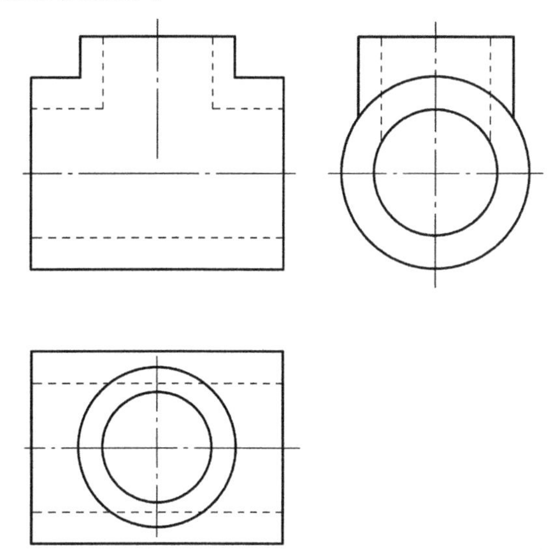

4　轴测图

知识目标

1. 掌握轴测图的基本知识；
2. 掌握正等轴测图的作图方法；
3. 掌握斜二轴测图的作图方法。

技能目标

1. 能根据物体的三视图绘制正等轴测图；
2. 能根据物体的三视图绘制斜二轴测图。

素质目标

1. 激发心手相连，比肩同行的民族精神；
2. 建立创新思维和遵守交通规则的意识和习惯；
3. 培养传承和发扬传统文化的美德。

4.1　轴测图的基本知识

【案例】武汉火神山医院刷新“中国速度”，展示“中国力量”

2020年初中国遭遇新型冠状病毒疫情，蔓延形势非常严峻。新建集中收治疫情患者的医院迫在眉睫。火神山医院，总建筑面积超过3万平方米，架设箱式板房近两千间，接诊区、病房楼、ICU俱全。这个按照常规流程至少要两年时间，建筑面积相当于半个北京

"水立方"的"战地医院",从开始设计到建设完工,仅历时 10 天,对防控疫情产生了重大意义。下图是火神山医院的场地平整设计图,请大家分析左右两图的区别和联系。

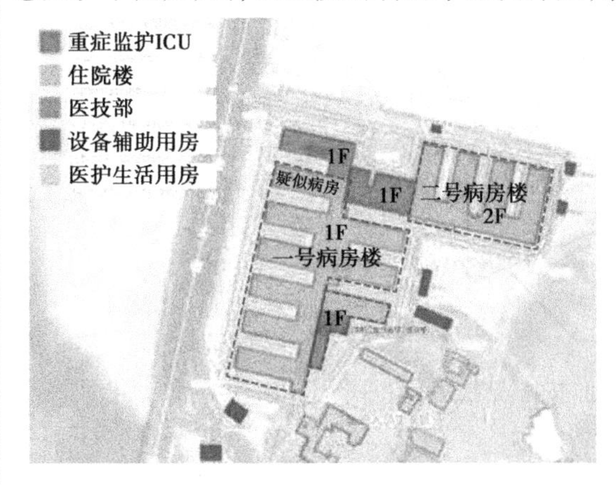

正投影图

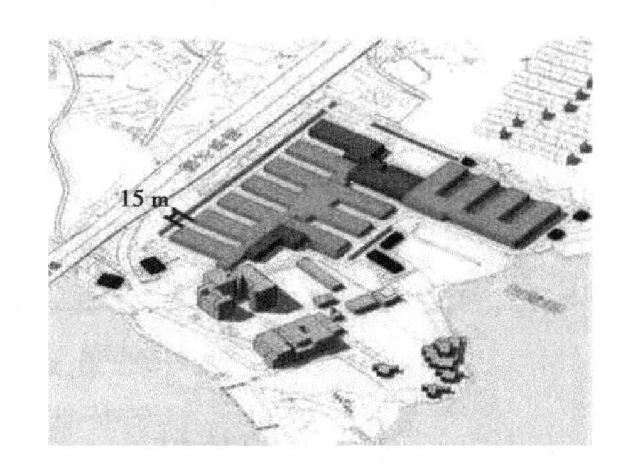

轴测图

【启示】左图是正投影图,能准确地反映物体的形状和大小,且便于度量,作图简单,工程上广泛应用,但缺点是立体感不强,直观性差。右图是轴测图,能同时反映物体长、宽、高三个方向的形状特征,接近于人们的视觉习惯,富有立体感,易于看懂,但度量性差,工程上常用作辅助性的技术图样,用来说明产品的结构和使用方法等。

轴测图的基本知识

4.1.1 轴测图的形成

轴测图是将物体连同其参考直角坐标系,沿不平行于任一坐标面的方向,用平行投影法将其投射在单一投影面(称为轴测投影面)上所得到的图形。

轴测图的形成一般有两种方式:一种是改变物体相对于投影面的位置,而投射方向仍垂直于投影面,所得轴测图称为正轴测图;另一种是改变投射方向使其倾斜于投影面,而不改变物体对投影面的相对位置,所得投影图为斜轴测图。

如图 4.1 所示,改变物体相对于投影面位置后,用正投影法在投影面 P 上作出立体及其参考直角坐标系的平行投影,得到了一个能同时反映立体长、宽、高三个方向的富有立体感的轴测图。其中平面 P 称为轴测投影面;坐标轴 OX、OY、OZ 在轴测投影面上的投影 O_1X_1、O_1Y_1、O_1Z_1 称为轴测投影轴,简称轴测轴;每两根轴测轴之间的夹角 $\angle X_1O_1Y_1$、$\angle X_1O_1Z_1$、$\angle Y_1O_1Z_1$ 称为轴间角;直角坐标轴上单位长度的轴测投影长度与对应直角坐标轴上单位长度的比值,称为轴向伸缩系数,X、Y、Z 方向的轴向伸缩系数分别用 p、q、r 表示。

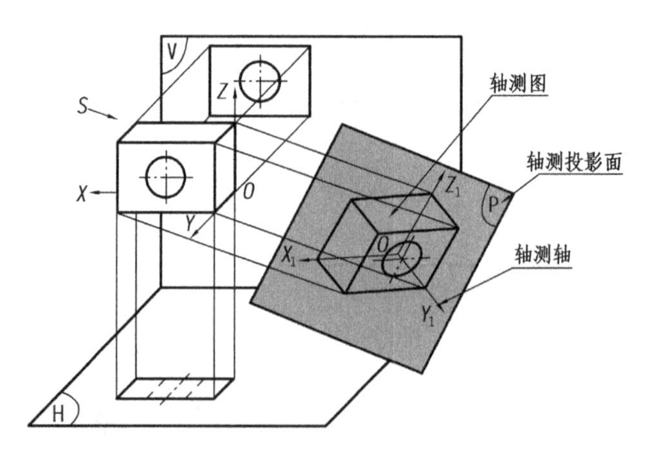

图 4.1　轴测图的形成

4.1.2　轴测图的特性

由于轴测投影属于平行投影,因此它具有平行投影的基本特性:

①空间相互平行的直线,它们的轴测投影互相平行。

②立体上凡是与坐标轴平行的直线,在其轴测图中也必与轴测轴互相平行。

③立体上两平行线段或同一直线上的两线段长度之比,在轴测图上保持不变。

画轴测图时,物体上凡是与坐标轴平行的直线,就可沿轴向进行测量和作图。所谓“轴测”就是指“沿轴向测量”的意思。

4.1.3　轴测图的分类

根据投射方向不同,轴测图可分为两类:正轴测图和斜轴测图。根据轴向伸缩系数不同,每类轴测图又可分为三类:三个轴向伸缩系数均相等的,称为等测轴测图;其中只有两个轴向伸缩系数相等的,称为二测轴测图;三个轴向伸缩系数均不相等的,称为三测轴测图。

工程中,常采用正等轴测图和斜二轴测图。为使图形清晰,轴测图通常不画虚线。

24 小时完成出图,10 天高质量交付使用,这些数据刷新着“中国速度”,展示着“中国力量”。这是一场与时间争分夺秒的赛跑,每个工人,每台装备,就像一颗颗螺丝钉、一个个零部件,紧密扣在一起,驱动着这台巨型机器,迅速搭建起一座抗击疫情的“安全岛屿”。这就是守望相助,众志成城的中国精神,这就是心手相连,比肩同行的民族精神。

1. 请大家分析正轴测图和斜轴测图的投影特点。

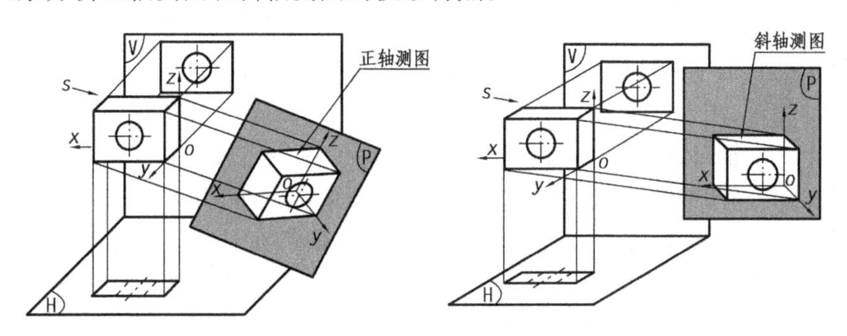

4.2 正等轴测图

【案例】3D 立体斑马线,行人安全的守护线

2017 年交通部安全管理局在网上发布了一组数据:近三年来全国在斑马线上发生了 1.4 万起的交通事故,导致 3 896 人死亡。传统的斑马线在夜间、雨天、雾霾天发生的事故是平常的五倍。而立体斑马线,由红白黄三色组成。从司机的角度看,斑马线的立体效果非常明显,这些涂料中还含有玻璃珠,具有反光作用,提醒机动车驾驶员通过斑马线时减速缓行,突出"车让人"的安全意识,让文明交通成为更多人的自觉行为。

【启示】立体斑马线采用的是正等轴测图的画法,立体感强,提醒驾驶人减速慢行。

正等轴测图

4.2.1　正等测的形成及其轴间角和轴向伸缩系数

当物体上的三个坐标轴 OX、OY、OZ 与轴测投影面的倾角相等（约为 35°16′）时，三个轴向伸缩系数均相等，用正投影法所得到的图形，称为正等轴测图，简称正等测。

由于三个坐标轴对轴测投影面的倾角都相等，所形成的各轴间角均为 120°，其中 Z_1 轴画成铅垂方向；且各轴向伸缩系数也相等，都为 0.82（$p=q=r=\cos 35°16' \approx 0.82$）。为了作图方便，通常采用简化的轴向伸缩系数 $p=q=r=1$。即凡与轴测轴平行的线段，作图时按实际长度直接量取。用这种方法画出的图形比实际物体放大了约 1.22 倍，但对形状没有影响，正等测中轴测轴的位置和立方体的正等轴测图如图 4.2 所示。

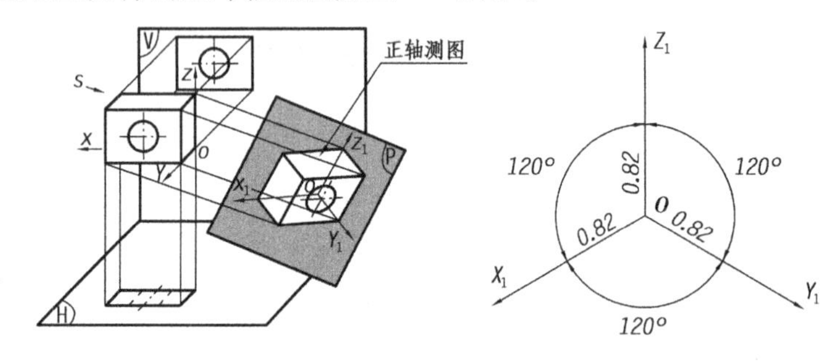

图 4.2　正等测轴测图

4.2.2　平面立体的正等测画法

画平面立体正等测的方法有坐标法、切割法和叠加法，其中坐标法是最基本的方法。

1）坐标法

使用坐标法时，先在视图上选定一个合适的直角坐标系作为度量基准，然后根据平面立体上各顶点的坐标，分别画出它们的轴测投影，然后依次连接成物体表面的轮廓线。

用坐标法画平面立体轴测图的一般步骤是：

①分析物体的形状，确定坐标原点并画出相应的轴测轴。

②根据坐标值画出平面立体的各顶点、棱线和平面的轴测投影。

③依次将上述投影连接，并擦去多余的线条。

④描深立体的可见轮廓线。

例 4.1　根据正六棱柱的投影图，用坐标法画出其正等测，如图 4.3 所示。

如图 4.3 所示，正六棱柱的前后、左右对称，将坐标原点 O_o 定在上底面六边形的中心，以六边形的中心线为 X_o、Y_o 轴。这样便于直接作出上底面六边形各顶点的坐标，从上底面开始作图。

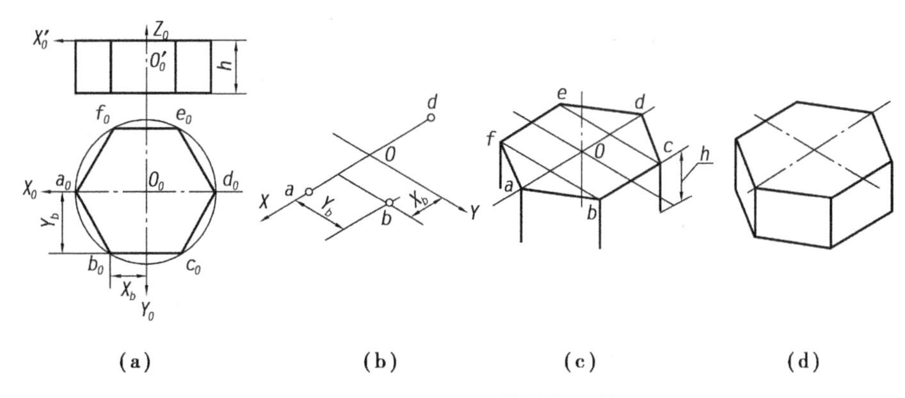

(a)　　(b)　　(c)　　(d)

图 4.3　用坐标法画正六棱柱的正等测图

作图步骤：

①定出坐标原点 O_o 及坐标轴 O_oX_o、O_oY_o、O_oZ_o，如图 4.3(a)所示。

②画出轴测轴 OX、OY，由于 a_o、d_o 在 X_o 轴上，可直接量取并在轴测轴上作出 a、d。根据顶点 b_o 的坐标值 X_b 和 Y_b，定出其轴测投影 b，如图 4.3(b)所示。

③作出 b 点与 X、Y 轴对应的对称点 c、e、f。连接 $abcdef$ 即为六棱柱上底面六边形的轴测图。由顶点 a、b、c、f 向下画出高度为 h 的可见轮廓线，得下底面各点，如图 4.3(c)所示。

④连接下底面各点，擦去作图线，描深，完成六棱柱正等测图，如图 4.3(d)所示。

由作图可知，因轴测图只要求画可见轮廓线，不可见轮廓线一般不要求画出，故常将原点取在顶面上，直接画出可见轮廓，使作图简化。

2)切割法

切割法又称方箱法，适用于画由长方体切割而成的轴测图，它是以坐标法为基础，先用坐标法画出完整的长方体，然后按形体分析的方法逐块切去多余的部分。

例 4.2　画带切口平面立体的正等轴测图。

图 4.4(a)是一带切口长方体的正投影图，可以把它看成是一完整的长方体被切割掉Ⅰ、Ⅱ两部分。

作图方法与步骤如下：

选定原点和直角坐标系如图 4.4(a)所示。

建立轴测轴画出完整的长方体，如图 4.4(b)所示。

画被切去Ⅰ、Ⅱ两部分的正等轴测图，如图 4.4(c)所示。

最后擦去被切割部分的多余作图线，加深可见轮廓线，即得到平面立体的正等轴测图，如图 4.4(d)所示。

4.2.3　回转体的正等测画法

1)平行于坐标面的圆正等测图的画法

平行于坐标面的圆，其轴测图是椭圆。画图方法有坐标定点法和四心近似椭圆画法。由于坐标定点法作图较繁，所以常用四心近似椭圆画法。

四心近似椭圆画法，是用光滑连接的四段圆弧代替椭圆。作图时需要求出这四段圆弧的圆心、切点及半径。下面以图 4.5(a)的水平圆为例说明四心近似椭圆画法的作图步骤。

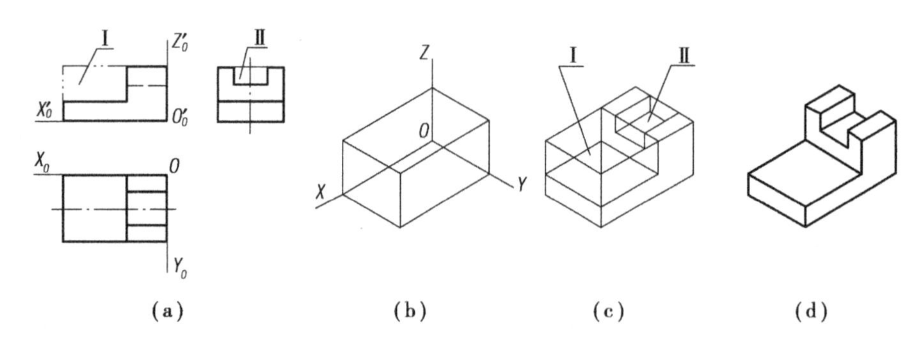

图 4.4　带切口平面立体的正等轴测图画法

①画出轴测轴,按圆的外切正方形画出菱形,如图 4.5(*a*)、(*b*) 所示。

②以 *A*、*B* 为圆心,*AC* 为半径画两大弧。如图 4.5(*c*)所示。

③连 *AC* 和 *AD* 分别交长轴于 *M*、*N* 两点。如图 4.5(*d*)所示。

④以 *M*、*N* 为圆心,*MD* 为半径画两小弧;

在 *C*、*D*、*E*、*F* 处与大弧连接。如图 4.5(*e*)所示。

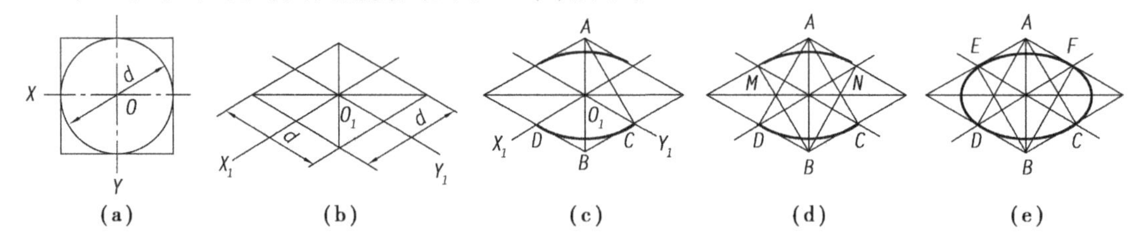

图 4.5　水平圆正等轴测图的四心近似椭圆画法

图 4.6 是平行于各坐标面的圆的正等轴测图。由图可知,它们形状大小相同,画法一样,只是长、短轴方向不同。各椭圆长、短轴的方向为:

平行于 *XOY* 坐标面的圆的正等轴测图,其长轴垂直于 *OZ* 轴,短轴平行于 *OZ* 轴;

平行于 *XOZ* 坐标面的圆的正等轴测图,其长轴垂直于 *OY* 轴,短轴平行于 *OY* 轴;

平行于 *YOZ* 坐标面的圆的正等轴测图,其长轴垂直于 *OX* 轴,短轴平行于 *OX* 轴;

各椭圆的长轴≈1.22*d*,短轴≈0.7*d*(*d* 为圆的直径)。

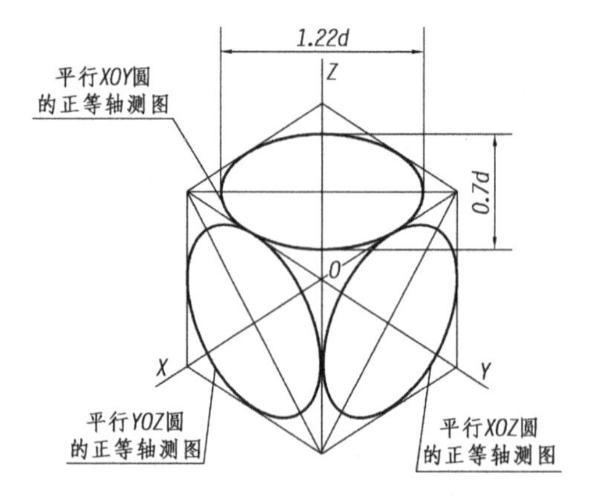

图 4.6　平行于各坐标面的圆的正等轴测图

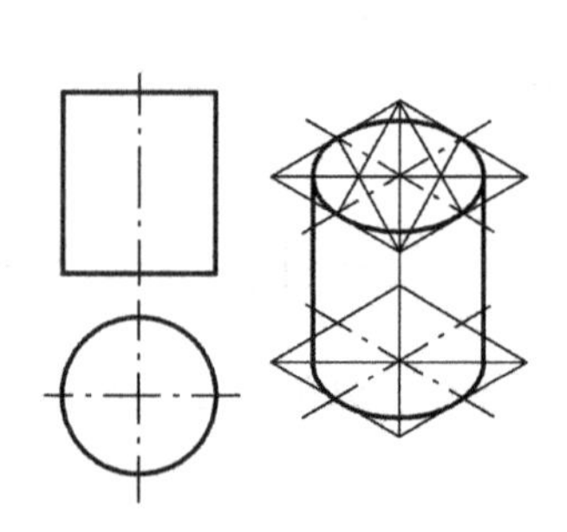

图 4.7　圆柱的正等测图

例 4.3　圆柱的正等测图。

如图 4.7 所示，圆柱体的轴线为铅垂线，顶圆、底圆都是水平圆。可取顶圆的圆心为原点，并作圆的外切正方形。再画轴测轴及圆外切正方形的正等测图的菱形，用菱形法画顶面上椭圆，画出顶圆的轴测投影椭圆后，可将绘制该椭圆各段圆弧的圆心沿高度方向向下移动一个圆柱高的距离，就可得到绘制下底椭圆的各段圆弧的圆心位置，作两个椭圆的外公切线，擦去多余的线条并描深立体的可见轮廓线，完成圆柱体的正等轴测图，如图 4.7 所示。

例 4.4　画带切口圆柱体的正等轴测图。

作图步骤如下：

①画完整圆柱的正等轴测图，如图 4.8(b)所示。

②按 s、h 画截交线（矩形和圆弧）的正等轴测图（平行四边形和椭圆弧），如图 4.8(c)所示。

③擦去多余的图线，加深可见轮廓线，完成全图，如图 4.8(d)所示。

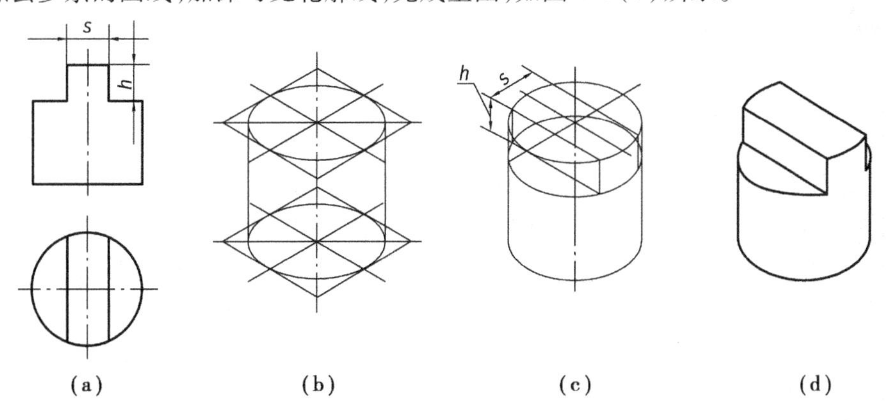

图 4.8　带切口圆柱正等轴测图的画法

2)平行于投影面的圆角的正等测画法

如图 4.9 所示，画图时只需画出由四分之一圆周组成的圆弧，这些圆弧在轴测图上正好是近似椭圆的四段圆弧中的一段。过切点作圆弧所在边的垂线，两垂线的交点即为圆心，作图方法和步骤如下：

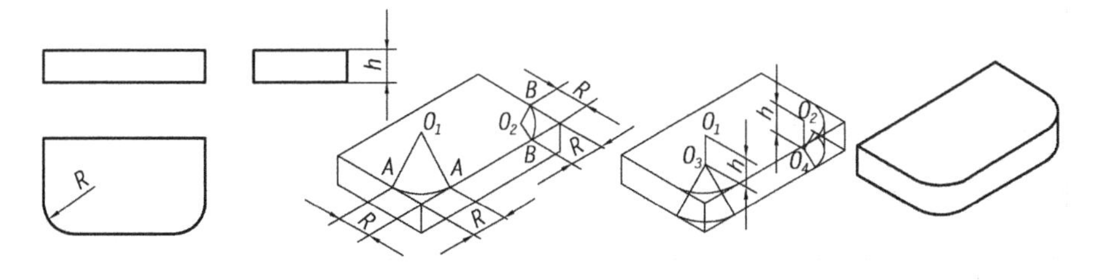

图 4.9　平行于投影面的圆角的正等测图的画法

①在角上分别沿轴向取一段长度等于半径 R 的线段，得 A、A 和 B、B 点，过 A、B 点作相应边的垂线分别交于 O_1 及 O_2。

②以 O_1 及 O_2 为圆心，以 O_1A 及 O_2B 为半径作弧，即为顶面上圆角的轴测图。

③将 O_1 及 O_2 点垂直下移，取 O_3、O_4 点，使 $O_1O_3=O_2O_4=h$（板厚）。以 O_3 及 O_4 为圆心，以 O_1A 及 O_2B 为半径作弧，作底面上圆角的轴测图，再作上、下圆弧的公切线，即完成作图。

④擦去多余的图线并描深，即得到圆角的正等测图。

“无规矩不成方圆”,法治必是规则之治。不管是驾驶人还是行人都应该严格遵守交通规则,敬畏生命、尊重权利,让文明交通成为我们的一种自觉行为,让相互礼让成为我们的一种习惯。从传统的平面斑马线到立体斑马线,再到智能斑马线,人们对斑马线不断改进,让斑马线真正成为行人安全的守护线。

1. 同学们,你们知道“智能发光斑马线”吗?“智能发光斑马线”是由智能探测感应传感器、嵌入式控制器、发光地砖等组成。当人行信号灯亮绿灯时,停止线位置的发光地砖就会显示绿光,路口斑马线两端的发光地砖会依次不断闪烁着白光,以此提醒行人可以通行,而机动车禁止通行。“智能发光斑马线”作为智能技术在交通领域的一大应用成果,为城市道路交通治理带来了一种新的方式。同学们,关于改善行人闯红灯、司机开飞车等行为,你们有何看法?

2. 根据视图画平面体正等轴测图。

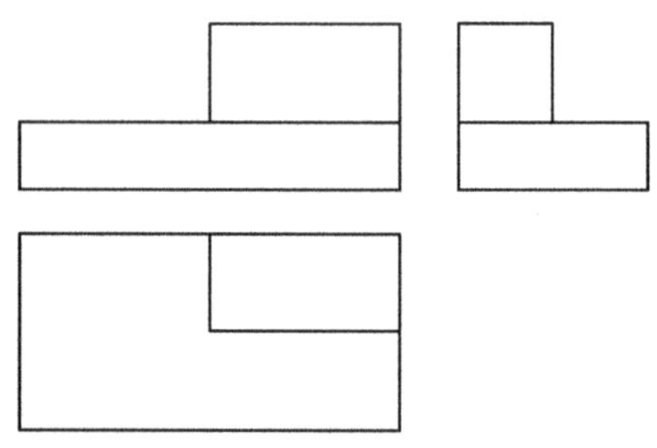

3. 根据视图画曲面体正等轴测图。

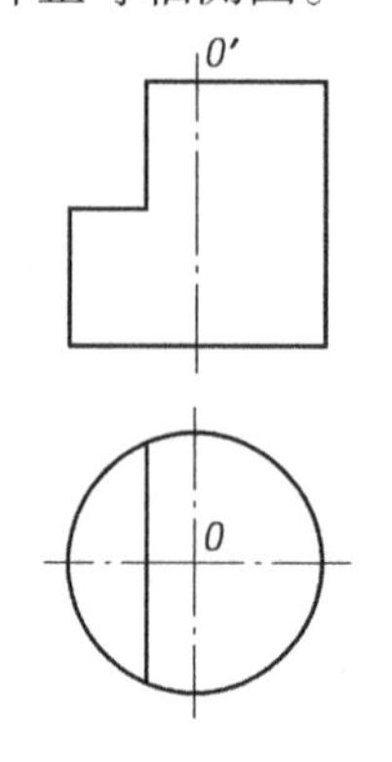

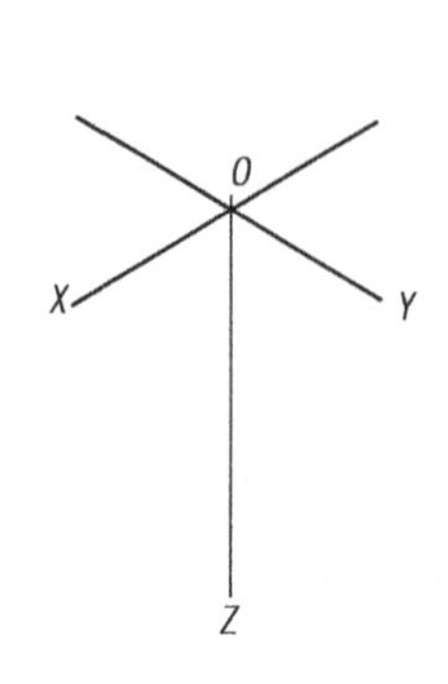

4.3 斜二轴测图

【小知识】轴测图在《清明上河图》中的应用

中国十大传世名画之一《清明上河图》是中国现实主义绘画的典范。画面生动记录了北宋都城汴京的城市面貌和当时各个阶层人民的生活状况。众多的绘画元素集于一幅画之上,但并不觉得拥挤。高低错落的建筑并不完全遵循西方焦点透视理论,也没有将物体停留在近大远小的一瞬间,而是真实地再现了现实生活中的物体。作家张择端以独特的思维,巧妙地采用了多种轴测图法相结合的方式,将大场景的绘画处理得恰到好处,在视觉上与观者产生共鸣。

【启示】轴测图法广泛应用于中国传统绘画艺术中。轴测图作为一种表现物体空间的方法,摆脱了视点的束缚,保留了现实物体的客观原形。

斜二轴测图

将物体放置成使它的一个坐标面平行于轴测投影面,而投射方向与轴测投影面倾斜时,所得到的轴测投影图称斜二轴测图,简称斜二测。在斜二测图中,轴测轴 OX 和 OZ 仍为水平和铅垂方向,其轴向伸缩系数为 $p=r=1$;OY 轴与水平线成 45°,即轴间角 $\angle XOY=\angle YOZ=135°$,其轴向伸缩系数 $q=0.5$。斜二测中轴测轴的位置和立方体的斜二轴测图,如图 4.11 所示。

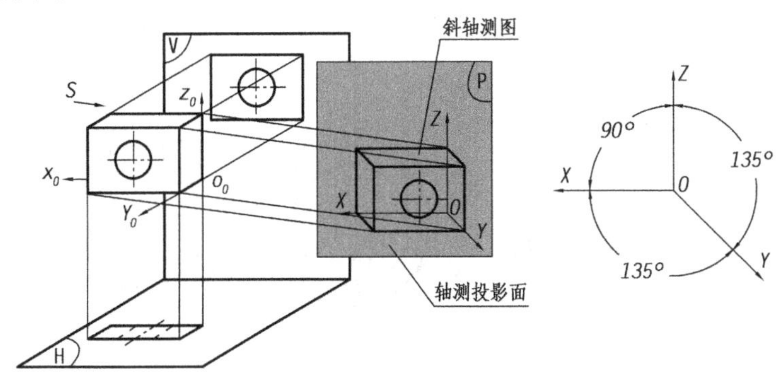

图 4.11 斜二测

由于斜二测中 XOZ 坐标面平行于轴测投影面,所以物体上平行于该坐标面的图形均反映实形。如果这个图形上的圆或圆弧较多,作图时就很方便。而当平行于其余两个坐标面上有圆时,其斜二测投影均为短轴不与相应轴测轴平行的椭圆,作图较繁,所以当物体的某两个方向有圆时,一般不用斜二测图,而采用正等测图。当物体仅在某一方向上有圆或圆弧时,常采用斜二测。

绘制物体斜二测的方法与绘制物体正等测基本相同,画图时通常从最前面开始,沿 Y 轴方向分层定位。作图时应注意 OY 轴的轴向伸缩系数为 0.5,如图 4.12 所示为法兰盘的斜二测。

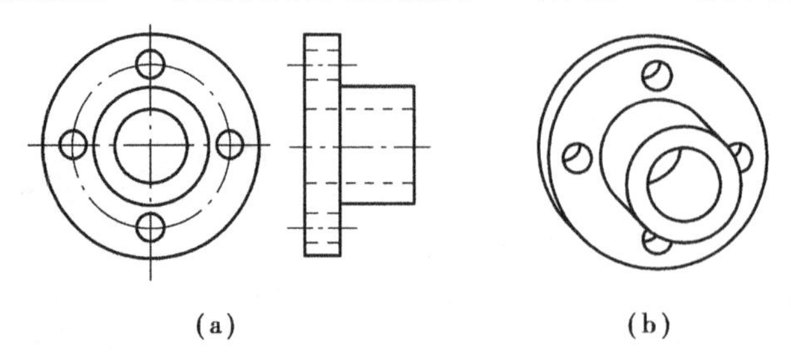

图 4.12　法兰盘的斜二测

例 4.5　画出如图 4.13(a)所示物体的斜二测。

该物体为同轴的圆柱和圆台,中心钻一同轴的圆孔。画图时沿 Y 轴方向分层定位,作图方法和步骤如下:

①因该物体的圆均在同一方向,将圆台顶面放在平行于 XOZ 坐标面的位置,选定轴测轴 OX、OY 和 OZ,画出第一层——圆台顶面的两个圆,如图 4.13(b)所示。

②在 Y 轴上向后量取圆台高度的一半,定出圆台底面的圆心,画出第二层——圆台底圆和圆柱前端面的圆,作圆台底圆和顶圆的公切线,如图 4.13(c)所示。

③在 Y 轴上再向后量取圆柱高度的一半,定出圆柱后端面的圆心,画出第三层——圆柱后端面的圆和圆孔,如图 4.13(d)所示。

④作圆柱前后两端面圆的公切线,擦去多余的图线,并描深立体的可见轮廓线,完成立体的斜二轴测图,如图 4.13(e)所示。

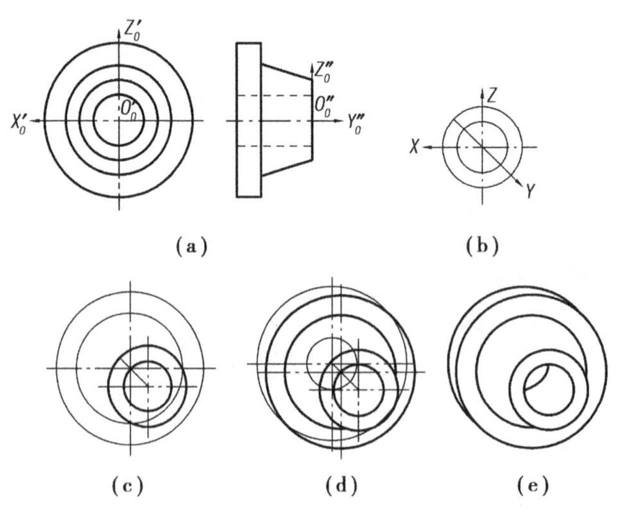

图 4.13　斜二测图例

15 世纪,透视学在意大利蓬勃发展,从此焦点透视法深入人心,在透视学研究的热潮下,传统绘画空间的感知受到了挑战。轴测图法作为中国传统绘画空间表现的一种特殊方法,不仅能够有效的解决画面空间的表现问题,还能体现中国传统审美思想。在这个创新的时代,我们仍需找寻并遵循其文化根源及民族特征,将传统审美思想继续传承和发扬。

1. 右图是北京故宫博物院珍藏的五代时期周文矩的《重屏会棋图》,画中描绘的是南唐中李璟与其弟弟四人在屏风前会棋的场景,画面的背景是一扇直立的屏风,因屏风上又画了一屏风,所以有“重屏”之称。画中物体没有近大远小的规律,但却有强烈的空间感,同时保持了现实生活中家具的原形。请同学们找出图中哪些采用了斜二测的画法?

2. 根据视图画斜二轴测图。

(1)

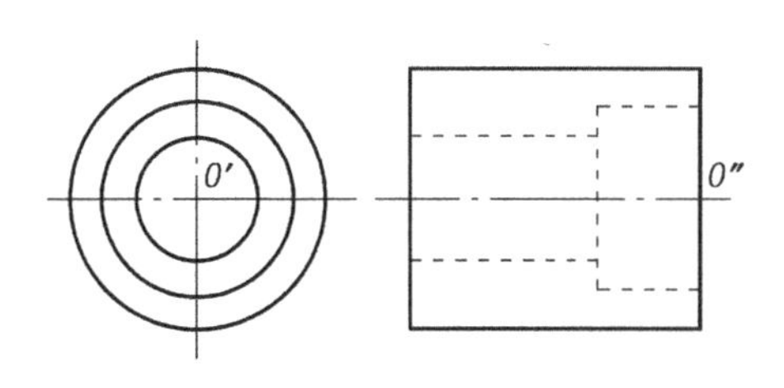

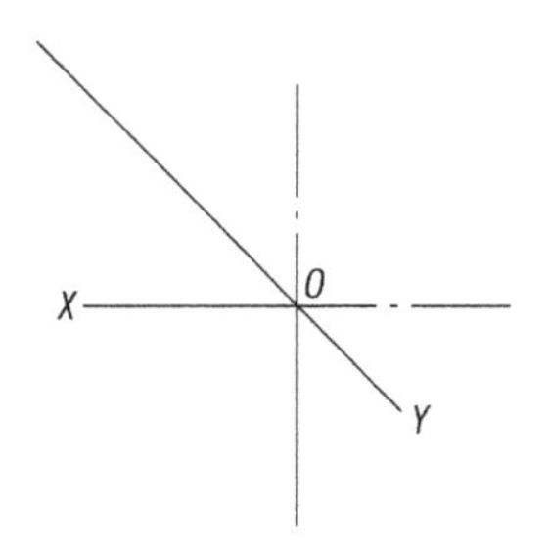

（2）

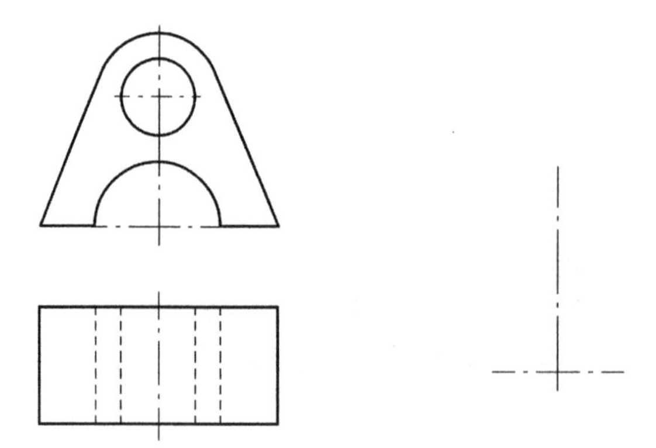

5　组合体的绘制与识读

知识目标

1. 掌握组合体视图的绘制方法；
2. 掌握组合体尺寸的标注方法；
3. 掌握组合体视图的读图方法。

技能目标

1. 能准确绘制组合体的三视图；
2. 能准确标注基本体和中等复杂组合体的尺寸；
3. 能利用形体分析法和面形分析法读组合体的视图。

素质目标

1. 培养化繁为简、化难为易的分析问题的科学思维；
2. 培养把简单的问题精细化的行动力；
3. 培养认真负责，严谨求实的职业精神；
4. 培养全面准确分析问题的科学思维习惯。

5.1　组合体的形体分析

【案例】从一支太空笔的设计体会化繁为简的智慧

美国太空署曾遇到过一个难题：怎样设计出一种笔，它能够帮助宇航员在失重的情况下，方便地握在手里，书写起来流利，且不用经常灌墨水。在绞尽脑汁都想不出解决问题的方法后，太空署只好求助于社会公众。最后，最有效的方法来自一位小女孩，她的建议是："试一试铅笔吧，如何？"

【启示】在思考问题时，需要将复杂困难的问题转换为简单、容易的问题，将生疏的问题转换为自己熟悉的问题，当面对一个很复杂的问题时，先要看它的本质和核心，找到了本质和核心才可以有的放矢，从中找到新的、更好的办法。

组合体的组合形式

5.1.1 组合体的组合形式

组合体的组合有叠加、切割和综合三种基本形式，一般较复杂的机械零件往往由叠加和切割综合而成，如图 5.1 所示。

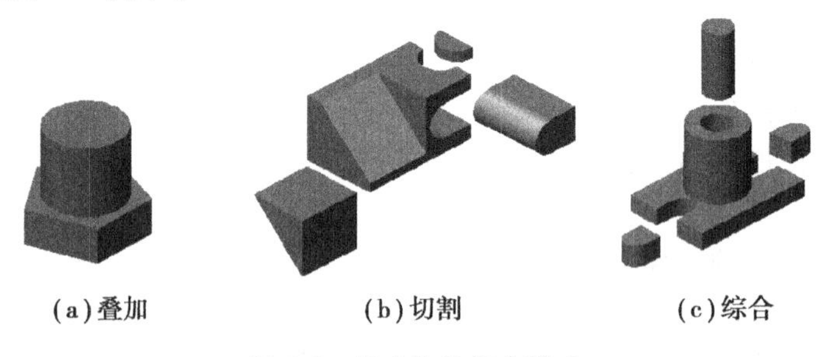

图 5.1 组合体的组合形式

5.1.2 基本体之间的表面连接关系

在分析组合体时，各形体相邻表面之间按其表面形状和相对位置不同，连接关系可分为平齐、不平齐、相切和相交四种情况。连接关系不同，连接处投影的画法也不同。

(1)平齐

当两基本形体相邻表面相平齐（即共面）连成一个平面时，结合处没有界线，相应视图中间应无分界线，如图 5.2 所示。

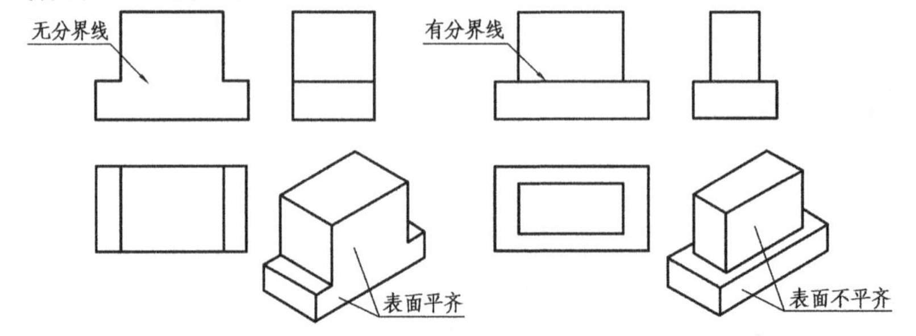

图 5.2 表面平齐和不平齐的画法

(2)不平齐

当两基本形体相邻表面不平齐(即不共面),而是相互错开时,结合处应有分界线,相应视图中间应有线隔开,如图5.2所示。

(3)相交

当相邻两基本形体的表面相交时,在相交处会产生各种形状的交线,应在视图相应位置处画出交线的投影,如图5.3所示。

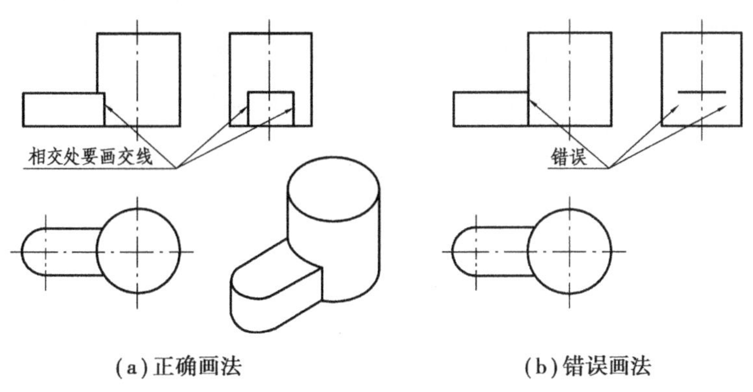

(a)正确画法　　(b)错误画法

图5.3　表面相交

(4)相切

当相邻两基本形体的表面相切时,由于在相切处两表面是光滑过渡的,不存在明显的分界线,故在相切处规定不画分界线的投影,如图5.4所示。但应注意:底板顶面的正面投影和侧面投影积聚成一直线段,应按投影关系画到切点处。

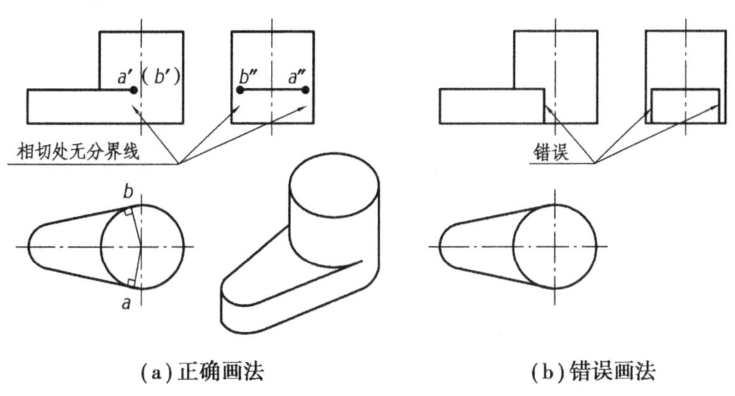

(a)正确画法　　(b)错误画法

图5.4　表面相切

5.1.3　形体分析法

通常一个组合体上同时存在几种组合形式,在分析组合体时,我们常常采用形体分析法。所谓形体分析法,就是把形状比较复杂的组合体分解成由基本几何体构成的方法。在画图和看图时应用形体分析法,就能化繁为简、化难为易,提高画图速度,保证绘图的质量。

如图5.5所示的支架,用形体分析法可将其分解成六个基本形体组成。支架的中间为一直立空心圆柱,肋和右上方的耳板均与直立空心圆柱相交而产生交线,肋的左侧斜面与直立空心圆柱相交产生的交线是曲线(椭圆的一小部分)。前方的水平空心圆柱与直立空心圆柱垂直相交,两孔穿通,圆柱外表面要产生交线,两内圆柱表面也要产生交线。右上方的耳板顶面与直立空心圆柱的顶面平齐,表面无交线。底板两侧面与直立空心圆柱相切,相切处无交线。

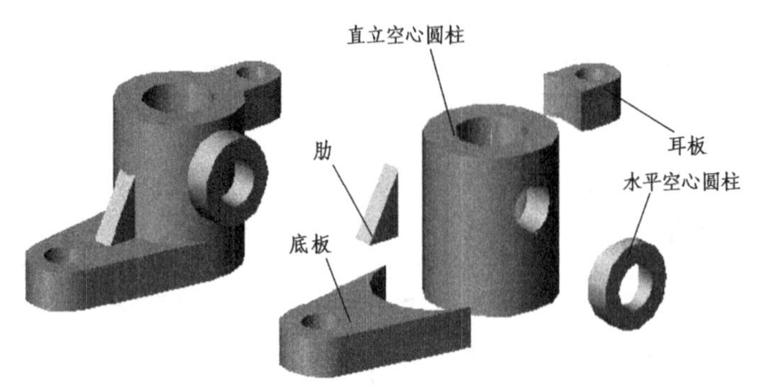

图 5.5　支架及其形体分析

面对纷繁复杂的问题,做事的思维和方法应该从简切入,以简驭繁,化繁为简。本节学习的形状复杂的组合体,可以将其分解成若干基本几何体。在画图和读图时就能化繁为简、化难为易,提高画图速度,保证画图质量。

1. 托马斯·爱迪生在发明白炽电灯时,想要知道灯泡的容量,但由于手上工作太多,便让他的助手帮他量一下一个没有上灯口的玻璃灯泡的容量。过了很长时间,爱迪生已经把自己手上的工作都做完了,助手还没有把灯泡容量的数据送过来。于是,他便来到助手的实验室,他看见助手正在桌子旁边忙碌地演算着,便问他在干什么。助手回答:“我刚才用软尺测量了灯泡的周长、斜度,现在正用复杂的公式计算呢。”爱迪生笑了笑说:“你可以用简单的方法。”同学们你能想出简单的办法吗?

2. 根据轴测图补画视图中的漏线。

(1)

(2)

(3)

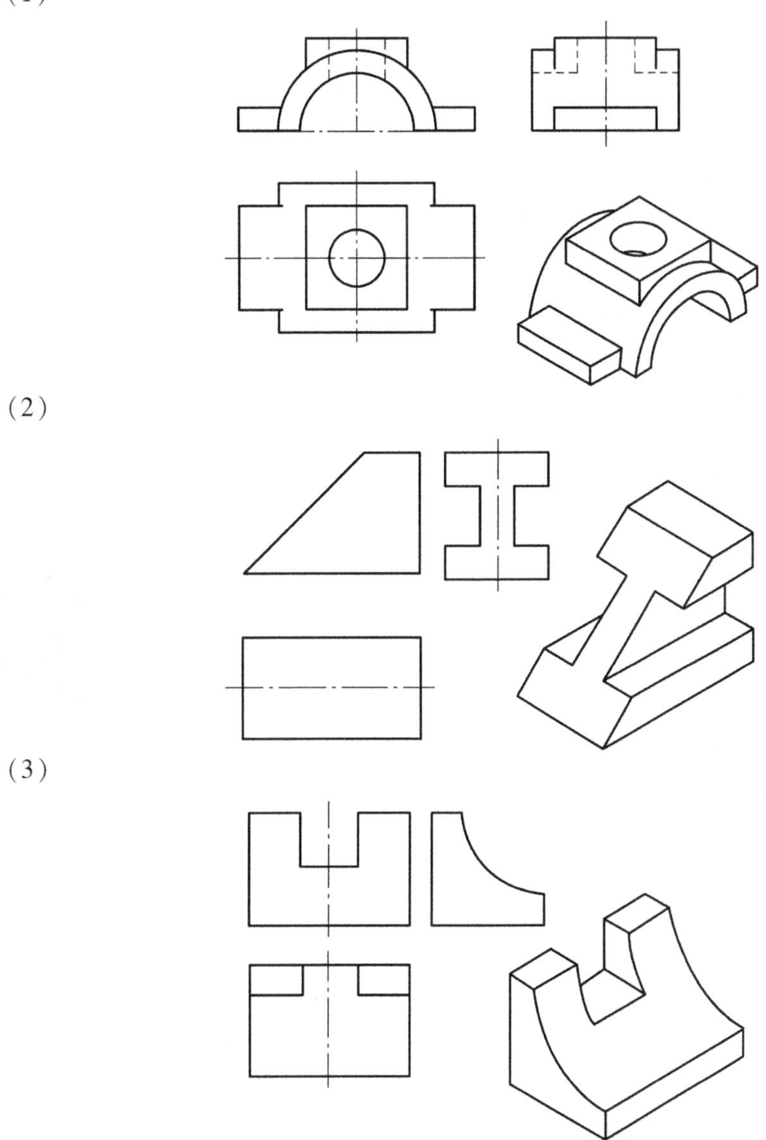

5.2　组合体视图的绘制方法

【案例】大国工匠手中的神奇“画笔”，为大国重器勾勒“完美”焊缝

大吨位移动起重机是工程装备行业公认的科技含量最高，研发难度最大的产品之一，

它的难点在于大吨位和移动,一个要求起重机更强更结实,一个要求起重机移动更加便捷。两者看似矛盾又要兼顾。解决的办法是采用强度高、质量轻的钢材焊接而成,而板材的焊接质量就是关键所在。我国自主研制的全球最大吨位全地面起重机——徐工 1 600 t 起重机,共有 2 万多个零部件,其中结构件有 7 000 多个,将近 8 000 条焊缝需要人工焊接,焊接工艺要求非常复杂,能够做到的人就像"魔法师"一样。这个"魔法师"就是我们的大国工匠张怀红,他手中的焊枪就像一支画笔,勾勒出一条条"完美"的焊缝。"完美"的背后是辛勤的付出,工作 20 年,经他手焊过的焊道超过了四十万米,相当于 45 座珠穆朗玛峰的高度,他在自己的岗位上精益求精,专心专注,保证每个产品都是精品,最终成为企业焊工队伍的领军人才。

【启示】平凡的岗位不平庸,把简单的事情做好就是不简单,把平凡的事情做精就是不平凡。

画组合体视图的方法和步骤

画组合体三视图的基本方法是形体分析法。画组合体的三视图时,应采用形体分析法把组合体分解为几个基本几何体,然后按它们的组合关系和相对位置有条不紊地逐步画出三视图。

5.2.1 形体分析

如图 5.6 所示,轴承座由:注油用的凸台Ⅰ、支撑轴的圆筒Ⅱ、支撑圆筒的支承板Ⅲ、肋板Ⅳ和底板Ⅴ五个部分组成。其中,凸台Ⅰ与圆筒Ⅱ的轴线垂直正交,内外圆柱面都有交线——相贯线;支承板Ⅲ的两侧与圆筒Ⅱ的外圆柱面相切,画图时应注意相切处无轮廓线;肋板Ⅳ的侧面与圆筒Ⅱ的外圆柱面相交,交线为两条素线,底板、支承板、肋板相互叠合,并且底板与支承板的后表面平齐。

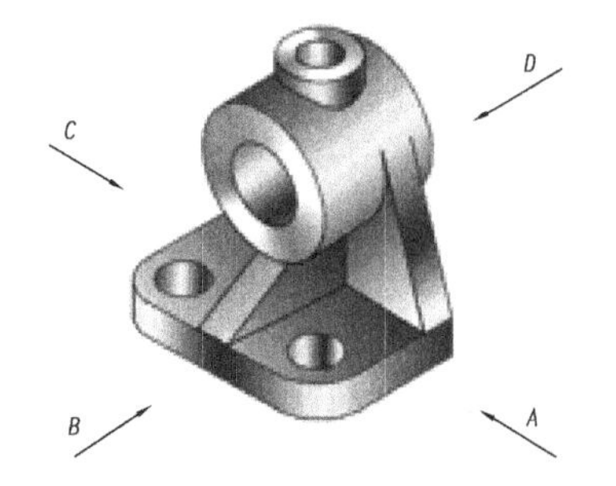

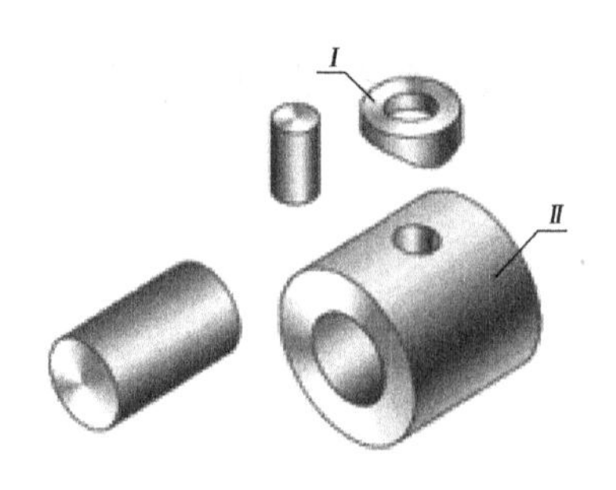

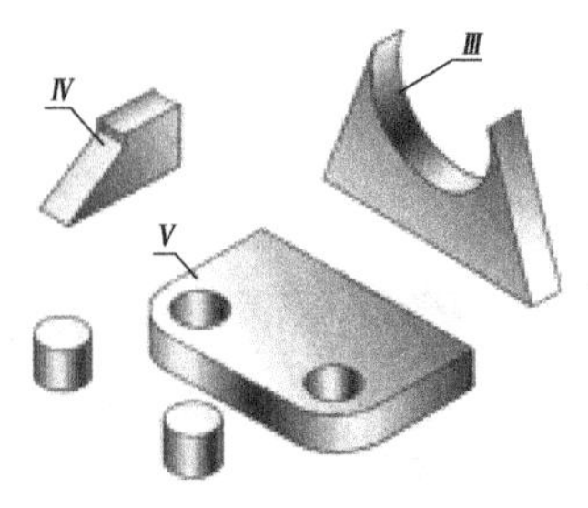

图 5.6 轴承座的形体分析

5.2.2 视图选择

在三视图中，主视图是最主要的视图，因此，主视图的选择甚为重要。选择主视图时通常将物体放正，保证物体的主要平面（或轴线）平行或垂直于投影面，使所选择的投射方向最能反映物体结构形状特征。将轴承座按自然位置安放后，按图5.6所示箭头的四个方向进行投射，将所得的视图进行比较以确定主视图的投射方向。

5.2.3 画图步骤

1）确定比例和图幅

视图确定后，要根据物体的复杂程度和尺寸大小，按照标准的规定选择适当的比例与图幅。选择的图幅要留有足够的空间以便于标注尺寸和画标题栏等，如图5.7(a)所示。

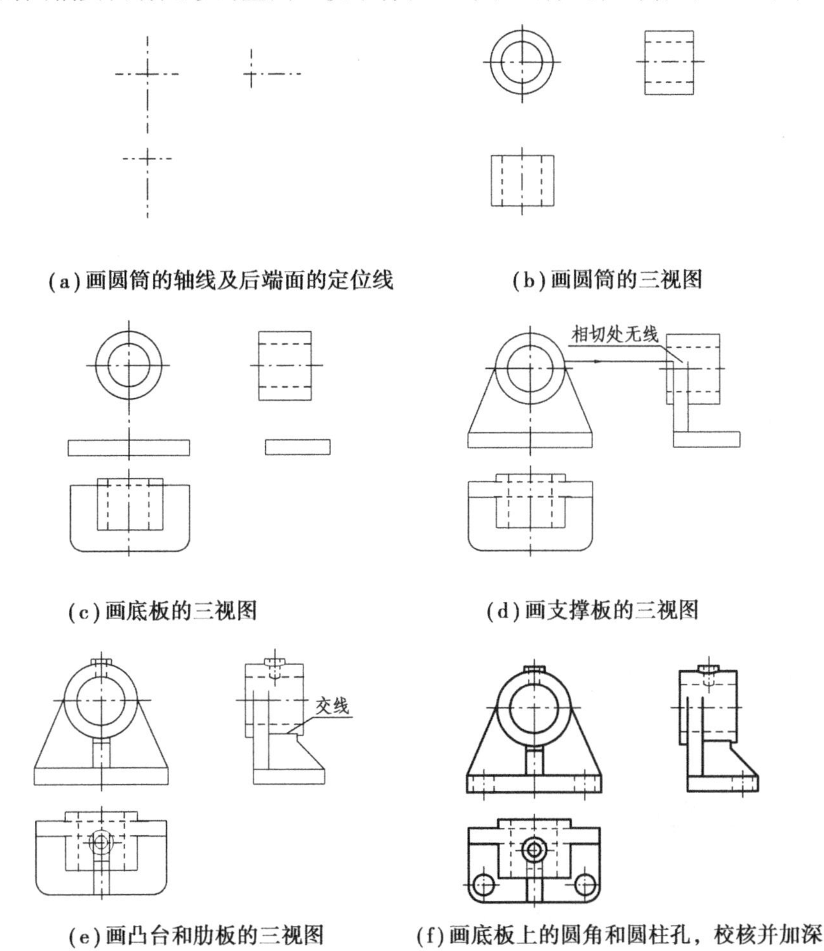

(a)画圆筒的轴线及后端面的定位线　(b)画圆筒的三视图

(c)画底板的三视图　(d)画支撑板的三视图

(e)画凸台和肋板的三视图　(f)画底板上的圆角和圆柱孔，校核并加深

图5.7　轴承座的画图步骤

2)布置视图位置

布置视图时,应根据已确定的各视图每个方向的最大尺寸,并考虑到尺寸标注和标题栏等所需的空间,匀称地将各视图布置在图幅上。

3)绘制底稿

按形体分析法,从主要形体入手,根据各基本形体的相对位置逐个画出每一个形体的投影。画图顺序是先画主要结构与大形体;再画次要结构与小形体;先实体,后虚体(挖去的形体)。画各个形体的视图时,应从反映该形体形状特征的那个视图画起。如图5.8(b)、(c)、(d)、(e)所示,画图的顺序是圆柱→底板→支撑板→凸台→肋板。

4)检查、加深

完成底稿后,必须经过仔细检查,修改错误或不妥之处,擦去多余的图线,然后按规定线型加深,如图5.8(f)所示。

画图时应特别注意:

①运用形体分析法,逐个画出各组成部分。

②一般先画较大的、主要的组成部分,再画其他部分;先画主要轮廓,再画细节。

③画每一基本几何体时,先从反映实形或有特征的视图开始,再按投影关系画出其他视图。对于回转体,先画出轴线、圆的中心线,再画轮廓线。

④画图过程中,应按"长对正、高平齐、宽相等"的投影规律,几个视图对应着画,以保持正确的投影关系。

不积跬步,无以至千里;不积小流,无以成江海。"完美"的背后一定是辛勤的付出。学习是一个累积的脚踏实地,循序渐进的过程。知识的积累也是从量变到质变的过程。基本体的绘制是组合体绘制的基础,组合体的绘制是零件图的基础,零件图的绘制是装配图的基础。只有基础打好了,才能保证组合体绘制的质量和速度。

1. 根据轴测图和俯视图补画主视图和左视图。

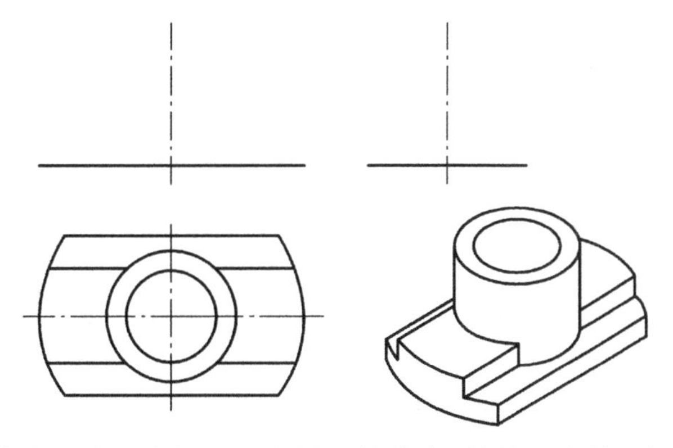

2. 根据轴测图,补齐已给两个视图上所缺少的线条,并补画出第三视图。

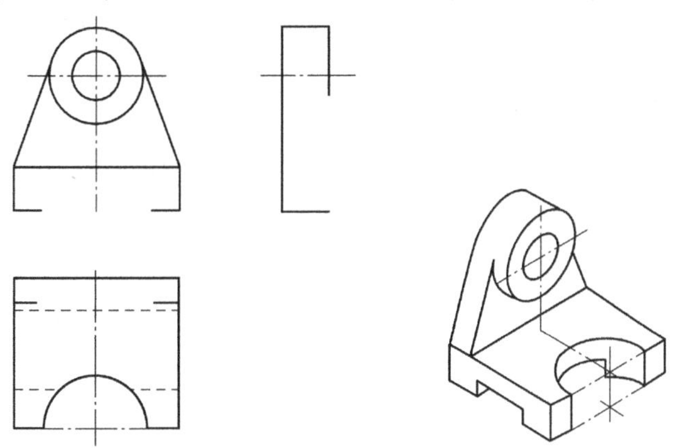

5.3 组合体的尺寸标注

【案例】测量系统单位不同,导致卫星迷失太空

美国宇航局和洛克希德马丁公司,曾共同建立过一个卫星,但不久就迷失在太空中,为此造成了约 1.25 亿美元的巨大损失。而这一灾难的根源,仅仅是因为二者使用的测量系统的长度单位不同,美国宇航局使用的是公制测量系统,而洛克希德马丁公司使用了英制测量系统。

【启示】无论何时,细节都是决定成败的关键。我们一定要养成认真负责、踏实敬业的工作态度以及严谨细致的工作作风。

组合体的尺寸标注

视图只能表达组合体的形状，而组合体的真实大小要由视图上标注尺寸的数值来确定。生产上都是根据图样上所注的尺寸来进行加工制造的，因此正确地标注尺寸非常重要，必须做到认真、细致。视图中标注尺寸的基本要求是：

①正确——尺寸注法要符合国家标准的规定。

②完整——尺寸必须注写齐全，既不遗漏，也不重复。

③清晰——标注尺寸布置的位置要恰当，尽量注写在最明显的地方，便于读图。

④合理——所注尺寸应符合设计、制造、装配等工艺要求，方便加工、测量、检验。

5.3.1 基本体的尺寸注法

任何立体都有长、宽、高三个方向的尺寸，将这三个方向的尺寸标注齐全，立体的大小就能确定了，标注基本体的尺寸时，一般要标注长、宽、高三个方向的尺寸。

1）平面体尺寸标注

标注平面立体如棱柱、棱锥的尺寸时，应注出底面（或上、下底面）的形状和高度尺寸，如图 5.9 所示。

(1) 棱柱

图 5.9(a)、(b) 是棱柱，其长、宽尺寸注在反映底面实形的水平投影图中，高度尺寸注在反映棱柱高度的正面投影图中。

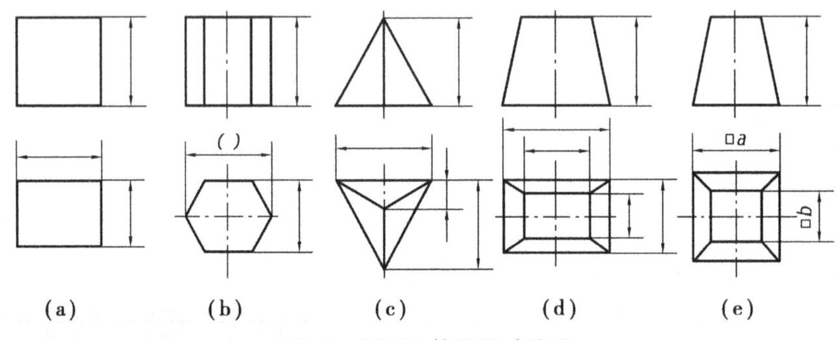

图 5.9　平面立体的尺寸注法

图 5.9(b) 中正六棱柱的底面形状为正六边形，底面尺寸有两种注法，一种是注出正六边形的对角线长度，另一种是注出正六边形的对边距离，常用的是后一种注法，而将对角线长度作为参考尺寸（加括号）。

(2) 棱锥

图 5.9(c) 是三棱锥，除了注出长、宽、高三个尺寸外，还要在反映底面实形的水平投影图中注出锥顶的定位尺寸。

(3) 棱台

图 5.9(d)、(e) 是棱台，标注尺寸时要注出顶面、底面和高度尺寸。

(4)正方形的边长

图5.9(e)中的尺寸“□a”“□b”中的a、b是正方形的边长。

2)回转体尺寸标注

(1)圆柱和圆锥(台)的尺寸

标注圆柱和圆锥(台)的尺寸时,需要注底圆的直径尺寸和高度尺寸。一般把这些尺寸注在非圆投影图中,且在直径尺寸数字前加注符号ϕ,如图5.10(a)、(b)所示。

(2)球体的尺寸

球体的尺寸应在ϕ或R前加注字母S,如图5.10(d)所示。

(3)圆环的尺寸

圆环的尺寸应注出母线圆和中心圆的直径,如图5.10(c)所示。

(4)一般回转体的尺寸

一般回转体的尺寸还应注出确定其母线形状的尺寸,注法如图5.10(e)所示。

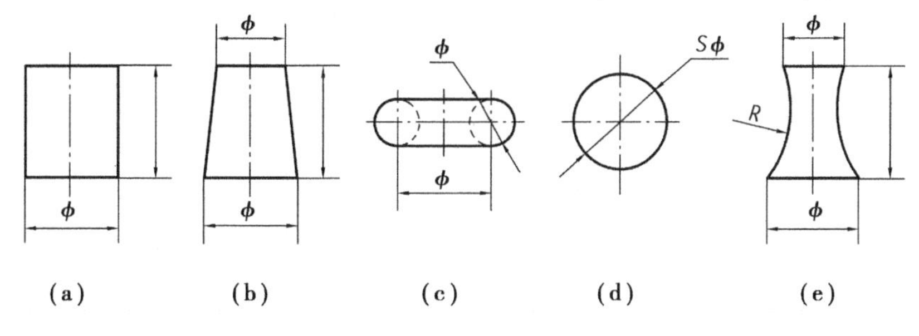

图5.10 回转体的尺寸注法

5.3.2 切割体和相贯体的尺寸注法

标注被平面截断或带有切口的立体的尺寸时,除了注出基本立体的尺寸外,还应注出确定截平面位置的定位尺寸。标注两个相贯立体的尺寸时,除了注出两个相贯立体的尺寸外,还应注出确定两相贯立体之间相对位置的尺寸。常见的切割和相贯立体的尺寸注法如图5.11所示。

应当注意:

①当立体大小和截平面位置确定后,截交线也就确定了,所以截交线不应标注尺寸。图5.12(a)为正确注法,该图既注出了圆柱的定形尺寸ϕ40和34,又注出了截平面的定位尺寸23和16,这样侧面投影图中两截交线也就自然确定了。图5.12(b)中不注定位尺寸23,却注两截交线的距离30,这是错误的。

②当两相贯立体的大小和相互位置确定后,相贯线也就相应确定了,因此,相贯线也不应标注尺寸。

如图5.13(b)中注出相贯线尺寸R20(实际上并非圆弧)是错误的。该图中定位尺寸16和8也是错误的,因为这两个尺寸是以圆柱轮廓线为尺寸基准的,而轮廓线一般不能作为尺寸基准。正确注法应如图5.13(a)那样,注出定位尺寸36和20。

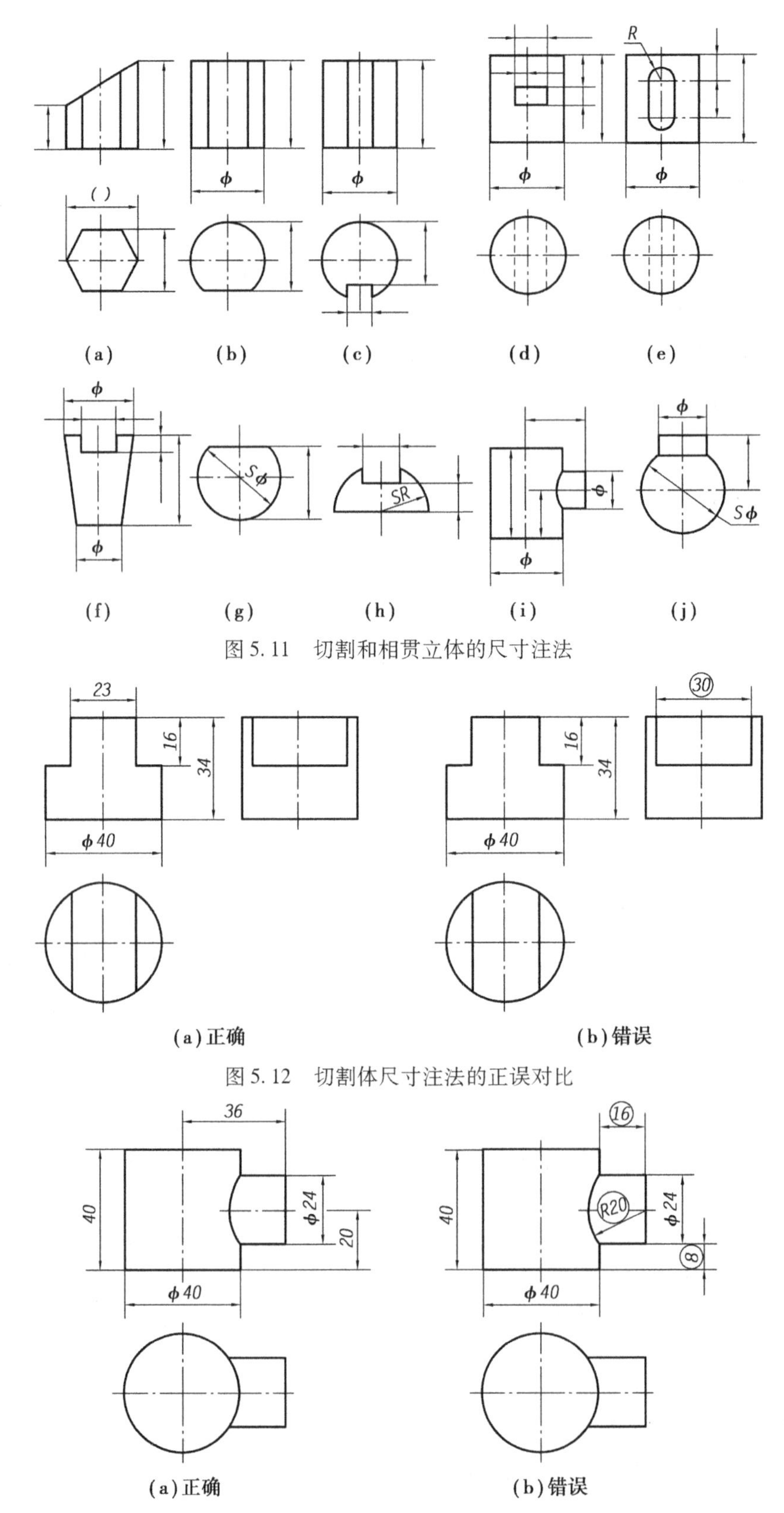

(a)　(b)　(c)　(d)　(e)

(f)　(g)　(h)　(i)　(j)

图 5.11　切割和相贯立体的尺寸注法

(a)正确　(b)错误

图 5.12　切割体尺寸注法的正误对比

(a)正确　(b)错误

图 5.13　相贯立体尺寸注法正误对比

5.3.3　组合体的尺寸标注

视图只表达组合体的结构形状,它的大小必须由视图上所标注的尺寸来确定。视图上的尺寸是制造、加工和检验的依据,因此,标注尺寸时,必须做到正确(严格遵守国家标准规定),完整和清晰。

1)尺寸基准

标注和测量尺寸的起点称为尺寸基准。组合体的对称面、端面、底面、轴线等常被选为尺寸基准(尺寸基准有主要尺寸基准和辅助尺寸基准之分),标注尺寸时,应首先选定尺寸基准。如图5.14所示组合体的左右对称面为长度方向的尺寸基准,后端面为宽度方向的尺寸基准,底面为高度方向的尺寸基准。

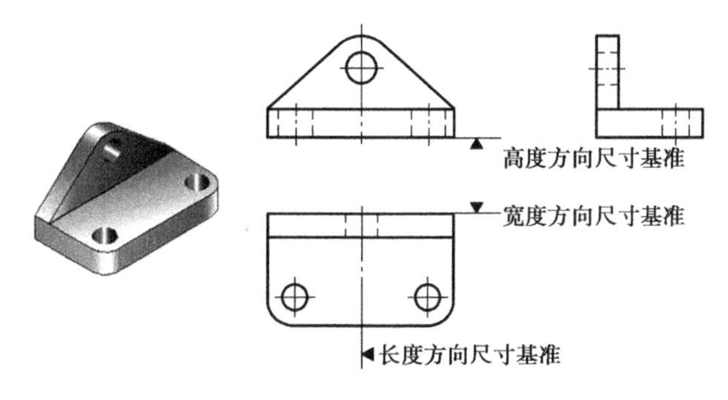

图5.14　组合体

2)尺寸种类

要使尺寸标注完整,既无遗漏,又不重复,最有效的办法是对组合体进行形体分析,根据各基本体形状及其相对位置分别标注以下几类尺寸。

①定形尺寸。确定各基本体形状大小的尺寸。

②定位尺寸。确定各基本体之间相对位置的尺寸。

③总体尺寸。确定组合体外形总长、总宽、总高的尺寸。

如图5.15所示标注尺寸步骤。

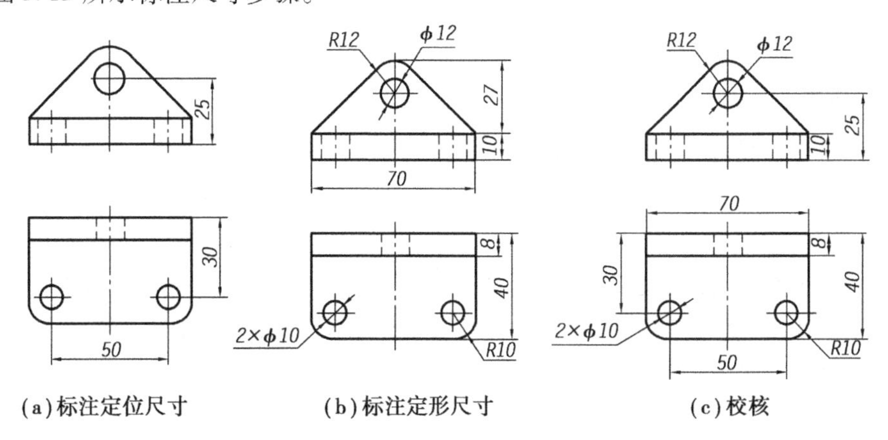

图5.15　组合体的尺寸标注

①标注定位尺寸。如图 5.15(a)所示,底板圆孔长、宽方向的定位尺寸如图中 50、30,竖板上圆孔的定位尺寸 25。

②标注定形尺寸。如图 5.15(b)所示,底板的长、宽、高尺寸 70、40、10,圆孔尺寸 2×Φ10,圆角尺寸 R10;竖板的长度尺寸与底板的长度尺寸重复,宽度尺寸 8、高度尺寸 27、上端圆头圆弧尺寸 R12、圆孔尺寸 Φ12。

③总体调整。针对标注和布置欠妥的尺寸进行调整,竖板圆孔定位尺寸应从高度方向的尺寸基准注出,主视图竖板的高度尺寸 10 注在定位尺寸之内,如图 5.15(c)所示,应调整其位置,如图 5.15(c)所示的 25。总高尺寸等于 10+27,但由于已经注出竖板圆孔的定位尺寸 25 和圆头尺寸 R12,故总高尺寸不再注出。

④校核。经仔细检查、核对注出完整的尺寸,如图 5.15(c)所示。

轴承座的尺寸标注如图 5.16 所示。

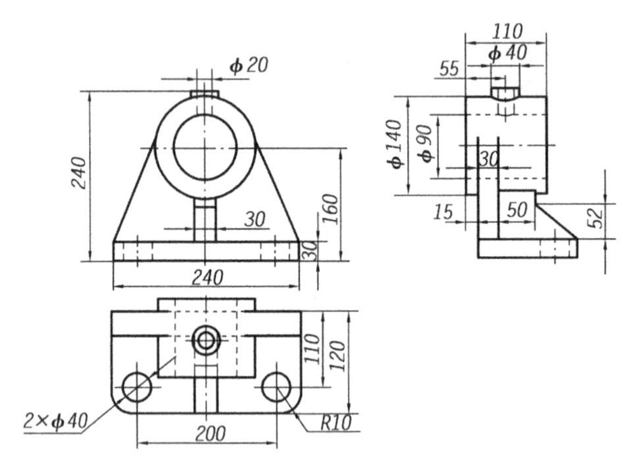

图 5.16 轴承座的尺寸标注

标注尺寸注意事项:

(1)突出特征

定形尺寸尽量标注在反映该部分形状特征的视图上。如底板圆孔和圆角,应标注在俯视图。虚线上尽量避免标注尺寸。

(2)相对集中

形体某个部分的定形和定位尺寸,应相对集中标注在一、二个视图上,便于读图时查找。如底板的长、宽、高尺寸,圆孔的定形、定位尺寸集中标注在俯视图上。

(3)布局整齐

尺寸尽量布置在两视图之间,便于对照。同方向的平行尺寸,应使小尺寸在内,大尺寸在外,间距(一般 5 ~7 mm)均匀,避免尺寸线与尺寸界限相交。同方向的串联尺寸应排列在一直线上,既整齐,又便于画图。

我们在标注尺寸时，尺寸注多了会产生矛盾，尺寸注少了无法生产，尺寸标注错误会出现废品。我们一定要养成认真负责、踏实敬业的工作态度以及严谨细致的工作作风。勿以恶小而为之，勿以善小而不为。职业道德的养成需要我们从小事做起，从细微处入手，从日常的练习中培养良好的习惯。

1. 2010 年，某公司测量人员在北翼 3 号联络巷标定钻孔时，由于标定错误，导致钻孔未透到设计位置。经现场测量和事故分析发现，测量人员现场标定时，将标定距离 173.635 m 记成了 178.635 m，致使钻孔位置偏离设计 5.000 m，认定为重大责任事故。请同学们结合自身经历谈谈对这件事的看法？

2. 看懂视图，分析尺寸，在图中注明立体长、宽、高三个方向的尺寸基准并完成填空。

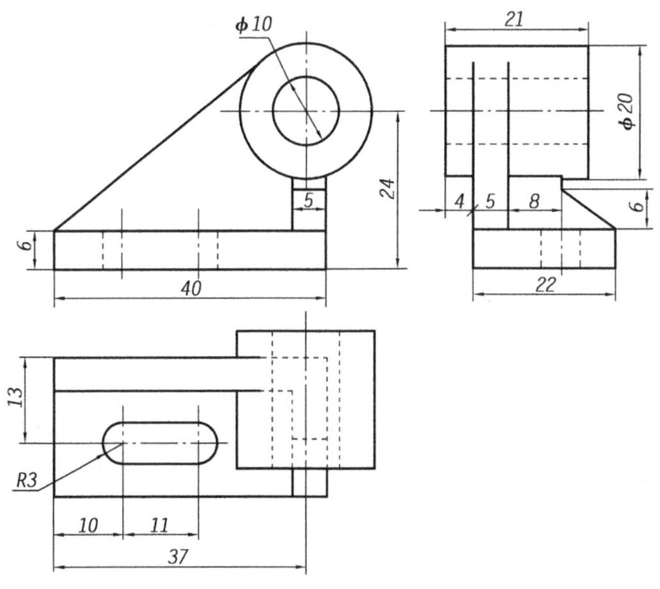

（1）圆筒的定形尺寸为____________、____________和____________；圆筒高度方向的定位尺寸为______________，宽度方向的定位尺寸为______________，长度方向的定位尺寸为____________。

（2）底板上长圆孔的定形尺寸是____________和____________；定位尺寸是__________和____________。

3. 根据视图想象出零件形状，改正图中尺寸标注中的错误。

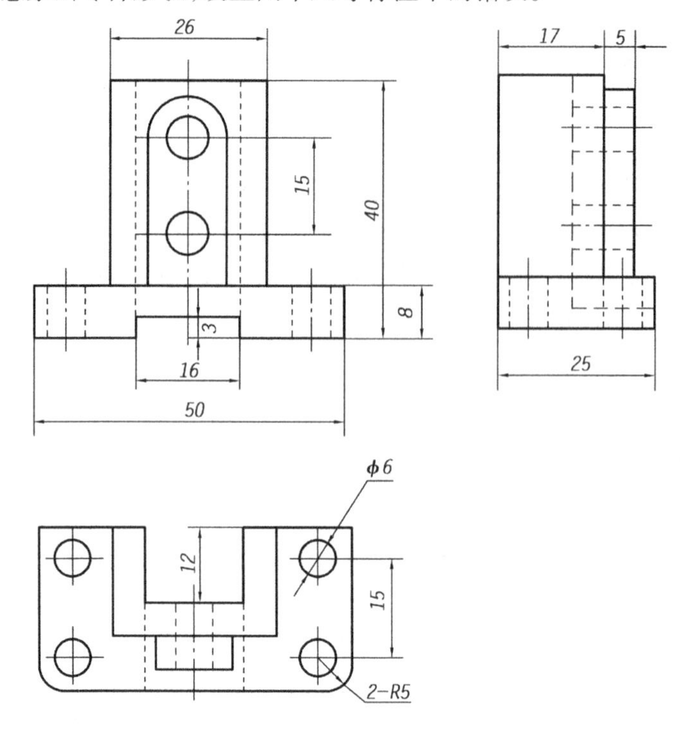

5.4 组合体视图的读图方法

【想一想】请同学们读下图(a)中的俯视图，分析物体的形状。

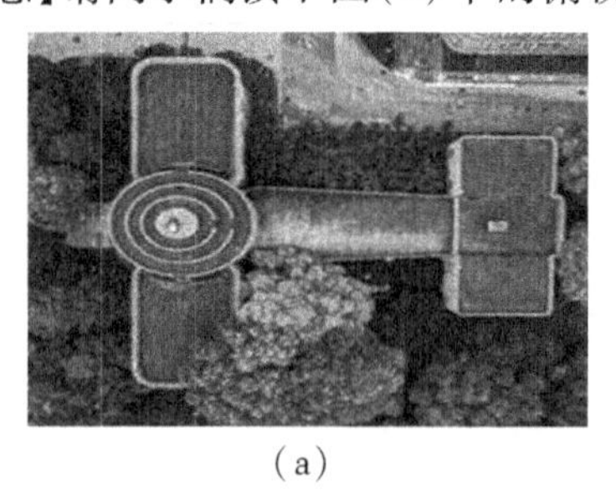
(a)

(b)

【小知识】这是一座飞机楼。1932 年“一·二八”事变中，中国上海惨遭日军轰炸，1933 年人们集资十万建造了这座飞机楼，飞机强国的梦想由此萌发。84 年后的 2017 年 5 月 5 日，中国自主研发的国产大飞机 C919 首飞成功[图(b)]。中国人以钉钉子的精神完美呈现了从一面视图“飞机楼的梦想”到 C919“伟岸身躯”的试飞成功。

【启示】读组合体的视图时，一面视图是不能够确定物体的空间形状的，需要将几个视图联系起来才能确定物体的空间形状。

读组合体视图

读图是画图的逆过程。画图是将物体按正投影方法表达在图纸上,将空间物体以平面图形的形式反映出来。读图则是根据投影规律由视图想象出物体的空间形状和结构。读图过程应是根据物体的三视图(或两个视图),用形体分析法逐个分析投影的特点,并确定它们的相互位置,综合想象出物体的结构、形状。要正确、迅速地读懂视图,必须掌握读图的基本方法和规律。

5.4.1 读图的基本要领

1)理解视图中线框和图线的含义

视图是由图线和线框组成的,弄清视图中线框和图线的含义对读图有很大帮助。

①视图中的每个封闭线框可以是物体上一个表面(平面、曲面或它们相切形成的组合面)的投影,也可以是一个孔的投影。如图 5.17 所示,主视图上的线框 A、B、C 是平面的投影,线框 D 是平面与圆柱面相切形成的组合面的投影,主、俯视图中大、小两个圆线框分别是大小两个孔的投影。

②视图中的每一条图线可以是面的积聚性投影,如图 5.17 中直线 1 和 2 分别是 A 面和 E 面的积聚性投影;也可以是两个面的交线的投影,如图中直线 3 和 5 分别是肋板斜面 E 与拱形柱体左侧面和底板上表面的交线,直线 4 是 A 面和 D 面交线;还可以是曲面的转向轮廓线的投影,如左视图中直线 6 是小圆孔圆柱面的转向轮廓线(此时不可见,画虚线)。

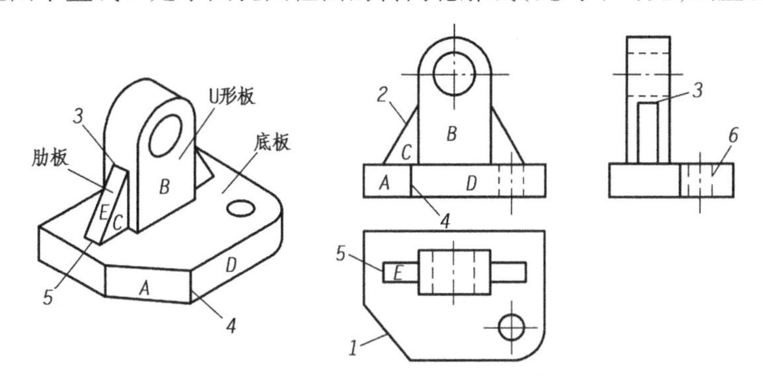

图 5.17 视图中线框和图线的含义

③视图中相邻的两个封闭线框,表示位置不同的两个面的投影。如图 5.17 中 B、C、D 三个线框两两相邻,从俯视图中可以看出,B、C 以及 D 的平面部分互相平行,且 D 在最前,B 居中,C 最靠后。

④大线框内包括的小线框,一般表示在大立体上凸出或凹下的小立体的投影。如图 5.17 中俯视图上的小圆线框表示凹下的孔的投影,线框 E 表示凸起的肋板的投影。

2)将几个视图联系起来进行读图

一个组合体通常需要几个视图才能表达清楚,一个视图不能确定物体形状。如图 5.18

所示的三组视图，他们的主视图都相同，但由于俯视图不同，表示的是三个不同的物体。

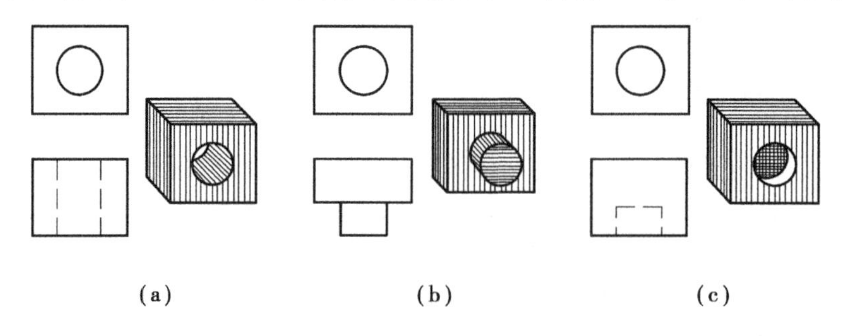

图 5.18　一个视图不能确定物体的形状

有时即使有两个视图相同，若视图选择不当，也不能确定物体的形状。如图 5.19 所示的三组视图，他们的主、俯视图都相同，但由于左视图不同，也表示了三个不同的物体。

在读图时，一般应从反映特征形状最明显的视图入手，联系其他视图进行对照分析，才能确定物体形状，切忌只看一个视图就下结论。

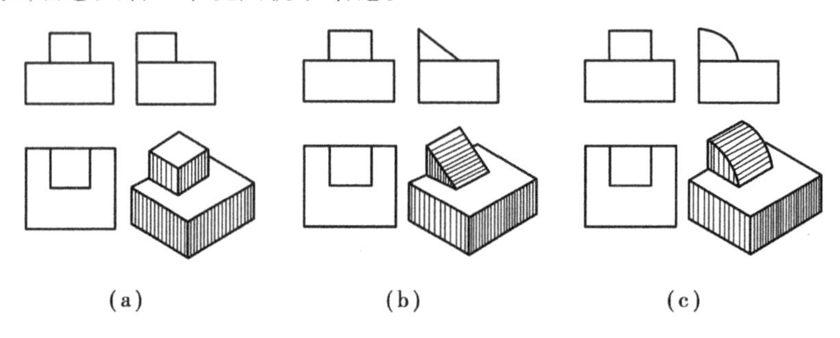

图 5.19　两个视图不能确定物体的形状

5.4.2　读图的基本方法

读图的基本方法有形体分析法和线面分析法。

1)形体分析法

(1)形体分析法

根据组合体的特点，将其分成大致几个部分，然后逐一将每一部分的几个投影对照进行分析，想象出其形状，并确定各部分之间的相对位置和组合形式，最后综合想象出整个物体的形状。这种读图方法称为形体分析法。此法用于叠加类组合体较为有效。

(2)读图步骤

一般的读图顺序是：先看主要部分，后看次要部分；先看容易确定的部分，后看难以确定的部分；先看某一组成部分的整体形状，后看其细节部分形状。可归纳为：

①分析线框，对照投影。

②想出形体，确定位置。

③综合起来，想出整体。

例 5.1　如图 5.20 所示，用形体分析法读组合体的三视图。

(1)分离出特征明显的线框

三个视图都可以看作是由三个线框组成的,因此可大致将该物体分为三个部分。其中主视图中Ⅰ、Ⅲ两个线框特征明显,俯视图中线框Ⅱ的特征明显,如图5.20(a)所示。

(2)逐个想象各形体形状

根据投影规律,依次找出Ⅰ、Ⅱ、Ⅲ三个线框在其他两个视图的对应投影,并想象出他们的形状,如图5.20(b)、(c)、(d)所示。

(3)综合想象整体形状

确定各形体的相互位置,初步想象物体的整体形状,如图5.20(e)、(f)所示。然后把想象的组合体与三视图进行对照、检查,如根据主视图中的圆线框及它在其他两视图中的投影想象出通孔的形状,最后想象出的物体形状如图5.20(g)所示。

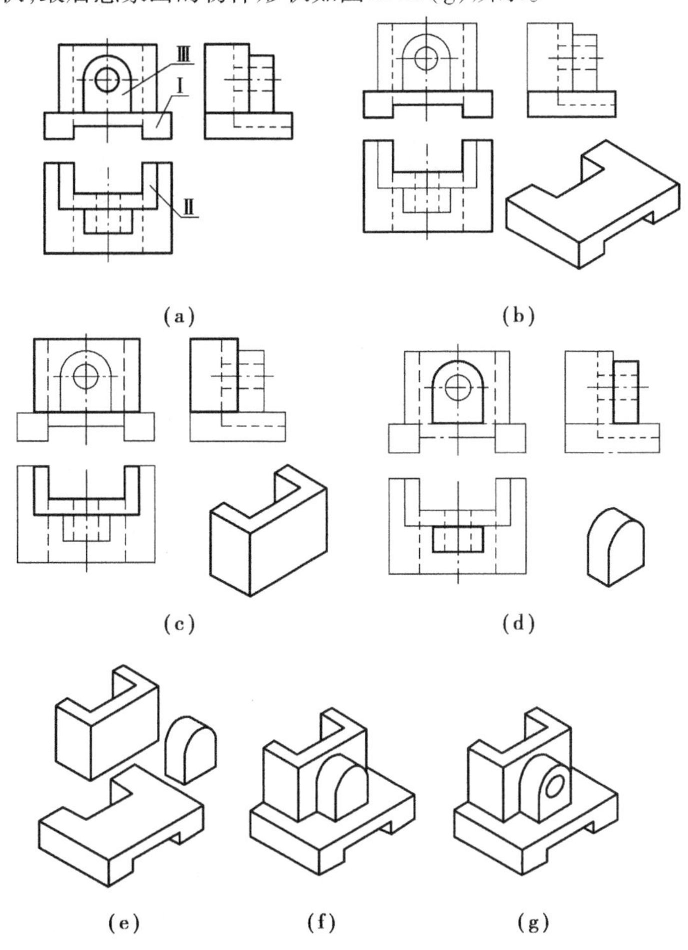

图5.20 用形体分析法读组合体的三视图

2)线面分析法

线面分析法读图,就是运用投影规律,通过对物体表面的线、面等几何要素进行分析,确定物体的表面形状、面与面之间的位置及表面交线,从而想象出物体的整体形状。此法用于切割类组合体较为有效。

例5.2 如图5.21(a)所示三视图,用线面分析法读图。

(1)初步判断主体形状

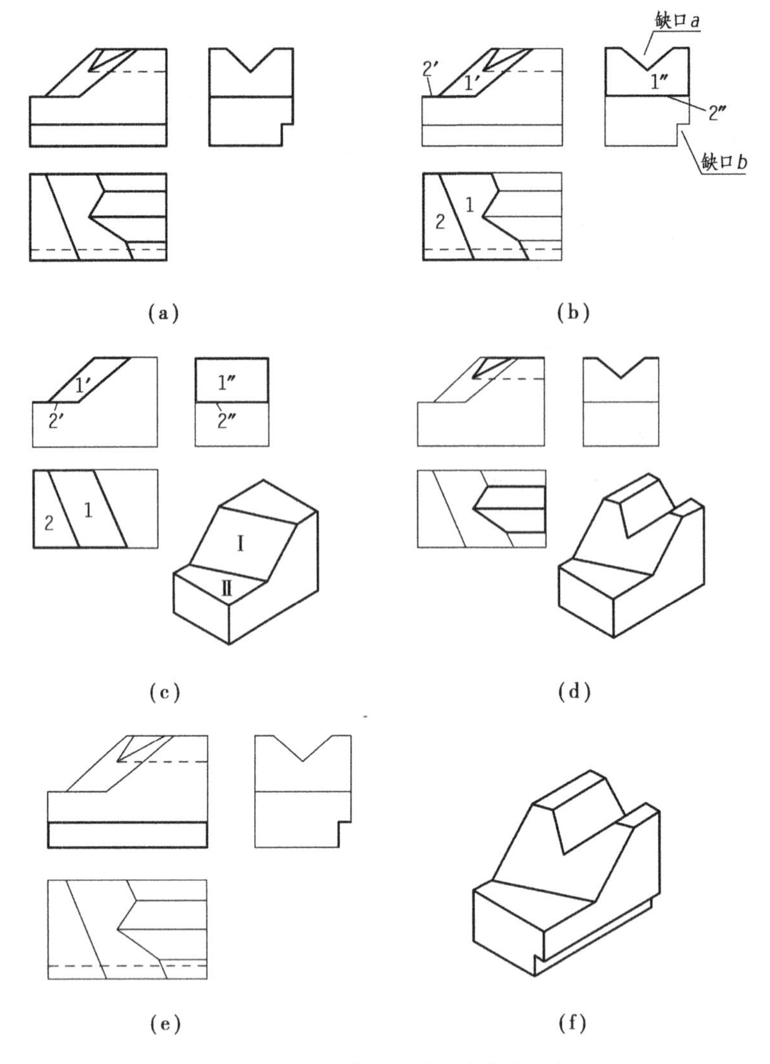

图 5.21　用线面分析法读组合体的三视图

物体被多个平面切割，但从三个视图的最大线框来看，基本都是矩形，据此可判断该物体的主体应是长方体。

(2)确定切割面的形状和位置

如图 5.21(b)，从左视图中可明显看出该物体有 a、b 两个缺口，其中缺口 a 是由两个相交的侧垂面切割而成，缺口 b 是由一个正平面和一个水平面切割而成。还可看出主视图中线框 1′、俯视图中线框 1 和左视图中线框 1″ 有投影对应关系，据此可分析出它们是一个一般位置平面的投影。主视图中线段 2′、俯视图中线框 2 和左视图中线段 2″ 有投影对应关系，可分析出它们是一个水平面的投影。并且可看出 Ⅰ、Ⅱ 两个平面相交。

(3)逐个想象各切割处的形状

看图时可先将两个缺口在三个视图中的投影忽略，此时物体可认为是由一个长方体被 Ⅰ、Ⅱ 两个平面切割而成，可想象出此时物体的形状，如图 5.21(c)所示。然后再依次想象缺口 a、b 处的形状，分别如图 5.21(d)、(e)所示。

(4)想象整体形状

综合归纳各截切面的形状和空间位置,想象物体的整体形状,如图 5.21(f)所示。

读组合体的视图时,需要将几个视图联系起来才能确定立体的空间形状。所以我们要用联系、变化、全面、发展的眼光来分析问题。同时要抓住主要矛盾,组合体的特征视图是读组合体的一个主要矛盾,找到整体特征和局部特征视图,想象组合体的形状,从而解决组合体的一系列问题。

课后练习

1. 看组合体视图,根据其形状的变化,补全视图中所缺的线。

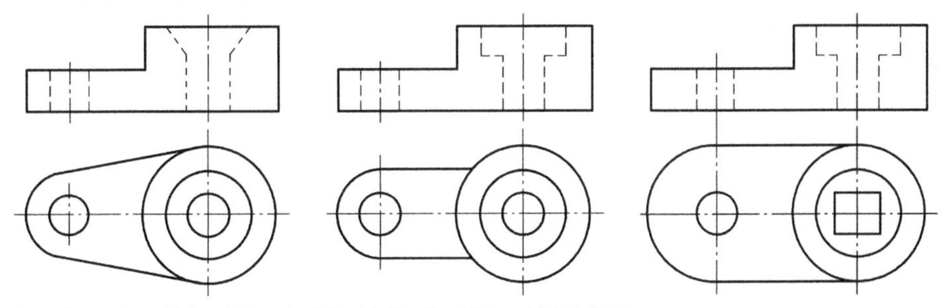

2. 由已知两视图补画第三视图,并徒手画斜二轴测草图。

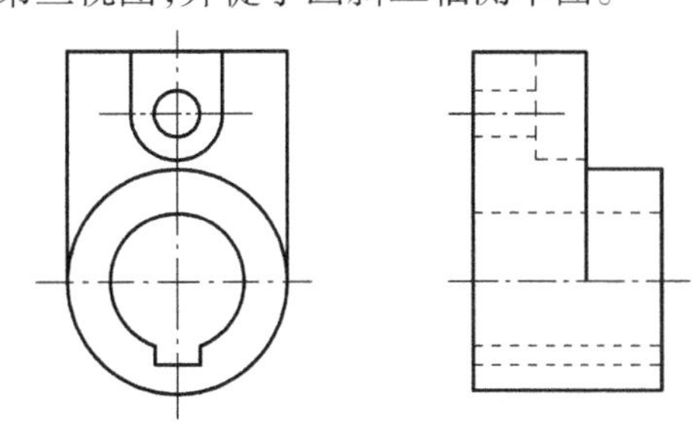

6 机械图样的基本表示法

知识目标

1. 掌握各种视图的画法和标注；
2. 掌握剖视图的画法和标注；
3. 掌握断面图的画法和标注；
4. 了解其他规定画法和简化画法；
5. 了解第三角画法。

技能目标

1. 能利用各种视图准确表达机件的外形；
2. 能利用剖视图准确表达物体的内部结构；
3. 能灵活运用各种表示法表达机件的结构。

素质目标

1. 培养树立换位思考的意识；
2. 培养全面准确分析问题的科学思维习惯；
3. 培养在平凡岗位坚守和付出的职业精神；
4. 激发爱国情怀和民族责任感。

6.1 视图

【案例】学会换位思考，多为他人着想

叶圣陶先生在教育子女要多为他人着想时曾举过一个例子：一位父亲让儿子递给他

一支笔，儿子随手递过去，不想把笔头交到了父亲手里。父亲对儿子说："递一样东西给人家，要想着人家接到了手方便不方便。你把笔头递过去，人家还要把它倒转来，倘若没有笔帽，还要弄人家一手墨水。刀剪一类物品更是这样，绝不可以拿刀口刀尖对着人家。"

【启示】换位思考，为他人着想，是一种修养，是一种素质，更是一种睿智的体现。同样，在机械图样的表达中，要站在有利于制造者看图直观的角度去进行图样设计，在正确表达各部分结构形状的前提下，力求表达方案简洁清晰，合理完整。

视图是用正投影法将物体向投影面投射所得的图形，主要用来表达物体的外部结构形状，一般仅画出物体的可见部分，必要时才用虚线画出其不可见部分。视图分为基本视图、向视图、局部视图和斜视图。

6.1.1 基本视图

视图

采用正六面体的六个面作为基本投影面，机件向基本投影面投影所得到的视图称为基本视图。六个基本视图中，除了主视图、俯视图、左视图外，还包括以下三个视图：

右视图——由右向左投影得到的视图；

仰视图——由下向上投影得到的视图；

后视图——由后向前投影得到的视图。

各基本投影面的展开方式如图 6.1 所示，即保持正投影面不动，其余各面按箭头所指方向展开，使之与正投影面共面，即得六个基本视图。展开后各视图的配置如图 6.2 所示。六个基本视图之间仍保持着与三视图相同的"长对正、高平齐、宽相等"的投影规律，即主视图、俯视图和仰视图长对正(后视图同样反映零件的长度尺寸)，主视图、左、右视图和后视图高平齐，左、右视图与俯、仰视图宽相等。

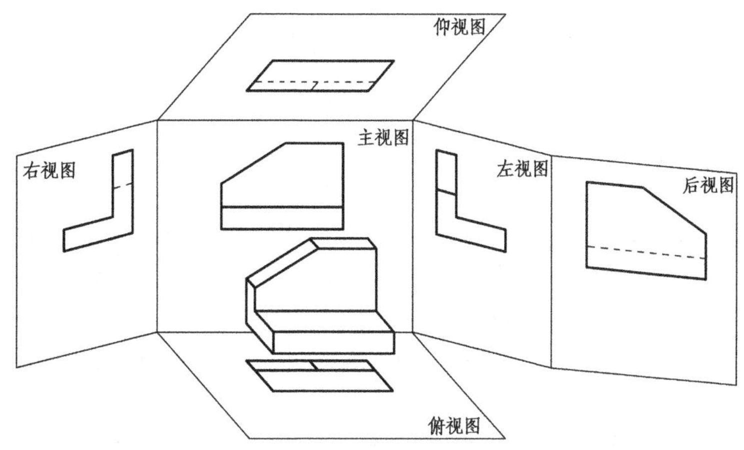

图 6.1　六个基本视图的形成

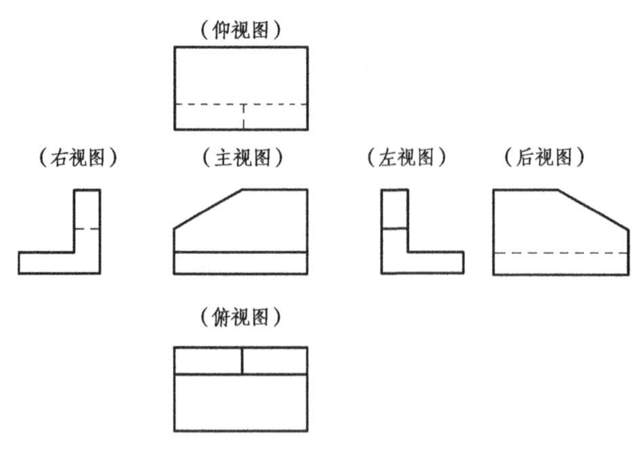

图 6.2　六个基本视图的配置

在实际绘图时,应根据物体的结构特点,按实际需要选择基本视图的数量。总的要求是表达完整、清晰,又不重复,使视图的数量最少。

6.1.2　向视图

向视图是移位配置的基本视图。

基本视图按图 6.2 所示的位置配置时,可不标注视图的名称。但在实际绘图过程中,为了合理利用图纸,可以移位配置视图,这种移位配置的视图,称为向视图。

画向视图时,应在向视图的上方用大写英文字母标注出视图的名称,并在相应的视图附近用箭头指明获得向视图的投射方向,标注上相同的字母,如图 6.3 所示。

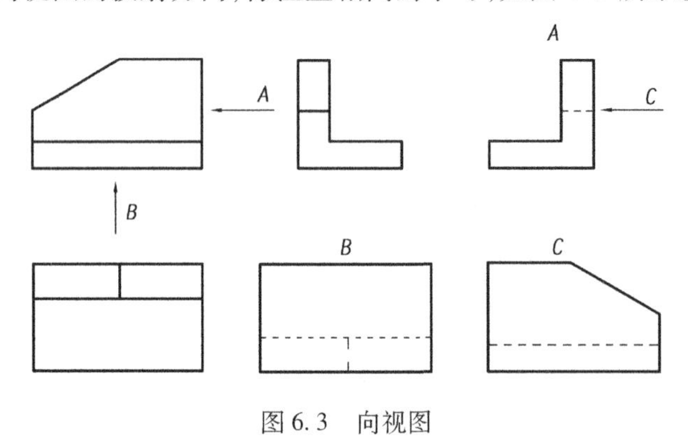

图 6.3　向视图

6.1.3　局部视图

将机件的某一部分向基本投影面投射所得的视图称为局部视图。当机件的主要形状已经表达清楚,只有局部形状没有表达清楚时,则没有必要画出完整的基本视图或向视图,而应采用局部视图,表达更为简练,如图 6.4 所示。

画局部视图时,一般应标注,其方法与向视图相同。当局部视图按投影关系配置,中间又没有其他视图隔开时,可省略标注。

局部视图的范围(断裂)边界通常用波浪线或双折线表示。当所表达的局部结构是完整的,且外轮廓线又成封闭时,波浪线可省略不画。

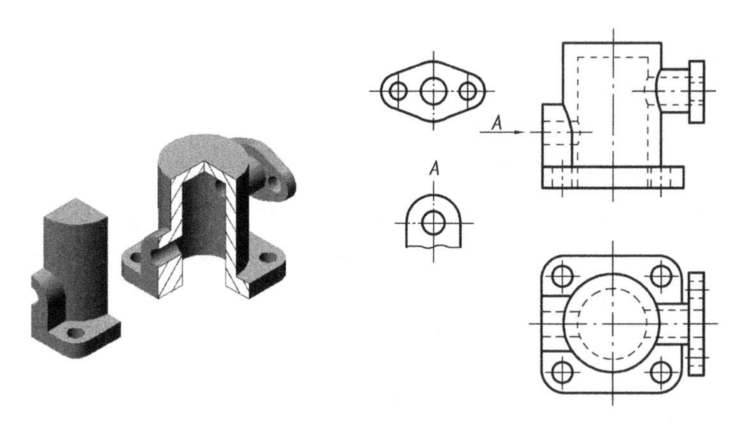

图 6.4 局部视图

6.1.4 斜视图

将物体向不平行于任何基本投影面的平面投射所得的视图,称为斜视图。

斜视图主要用于表达物体上倾斜部分的实形。图 6.5 所示的弯板,其倾斜部分在基本视图上不能反映实形,为此,可选用一个新的辅助投影面(该投影面应垂直于某一基本投影面),使它与物体的倾斜部分表面平行,然后向新投影面投射,这样便使倾斜部分在新投影面上反映实形。

斜视图通常按向视图的配置形式配置并标注。必要时,允许将斜视图旋转配置,在旋转后的斜视图上方应标注大写英文字母及旋转符号,旋转符号的箭头方向应与斜视图的旋转方向一致,表示该视图名称的大写英文字母应靠近旋转符号的箭头端,如图 6.5 中的 *A* 向斜视图。斜视图主要用来表达物体上倾斜结构的实形,其余部分不必画出,可用波浪线断开。

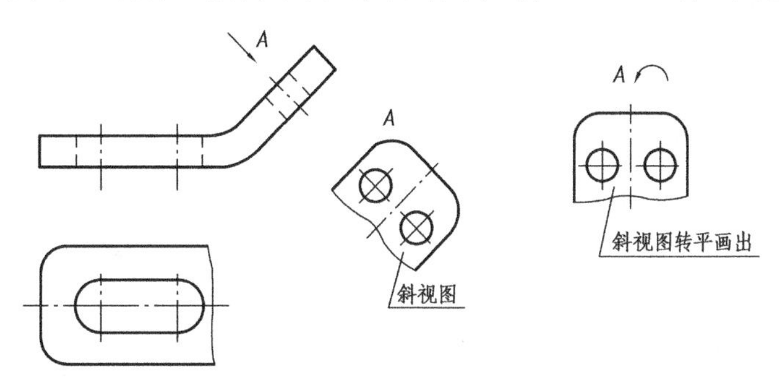

图 6.5 斜视图

所谓换位思考,就是理解别人的想法、感受,从对方的立场来看事、看人,设身处地为他人着想。我们在表达机件外形时,首先要从方便他人读图的角度考虑,灵活运用基本视图、向视图、局部视图和斜视图等各种表达方法。

1. 同学们,你们知道宾馆、酒店的电梯里常会有一面大镜子,这镜子是干什么用的呢?它是为了当残疾人摇着轮椅进电梯时,不必费神转身,就可以从镜子里看见楼层显示灯。请大家结合自身经历,谈一谈替他人着想的实例。

2. 看懂三视图,画出右视图和向视图。

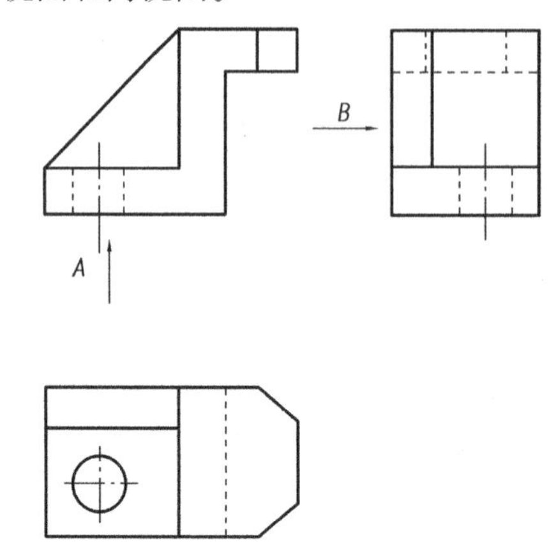

3. 在指定位置作局部视图和斜视图(底板长和宽相等)。

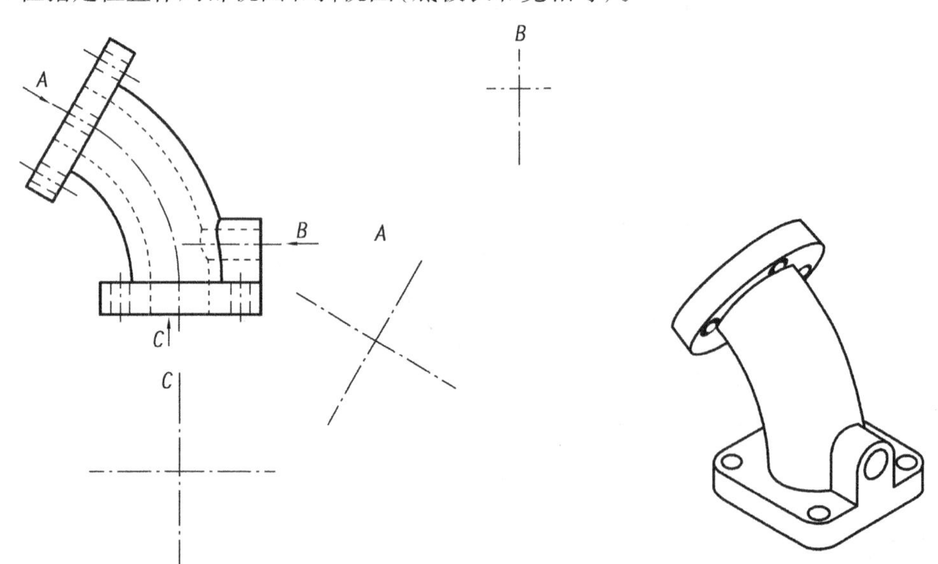

4. 参照轴测图,作斜视图和局部视图。

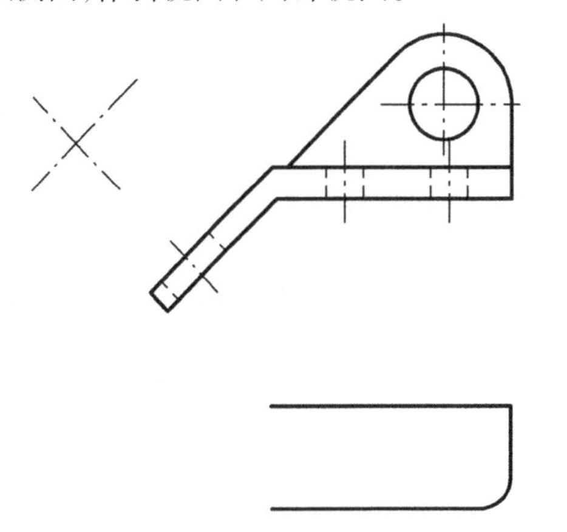

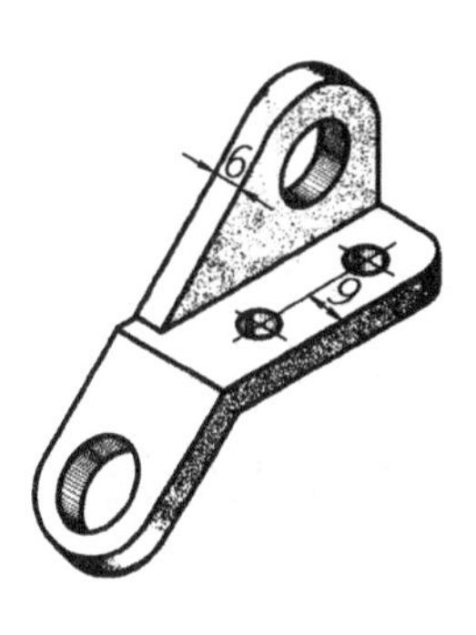

6.2　剖视图

【小知识】月背剖面图

2019 年 1 月 3 日,嫦娥四号探测器成功着陆在月球背面(图(a))。人类的探月历程又登上了新的高峰。玉兔二号在月球背面刻上了人类第一个足迹(图(b))。中科院在 2020 年 2 月 27 日,发布了月球地下结构的剖面图,而这个剖面图的完成离不开玉兔二号月球车从月球背面传回的月球 CT 图。科学家通过 CT 图了解到月球地下结构,让人类首次揭开月背的神秘面纱。

(a)

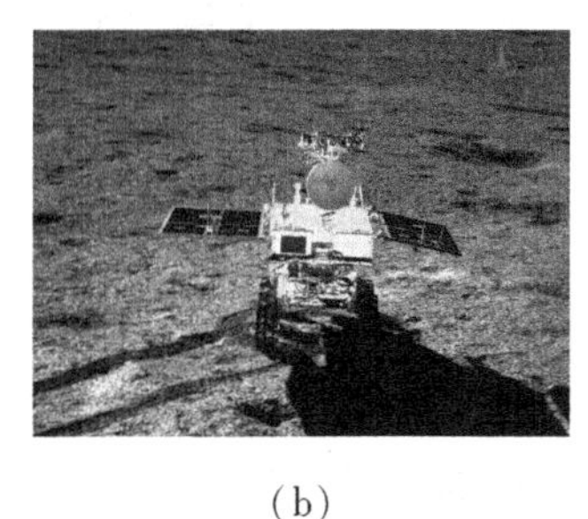

(b)

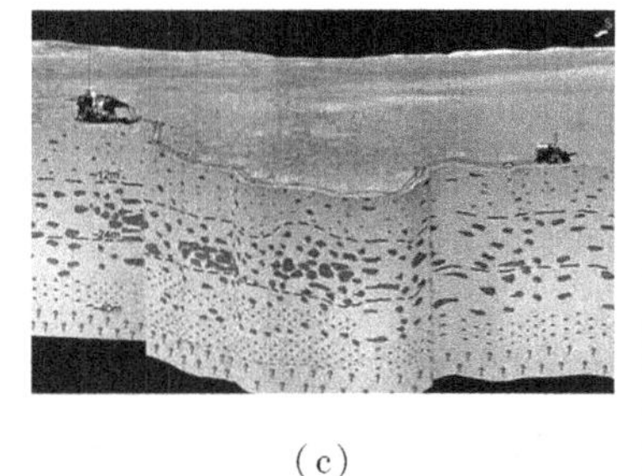

(c)

【启示】我们通过月背剖面图了解到月背的地下结构,沿玉兔二号行走的 106 m 路径,在深度 40 m 的范围内,识别出三个地层单元。月背剖面图可以帮助我们了解月球撞击和火山活动历史,有望为月背面的地质演化带来新的启示。

剖视图的形成、画法和标注

视图主要表达机件的外部形状,而机件内部的结构,在前述视图中是用虚线表示的。当机件内部结构比较复杂时,视图中就会出现较多的虚线,既影响图形的清晰,又不利于看图和标注尺寸。为了清楚地表示物体的内部结构,避免在视图中出现过多的虚线,在绘制图样时,应采用"剖视"画法。

6.2.1 剖视图概述

1)剖视图的概念

假想用剖切面把物体剖开,移去观察者与剖切平面之间的部分,将留下的部分向投影面投射,并在剖面区域内画上剖面符号,这样得到的图形称为剖视图,简称剖视,如图6.6所示。

剖切物体的假想平面或曲面称为剖切面,剖切面与物体的接触部分称为剖面区域。

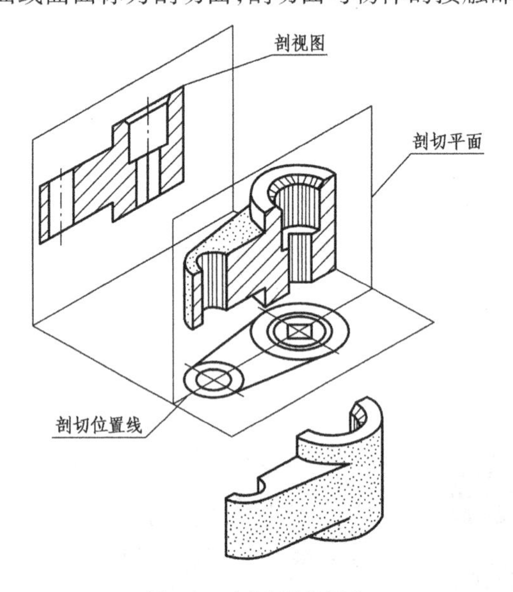

图6.6 剖视图的概念

2)剖面符号和通用剖面线

画剖视图时,剖面区域内应画上剖面符号,以区分物体被剖切面剖切到的实体与空心部分。物体材料不同,其剖面符号画法也不同,见表6.1。

表6.1 剖面符号

材料名称	剖面符号	材料名称	剖面符号
金属材料 (已有规定剖面符号者除外)		非金属材料 (已有规定剖面符号者除外)	
线圈绕组原件		玻璃及其他透明材料	

续表

材料名称	剖面符号	材料名称	剖面符号
转子、电枢、变压器和电抗器等的叠钢片		液体	
型砂、填砂、粉末冶金、砂轮、陶瓷刀片、硬质合金刀片等		砖	

当不需要在剖面区域中表示材料的类别时，剖面符号可采用通用的剖面线表示。通用的剖面线用细实线绘制。剖面线的方向应与主要轮廓线或剖面区域的对称线成45°角，如图6.7所示。

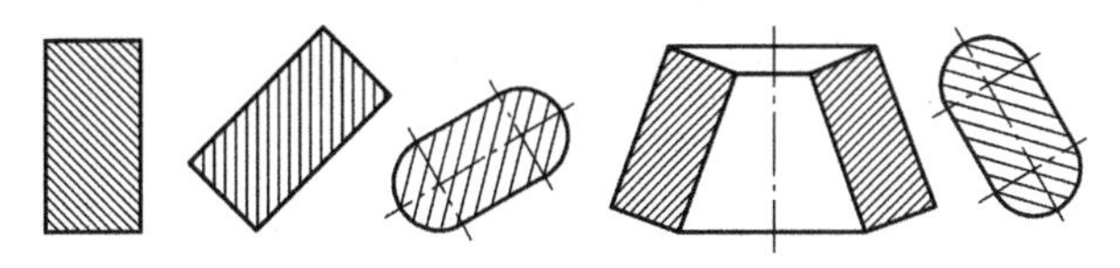

图6.7　剖面线的方向

如果图形的主要轮廓线与水平方向成45°或接近45°时，该图剖面线应画成与水平方向呈30°或60°角，其倾斜方向仍应与其他视图的剖面线一致。如图6.8所示。

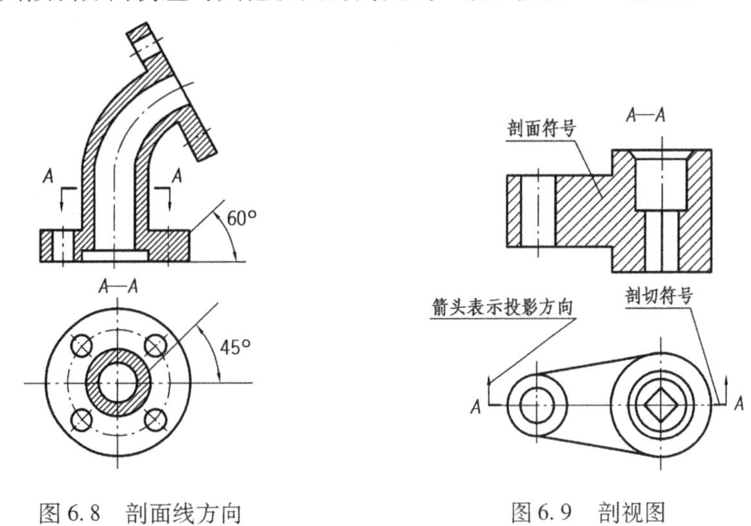

图6.8　剖面线方向　　　　图6.9　剖视图

3）画剖视图的步骤

（1）确定剖切面的位置

由于画剖视图的目的在于清楚地表达物体的内部结构，因此，剖切平面通常平行于投影面，且通过物体内部结构（如孔、沟槽）的对称平面或轴线，如图6.9所示。

（2）画剖视图

画图时先画剖切面上内孔形状和外形轮廓线的投影，再画剖切面后的可见轮廓线的投影。要把剖面区域和剖切面后面的可见轮廓线画全，如图6.9所示。

(3)画剖面线

在剖面区域内画剖面符号。在同一张图样中,同一个物体的所有剖视图的剖面符号应该相同。例如通用的剖面线和金属材料的剖面符号,都画成与水平线成45°(可向左倾斜,也可向右倾斜)且间隔均匀的细实线。

4)剖视图的标注

为了便于看图,在画剖视图时,应标出剖切符号和剖视图名称。一般应在剖视图上方用大写拉丁字母标出剖视图的名称"×—×",在相应视图上用剖切符号(粗短线)表示剖切位置,用箭头表示投射方向,并注上同样的字母,如图6.8。

①剖切符号用线宽(1~1.5)d、长为5~10 mm断开的粗实线,在相应的视图上表示出剖切平面的位置。为了不影响图形的清晰,剖切符号应避免与图形轮廓线相交。

②在剖切符号的起、迄处外侧画出与剖切符号相垂直的箭头,表示剖切后的投射方向,如图6.9所示。

③在剖切符号的起、迄及转折处的外侧写上相同的大写拉丁字母,并在剖视图的上方标注出剖视图的名称"×—×",字母一律水平书写。

在下列情况下,剖视图的标注内容可以简化或省略:

①当剖视图按投影关系配置,中间又没有其他图形隔开时,可省略箭头。

②当单一剖切平面通过物体的对称平面或基本对称平面,且剖视图按投影关系配置,中间又没有其他图形隔开时,可省略标注,如图6.10中的主视图。

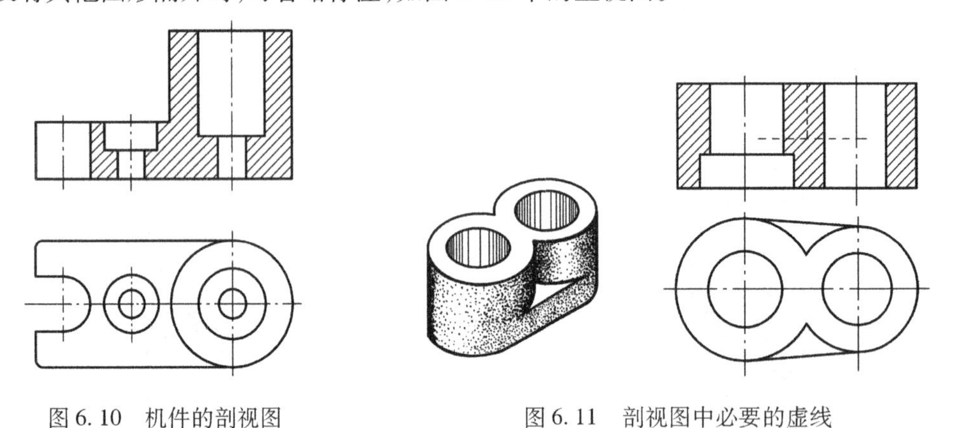

图6.10　机件的剖视图　　　图6.11　剖视图中必要的虚线

5)画剖视图的注意事项

①为了表达机件内部的真实形状,剖切平面应通过孔、槽的对称平面或轴线,并平行于某一投影面。

②剖开机件是假想的,并不是真正把机件切掉一部分,因此,当机件的某一个视图画成剖视图后,其他视图仍应完整地画出,如图6.10所示的俯视图。

③剖切平面后的可见轮廓线应全部画出,不得遗漏。

④剖切平面后面的不可见部分的轮廓线——虚线,在不影响完整表达物体形状的前提下,剖视图上一般不画虚线,以增加图形的清晰性。但如画出少量虚线可减少视图数量时,也可画出必要的虚线,如图6.11所示。

6.2.2　剖视图的种类

剖视图的种类

根据剖切范围的大小，剖视图可分为全剖视图、半剖视图和局部剖视图。

1）全剖视图

用剖切面完全地剖开物体所得的剖视图，称为全剖视图。

全剖视图用于表达内形复杂的不对称物体。为了便于标注尺寸，对于外形简单，且具有对称平面的物体也常采用全剖视图，如图6.12所示。

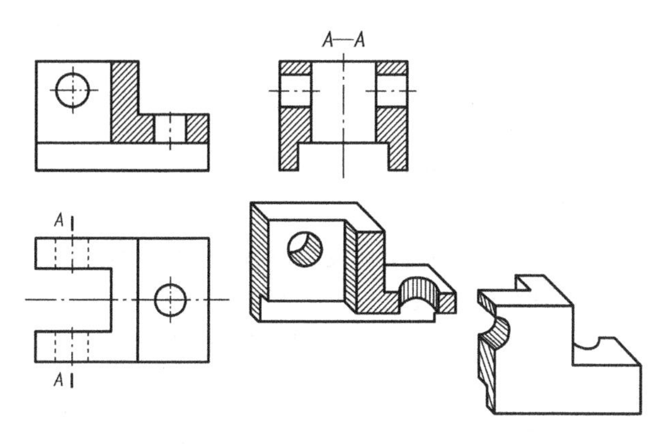

图6.12　全剖视图

2）半剖视图

当物体具有对称平面时，向垂直于对称平面的投影面上投射所得的图形，以对称中心线（细点画线）为界，一半画成视图表达外部结构形状，另一半画成剖视图表达内部结构形状，这种组合的图形称为半剖视图，如图6.13所示。

半剖视图用于内、外形状都较复杂的对称物体。若物体的形状接近对称，且不对称部分已在其他视图上表示清楚时，也可以画成半剖视图，如图6.14所示。

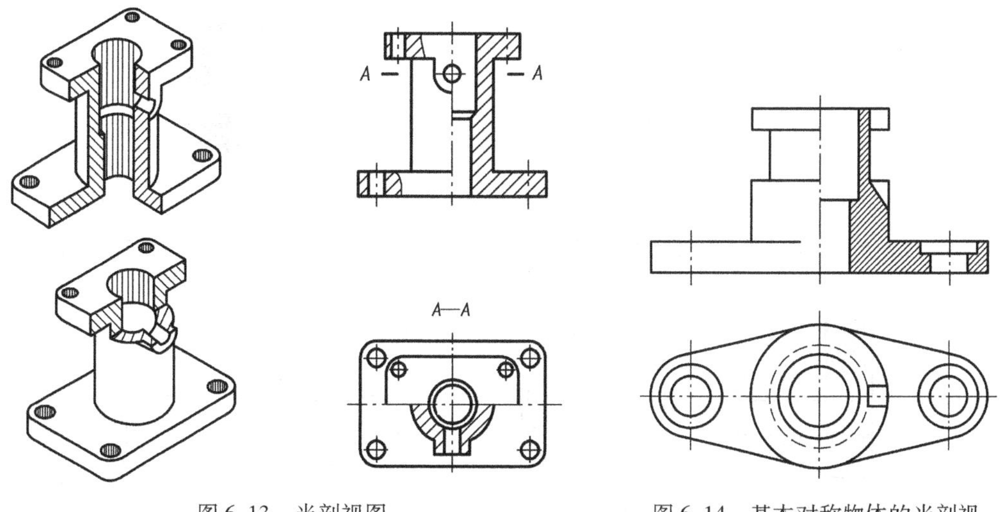

图6.13　半剖视图　　　　图6.14　基本对称物体的半剖视

半剖视图的标注与全剖视图相同,如图 6. 15 所示。

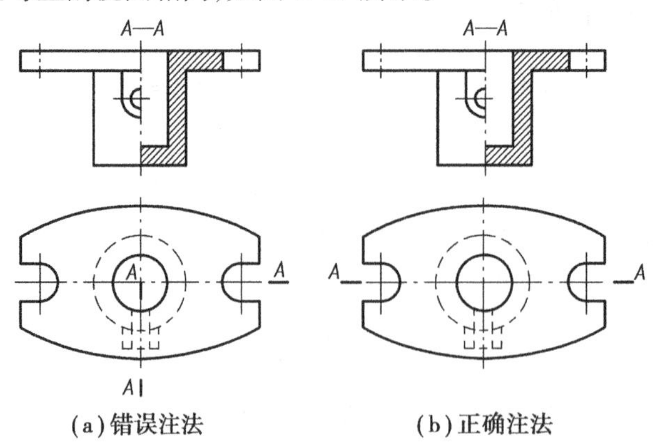

图 6. 15　半剖视图的标注

画半剖视图时应注意:

①半个视图和半个剖视图之间是以点画线为分界线,不是粗实线,如图 6. 13 所示。

②半剖视图中,因机件的内部形状已由半个剖视图表达清楚,所以在不剖的半个外形视图中,表达内部形状的虚线,应省去不画,如图 6. 14 中主视图所示。

3)局部剖视图

用剖切面局部地剖开机件所获得的剖视图,称为局部剖视图。局部剖视图应用比较灵活,适用范围较广。常见情况如下:

①需要同时表达不对称机件的内外形状时,可以采用局部剖视,如图 6. 16 所示。

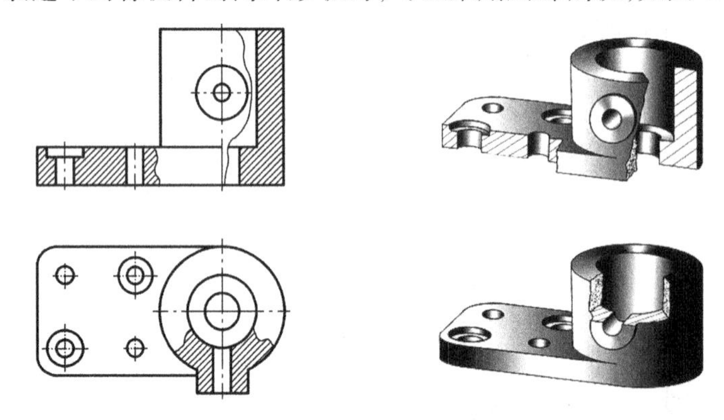

图 6. 16　局部剖视图(一)

②虽有对称面,但轮廓线与对称中心线重合,不宜采用半剖视图时,可采用局部剖,如图 6. 17 所示。

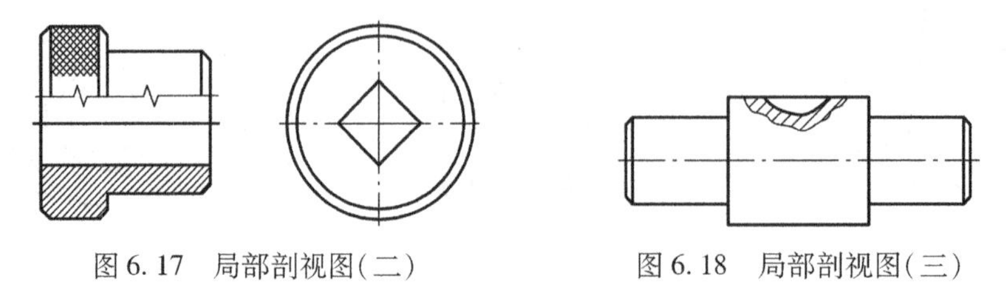

图 6. 17　局部剖视图(二)　　图 6. 18　局部剖视图(三)

③实心轴中的孔槽结构,宜采用局部剖视图,以避免在不需要剖切的实心部分画过多的

剖面线,如图 6. 18 所示。

④表达机件底板、凸缘上的小孔等结构。如图 6. 16 中为表达上凸缘及下底板上的小孔,分别采用了局部剖视图。局部剖视图剖切范围的大小主要取决于需要表达的内部形状。

⑤局部剖视图中视图与剖视部分的分界线为波浪线或双折线,当被剖切的局部结构为回转体时,允许将回转中心线作为局部剖视与视图的分界线,如图 6. 19 所示。

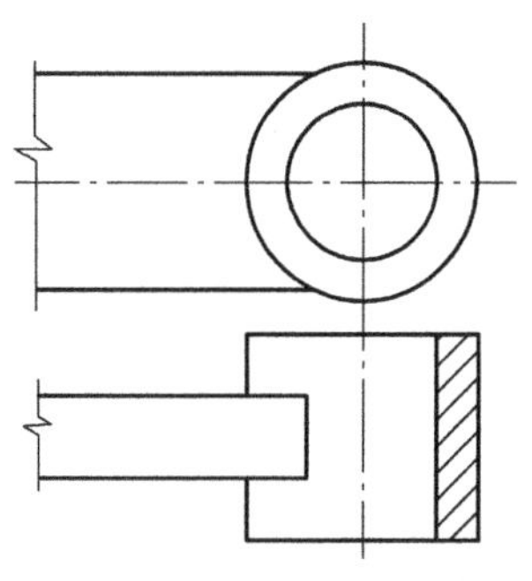

图 6. 19　局部剖视图(四)

画波浪线时应注意:

①波浪线不应画在轮廓线的延长线上,也不能用轮廓线代替波浪线,如图 6. 20(a)、(b)所示。

②波浪线相当于剖切部分的表面的断裂线,因此波浪线不应画在剖切面与观察者之间的通孔、通槽内或超出剖切范围轮廓线之外,如图 6. 20(c)所示。

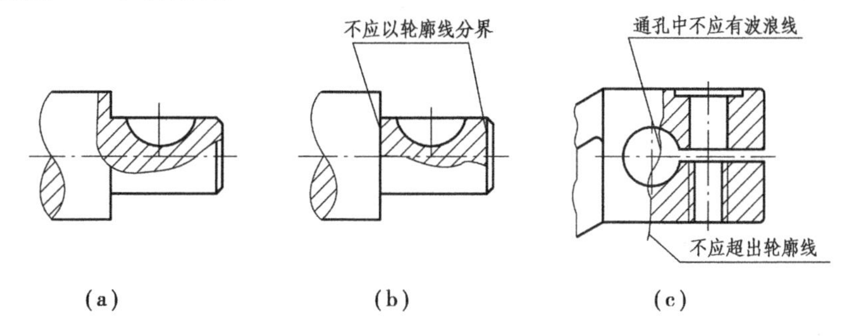

图 6. 20　局部剖视图(五)

6.2.3　剖切面的种类

剖切面的选用

根据机件的结构特点,可选择以下剖切面剖开机件,即单一剖切面、几个平行的剖切平面,几个相交的剖切面(交线垂直于某一投影面)。无论采用哪种剖切面剖开机件,均可获得全剖视图、半剖视图和局部剖视图。

1)单一剖切面

单一剖切面指用一个剖切面剖切物体。

(1)投影面的平行面

前面介绍的剖视图,均为采用平行于基本投影面的单一剖切平面剖切得到的剖视图,如图 6. 9 所示。

(2)斜剖

用不平行于任何基本投影面的剖切平面剖开机件的方法称为斜剖。常用于机件上倾斜部分的内部结构形状需要表达的情况。用这种剖切方法获得的剖视图一般按投影关系配置,必要时也可配置在其他适当位置,在不致引起误解时,允许将图形旋转,但必须加旋转符号,其箭头方向为旋转方向,字母应靠近旋转符号的箭头端,如图 6. 21 所示。

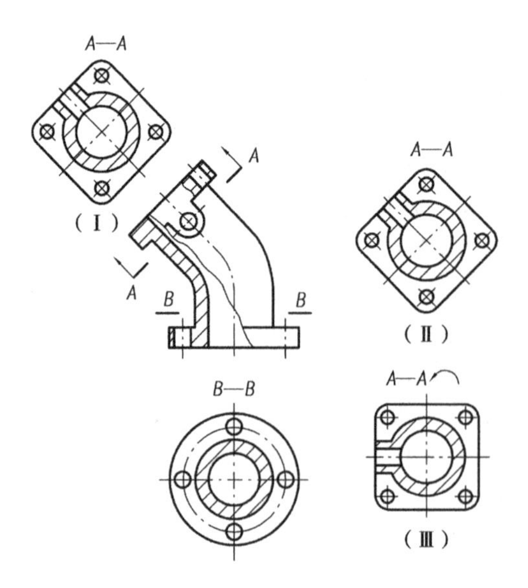

图 6.21　不平行于基本投影面的单一剖切面

2)几个平行的剖切面(阶梯剖)

当机件上具有几种不同的结构要素(如孔、槽等),它们的中心线排列在几个互相平行的平面上时,宜采用几个平行的剖切面剖切,如图 6.22 所示。

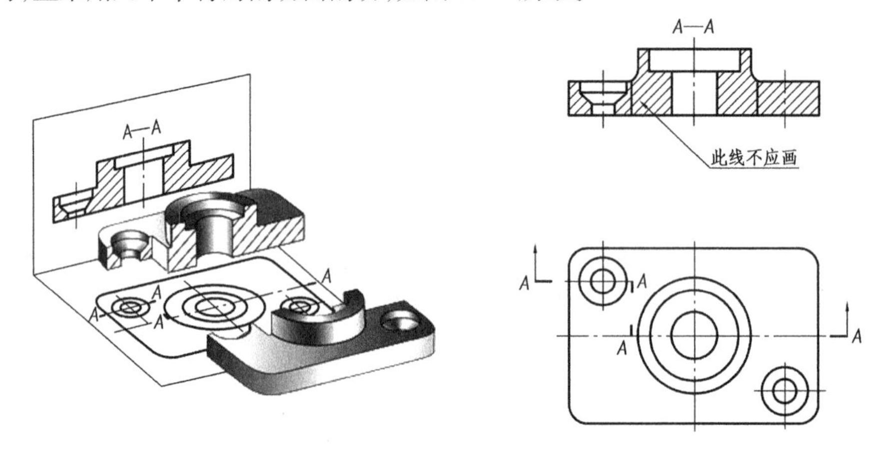

图 6.22　几个平行的剖切平面

用几个平行的剖切平面剖开机件的方法画剖视图时应注意:

①剖切平面转折处不画任何线,也不应与机件轮廓线重合,如图 6.22 所示。

②剖切平面不得互相重叠。

③剖视图内不应出现不完整要素,仅当两个要素在图形上具有公共对称中心线或轴线时(图 6.23),可以各画一半,以对称中心线或轴线为分界线。

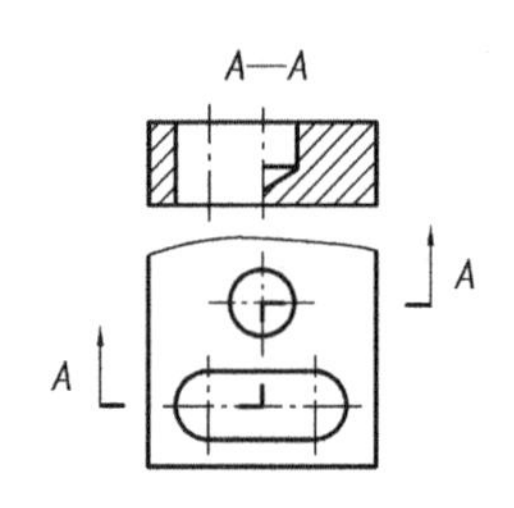

图 6.23　具有公共对称中心的平行剖

3)几个相交的剖切面(旋转剖)

用两个相交的剖切面(交线垂直于某一基本投影面)剖开机件,以表达具有回转轴机件的内部形状。此时,两剖切面的交线应与回转轴重合,如图 6. 24 所示。用这种方法画剖视图时,应先将被剖切面剖开的断面旋转到与选定的基本投影面平行,然后再进行投射。

应注意的是,凡在剖切面后,没有被剖到的结构,仍按原来的位置投射。如图 6. 24 所示机件上的小圆孔,其俯视图即是按原来位置投射画出的。

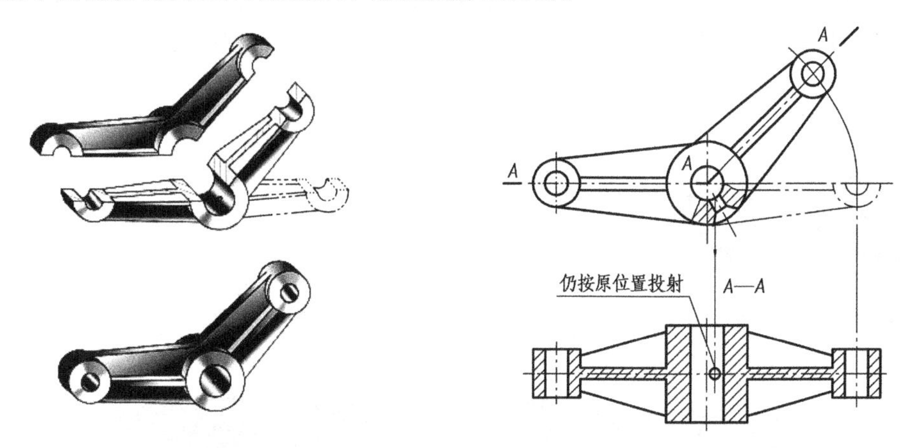

图 6. 24　几个相交的剖切面剖切

4)组合剖切面剖切

当机件形状比较复杂,用上述规定无法满足要求时,可以采用组合剖切面剖切,如图 6. 25 和图 6. 26 所示。

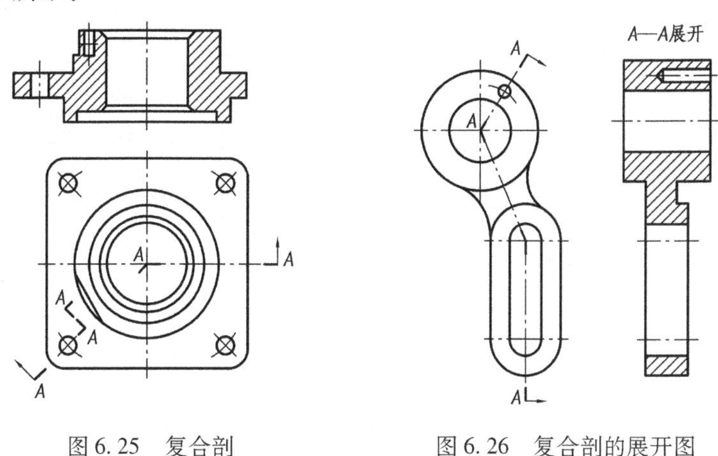

图 6. 25　复合剖　　　　图 6. 26　复合剖的展开图

月背的剖面图为我们分析月背的地质演化带来新的启示。空天技术是一个国家科技实力的重要标志,也是一个国家经济实力,国防实力的综合国力的重要体现。神舟、嫦娥、天宫,玉兔这些凝聚着先祖想象的名字,今天已成为一个个航天重器,巡弋九天之上,实现了中国的空天强国梦。

1. 有很多机器内部结构十分复杂,可能由成千上万个零件组成,单纯从外表看难以窥其精锐,我们把它剖开看一下,猜一猜它们是什么?

2. 分析视图中的错误,在指定位置作正确的剖视图。

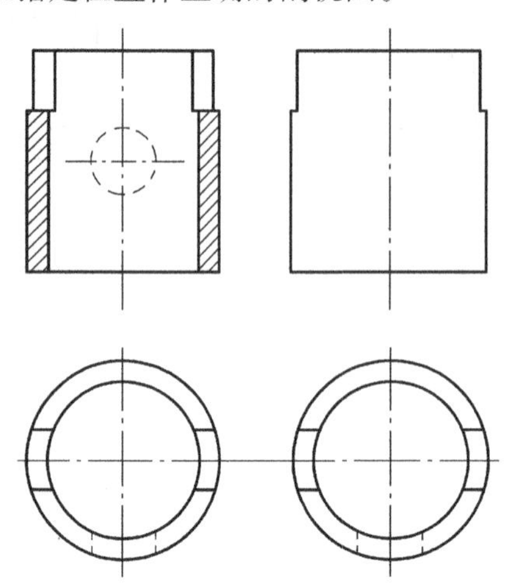

3. 将主视图改成全剖视图。

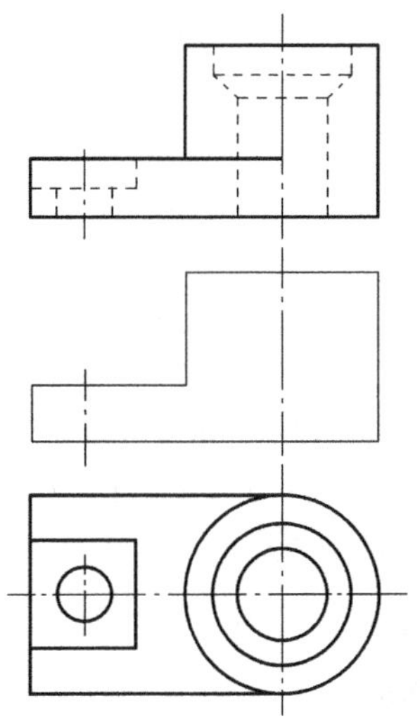

4. 在指定位置将主视图改成半剖视图。

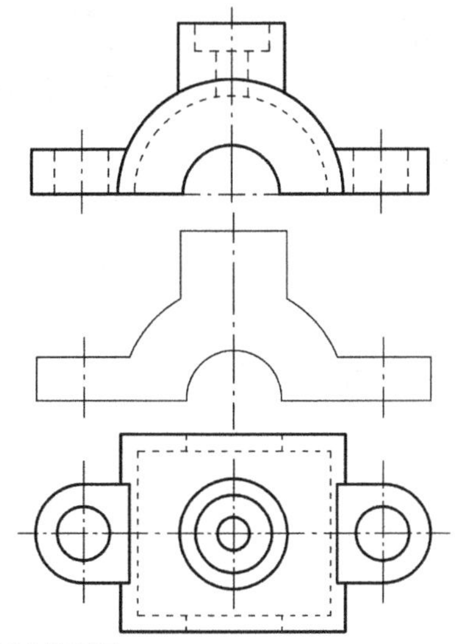

5. 将主、左视图改画为局部剖视图。

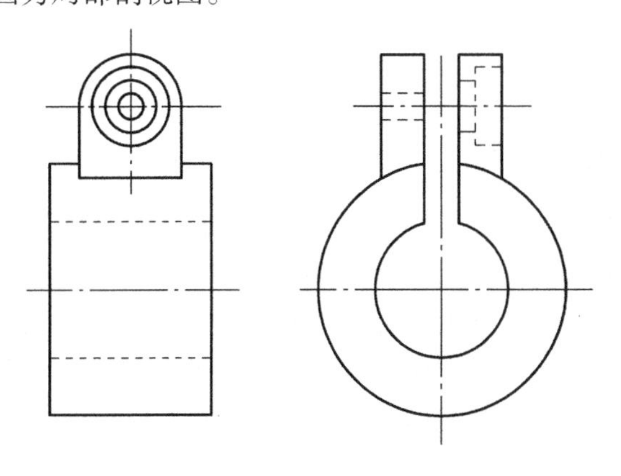

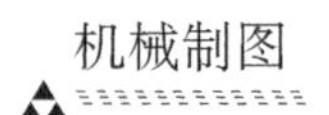

6.3 断面图

【想一想】型钢是一种有一定截面形状和尺寸的条型钢材。你们知道不同的截面形状用什么图来表示吗？什么截面形状适合做火车钢轨吗？

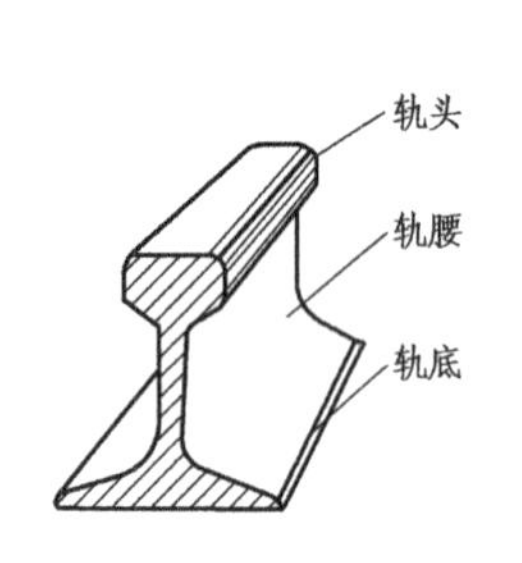

钢轨断面

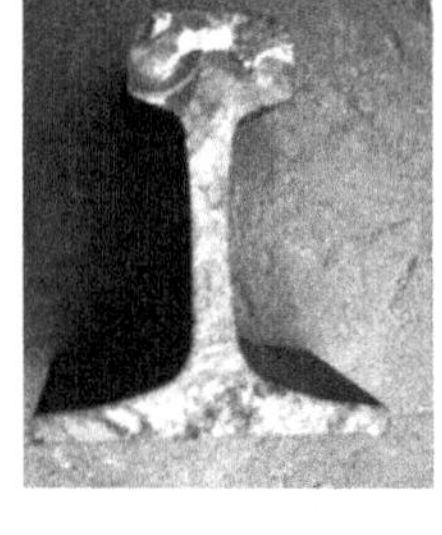

钢轨断面鱼鳞裂纹

中国高铁

【小知识】机件的截面形状我们一般用断面图来表示。钢轨的断面形状采用具有最佳抗弯性能的工字形断面。在列车车轮的巨大压力下，钢轨不可避免的产生各种损伤，钢轨的检测和维护非常重要。而有些伤损发生在钢轨的内部，一般是采用超声波探伤方法进行全断面探测，及时准确发现各种伤损，并根据伤损情况及时采取整治措施，以确保铁路运输安全。

【启示】钢轨的检测一般靠工人在夜间进行，工人们一晚上要走几十多里的路程。日复一日的长夜里，普通的探伤工人以他们的坚守和付出，呵护着中国高铁运行的安全。

断面图

6.3.1 断面图的概念

假想用剖切平面将物体的某处切断，仅画出该剖切平面与物体接触部分的图形，称为断面图，简称断面。如图 6.27(a)所示的轴。为了表示键槽的深度和宽度，假想在键槽处用垂直于轴线的剖切面将轴切断，只画出断面的形状，在断面上画出剖面线，如图 6.27(b)所示。

断面图与剖视图不同之处是：断面图只画出剖切平面和物体相交部分的断面形状，而剖视图则要求除了画出物体被剖切的断面图形外，还要画出剖切面后可见的轮廓线，如图 6.27(c)所示。

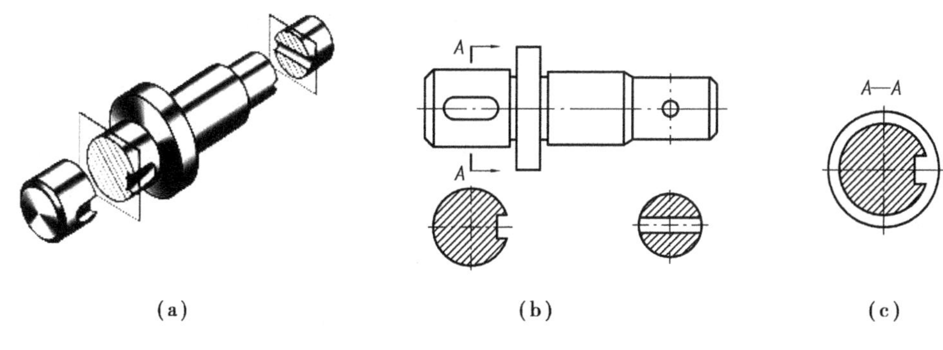

图 6.27　断面图

6.3.2　断面图的画法及标注

根据断面图配置的位置,断面可分为移出断面图和重合断面图,如图 6.28 所示。

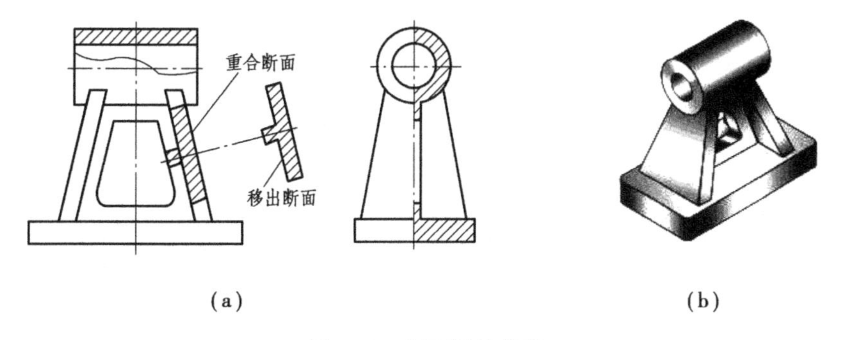

图 6.28　断面图的分类

1)移出断面图

画在视图以外的断面图,称为移出断面。

画移出断面图时应注意以下几点:

①移出断面的轮廓线用粗实线绘制。

②为了看图方便,移出断面应尽量画在剖切位置线的延长线上,如图 6.29(b)、(c)所示。必要时,也可配置在其他适当位置,如图 6.29(a)、(d)所示。当断面图形对称时,还可画在视图的中断处,如图 6.30(a)所示。也可按投影关系配置,如图 6.31 所示。

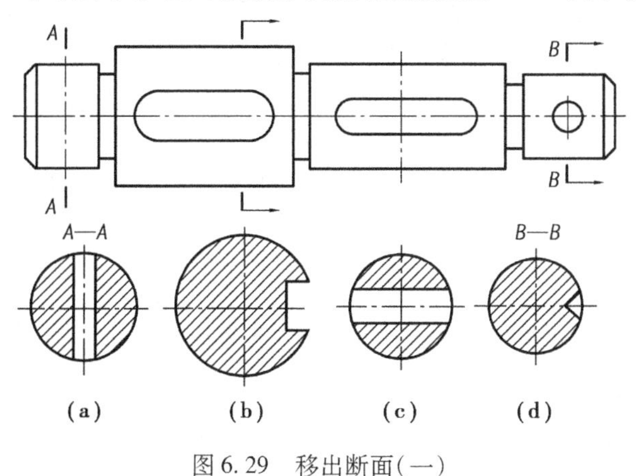

图 6.29　移出断面(一)

③剖切平面一般应垂直于被剖切部分的主要轮廓线。当遇到如图 6. 30(b)所示的肋板结构时,可用两个相交的剖切面,分别垂直于左、右肋板进行剖切,这样画出的断面图,中间应用波浪线断开。

④当剖切平面通过回转面形成的孔(如图 6. 31)、凹坑[如图 6. 29(d)中的 *B—B* 断面],或当剖切平面通过非圆孔,会导致出现完全分离的几部分时(如图 6. 32 中的 *A—A* 断面)这些结构应按剖视绘制。

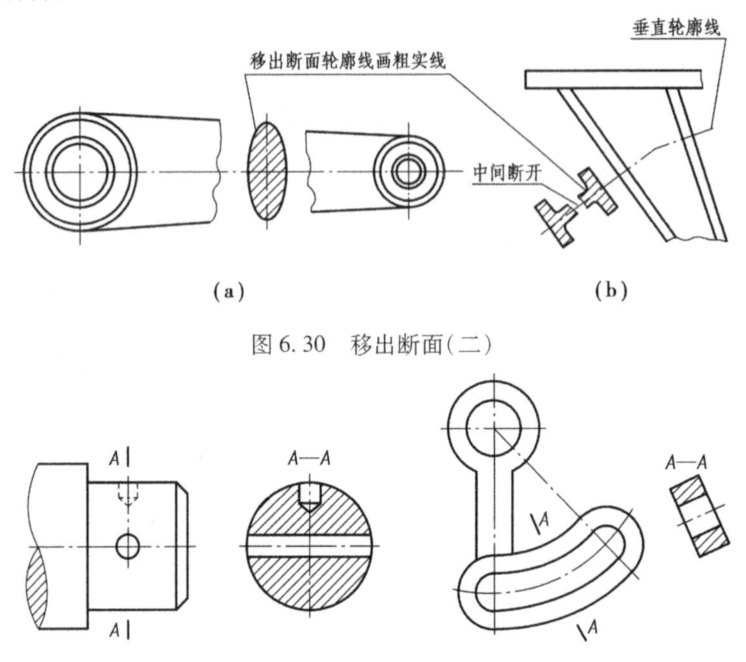

图 6. 30　移出断面(二)

图 6. 31　移出断面(三)　　图 6. 32　移出断面(四)

移出断面图标注时应注意以下几点:

①配置在剖切线的延长线上的不对称移出断面,须用粗短画表示剖切面位置,在粗短画两端用箭头表示投射方向,省略字母,如图 6. 29(b)所示;如果断面图是对称图形,画出剖切线,其余省略,如图 6. 29(c)所示。

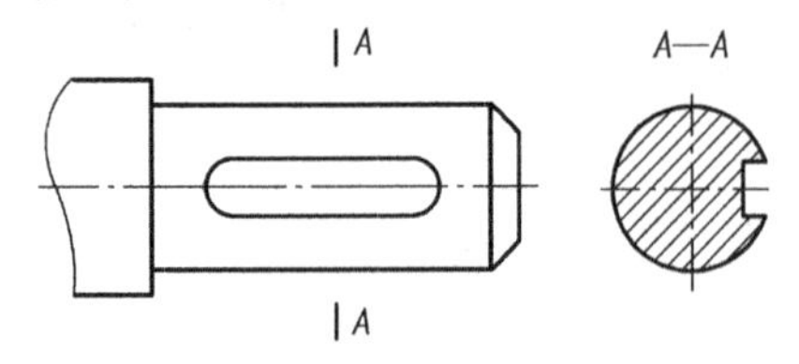

图 6. 33　移出断面(五)

②没有配置在剖切线延长线上的移出断面,无论断面图是否对称,都应画出剖切面位置符号,用字母标出断面图名称"×—×",如图 6. 29(a)所示。如果断面图不对称,还须用箭头表示投射方向,如图 6. 29(d)所示。

③按投影关系配置的移出断面,可省略箭头,如图 6. 33 所示。

2)重合断面

将断面图绕剖切位置线旋转 90°后,与原视图重叠画出的断面图,称为重合断面。

(1)重合断面的画法

重合断面的轮廓线用细实线绘制,如图 6. 34、图 6. 35 所示。

当视图中的轮廓线与重合断面的图形重叠时，视图中的轮廓线仍需完整地画出，不能间断，如图 6. 34 所示。

(2)重合断面的标注

不对称重合断面，须画出剖切面位置符号和箭头，可省略字母，如图 6. 34 所示。对称的重合断面，可省略全部标注，如图 6. 35 所示。

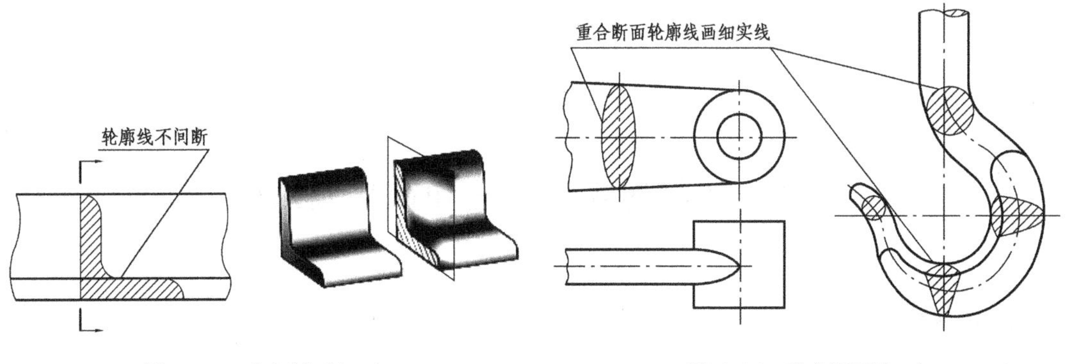

图 6. 34　重合断面(一)　　图 6. 35　重合断面(二)

我国的高铁发展日新月异，我们拥有数条世界之最的铁路线路，世界最高海拔的铁路青藏铁路，世界上纬度最高的高铁哈大高铁，世界上速度最快的高铁复兴号。随着中国制造技术和工艺水平的提高，如今中国高铁引领世界，高铁已成为中国外交的新名片。钢轨对高铁的高速运行起着非常重要的作用。钢轨的截面形状一般用断面图来表达。细细的钢轨凝聚着多少人默默的坚守与付出。

1. 同学们，你们想知道地层的断面结构吗？“时代楷模”黄大年所带领的地球探测与信息技术团队以技术领先的优势，攻关克难，研制的“地壳一号”万米钻机，能探测到地面以下 7 018 m 的深度，成功填补了我国在深部大陆科学钻探装备领域的空白，加快了我国进入国际深部探测大国行列的步伐。请大家了解一下“地壳一号”，谈一谈探测地层断面的意义。

2. 在指定位置作出断面图。单面键槽深 4 mm，中间孔为通孔，右端有双面平面。

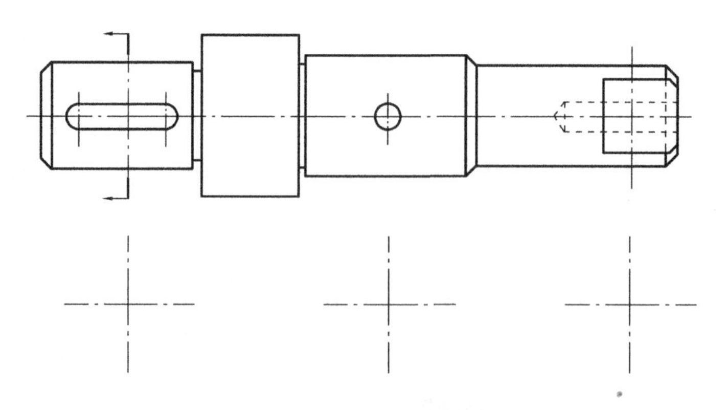

6.4 其他规定画法和简化画法

【小知识】中国制图标准的发展历程

1959 年国家科学技术委员会颁布了第一个国家标准《机械制图》,随后又颁布了国家标准《建筑制图》,使全国工程图样标准得到了统一,标志着我国工程图学进入了一个崭新的阶段。随着科学技术的发展和工业水平的提高,技术规定不断修改和完善,先后于 1970 年、1974 年、1984 年、1993 年修订了国家标准《机械制图》,并颁布了一系列《技术制图》与《机械制图》新标准。截止到 2003 年底,1985 年实施的四类 17 项《机械制图》国家标准中已有 14 项被修改替代。

【启示】工业生产技术的变化对标准发展的影响,事实是随着新型技术在生产领域中的应用,以前没法或难以加工的形体现在变得可行了,以前很难达到的精度现在变得容易了,所以标准必将随着生产技术的变化不断更新与完善。

其他规定画法和简化画法

6.4.1 局部放大图

为了清楚地表示机件上某些细小结构,将机件的部分结构,用大于原图形所采用的比例画出的图形,称为局部放大图。

局部放大图可画成:视图(图 6.36 Ⅰ 处)、剖视图[图 6.37(a)]、断面图(图 6.36 Ⅱ 处),与放大部位的原表达方式无关。局部放大图应尽量配置在被放大部位附近。

画局部放大图时应注意:

①画局部放大图时,除螺纹牙型、齿轮、链轮的齿形外,其余按图 6.36 和图 6.37 所示用

细实线圈出被放大的部位。

②当同一机件上有几个被放大部分时，必须用大写罗马数字依次标明被放大的部位，并在局部放大图的上方标出相应的罗马数字和所采用的比例，如图 6. 36 所示。

③当机件上只有一处被放大部位时，只需在局部放大图上方注明所采用的比例，如图 6. 37(a)所示。

④当图形相同或对称时，同一机件上不同部位的局部放大图只需画一个，如图 6. 37(b)所示。

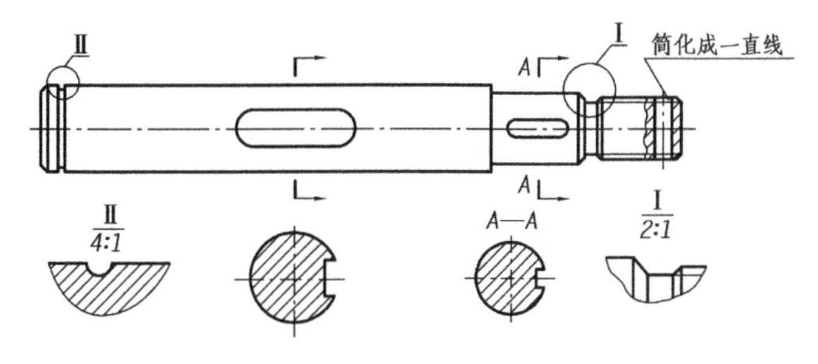

图 6. 36　局部放大图(一)

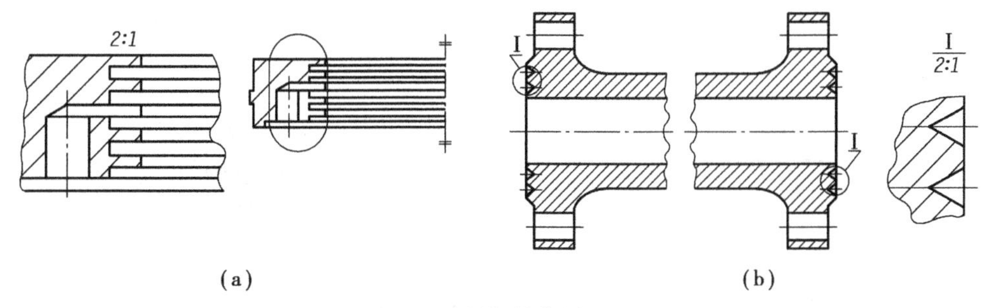

(a)　　(b)

图 6. 37　局部放大图(二)

【想一想】同学们，你们通过局部放大图可以想到什么工具？

【小知识】星空的眼睛——望远镜的发明让人类的观察突破了肉眼的限制。世界上第一个望远镜是由荷兰眼镜制造商汉斯利佩希发明的。1609 年 5 月，伽利略从幻镜上得到启发，制作出了著名的伽利略望远镜。伽利略用它看到了月球和木星的卫星，用圆规、尺子等工具绘制了月面图。随着观测手段的不断进步，人们的目光也看得越来越远，美国哈勃望远镜让我们发现宇宙在不断膨胀之中。中国的郭守敬望远镜 LAMOST 可以一眼千星，同时观测 4 000 个天体，是世界上拍天体光谱效率最高的望远镜。中国的 500 m 口径球面射电望远镜 FAST 是世界上已经建成的口径最大、最具威力的单天线射电望远镜，其设计综合体现了我国的高技术创新能力。

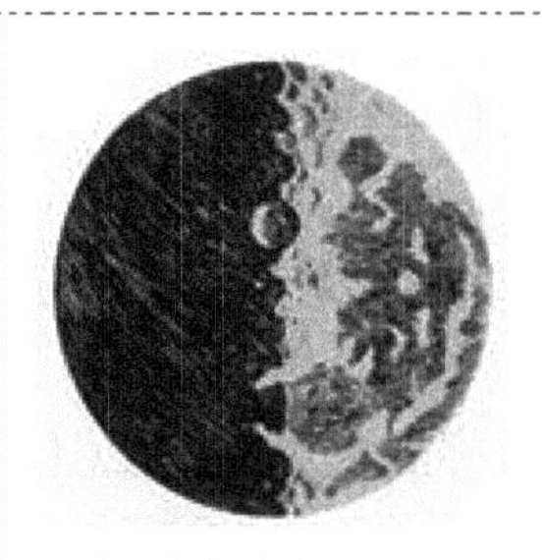
伽利略手绘月面图

中国 LAMOST 望远镜

中国 FAST 望远镜

【启示】天文学的发展，是全人类认识宇宙的智慧结晶。这些大科学装置是我国综合国力的体现，也是我国工业制造水平的缩影。

6.4.2 简化画法及其他相关规定画法

1)相同结构的简化画法

①当机件具有若干相同且成规律分布的孔(圆孔、螺纹孔、沉孔等)时，可以只画出一个或几个，其余只需用细点画线表示其中心位置，在零件图中应注明孔的总数，如图 6.38 所示。

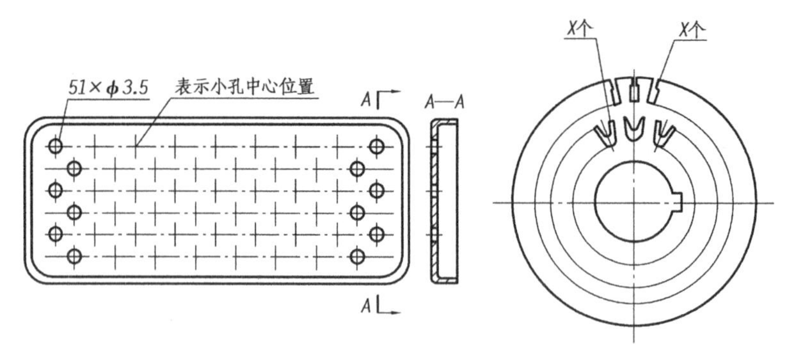

图 6.38 简化画法(一)

②当机件具有若干相同且成规律分布的齿、槽等结构时，只需画出几个完整结构，其余用细点画线连接，在零件图中应注明该结构的总数，如图 6.39 所示。

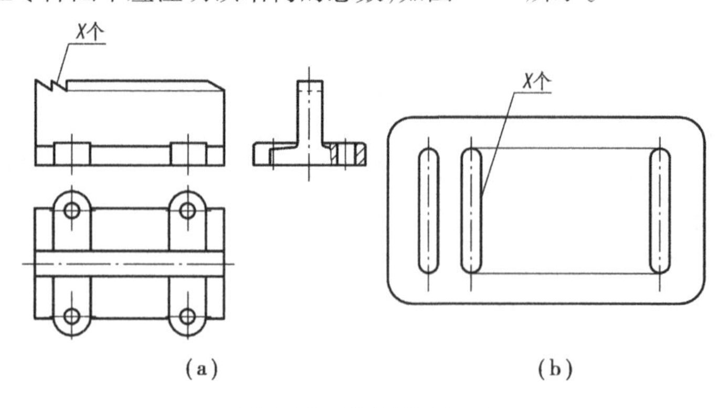

图 6.39 简化画法(二)

③机件上的滚花部分或网状物、编织物，可在轮廓线附近用细实线局部示意画出，并在零件图的图形上或技术要求中注明这些结构的具体要求，如图 6.40 所示。

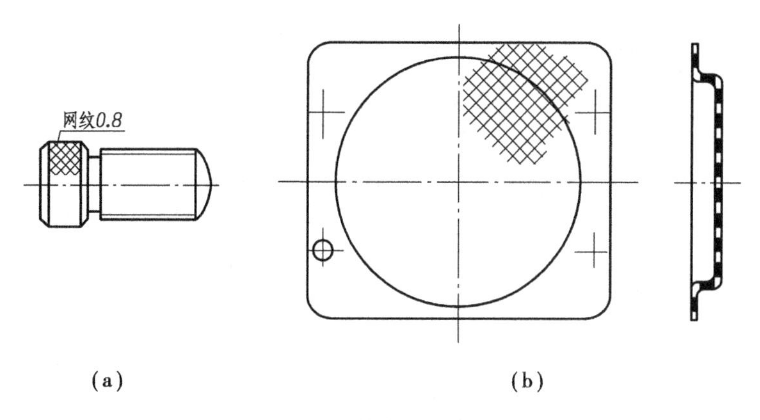

图 6.40　简化画法(三)

2)肋、轮辐及薄壁的简化画法

对于机件上的肋、轮辐及薄壁等,如按纵向剖切,这些结构都不画剖切符号,而用粗实线将它与其邻接部分分开,如图 6.41 所示。

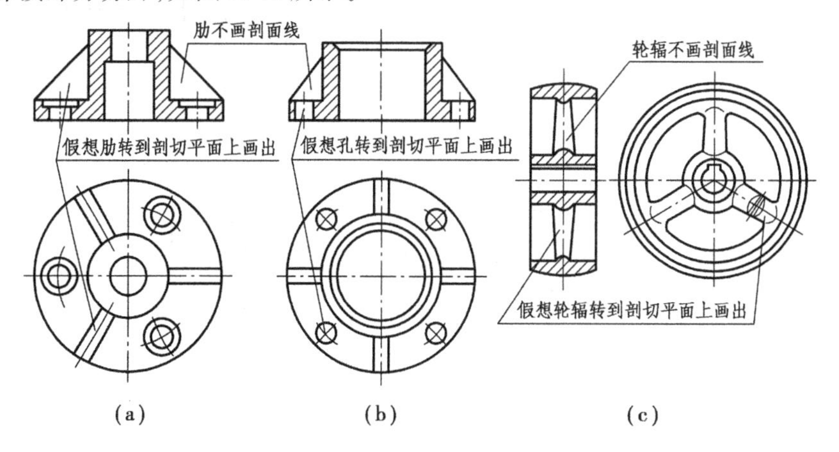

图 6.41　简化画法(四)

当零件回转体上均匀分布的肋、轮辐、孔等结构不处于剖切平面上时,可将这些结构旋转到剖切平面画出,如图 6.41 所示。

3)较小结构、较小斜度的简化画法

①机件上的较小结构,如在一个图形中已表示清楚时,其他图形可简化或省略不画,如图 6.42 所示。

②机件上斜度不大的结构,如在一个图形中已经表示清楚时,其他图形可按小端画出,如图 6.43(a)所示。

③在不致引起误解时,零件图中的小圆角、锐边的小圆角或 45°小倒角允许省略不画,但必须注尺寸或在技术要求中加以说明,如图 6.43(b)所示。

4)其他简化画法

①当图形不能充分表达平面时,可用平面符号(相交两细实线)表示,如图 6.44 所示。

②在不致引起误解时,图形中的过渡线、相贯线允许简化,如图 6.45 所示。

③圆柱形法兰和类似零件上均匀分布的孔,允许简化表达,如图 6.46 所示。

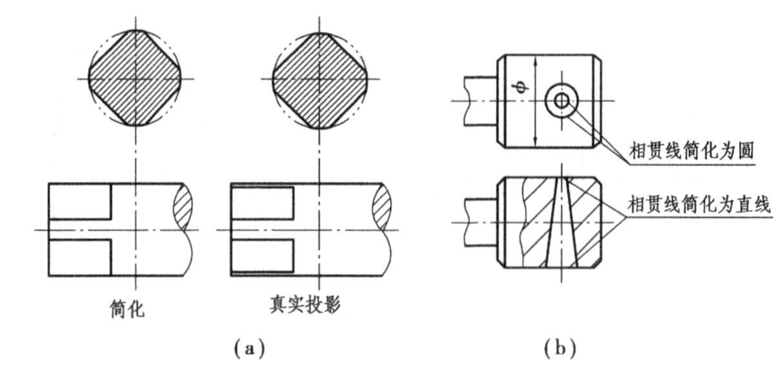

图 6.42　简化画法(五)

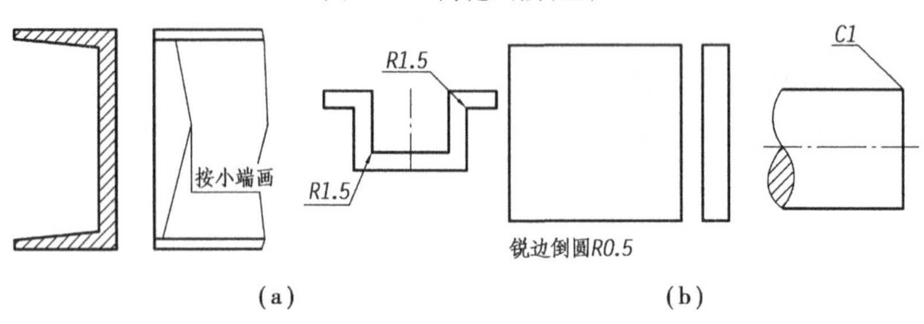

图 6.43　简化画法(六)

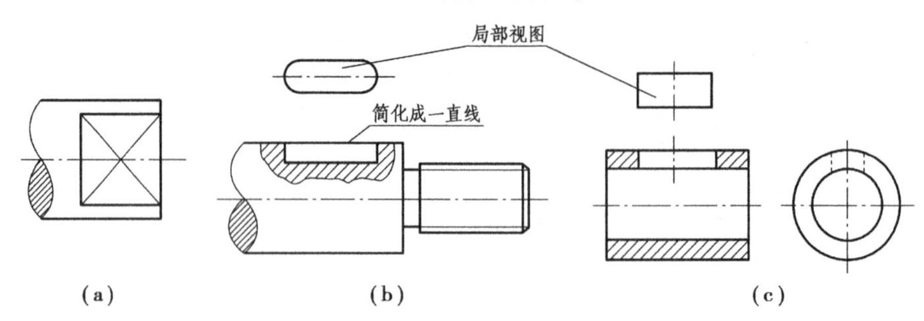

图 6.44　简化画法(七)

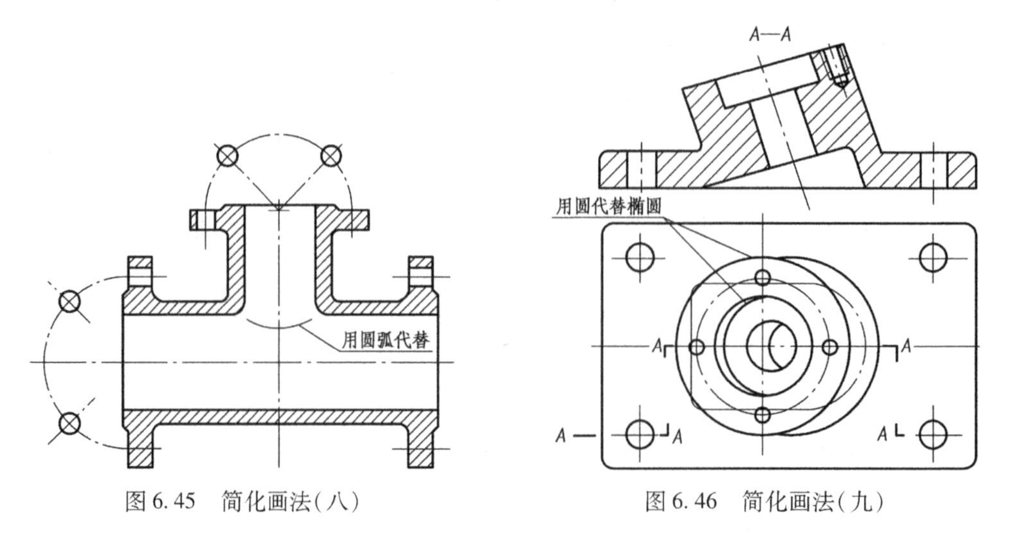

图 6.45　简化画法(八)

图 6.46　简化画法(九)

④与投影面倾斜角度小于或等于 30°的圆或圆弧，其投影可用圆或圆弧代替，如图 6.46 所示。

⑤较长的机件（轴、杆、型材、连杆）沿长度方向的形状一致或按一定规律变化时，可断开后缩短绘制，如图 6.47 所示。

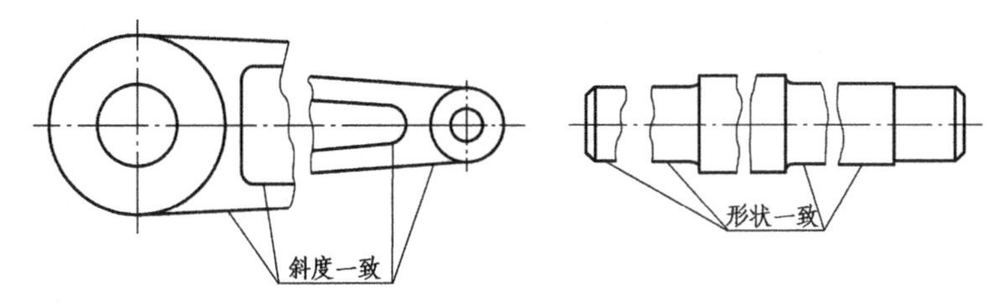

图 6.47　简化画法（十）

⑥在剖视图的剖切区域中可再作一次局部剖。采用这种表达方法时，两个剖面区域的剖面线应同方向，同间隔，但要互相错开，并用引出线标注其名称，如图 6.48 中的“*B*—*B*”。

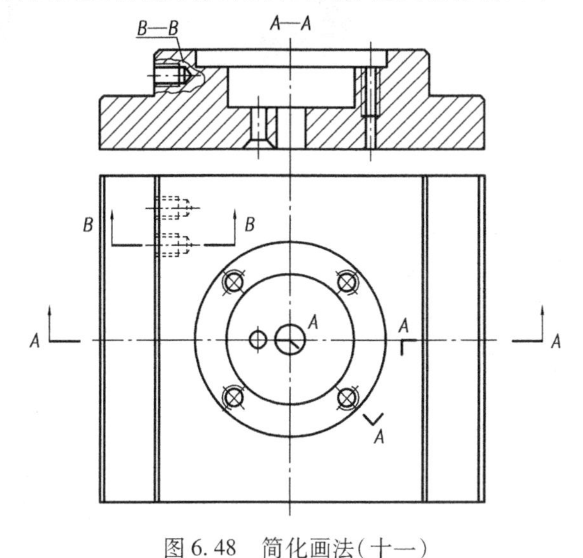

图 6.48　简化画法（十一）

标准是对生产技术的规范，它必然随着技术的发展而发展。为了简化尺规绘图和计算机绘图对技术图样的要求，提高读图和绘图效率，国家标准规定了技术图样的规定画法和简化画法。

古有十年磨一剑，今有二十年“铸天镜”。我国一代又一代的科技工作者克服了不可想象的困难，实现了由跟踪模仿到集成创新的跨越。不断增强的科技创新力，让我们拥有向宇宙更深处探索、实现前沿科学领域突破的信心。

1. 事实上伽利略并不是第一个用望远镜观察月亮的人，在他之前四个月，哈略特就把镜片对准月亮，并绘制了第一张月面图，但哈略特既没有意识到月面上阴影意味着环形山的存在，也没有把这些阴影描绘清楚。而伽利略却能立刻把月面阴影辨认为山脉，并用专业的素描技艺绘制出月面图并附在其著作中广为传播。大家比较一下他们绘制的月面图和真实月面图之间的区别，并谈谈你们能学到科学家的什么精神？

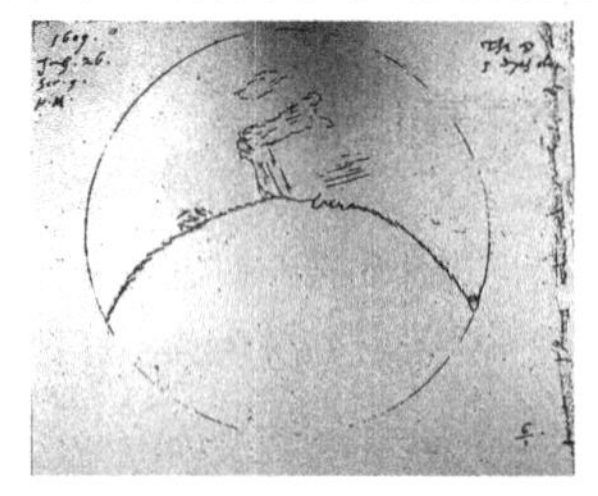

哈略特绘制的月面图

伽利略绘制的月面图

嫦娥一号拍摄的全月球影像图

2. 按左图所给视图，在右边相应位置将视图按简化画法改成全剖视图。

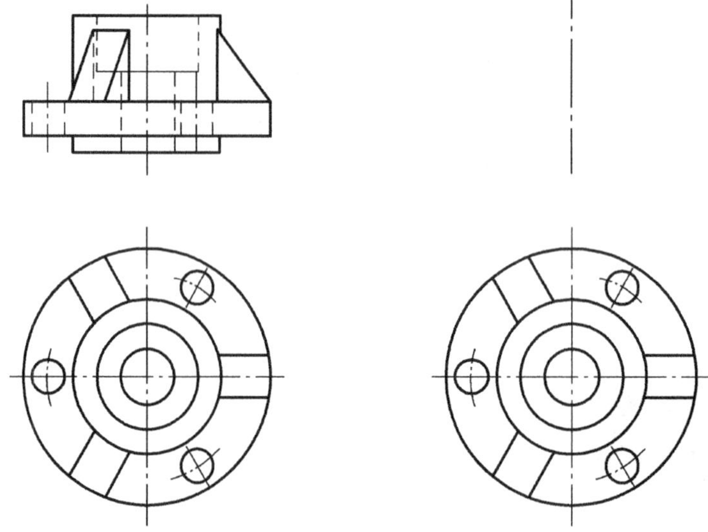

3. 读懂给出的图形，标注相应的标记和图名。

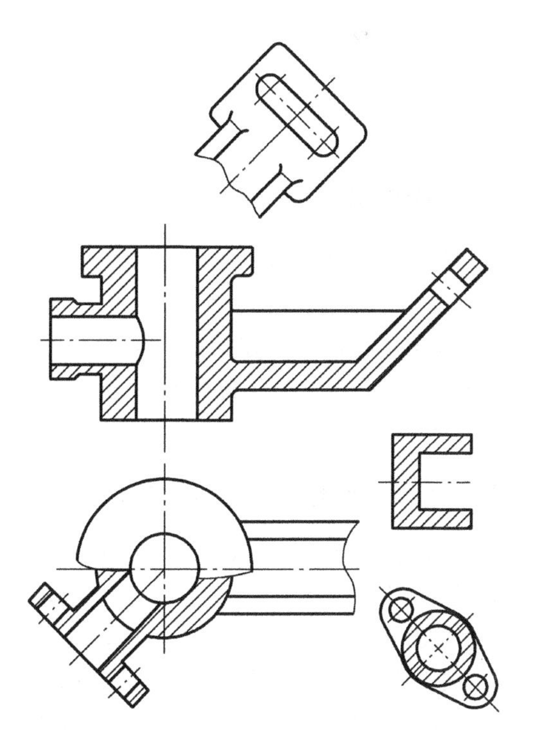

6.5　第三角画法简介

【小知识】第一角画法和第三角画法

世界各国的机械图纸有两种体系，即第一角画法和第三角画法。国际上多数国家如中国、英国、法国、德国和俄罗斯等采用的是第一角画法；但是美国、日本、加拿大、澳大利亚等则采用第三角画法。虽然在国内默认采用第一角画法，但在实际的工作中，我国引进了不少国外设备、图纸和其他技术资料，很多用的是第三角画法。例如在某些中日合资、中美合资企业里往往外资方因拥有核心技术，中方不得不去适应外资方而采用第三角画法制图或识图。为了便于日益增多的国际间的技术交流和协作，我国在 1993 年就曾规定："必要时（如按合同规定等）允许使用第三角画法。"

【启示】制图国家标准与时俱进，不断修订，逐渐和国际标准接近。为了更有效地进行国际间的技术交流和协作，我们应了解第三角画法。

6.5.1 第三角投影法的概念

如图6.49所示,由三个互相垂直相交的投影面组成的投影体系,把空间分成了八个部分,每一部分为一个分角,依次为Ⅰ、Ⅱ、Ⅲ、Ⅳ……Ⅶ、Ⅷ分角。将机件放在第一分角进行投影,称为第一角画法。而将机件放在第三分角进行投影,称为第三角画法。

图6.49 八个分角

6.5.2 第三角画法与第一角画法的区别

第三角画法与第一角画法的区别在于人(观察者)、物(机件)、图(投影面)的位置关系不同。

采用第三角画法时,是把投影面放在观察者与物体之间,从投影方向看是"人、图、物"的关系。采用第一角画法时,是把物体放在观察者与投影面之间,从投影方向看是"人、物、图"的关系,如图6.50所示。投影时就好像隔着"玻璃"看物体,将物体的轮廓形状印在"玻璃"(投影面)上。

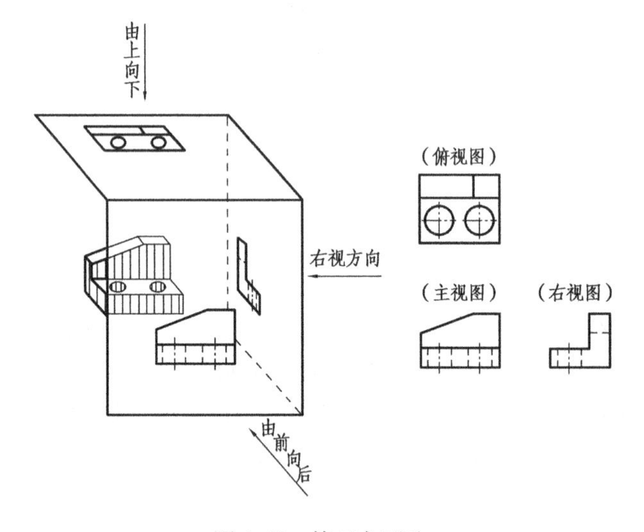

图6.50 第三角画法

6.5.3 第三角投影图的形成

采用第三角画法时,从前面观察物体在*V*面上得到的视图称为主视图,从上面观察物体在*H*面上得到的视图称为俯视图;从右面观察物体在*W*面上得到的视图称为右视图。各投影面的展开方法是:*V*面不动,*H*面向上旋转90°,*W*面向右旋转90°,使三投影面处于同一平面内。展开如图6.51所示。

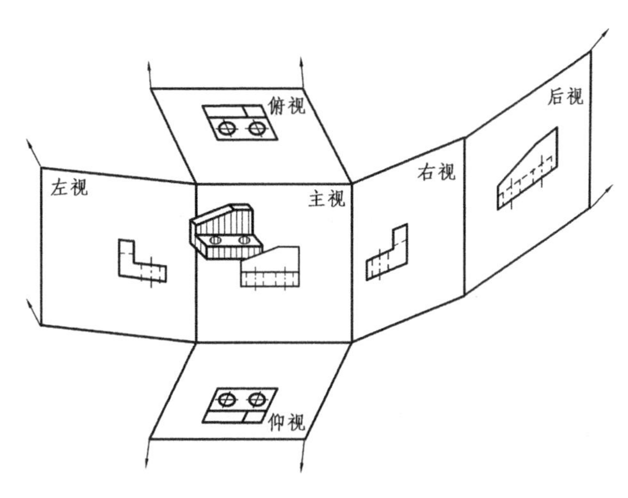

图 6.51 第三角画法投影面展开

采用第三角画法时也可以将物体放在正六面体中,分别从物体的六个方向向各投影面进行投影,得到六个基本视图,即在三视图的基础上增加了后视图(从后往前看)、左视图(从左往右看)、仰视图(从下往上看)。第三角画法视图的配置如图 6.52 所示。

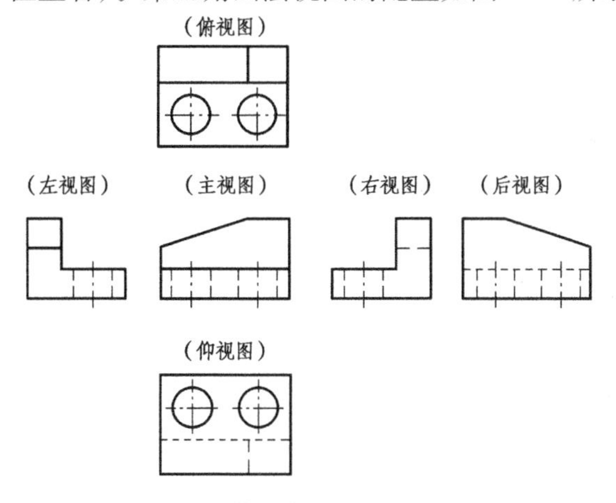

图 6.52 第三角画法视图的配置

制图国家标准与时俱进,不断修订,逐渐和国际标准接近。随着国际交流的进一步加大,要用发展的观点来理解和掌握相关标准,以便更好地实现共同发展,实现中国制造强国的梦想。

1. 请同学们查阅资料,了解我国制图标准和国外制图标准还有哪些不同的地方。大家是如何看待国内外标准的差异的?

2. 补画右视图。(采用第三角画法)

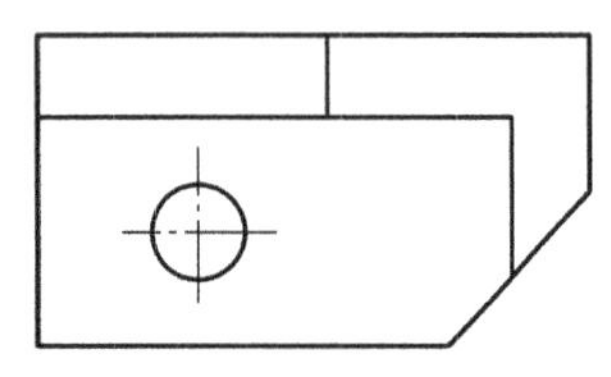

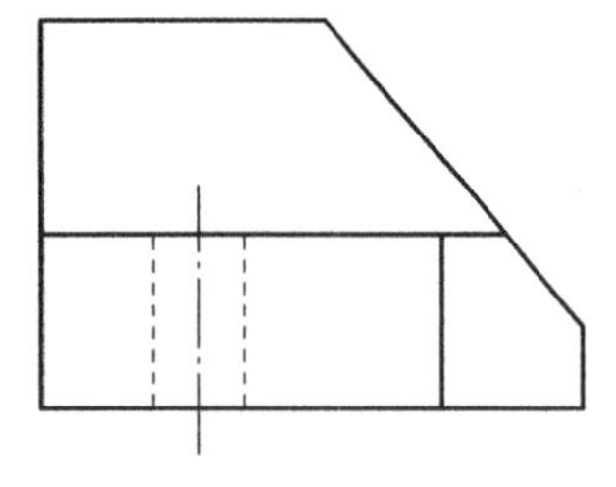

3. 补画俯视图。(采用第三角画法)

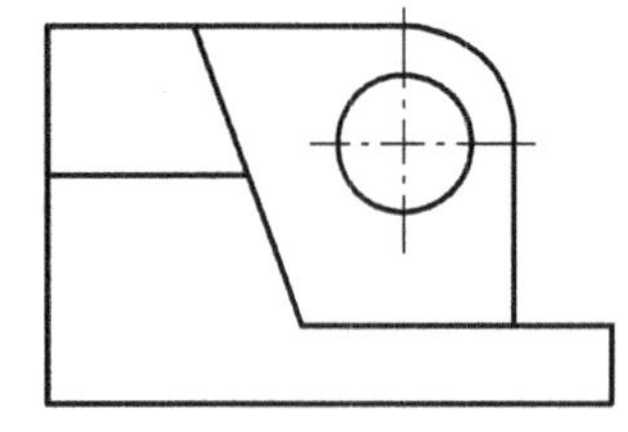

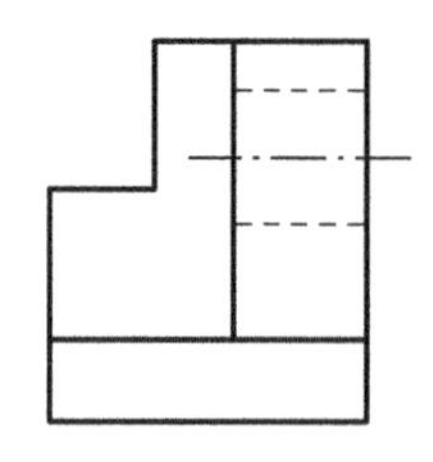

7 常用件及结构要素的表示法

知识目标

1. 掌握螺纹和螺纹紧固件的表示法；
2. 掌握键连接和销连接的表示法；
3. 掌握渐开线圆柱齿轮的表示法；
4. 了解弹簧和滚动轴承的表示法。

技能目标

1. 具备查阅相关标准的能力；
2. 能够准确表达标准件和常用件的结构；
3. 具备识读标准件和常用件图样的能力。

素质目标

1. 培养遵守国家标准的职业素养和一丝不苟的职业精神；
2. 培养集体荣誉感和责任感；
3. 激发爱国情怀和为民族工业而奋斗的责任感；
4. 培养不断追求,永无止境的科学精神。

7.1 螺纹和螺纹紧固件

【案例】被吹飞的机长,英国航空 5390 号航班事件

英国航空公司 BAC1-11 5390 航班 1990 年 6 月 10 日 7:20 从伯明翰国际机场起飞,

飞往西班牙马拉加。在英国牛津郡迪德科特上空约 5 273 m 处,飞机机头左边的挡风玻璃破裂脱落,机长被吸出窗外,挂在机身外侧,驾驶舱内三名惊慌失措的空服人员抱着他的双腿。最终在副驾驶的操作下,7:55 飞机成功降落在英国南安普敦机场。调查组历时两年完成调查,报告显示,班机出事前 27 h 曾更换挡风玻璃,该型号的飞机安装在风挡玻璃中的螺钉型号是 8*D*,而技师在寻找新螺钉时并没有参照飞机的维修手册和零件目录,而是直接拿着旧螺钉,用肉眼比对直径的方法找到了新螺钉,型号是 7*D*。安装在挡风玻璃里的 90 颗螺钉中,有 84 颗的直径比标准小一个型号,是导致玻璃破碎的直接原因。

【启示】在各种机械设备中,广泛使用螺栓、螺母、键、销、滚动轴承、弹簧、齿轮等零、部件。结构和尺寸全部标准化的零、部件称为标准件,结构和尺寸部分标准化的零、部件称为常用件。国家制图标准规定了标准件和常用件的画法、代号及标记,我们在设计和选用时必须严格遵守国家标准。

螺纹的基本知识和规定画法

7.1.1 螺纹

螺纹是在圆柱(或圆锥)表面上,经过机械加工而形成的具有规定牙型的螺旋线沟槽。在圆柱(或圆锥)外表面上所形成的螺纹称外螺纹,在圆柱(或圆锥)内表面上所形成的螺纹称内螺纹,如图 7.1 所示。

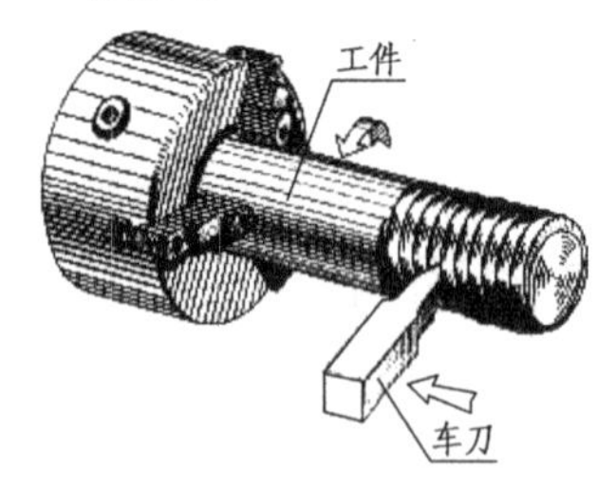

(a)外螺纹加工

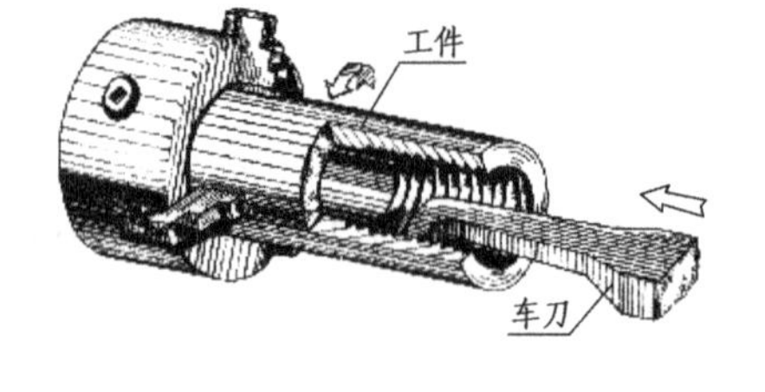

(b)内螺纹加工

图 7.1 车削螺纹

1)螺纹的基本要素

(1)牙型

牙型是指在通过螺纹轴线的断面上螺纹的轮廓形状,其凸起部分称为螺纹的牙,凸起的顶端称为螺纹的牙顶,沟槽的底部称为螺纹的牙底。常见的螺纹牙型有三角形、梯形、锯齿形和矩形等,如图 7.2 所示。

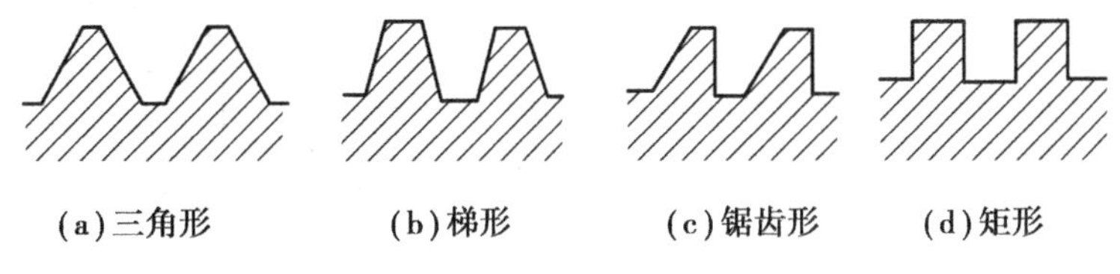

图 7.2　螺纹的牙型

(2)直径

螺纹的直径有大径、中径和小径三种,如图 7.3 所示。

①大径 d、D　与外螺纹牙顶或内螺纹牙底相切的假想的圆柱直径称为螺纹的大径。外螺纹和内螺纹的大径分别用 d 和 D 表示。公称直径是代表螺纹尺寸的直径,普通螺纹的公称直径就是指螺纹的大径。

②小径 d_1、D_1　与外螺纹牙底或内螺纹牙顶相切的假想圆柱的直径称为螺纹的小径。外螺纹和内螺纹的小径分别用 d_1、D_1 表示。

③中径 d_2、D_2　是指一个假想圆柱的直径,该圆柱的母线通过牙型上沟槽和凸起宽度相等的地方。外螺纹和内螺纹的中径分别用 d_2、D_2 表示。

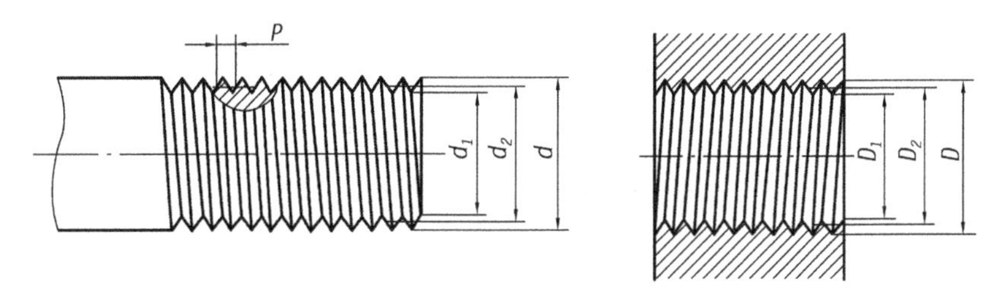

图 7.3　螺纹的直径与螺距

(3)螺距 P

相邻两牙在中径线上对应两点间的轴向距离称为螺距,如图 7.3 所示。

(4)线数 n

形成螺纹时所沿螺旋线的条数称为螺纹的线数。沿一条螺旋线形成的螺纹称为单线螺纹;沿一条以上的轴向等距螺线形成的螺纹称为多线螺纹,如图 7.4 所示。

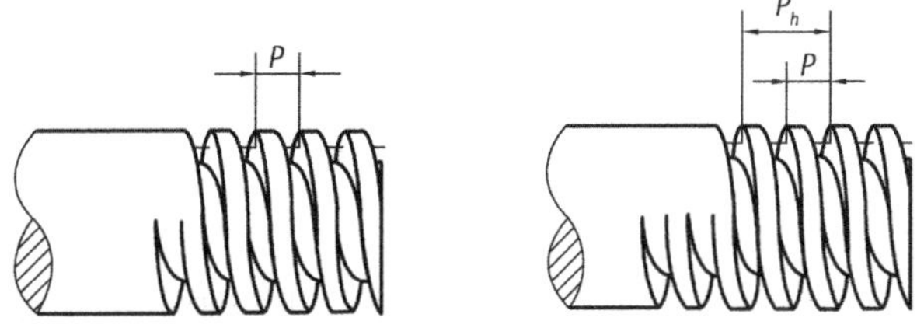

图 7.4　螺纹的线数和导程

(5)导程 P_h

同一螺纹旋线上相邻两牙在中径线上对应两点间的轴向距离称为导程，如图 7.4 所示。螺距与导程的关系为 $P_h = nP$。显然，单线螺纹的导程与螺距相等。

(6)旋向

螺纹有右旋和左旋两种，判别方法如图 7.5 所示。工程上常用右旋螺纹。

螺纹的牙型、公称直径、线数、螺距或导程、旋向称为螺纹五要素。内外螺纹总是成对使用，只有当五个要素完全相同时，内外螺纹才能旋合一起。

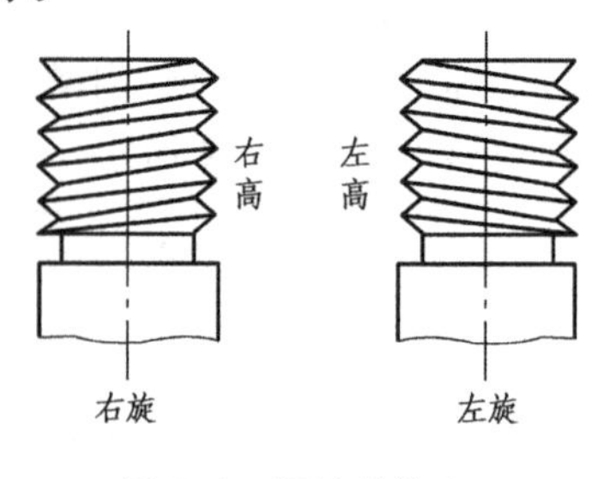

图 7.5　螺纹的旋向

2)螺纹的规定画法

(1)外螺纹画法

如图 7.5 所示，在投影为非圆的视图上，外螺纹大径画粗实线，小径画细实线，且小径在螺杆的倒角或倒圆部分也应画出。小径的直径可在附录有关表中查到，实际画图时小径通常画成大径的 0.85 倍。螺纹终止线画粗实线。在投影为圆的视图上，用粗实线画螺纹的大径，用 3/4 圈圆弧细实线画螺纹的小径，倒角圆省略不画。图 7.6(a)表示外螺纹不剖时的画法，图 7.6(b)为剖切时的画法。

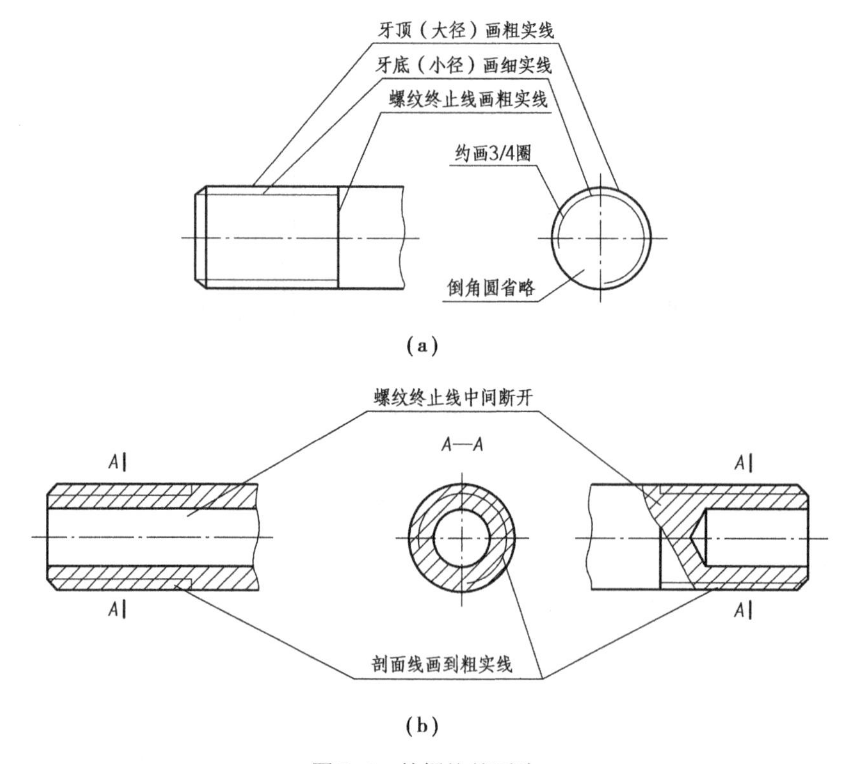

图 7.6　外螺纹的画法

(2)内螺纹的画法

如图 7.7 所示，在投影为非圆的视图上，内螺纹的小径画成粗实线，大径画成细实线，剖面线画到牙底的粗实线处。在投影为圆的视图上,小径画粗实线,大径画 3/4 圈圆弧细实线,倒角圆省略不画,如图 7.7(a)。对于不穿通的螺孔(也称盲孔),锥孔深度比螺孔深度大 0.5d。由于钻头的顶角约等于 120°,因此,钻孔底部的圆锥凹坑的锥角应画成 120°。螺纹终止线画粗实线,如图 7.7(a)所示。

不可见螺纹的所有图线都用虚线绘制,如图 7.7(b)所示。

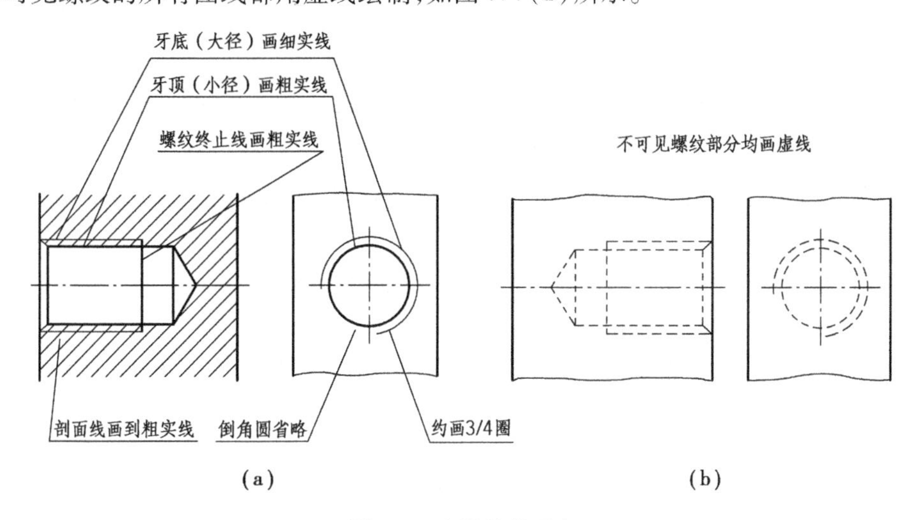

图 7.7　内螺纹的画法

(3)螺纹连接的画法

用剖视图表示螺纹连接时,旋合部分按外螺纹的画法绘制,未旋合部分按各自原有的画法绘制。如图 7.8(a)、(b)所示。画图时必须注意:表示内、外螺纹大径的细实线和粗实线,以及表示内、外螺纹小径的粗实线和细实线应分别对齐;在剖切平面通过螺纹轴线的剖视图中,实心螺杆按不剖绘制。

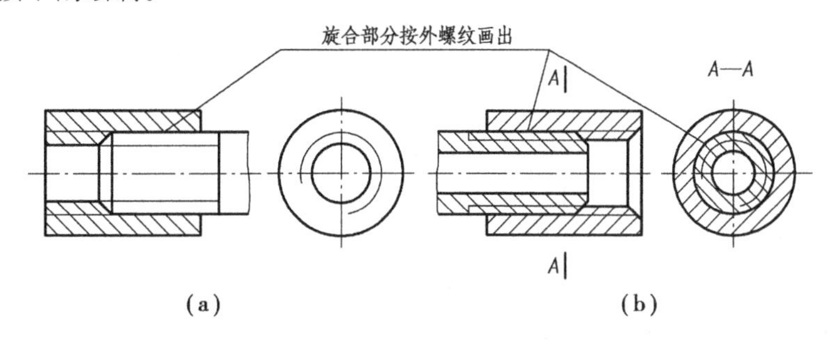

图 7.8　内、外螺纹连接画法

3)螺纹的种类与标注

螺纹的图样标记

(1)螺纹的种类

①按螺纹要素分,可分为标准螺纹、特殊螺纹和非标准螺纹。其中牙型、公称直径和螺距三个要素都符合标准的螺纹称为标准螺纹;只有牙型符合标准的螺纹称为特殊螺纹;牙型不符合标准的螺纹称为非标准螺纹。

②按螺纹用途分,可分为连接螺纹(紧固螺纹、管螺纹)、传动螺纹和专用螺纹。其中紧固螺纹是用来连接零件的连接螺纹,如应用最广的普通螺纹;管螺纹如 55°非密封管螺纹、55°密

封管螺纹、60°密封管螺纹等;传动螺纹是用来传递动力和运动的螺纹,如梯形螺纹、锯齿形螺纹和矩形螺纹等;专用螺纹有自攻螺钉用螺纹、木螺钉螺纹和气瓶专用螺纹等。

(2)螺纹的图样标注

螺纹按规定画法简化画出后,在视图上并不能反映它的牙型、螺距、线数和旋向等结构要素,因此,必须按规定的标记在图样中进行标注。各种常用螺纹的标注方式如下:

①普通螺纹的标注格式:

[特征代号] [公称直径]×[导程(*P* 螺距)]-[公差带代号]-[旋合长度代号]-[旋向]

② 梯形螺纹和锯齿形螺纹的标注格式:

[特征代号] [公称直径]×[导程(*P* 螺距)] [旋向]—[公差带代号]—[旋合长度代号]

各上述项说明如下:

a. 特征代号:特征代号 M 表示普通螺纹,Tr 表示梯形螺纹,B 表示锯齿形螺纹。

b. 公称直径:螺纹大径。

c. 螺距:粗牙普通螺纹不必标注螺距。细牙普通螺纹、梯形螺纹、锯齿形螺纹需标注螺距,多线螺纹应标注导程(*P* 螺距值)。

d. 旋向:右旋不必标出,左旋标注 LH。

e. 中径和顶径公差带代号:公差带代号是用来说明螺纹加工精度的,其中数字表示公差等级,字母表示基本偏差代号,写在公差等级的后面。螺纹基本偏差的表示方法与直径一样,外螺纹用小写字母表示,内螺纹用大写字母表示。当中径公差带代号与顶径相同时,只标注一个代号;当它们的公差带代号不同时,则中径公差带代号在前,顶径公差带代号在后。

f. 旋合长度代号:短旋合长度用 S 表示;中等旋合长度用 N 表示,一般省略不标;长旋合长度用 L 表示。

例 7.1 说明螺纹标记 M20×2-5g6g-S 的含义。

解:*M*—普通螺纹特征代号;20—螺纹公称直径;2—螺距(如螺距省略则表示粗牙螺纹);5g6g—中径和顶径的公差带代号,公差带代号小写表示该螺纹为外螺纹;*S*—短旋合长度;右旋省略。

例 7.2 说明螺纹标记 Tr40×14(P7)LH-8e-L 的含义。

解:Tr—梯形螺纹特征代号;40—螺纹公称直径;14—导程;P7—螺距为 7;LH—左旋;8e—中径和顶径的公差带代号;L—长旋合长度代号。

普通螺纹、梯形螺纹和锯齿形螺纹的公称尺寸为螺纹大径,螺纹代号应标注在螺纹大径尺寸线上,其在图样中的标注如图 7.9 所示。

③管螺纹的标注格式:

[特征代号] [尺寸代号] [公差等级代号] [旋向]

a. 管螺纹特征代号:特征代号 G 表示非螺纹密封管螺纹,R_c、R、R_p 为用螺纹密封的管螺纹。R_c 表示圆锥内螺纹;R 表示圆锥外螺纹;R_p 表示圆柱内螺纹。

b. 管螺纹的尺寸代号不是管螺纹的大径,无单位。

c. 用螺纹密封的管螺纹不需要标注公差等级,非螺纹密封的内管螺纹公差等级只有一种,不必标注。而非螺纹密封的外管螺纹公差等级有 *A*、*B* 两种,需标注公差等级。

例 7.3 说明螺纹标记 G1/2*A* 的含义。

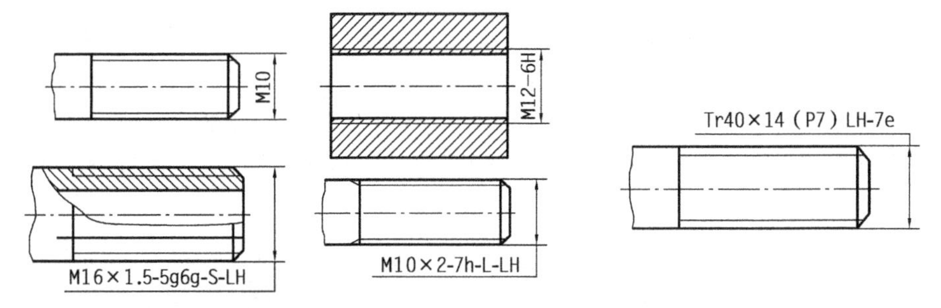

图 7.9　普通螺纹和梯形螺纹的图样标注

解：G—非螺纹密封的圆柱管螺纹的特征代号；1/2—尺寸代号；右旋省略；*A*—公差等级。

管螺纹在图样中的标注采用指引线标注，指引线从大径处引出。管螺纹在图样中的标注如图 7.10 所示。

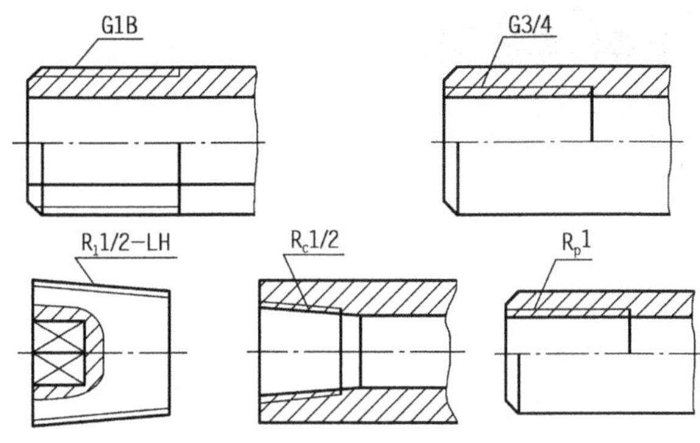

图 7.10　管螺纹的标注

③内外螺纹旋合时的标注。

内外螺纹旋合时，其公差带代号用斜线隔开，内螺纹公差带代号在左，外螺纹在右。米制螺纹直接标注在大径尺寸线上，如图 7.11(a)所示，管螺纹标注在引出线上，如图 7.11(b)所示。

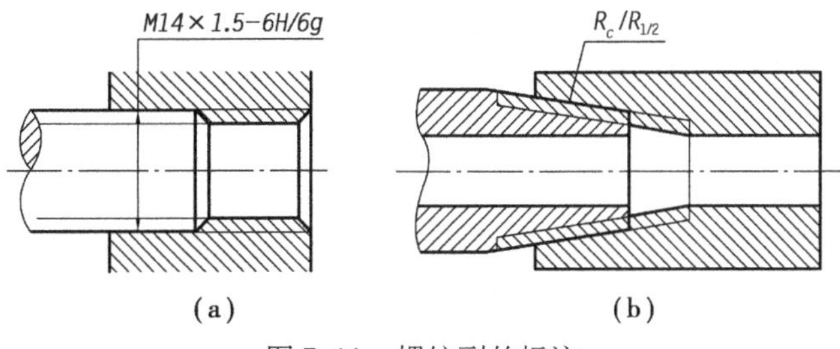

图 7.11　螺纹副的标注

7.1.2　螺纹连接件

【小知识】2014 年，武汉天兴洲长江大桥“三索面三主桁公铁两用斜拉桥建造技术”荣

获国家科技进步一等奖，2010 年曾获国际桥梁大会乔治·理查德森大奖。大桥正桥全长 4 657 m，主跨 504 m，大桥路面铺设 4 条铁路线，是中国首座四线公路铁路两用斜拉索桥，创下了跨度、荷载、速度、宽度 4 项世界第一。它的各项施工标准都非常高，其中最后桥梁合拢时是用 7 000 个高强度螺栓同时“零误差”穿到 7 000 个栓孔里，再拧紧螺母，将两块板准确，紧密地连接起来。

【启示】螺栓连接是将螺栓的杆身穿过两个被连接件的通孔，套上垫圈，再用螺母拧紧，使两个零件连接在一起的一种连接方式。这座大桥在中国公铁两用桥梁建设史上具有里程碑意义，也见证了中国智慧创造世界奇迹。

1）常用螺纹连接件的标记

螺纹紧固件的种类和标记

常用螺纹紧固件通常采用简化标记。

标记格式一般为：名称　标准号　规格。

常见螺纹连接件的图例和规定标记见表 7.1。

表 7.1　常见螺纹连接件及其标记方法

名称	图例	标记及说明
六角头螺栓	d, l	标记：螺栓 GB/T 5782—2016—M10×40 螺纹规格 d=10 mm，公称长度 l=40 mm，性能等级为 8.8 级，表面氧化的 A 级六角头螺栓 简化标记：螺栓 GB/T 5782　M10×40
双头螺柱	d, b_m, l	标记：螺柱 GB/T 897—1988—M12×50 两端均为粗牙普通螺纹，螺纹规格 d=12 mm，l=50 mm，性能等级为 4.8 级，不经表面处理，B 型，旋入机体长度 b_m=1.25 d 简化标记：螺柱 GB/T 897　M12×50
六角螺母	d	标记：螺母 GB/T 6170—2015—M8 螺纹规格 d=8 mm，性能等级为 10 级，不经表面处理，A 级 Ⅰ 型 简化标记：螺母 GB/T 6170　M8

续表

名称	图例	标记及说明
开槽沉头螺钉	d l	标记:螺钉 GB/T 68—2016—M10×30 螺纹规格 $d=10$ mm,$l=30$ mm,性能等级为4.8级,不经表面处理的开槽沉头螺钉 简化标记:螺钉 GB/T 68 M10×30
平垫圈		标记:垫圈 GB/T 97.1—2002—8—140HV 螺纹规格 $d=8$ mm(螺杆大径),性能等级为140HV 级,不经表面处理,A 级平垫圈 简化标记:垫圈 GB/T 97.1 8

2)螺纹连接件比例画法

在画图时,螺纹紧固件各部分的尺寸可从标准中直接查出,这种按查表获得尺寸画图的方法称为查表画法。另一种是以标记的公称直径为依据,其他各部分尺寸均按近似比例画出,称为比例画法(也称简化画法)。画图时,螺纹连接件的公称长度 l 仍由被连接零件的有关厚度等决定。尺寸比例关系如下:

螺栓:d、L(根据要求确定)

$d_1\approx0.85d$　$b\approx2d$　$e=2d$　$R_1=d$　$R=1.5d$　$k=0.7d$　$c=0.1d$

螺母:D(根据要求确定),$m=0.8d$,其他尺寸与螺栓头部相同。

垫圈:$d_2=2.2d$　$d_1=1.1d$　$d_3=1.5d$　$h=0.15d$　$s=0.2d$　$n=0.12d$

各种常用螺纹连接件的比例画法,如图 7.12 所示。

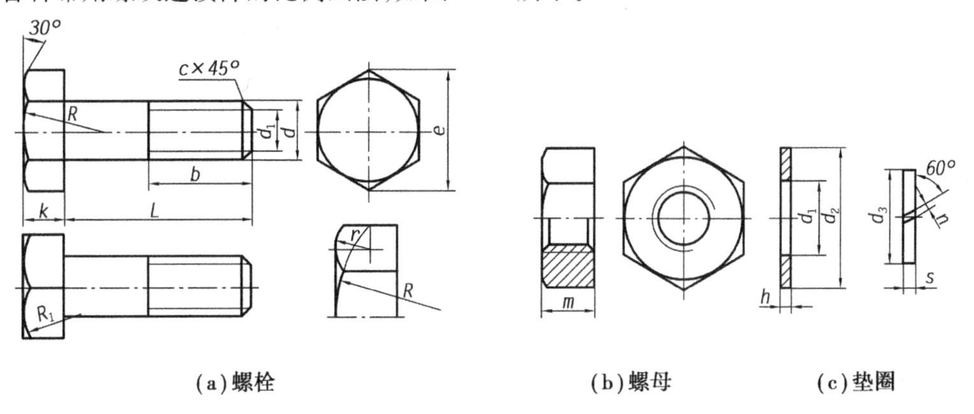

(a)螺栓　(b)螺母　(c)垫圈

图 7.12　螺栓、螺母、垫圈的比例画法

3)螺纹紧固件的连接

(1)螺栓连接

螺栓连接的画法

螺栓连接由螺栓、螺母、垫圈组成。螺栓连接是将螺栓的杆身穿过两个被连接件的通孔,套上垫圈,再用螺母拧紧,使两个零件连接在一起的一种连接方式。螺栓连接用于连接两个不太厚、并容易钻出通孔的零件。画螺纹连接装配图时,各连接件的尺寸可根据其标记查表得到。但为提高作图效率,通常采用近似画法,即根据公称尺寸(螺纹大径)按比例大致确定其他各尺寸。

螺栓连接中常用的标准件各结构尺寸与螺纹大径之间的近似比例关系见表 7.2。

对于螺栓、垫圈和螺母,当剖切平面通过它们的基本轴线剖切时按不剖绘制。两零件的接触面画一条线,而非接触面,如被连接件光孔(图 7.13 中的 d_0)与螺杆之间应留有空隙(可取 $d_0=1.1d$)。并注意在此空隙内应画出两被连接件结合面处的可见轮廓线。

表 7.2　螺栓连接的各部分比例关系式

名称	螺栓	螺母	平垫圈
尺寸关系	$b=2d$　$k=0.7d$　$c=0.1d$	$m=0.8d$	$h=0.15d$ $D=2.2d$
	$e=2d$　$R=1.5d$　$R_1=d$　r、s 由作图决定		

相邻二被连接件的剖面线方向应相反,或方向一致但间隔不等。此外,为简化作图,装配图中倒角可省略不画,图 7.14 为螺栓连接装配图的简化画法。

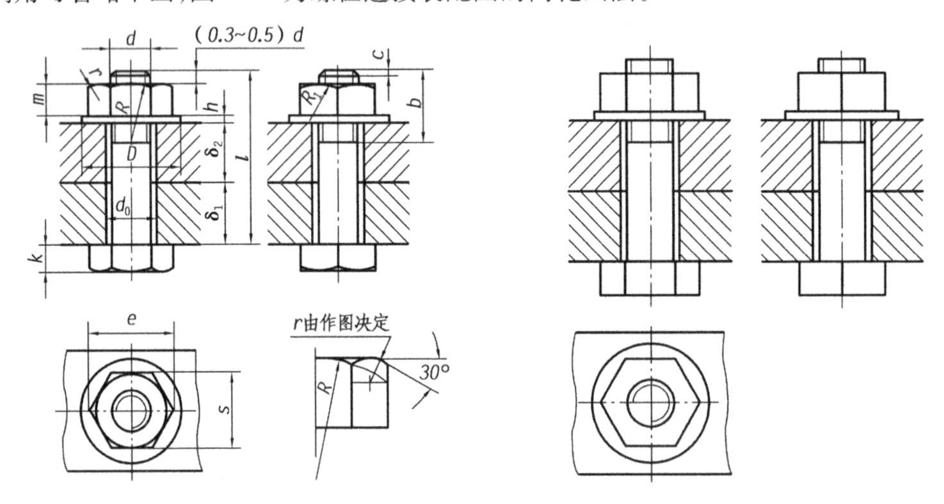

图 7.13　螺栓连接及其尺寸关系　　　图 7.14　螺栓连接的简化画法

画图时还应注意螺栓末端应伸出螺母外一定长度,一般为(0.3 ~0.5)d。在确定螺栓长度 l 的数值时,需由被连接件的厚度 δ_1、δ_2、螺母高度 m、垫圈厚度 h。

按下式计算并取标准值。

$$l=\delta_1+\delta_2+h+m+(0.3\sim0.5)d$$

(2)螺钉连接

螺钉连接主要用于受力不大并不经常拆卸的地方。在较厚的机件上加工出螺孔,在另一连接件上加工成通孔,用螺钉穿过通孔直接拧入螺孔即可实现连接,如图 7.15 所示。

画螺钉连接时,需注意的几个问题:

①螺钉上的螺纹终止线应高于两零件的结合面,以保证连接可靠。

②螺钉头部的开槽用粗线($\approx 2d$,d 为粗实线线宽)表示;在垂直于螺钉轴线的视图中,一律从左下向右上与水平方向成 45°画出。

③被连接件上螺孔的画法与双头螺柱连接相同。

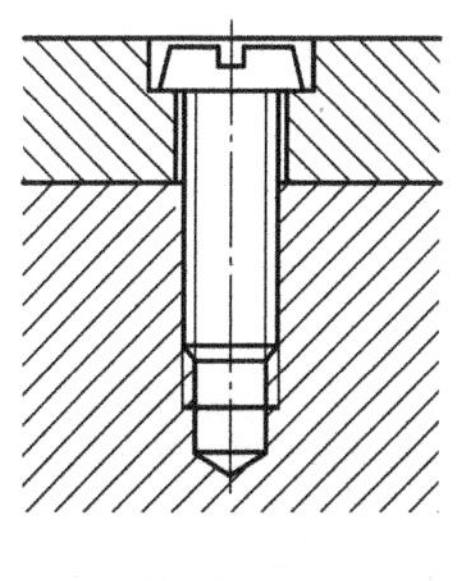

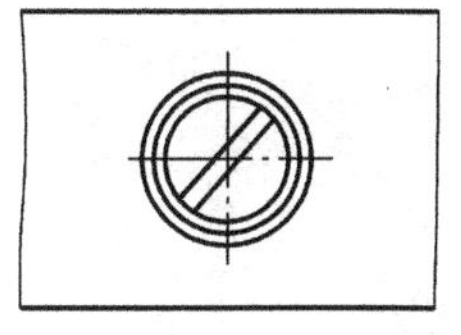

图 7.15　螺钉连接

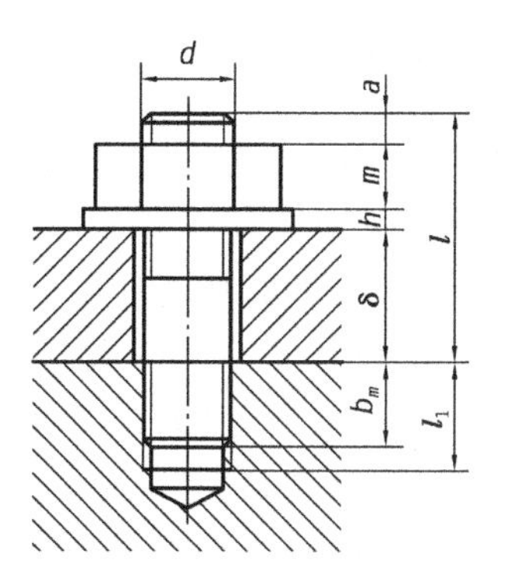

图 7.16　双头螺柱连接

(3)双头螺柱连接

双头螺柱连接主要用于被连接件之一较厚,或不允许钻成通孔而难于采用螺栓连接的场合。双头螺柱两端均制有螺纹,一端直接旋入较厚的被连接件的螺孔内(称为旋入端),另一端则穿过较薄零件的光孔,套上垫圈,用螺母旋紧,图 7.16 为双头螺柱连接的简化画法。双头螺柱旋入端应全部旋入螺孔,画图时旋入端的螺纹终止线须与两零件的结合面平齐。双头螺柱螺纹较短的一端是旋入端,其长度 b_m 与制有螺纹孔的被连接件材料有关。

钢、青铜零件　　$b_m = 1d$(GB/T 897—1988)

铸铁零件　　$b_m = 1.25d$(GB/T 898—1988)

材料强度在铸铁与铝之间的零件　　$b_m = 1.5d$(GB/T 899—1988)

铝零件　　$b_m = 2d$(GB/T 900—1988)

双头螺柱除旋入端之外的长度,称为有效长度 L,计算公式如下:

$$L_{计} = \delta + h + m + a$$

式中:δ——被连接件厚度

h——垫圈厚度≈0.15d

m——螺母厚度≈0.8d

a——螺栓顶端露出螺母的高度≈0.3d

失之毫厘,谬以千里,螺钉一个型号的错误导致了一场严重的航空事故。由此可见,我们一定要培养遵守国家标准的职业素养和一丝不苟的职业精神。

课后练习

1. 同学们,你们知道中国自行设计、建造的第一座双层铁路、公路两用桥是哪座桥梁吗?这座桥梁曾经在建成89天的时候为阻断日军从浙北南下而被自己的设计者亲手炸毁,成就了一个城市的安全。抗战后开始修复,直到今天已历经80多年的风雨沧桑,仍然屹立不倒。这座桥梁就是钱塘江大桥,桥梁的设计者茅以升对建桥的每一道工序都及其苛刻,大到桥梁的架设,小到每一颗螺钉,都有严格的检查程序。桥梁上有28万多个螺钉,每一个螺钉安装后,都有专门的人员逐个检查,不合格的螺钉作上记号,重新安装,让每一个螺钉都能挑起千斤重担。请同学们谈谈你的感想。

2. 分析螺纹画法中的错误,并在指定位置画出其正确的图形。

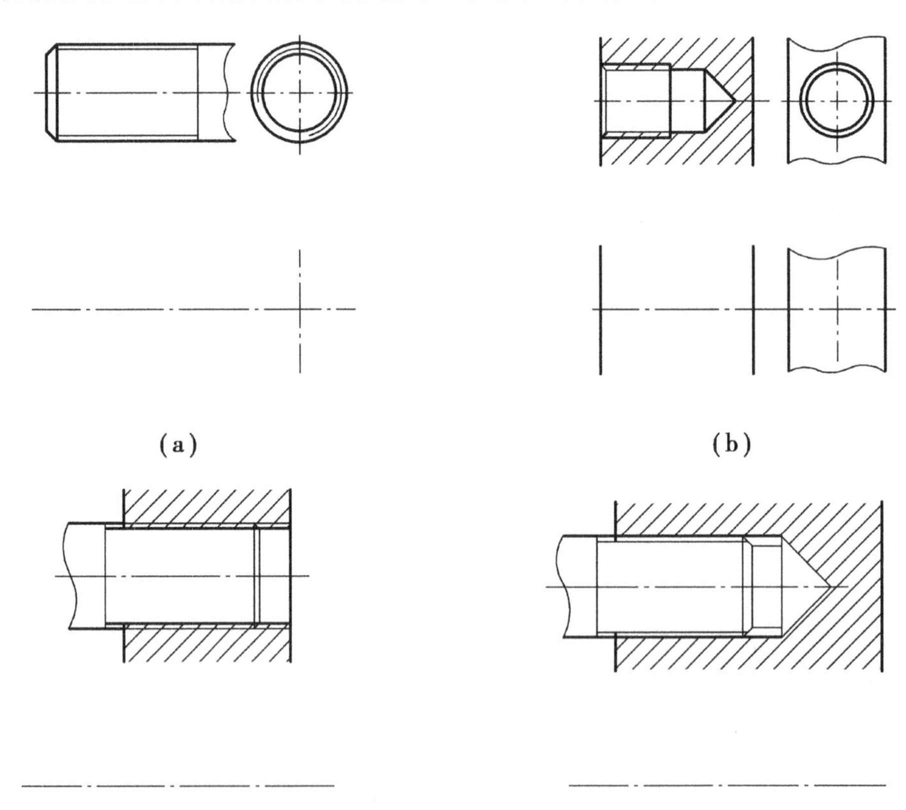

3. 画出螺栓连接装配图,螺栓 GB/T 5782 M12X55。

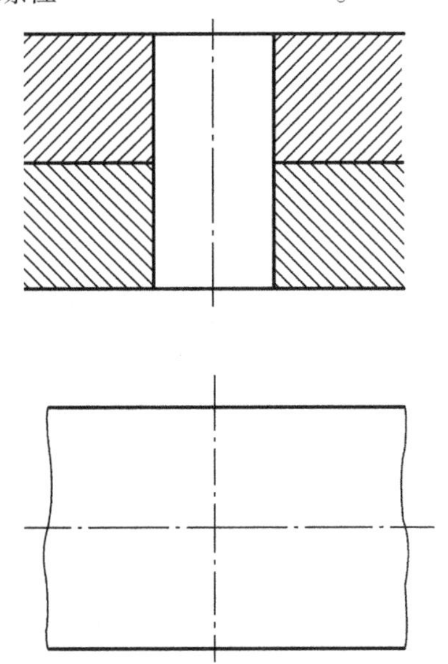

7.2　键连接和销连接

【案例】销钉脱落故障,引发世界首个 660 kV 带电作业

银东线是我国西电东送的重要通道,通过正负 660 kV 超高压直流输电线,将宁夏的电输送到山东。有一次工作人员利用直升机对线路进行巡检时发现,输电线路上有一个固定高压线的小销钉脱落了,如果长时间不理会这个脱落点,就可能引发导线脱落,造成单极断电甚至危及高压铁塔附近区域的安全,更为严重的是,引发山东电网乃至整个华北电网的连锁反应。维修方法是在 660 kV 超高压带电环境下,在脱落的地方插一个新销钉,危险程度可想而知。在多方共同努力下,最终由山东电力集团超高压公司技术员王进出色地完成了这次世界级高难度任务,也创造了一个 660 kV 超高压线电力作业的世界纪录。

【启示】销钉虽小,但在整个设备中却是不可缺少的一部分。在这些国家工程的背后,有一批朴实平凡、默默无闻的技术人员,他们在敢于尝试的危险领域发挥着技艺和胆量,同时也用自己默默的坚守诠释着他们的爱国情怀。

键连接和销连接

7.2.1 键连接

键连接是一种可拆连接。键用于连接轴和轴上的传动件(如齿轮、带轮等),使轴和传动件不产生相对转动,保证两者同步旋转,传递扭矩和旋转运动。

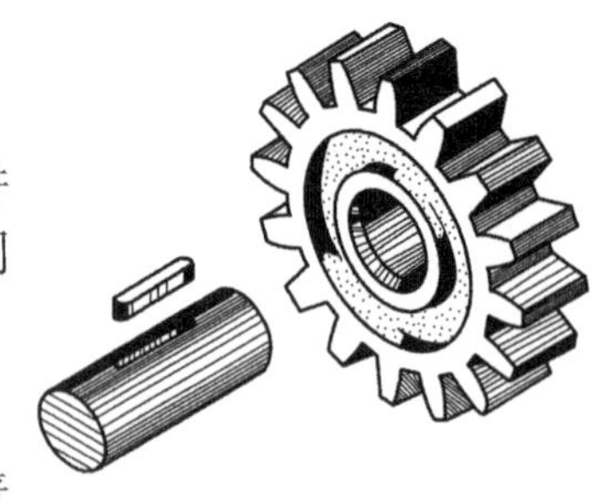

图7.17 键连接

1)键的标记

键是标准件,键有普通平键、半圆键和楔键等,常用的是普通平键。常用键的标记见表7.3。

表7.3 常用键的简图、标记示例

名称及标准号	简图	标记示例及说明
普通平键 GB/T 1096	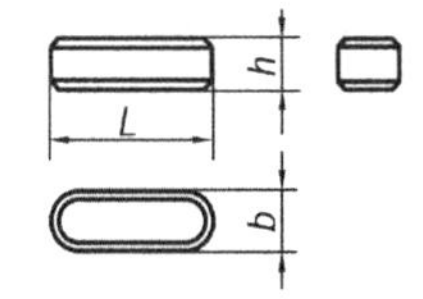	GB/T 1096 键 16×10×100 表示:普通 A 型平键(A 字母省略) 键宽 $b=16$ mm,键高 $h=10$ mm,长度 $L=100$ mm
半圆键 GB/T 1099.1	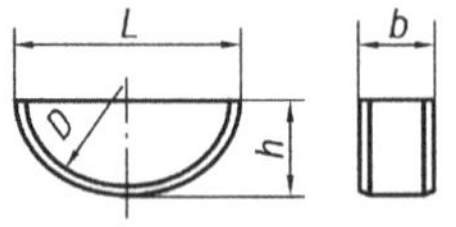	GB/T 1099.1 键 6×10×25 表示:半圆键 键宽 $b=6$ mm 高度 $h=10$ mm 直径 $D=25$ mm
钩头楔键 GB/T 1565	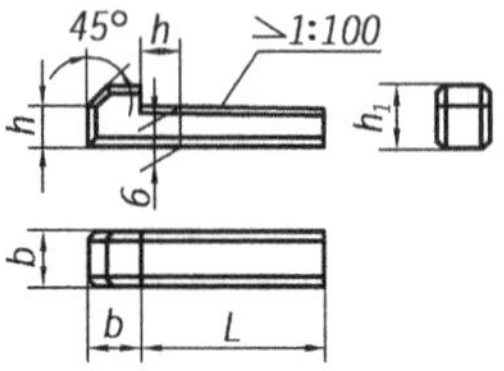	GB/T 1565 键 18×100 表示:钩头楔键键宽 $b=18$ 键长 $L=100$

2)键连接的画法

常用普通平键和半圆键连接的画法介绍如下:

(1)普通平键

普通平键根据其头部结构的不同可以分为圆头普通平键(A型)、平头普通平键(B型)和单圆头普通平键(C型)三种型式,如图7.18所示。

采用普通平键连接时,键的长度 L 和宽度 b 要根据轴的直径 d 和传递的扭矩大小从标准中选取适当值。轴和轮毂上的键槽的表达方法及尺寸如图7.19所示。在装配图上,普通平键的连接画法如图7.19所示。

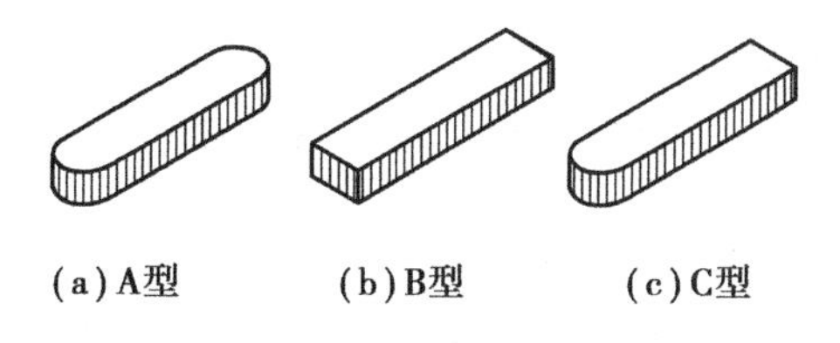

图 7.18　普通平键的型式

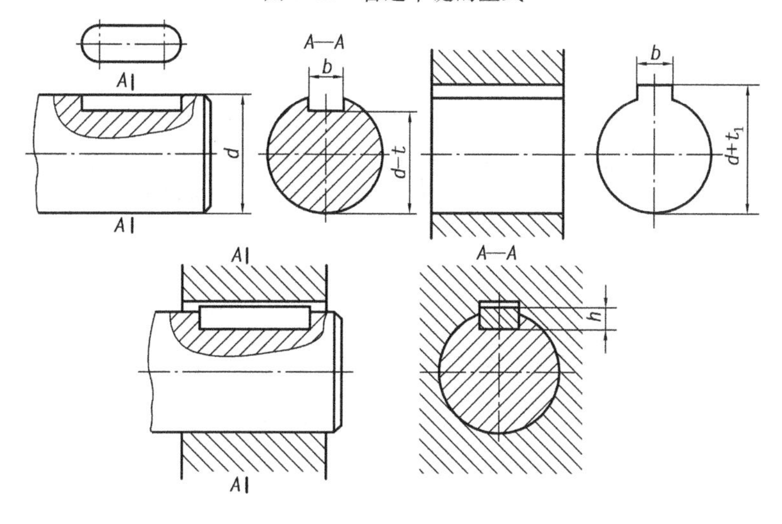

图 7.19　普通平键的连接画法

(2) 半圆键

半圆键的两侧面为工作面，与轴和轮上的键槽两侧面接触，而半圆键的顶面与轮子键槽顶面之间不接触，则留有间隙。由于半圆键在键槽中能绕槽底圆弧摆动，可以自动适应轮毂中键槽的斜度，因此适用于具有锥度的轴。半圆键联接与普通平键联接相似，其装配图画法如图 7.20 所示。

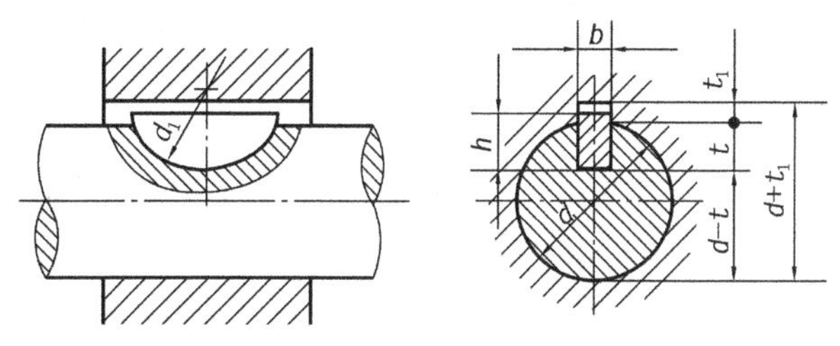

图 7.20　半圆键的连接画法

7.2.2　销连接

销是标准件，常用的销有圆柱销、圆锥销和开口销。圆柱销和圆锥销用做零件间的连接或者定位；开口销用来防止螺母松脱或固定其他零件。

圆柱销、圆锥销、开口销的主要尺寸、标记和连接画法见表 7.4。

1）常用的销的图例和标记

表 7.4　常用销的图例和标记

名称及标准编号	图例	标记及说明
圆柱销 GB/T 119.1—2000		销 GB/T 119.1　6 *m*6×30 表示圆柱销，公称直径 *d*=6，公差 *m*6，公称长度 *l*=30，材料为钢，不淬火，不经表面处理
圆锥销 GB/T 117—2000		销 GB/T 117　10×60 表示 *A* 型圆锥销，其公称直径 *d*=10，公称长度 *l*=60，材料为 35 钢，热处理 28～38*HRC*、表面氧化
开口销 GB/T 91—2000		销 GB/T 91　5×50 表示开口销，其公称规格 *d*=5，长度 *l*=50，材料为低碳钢，不经表面处理

2）销连接画法

各种销连接画法如图 7.21 所示。

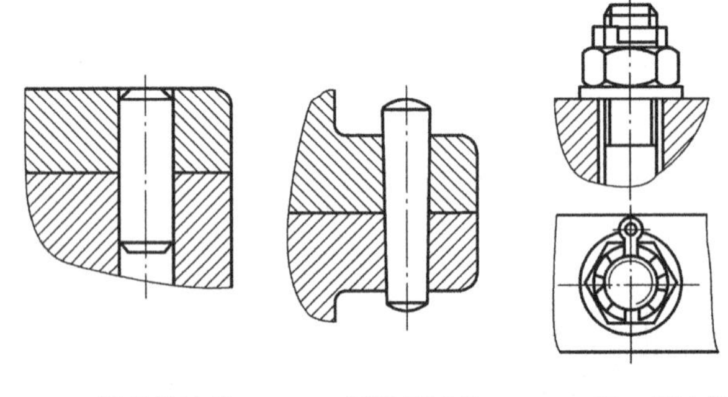

(a)圆柱销连接　(b)圆锥销连接　(c)开口销连接

图 7.21　各种销连接画法

圆柱销和圆锥销的画法与一般零件相同。如图 7.21 所示，在剖视图中，当剖切平面通过销的轴线时，按不剖处理。画轴上的销连接时，通常对轴采用局部剖，表示销和轴之间的配合关系。

键和销是我们在生活中广泛使用的标准件。零件虽小，但作用不容忽视。任何一项工程，都可以分解成为无数个细节，无数个细节严格执行，才能确保各项任务的最终成功。人生亦是如此，不以善小而不为，不以恶小而为之。

1.“寸辖制轮”出自南朝梁刘勰《文心雕龙 · 事类》:“故事得其要,虽小成绩,譬寸辖制轮,尺枢运关也。”用来比喻控制事物的关键虽小而极重要。辖,固定车轮与车轴位置,插入轴端孔穴的销钉。请同学们想一想在学习和生活中有哪些类似的案例,并谈谈你的看法。

2. 已知齿轮和轴用 A 型圆头普通平键连接,轴孔直径为 20 mm,键的长度为 18 mm。

①写出键的规定标记______________________________。

②查表确定键和键槽的尺寸,画出下列视图、剖视图和断面图,并标注图中轴径和键槽的尺寸。

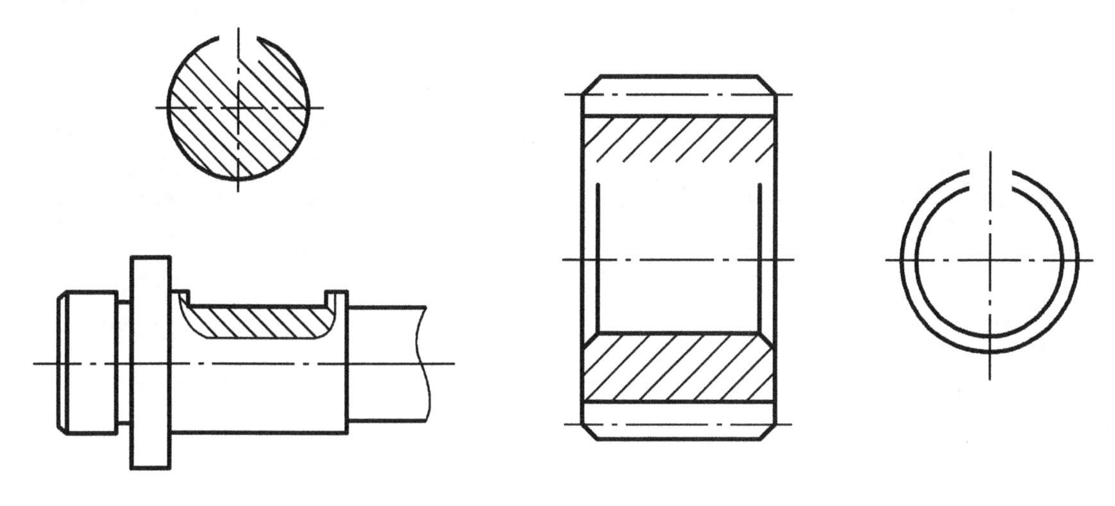

齿轮和轴

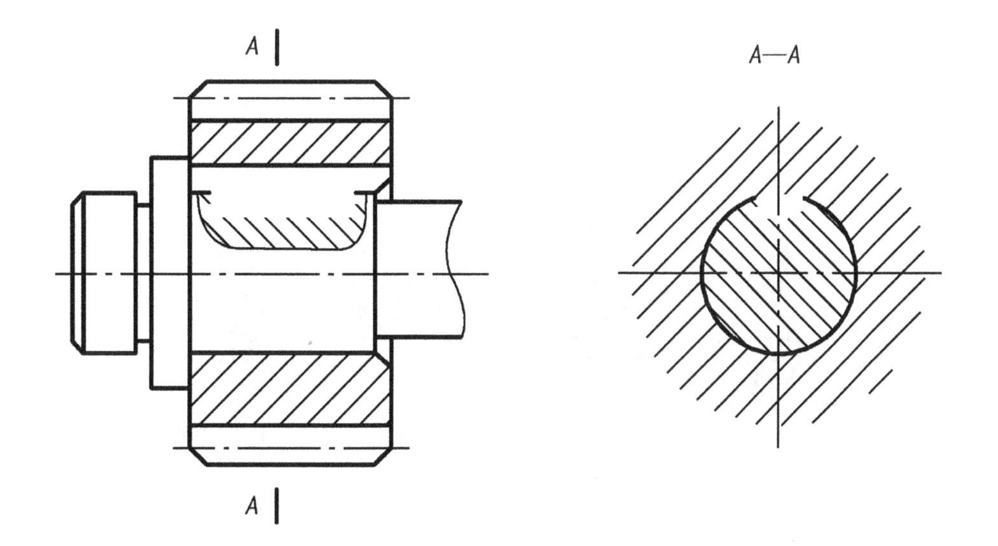

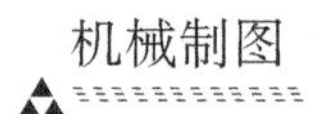

7.3 齿轮

【小知识】中国古代齿轮的应用

公元前400年至公元前200年间的中国古代就开始使用齿轮，中国山西省出土的青铜齿轮是迄今发现的最古老齿轮。汉代时期因齿轮而生的龙骨水车和水转连磨极大地促进了农业生产力的发展。东汉时期的马钧利用齿轮发明了指南车。晋朝时，中国又出现了利用齿轮的记里鼓车。齿轮是关键基础零部件。齿轮的精密程度直接决定了机器的优劣。

水转连磨复原模型

指南车复原模型

记里鼓车复原模型

【启示】我国古代科学家的聪明智慧令人叹服。齿轮是靠轮齿的互相啮合而工作的。在齿轮传动中，若一个齿轮发生失效，则整个齿轮系统将无法继续工作。

齿轮

齿轮是机器中常用的传动零件，它不仅可以用来传递动力，还能改变回转方向和转动速度。如图7.22表示三种常见的齿轮传动形式。圆柱齿轮用于两平行轴之间的传动；锥齿轮用于相交两轴之间的传动；蜗轮蜗杆则用于交错两轴之间的传动。

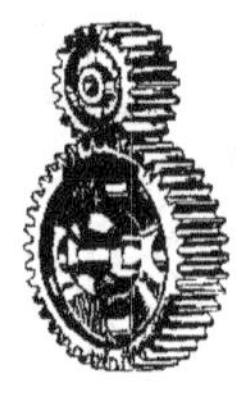

(a)圆柱齿轮

(b)锥齿轮

(c)蜗杆蜗轮

图7.22 齿轮传动的三种形式

7.3.1 圆柱齿轮

1)直齿圆柱齿轮轮齿的各部分名称及代号(图7.23)

①齿顶圆:通过轮齿顶部的圆,其直径用 d_a 表示。

②齿根圆:通过轮齿根部的圆,其直径用 d_f 表示。

③分度圆:设计、制造齿轮时计算轮齿各部分尺寸的基准圆,其直径用 d 表示。

④齿距:在分度圆周上相邻两齿对应点之间的弧长,用 p 表示。

⑤齿厚:一个轮齿在分度圆上的弧长,用 s 表示。

⑥槽宽:一个齿槽在分度圆上的弧长,用 e 表示。在标准齿轮中,齿厚与槽宽各为齿距的一半,即 $s=e=p/2$,$p=s+e$。

⑦齿顶高:分度圆到齿顶圆之间的径向距离,用 h_a 表示。

⑧齿根高:分度圆到齿根圆之间的径向距离,用 h_f 表示。

⑨齿高:齿顶圆到齿根圆之间的径向距离,用 h 表示。

⑩齿宽:沿齿轮轴线方向量得的轮齿宽度,用 b 表示。

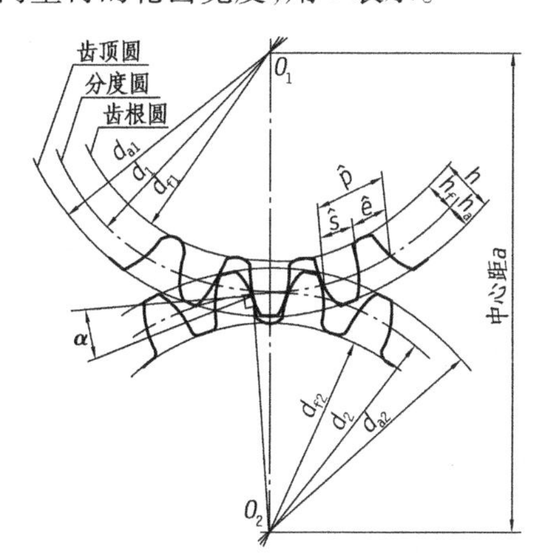

图7.23 直齿圆柱齿轮示意图

2)直齿圆柱齿轮的基本参数与齿轮各部分的尺寸关系

①模数:如以 z 表示齿轮的齿数,齿轮上有多少齿,在分度圆周上就有多少齿距,因此,分度圆周长=齿距×齿数,即 $\pi d=pz$ $\quad d=pz/\pi$。

式中 π 是无理数,为了便于计算和测量,齿距 p 与 π 的比值称为模数(单位为 mm),用符号 m 表示,即 $m=p/\pi$ $\quad d=mz$。

由于模数是齿距 p 与 π 的比值,因此齿轮的模数 m 越大,其齿距 p 也越大,齿厚 s 也越大,因而齿轮承载能力也愈大。为了便于设计和加工,国家标准中规定了齿轮模数的标准数值,见表7.5。

表7.5 齿轮模数系列(GB/T 1357—2008) 单位:mm

第一系列	1,1.25,1.5,2,2.5,3,4,5,6,8,10,12,16,20,25,32,40,50
第二系列	1.75,2.25,2.75,3.5,4.5,5.5,7,9,14,18,22,28,36,45

注:选用时,优先选用第一系列。

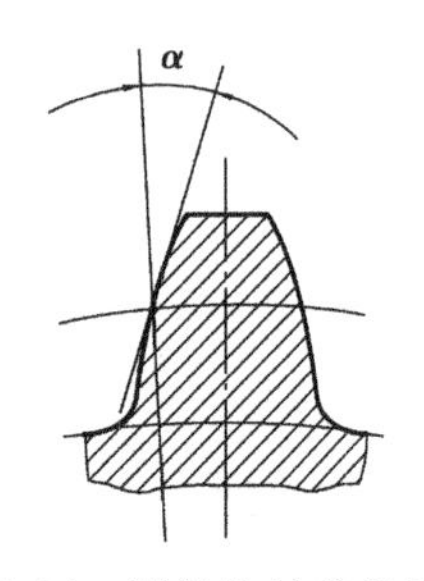

图 7.24 圆柱齿轮的齿形角

②齿形角:齿轮的齿廓曲线与分度圆交点 P 的径向与齿廓在该点处的切线所夹的锐角 α 称为分度圆齿形角。标准齿轮分度圆齿形角为 20°,如图 7.24 所示。

只有模数和齿形角都相同的齿轮才能相互啮合。

在设计齿轮时要先确定模数和齿数,其他各部分尺寸都可由模数和齿数计算出来。

标准直齿圆柱齿轮各部分的尺寸关系见表 7.6。

表 7.6 直齿圆柱齿轮各部分的尺寸关系

名称及代号	公式
模数 m	$m=p/\pi=d/z$
齿顶高 h_a	$h_a=m$
齿根高 h_f	$h_f=1.25m$
齿高 h	$d=2.25m$
分度圆直径 d	$d=mz$
齿顶圆直径 d_a	$d_a=d+2h_a=m(z+2)$
齿根圆直径 d_f	$d_f=d-2h_f=m(z-2.25)$
齿距 p	$p=\pi m$
中心距 a	$a=(d_1+d_2)/2=m(z_1+z_2)/2$

7.3.2 直齿圆柱齿轮的画法

1)单个圆柱齿轮的画法(图 7.25)

齿顶圆和齿顶线用粗实线绘制;分度圆与分度线用细点画线绘制;齿根圆和齿根线用细实线绘制,也可省略不画;在剖视图中,当剖切平面通过齿轮轴线时,轮齿一律按不剖绘制,齿根线这时用粗实线绘制,不能省略。

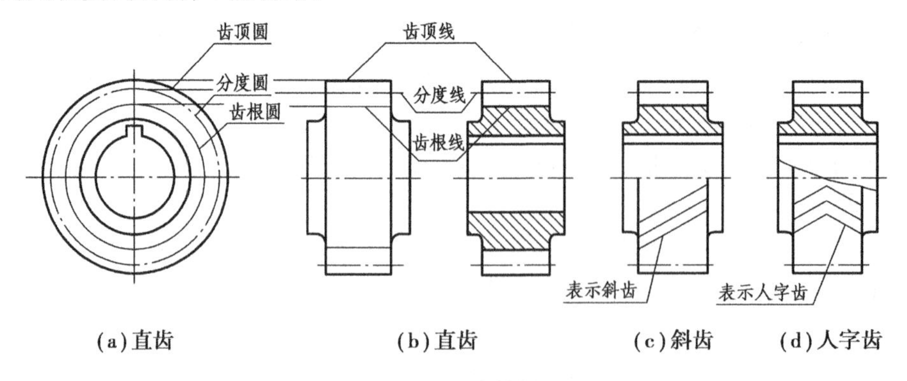

图 7.25 圆柱齿轮的画法

2)两个圆柱齿轮啮合的画法

两齿轮啮合时,除啮合区外,其余的画法与单个齿轮相同。

啮合区的画法如下：

在垂直于齿轮轴线投影面的视图中，齿顶圆按粗实线绘制，如图 7.26(a)，也可将啮合区内齿顶圆省略不画，如图 7.26(b)所示。斜齿表示方法如图 7.26(c)所示。

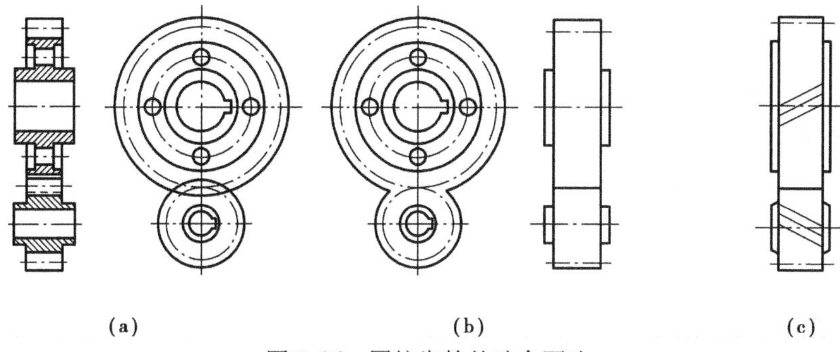

(a)　　(b)　　(c)

图 7.26　圆柱齿轮的啮合画法

在平行于齿轮轴线的投影面的视图中，当通过两齿轮的轴线剖切时，在啮合区内将一个齿轮的轮齿用粗实线绘制，另一个齿轮的轮齿被遮的部分用虚线绘制，虚线也可省略不画，如图 7.26(a)所示。当不采用剖视时，啮合区画法如图 7.26(b)所示。

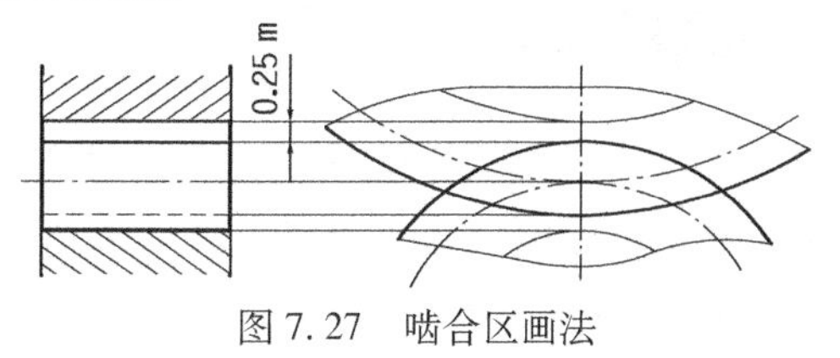

图 7.27　啮合区画法

两个标准齿轮啮合，两分度圆相切，它们的模数相同，因而齿顶高和齿根高也分别对应相等。

由于 $h_a = m$ 而 $h_f = 1.25m$，所以存在径向间隙($0.25m$)。如图 7.27 间隙太小不易画出时应采用夸大画法表示出径向间隙。

图 7.28 是圆柱齿轮的零件图，用两个视图表达齿轮的结构形状：主视图画成全剖视图及用局部视图表达齿轮的轮孔和键槽。

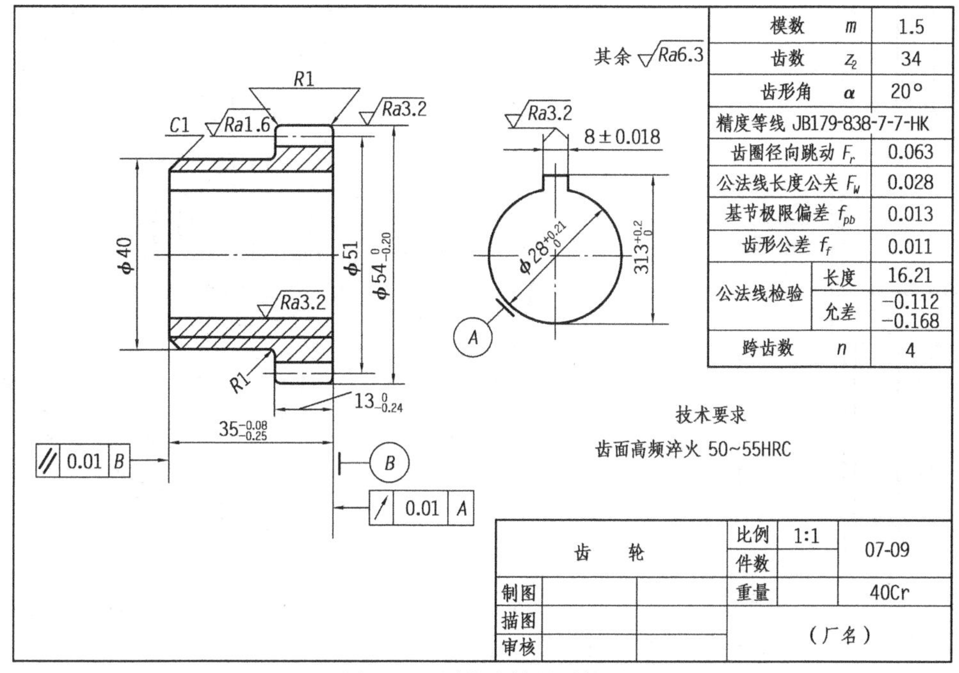

图 7.28　圆柱齿轮的零件图

在齿轮传动中，若一个齿轮发生失效，则整个齿轮系统将无法继续工作。这好比个人与集体的关系，个人思想出现偏差，则会影响整个集体的发展。当集体中的每个人都具备集体责任感与荣誉感，这一集体必会运转良好；同时当集体高效率运转时，反过来也可以激发自身的发展。

1. 工业机器人是智能制造核心装备，减速器是工业机器人的核心部件。请同学们观看《未来战争：德国工业 4.0 和中国制造 2025》，分析我国齿轮工业的现状和与国外的差距。

2. 已知直齿圆柱齿轮 $m=5$，$z=40$，计算该齿轮的分度圆、齿顶圆和齿根圆的直径。用 1∶2 补全下列两个视图，并标注尺寸（齿顶圆倒角 $C2$）。

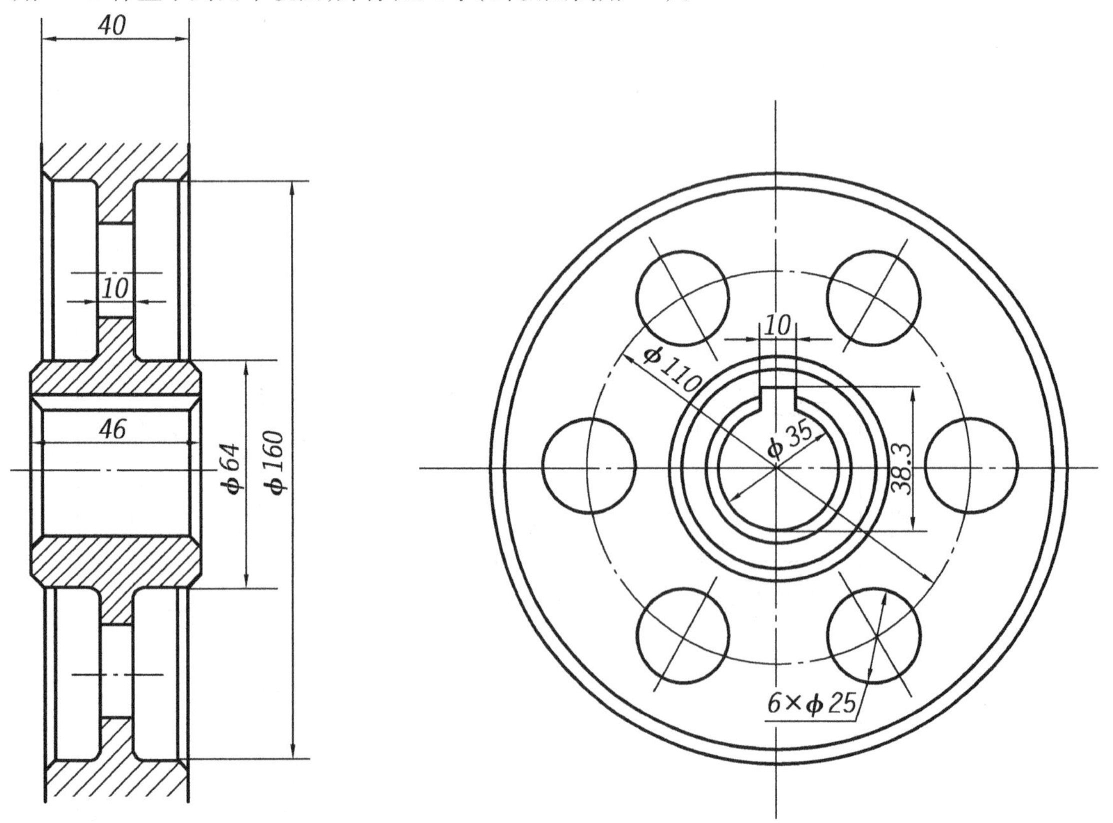

3. 已知大齿轮的模数 $m=4$，齿数 $z_2=38$，两齿轮的中心距 $a=108$ mm，试计算大小齿轮分度圆，齿顶及齿根圆的直径，用 1∶2 比例补全直齿圆柱齿轮的啮合图。

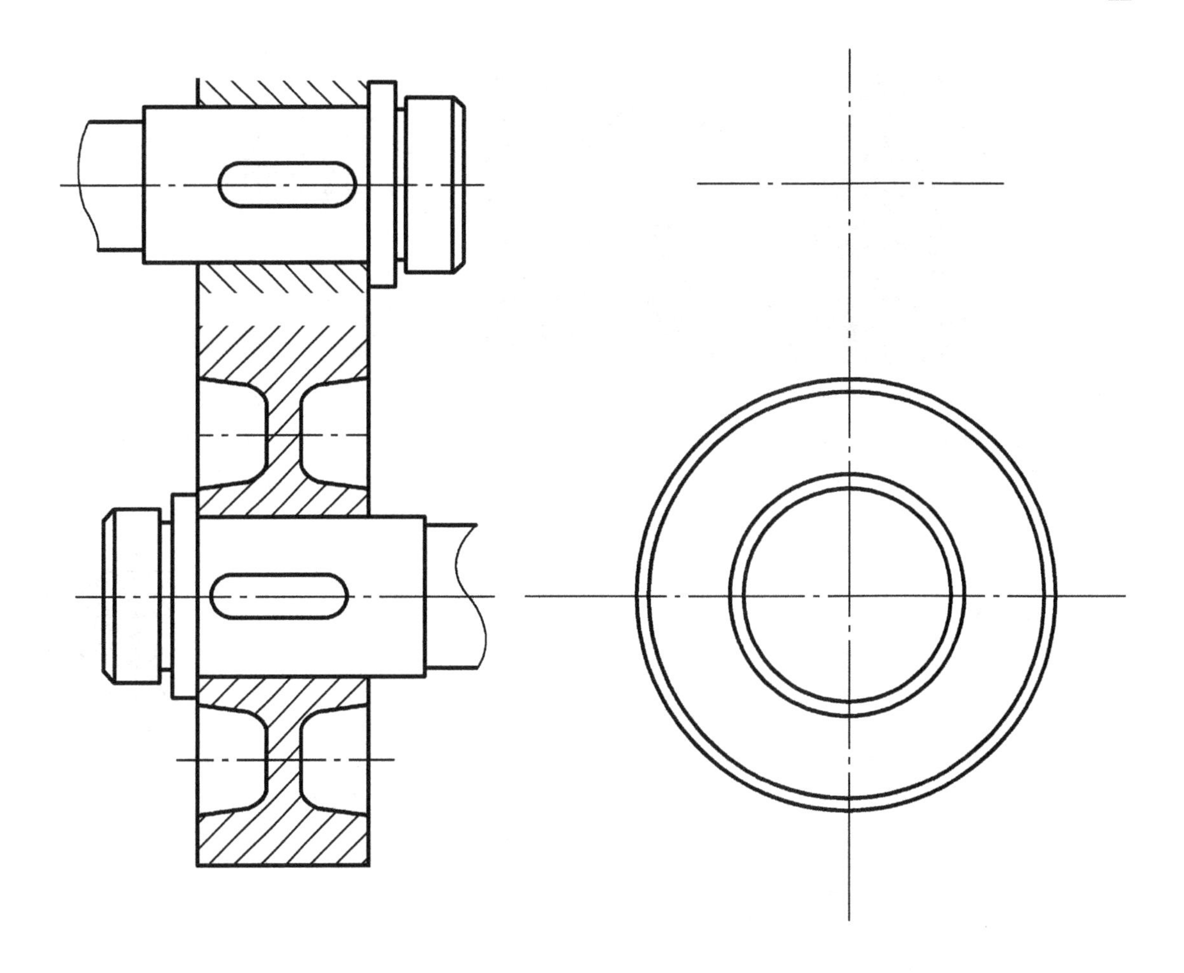

7.4 滚动轴承

【案例】大直径国产主轴承助力盾构机完全国产化

盾构机作为装备制造业的标志产品,是当今世界最先进的隧道挖掘超大型专用设备之一。轴承是盾构机的核心关键零部件之一。2019 年 1 月 14 日我国首台 11 m 级盾构机国产主轴承研发成功,它能够满足大直径盾构机连续使用 10 000 h。将进一步推动盾构机核心部件国产化,实现对盾构机制造及再制造完全国产化的新跨越。

【启示】轴承是机器中的基础元件，广泛应用于各行各业的机械产品中，被誉为机器的"关节"。凡使用轴承的产品，其性能、精度、寿命、可靠性等都与轴承密切相关。在一些高科技产品中，轴承已被视为核心元件。一个国家轴承工业的实力已经成为体现国力的一个重要方面。

滚动轴承

轴承是机器中用来支承轴和轴上零件的重要零件，分为滑动轴承和滚动轴承两种。滚动轴承由于摩擦阻力小、维护方便而得到广泛应用。滚动轴承是标准组件，它的结构形式及各部分尺寸全部标准化，可根据要求确定型号选用即可。

7.4.1 滚动轴承的结构和类型

1）滚动轴承的结构

滚动轴承一般由内圈、外圈、滚动体、保持架等零件组成，如图7.29所示。

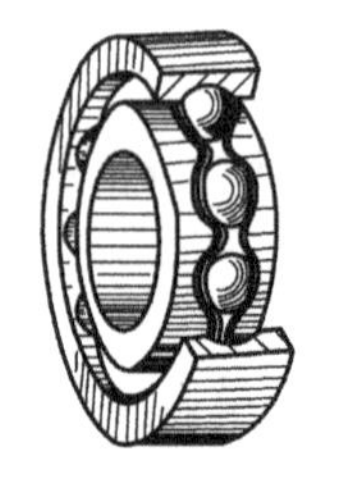

(a)深沟球轴承

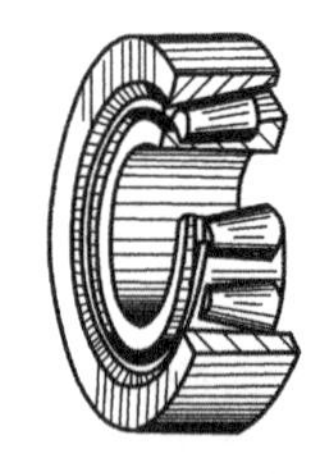

(b)圆锥滚子轴承

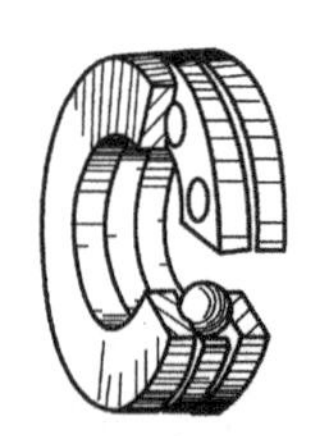

(c)推力球轴承

图7.29 滚动轴承

2）滚动轴承的类型

滚动轴承按滚动体形状，可分为球轴承和滚子轴承两大类；按承受力的方向可分为以下三类：

①向心轴承：用于承受径向载荷，如深沟球轴承，如图7.29(a)所示。

②向心推力轴承：同时承受轴向和径向载荷，如圆锥滚子轴承，如图7.29(b)所示。

③推力轴承：用于承受轴向载荷，如推力球轴承，如图7.29(c)所示。

7.4.2 滚动轴承的标记

滚动轴承的标记由名称、代号、标准编号三部分组成。轴承的代号有基本代号和补充代号。

1）基本代号

轴承的基本代号由类型代号、尺寸系列代号和内径代号组成。

例如，代号为6205的滚动轴承，可查得其内径 $d=25$ mm，外径 $D=52$ mm，宽度 $B=$

15 mm。

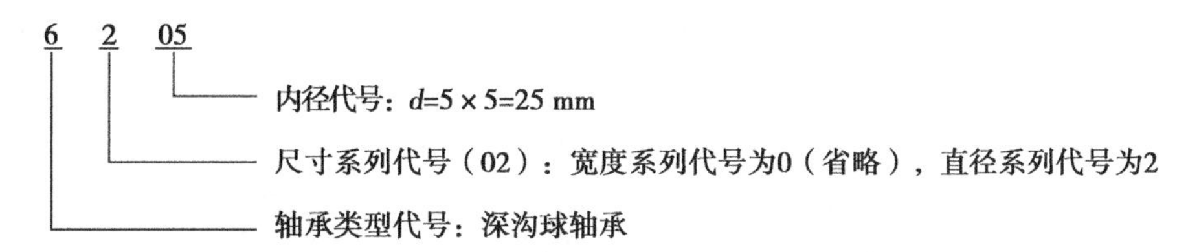

规定标记为:滚动轴承 6205 GB/T 276—2013

(1)类型代号

轴承的类型代号用数字或字母表示,见表 7.7,例如“6”表示深沟球轴承。

类型代号如果是“0”(双列角接触球轴承),按规定可以省略不注。

表 7.7　滚动轴承的类型代号

代号	轴承类型	代号	轴承类型
0	双列角接触球轴承	7	角接触轴承
1	调心球轴承	8	推力圆柱滚子轴承
2	调心滚子轴承和推力调心滚子轴承	N	圆柱滚子轴承
3	圆锥滚子轴承	U	外球面轴承
4	双列深沟球轴承	QJ	四点接触球轴承
5	推力球轴承		
6	深沟球轴承		

(2)尺寸系列代号

尺寸系列代号是由轴承的宽(高)系列代号和直径系列代号左右排列组成。它反映了同种轴承在内圈孔径相同时,内、外圈的宽度、厚度的不同及滚动体大小的不同,且承载能力也不同。各类滚动轴承的尺寸系列代号可查阅相关手册。

(3)内径代号

内径代号表示轴承的公称内径,用两位数表示。当代号数字为 00,01,02,03 时,分别表示内径 d=10,12,15,17 mm。

当代号数字为 04～99 时,代号数字乘以“5”,即为轴承内径。

2)补充代号

当轴承在形状结构、尺寸、公差、技术要求等有改变时,可使用补充代号。在基本代号前面添加的补充代号(字母)称为前置代号,在基本代号后面添加的补充代号(字母或字母加数字)称为后置代号。前置代号和后置代号的有关规定可查阅有关手册。

7.4.3　滚动轴承的画法

在装配图中,滚动轴承的轮廓按外径 D、内径 d 和宽度 B 等实际尺寸绘制,其余部分用规定画法或简化画法绘制,在同一图样中一般只采用一种画法。

1)规定画法

在装配图中,规定画法一般采用剖视图绘制在轴的一侧,另一侧按通用画法绘制,具体画法见图 7.30。

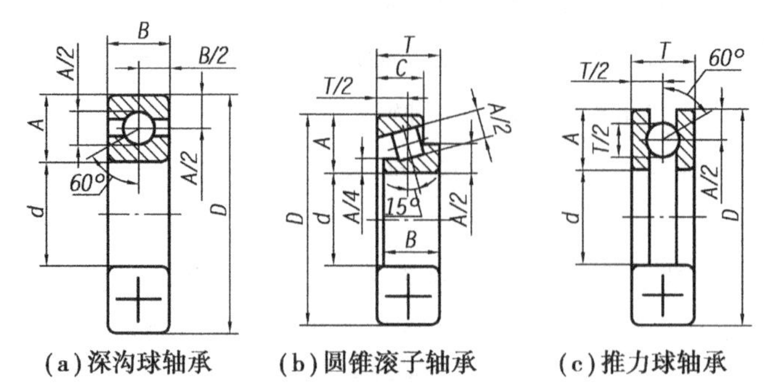

图 7.30　滚动轴承规定画法

2)简化画法

(1)通用画法

在剖视图中,当不需要确切地表示滚动轴承的外形轮廓、载荷特征、结构特征时,可用矩形线框及位于线框中央正立的十字形符号表示滚动轴承,如图 7.31 所示。

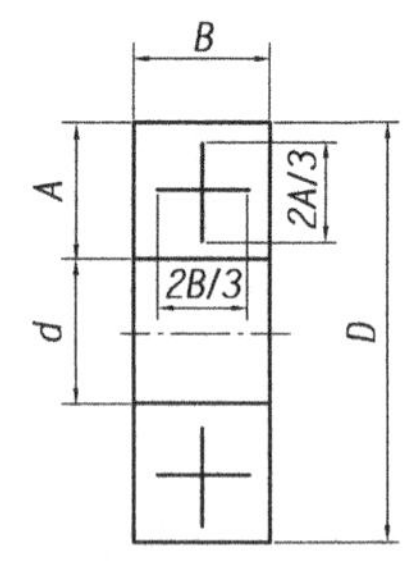

图 7.31　滚动轴承的通用画法

(2)特征画法

特征画法如图 7.32 所示。

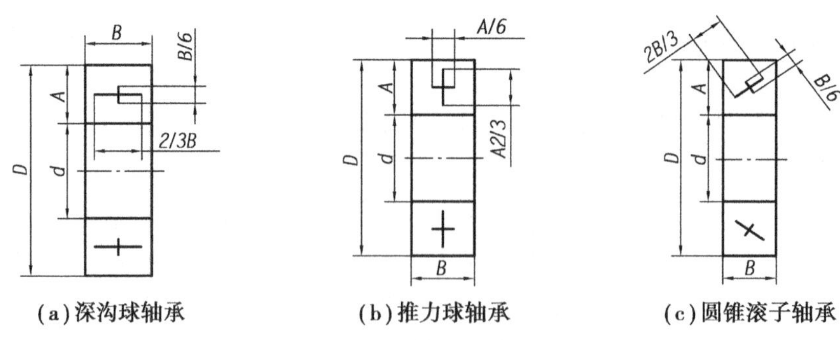

图 7.32　滚动轴承的特征画法

3)装配图中的画法

图 7.33 为圆锥滚子轴承在装配图中的画法,其中图 7.33(b)为特征画法,其左视图仅表示了轴承。

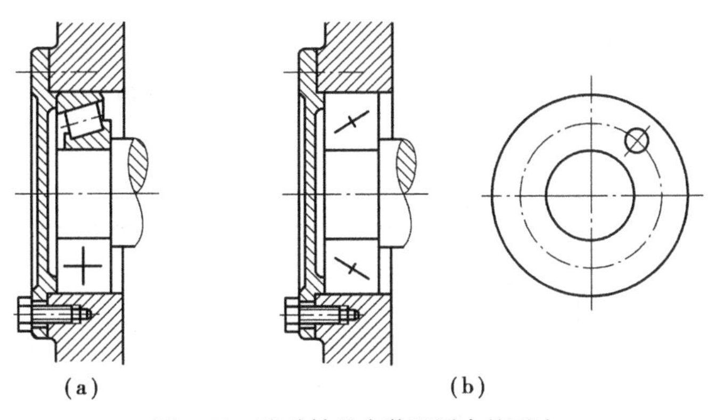

图 7.33 滚动轴承在装配图中的画法

轴承是装备制造业中的关键性零部件,机械装备的性能、质量和可靠性都取决于轴承的性能。近几年我国轴承工业已形成一整套独立完整的工业体系,无论从轴承产量,还是轴承销售额,我国都已经迈入轴承工业大国行列。我国轴承行业的技术含量与国际先进水平的差距,也在逐年减小,高端轴承产能不足的现状也在不断改进。

1. 中国是世界上最早发明轴承的国家之一,早在四千多年前的夏商时期就有了车,并开始使用轴承。秦始皇陵出土的秦代战车,车轴头就是原始的推力轴承——车軎。请同学们找出图中的轴承。

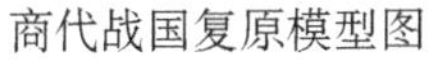
商代战国复原模型图

秦始皇陵出土的秦代战车

2. 已知阶梯轴两端支承轴肩处的直径为 25 mm 和 15 mm,用 1 : 1 画出支承处的滚动轴承(规定画法)。

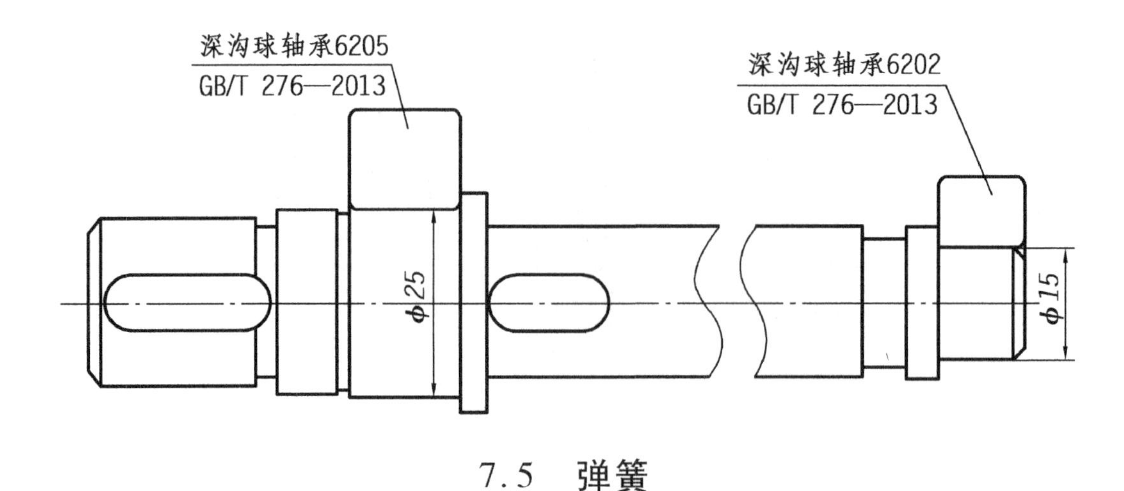

7.5 弹簧

【案例】弹簧的发明和应用

弹簧是人类发明的最重要的机械零件之一。虽然类似弹簧的装置在古希腊就出现了，但是因为材料的问题和其他机械不配套，因此无法广泛应用。现在使用的螺旋线弹簧，出现在15世纪中期。今天已经无法了解它的发明人是谁了，而让我们知道当时有这项伟大发明的是半个世纪后的德国锁匠彼得·赫莱恩，因为他使用这种螺旋线弹簧发明了一种钟表。为了让弹簧能够不断地收缩伸张而不至于折断，赫莱恩和其他钟表匠做了大量的工作，他们研究弹簧的长度、螺距和金属丝粗细的关系，甚至研究材料和弹性系数的关系。经过他们的努力，弹簧变得非常经久耐用，并且逐渐被用到钟表以外的机械中。

【启示】在工程设计中我们只有对产品不停地进行改进和完善，才能推动这个产品的应用和发展。

弹簧

弹簧的用途很广，主要用来减震、储能或测力等。弹簧的种类很多，常见的有螺旋压缩弹簧、拉伸弹簧、扭转弹簧和涡卷弹簧等，如图7.34所示。本节只介绍普通圆柱螺旋压缩弹簧的画法和尺寸计算。

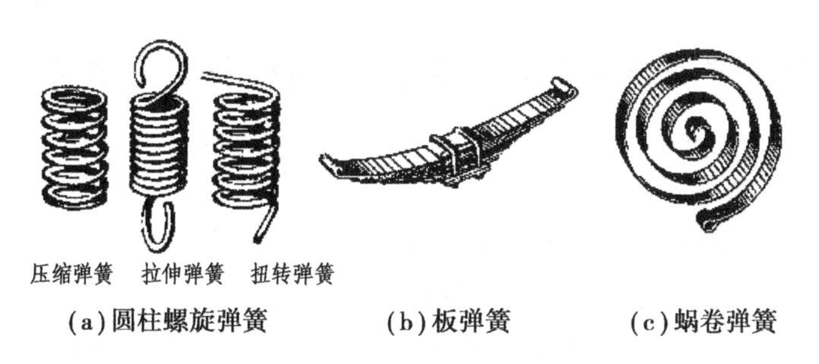

图 7.34　弹簧

7.5.1　圆柱螺旋压缩弹簧的规定画法

GB/T 4459.4—2003 规定了弹簧的画法,现只说明螺旋压缩弹簧的画法。

①弹簧在平行于轴线的投影面上的视图中,各圈的投影转向轮廓线画成直线,如图 7.35 所示。

②有效圈数在四圈以上的弹簧,中间各圈可省略不画。当中间部分省略后,可适当缩短图形的长度,如图 7.35 所示。

③在装配图中,被弹簧挡住的结构一般不画出,可见部分应从弹簧的外轮廓线或从弹簧钢丝剖面的中心线画起,如图 7.36(a)所示。

④在装配图中,弹簧被剖切时,如弹簧钢丝(简称簧丝)剖面的直径,在图形上等于或小于 2 mm 时,剖面可以涂黑表示,如图 7.36(b)所示;也可用示意画法,如图 7.36(c)所示。

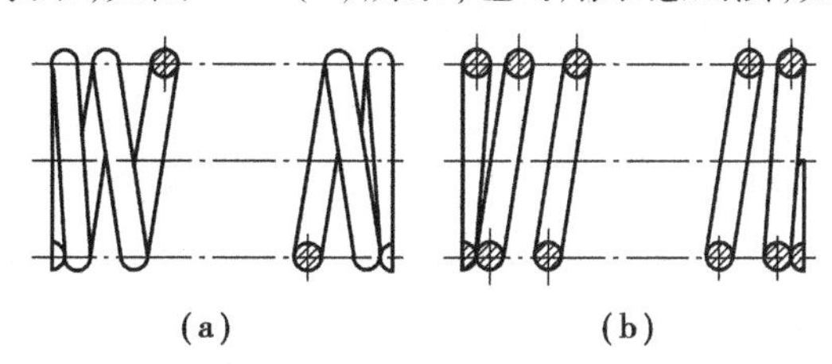

图 7.35　圆柱螺旋压缩弹簧的规定画法

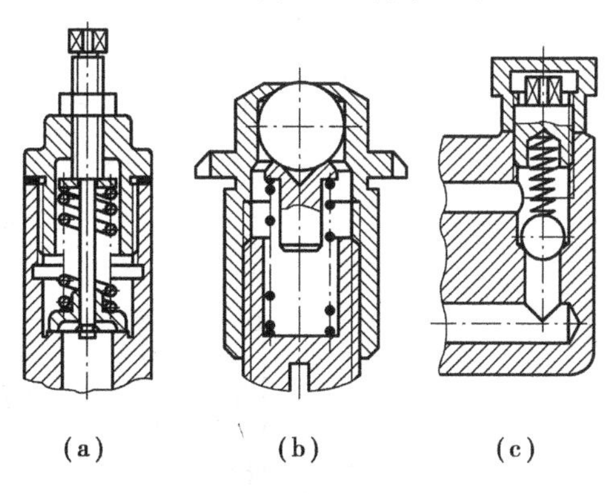

图 7.36　装配图中弹簧的画法

⑤在图样上,螺旋弹簧均可画成右旋,但左旋螺旋弹簧不论画成左旋或右旋,一律要加注“左”字。

7.5.2　圆柱螺旋压缩弹簧各部分的名称及尺寸关系

下面介绍弹簧的术语、代号以及有关的尺寸计算(图 7.37)。

①簧丝直径 d　弹簧钢丝的直径。

②弹簧外径 D_2　弹簧的最大直径,$D_2=D+d$。

弹簧内径 D_1　弹簧的最小直径,$D_1=D-d$。

弹簧中径 D　弹簧的内径和外径的平均值,$D=(D_1+D_2)/2=D_1+d=D_2-d$。

③节距 t　除支承圈外,相邻两有效圈上对应点之间的轴向距离。

④有效圈数 n、支承圈数 n_2 和总圈数 n_1　为了使螺旋压缩弹簧工作时受力均匀,增加弹簧的平稳性,弹簧的两端并紧、磨平。并紧、磨平的各圈仅起支承作用,称为支承圈数。

图 7.37 所示的弹簧,两端各有 $1\frac{1}{4}$圈为支承圈,即 $n_2=2.5$。保持相等节距的圈数,称为有效圈数。有效圈数与支承圈数之和,称为总圈数,即 $n_1=n+n_2$。

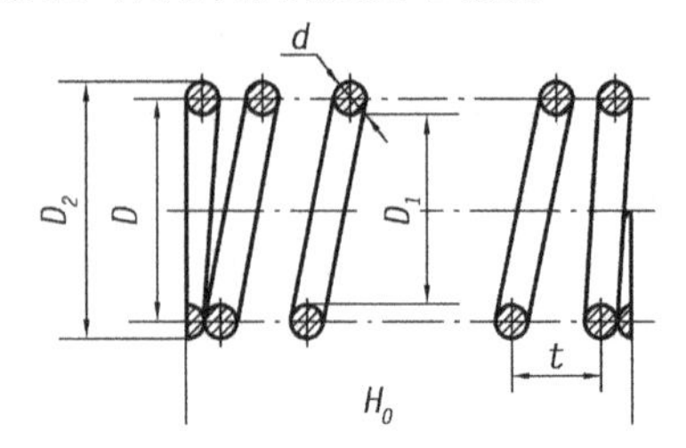

图 7.37　圆柱螺旋压缩弹簧的作图步骤

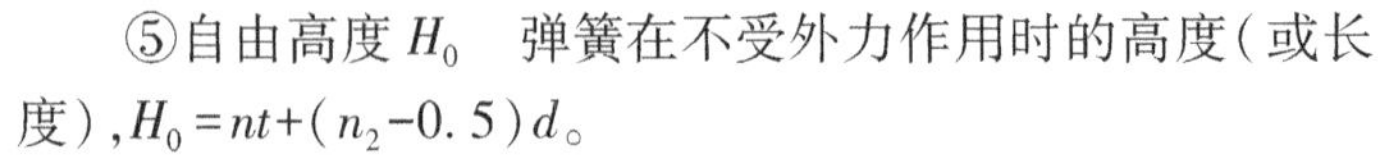

⑤自由高度 H_0　弹簧在不受外力作用时的高度(或长度),$H_0=nt+(n_2-0.5)d$。

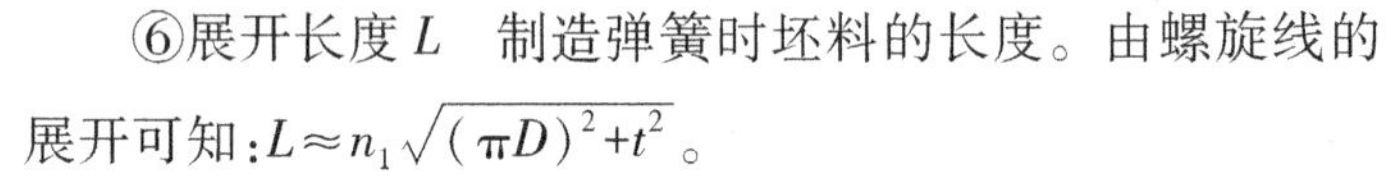

⑥展开长度 L　制造弹簧时坯料的长度。由螺旋线的展开可知:$L\approx n_1\sqrt{(\pi D)^2+t^2}$。

7.5.3　螺旋压缩弹簧画法举例

对于两端并紧、磨平的压缩弹簧,不论支承圈的圈数多少和端部并紧情况如何,都可按图 7.35 所示的形式画出,即按支承圈数为 2.5、磨平圈数为 1.5 的形式表达。

例 7.4　已知弹簧外径 $D_2=45$ mm,簧丝直径 $d=5$ mm,节距 $t=10$ mm,有效圈数 $n=8$,支承圈数 $n_2=2.5$,右旋,试画出这个弹簧。

先进行计算,然后作图。弹簧中径 $D=D_2-d=40$ mm,自由高度 $H_0=nt+(n_2-0.5)d=8\times10+(2.5-0.5)\times5=90$ mm。画图步骤见图 7.38。

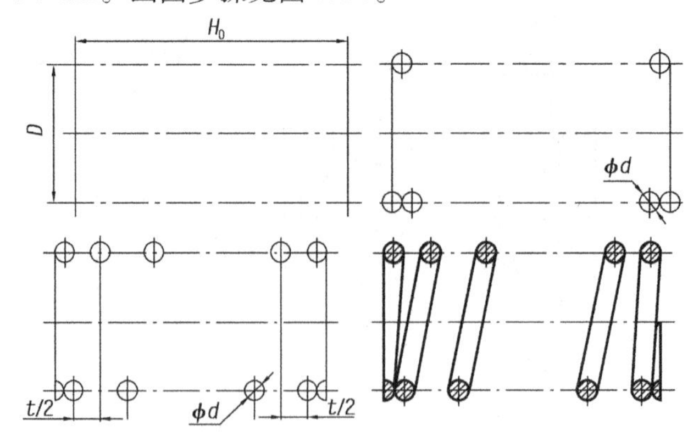

图 7.38　圆柱螺旋压缩弹簧的作图步骤

弹簧是人类发明的最重要的零件之一,从弹簧的发明到应用经历了近半个世纪的时间。弹簧之所以得到普遍应用是因为人类对它进行不断地改进和创新。爱迪生为了改进电灯泡,测试了几千种材料。居里夫人花了四年时间从几十吨废渣中提炼出 0.1 g 镭(Ra),屠呦呦为了提取青蒿素,试验了 191 次才获得成功。几乎每一项让我们受惠的科学技术的出现,都经历了不止一代科学家在不计其数的错误中一点点地接近真相,科学是场接力赛,永无止境。

1. 请大家寻找生活中的弹簧机构,说说它的种类和用途,并观察和思考有没有可以改进的地方。

2. 已知圆柱螺旋压缩弹簧的簧丝直径 d=5 mm,弹簧中径 D=45 mm,节距 t=10 mm,自由高度 H_0=130 mm,有效圈数 n=7.5,支撑圈数 n_2=2.5,右旋。用1∶1 的比例画出弹簧的全剖视图(轴线水平放置)。

8　零件图

知识目标

1. 了解零件图包含的内容；
2. 掌握零件结构形状的表达方法；
3. 掌握零件图尺寸标注的原则和方法；
4. 了解机械图样中的技术要求。

技能目标

1. 能够灵活运用各种图形准确表达零件的结构形状；
2. 能够判断零件图尺寸标注的合理性；
3. 具备识读零件图的能力。

素质目标

1. 培养民族责任感；
2. 培养换位思考的思维习惯；
3. 培养标准意识；
4. 树立诚实守信的职业道德和法律规范。

8.1　零件图概述

【案例】12 年打造一颗“中国心”

在船舶行业，发动机被称为船的心脏，上海沪东重机用 12 年打造一颗船舶的“中国

心”。这就是中国第一台自主设计建造的船用低速柴油发动机,可以给一艘载重 25 000 t 的轮船提供动力。它体形惊人,高 7.2 m,重达 81 t,上面有几千种零部件,任何一个零部件出现问题,都有可能影响到整个机器的运转,所以大部分零件都需要经过反复验证和修改。有一次工人发现试验数据有问题,原因竟然是由一个小活塞长度不合适引起的,不仅增大发动机油耗,还会影响发动机寿命。为了解决这个问题,工作人员花了整整一个月的时间,对小活塞的尺寸反复计算和修正,最终才确定了小活塞的零件图。

【启示】任何一台机器或一个部件都由若干零件按一定的装配关系和设计、使用要求装配而成的。表达单个零件的图样称为零件图,它是制造和检验零件的主要依据。

零件是组成机器或部件的基本单元。表示零件结构、大小及技术要求的图样称为零件工作图,简称零件图。根据零件的作用及其结构,通常分为以下几类:轴套类、盘盖类、叉架类和箱体类。

零件图的概述

8.1.1 零件图的作用和内容

1)零件图的作用

零件图是生产中指导制造和检验该零件的主要图样,它不仅仅需要把零件的内、外结构形状和大小表达清楚,还需要对零件的材料、加工、检验、测量提出必要的技术要求。零件图必须包含制造和检验零件的全部技术资料。

2)零件图的内容

以图 8.1 轴承座的零件图为例,可以看出,一张完整零件图应该包括以下四部分内容:

(1)一组视图

通过一组图形将零件内、外部的形状和结构正确、完整、清晰、合理地表达出来。如图 8.1 所示。

(2)一组尺寸

零件图中应正确、齐全、清晰、合理地标注出制造零件所需的全部尺寸。如图 8.1 所示。

(3)技术要求

在零件图上,用规定的代号、符号、标记或文字表示零件在制造、检验和使用时所应达到的各项技术指标与要求,如尺寸公差、几何公差、表面结构和热处理等。如图 8.1 中的尺寸公差，表面粗糙度，以及文字说明的技术要求等，均为轴承座的技术要求。

(4) 标题栏

在零件图的右下角画出标题栏。填写零件的名称、材料、重量、图号、比例以及制图审核人员责任签字等。如图 8.1 所示。

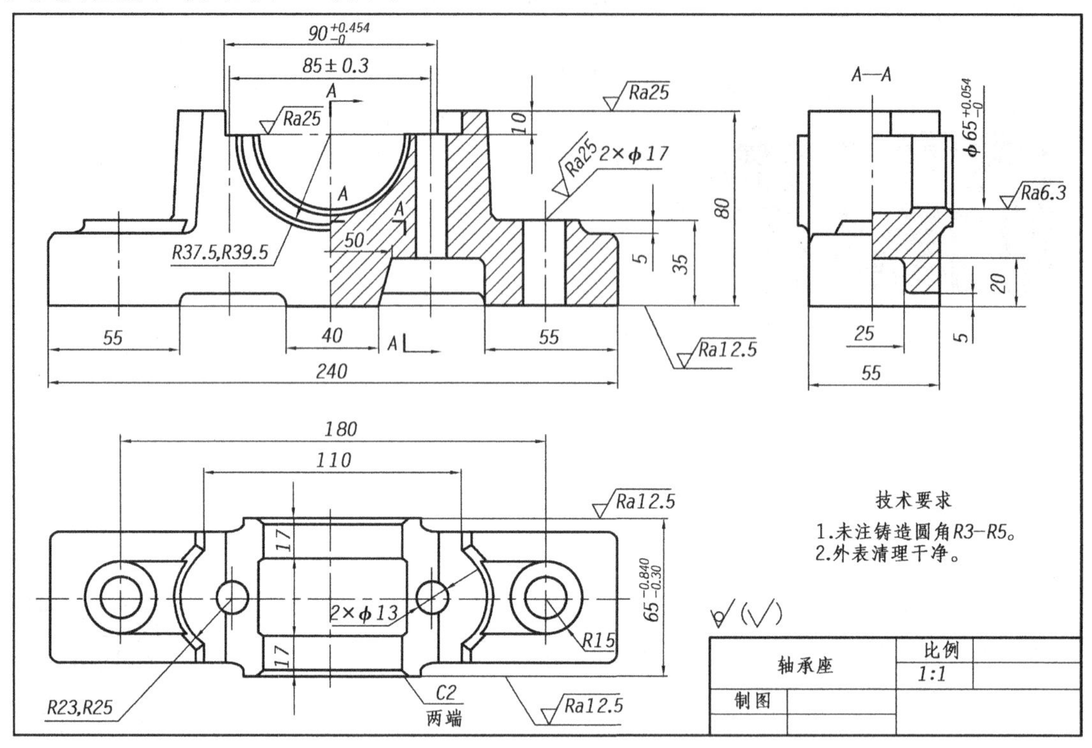

图 8.1　轴承座的零件图

8.1.2　零件的视图选择原则

零件图要求把零件的内、外结构形状正确、完整、清晰地表达出来。要满足这些要求，首先要对零件的结构形状特点进行分析，并尽可能了解零件在机器或部件中的位置、作用和它的加工方法，然后灵活地选择视图、剖视图、断面图等表示法。解决表达零件结构形状的关键是恰当地选择主视图和其他视图，确定一个比较合理的表达方案。

1) 主视图的选择

主视图是表达零件形状最重要的视图，其选择是否合理将直接影响其他视图的选择和看图是否方便，甚至影响到画图时图幅的合理利用。一般来说，零件主视图的选择应满足"合理位置"和"形状特征"两个基本原则。

(1) 合理位置原则

"加工位置原则"或"工作位置原则"是确定零件的安放位置的依据。

加工位置是零件在机床上加工时的装夹位置。主视图与加工位置一致的优点是方便看图加工。轴、套、轮和盘盖类零件的主视图，一般按车削加工位置安放，即将轴线垂直于侧面，并将车削加工量较多的一端放在右边，如图 8.2(a)所示。

工作位置原则是指主视图按照零件在机器中工作的位置放置，以便把零件和整个机器的工作状态联系起来。对于叉架类、箱体类零件，因为常需经过多种工序加工，且各工序的加工位置也往往不同，故主视图应选择工作位置，以便与装配图对照起来读图，想象出零件在部件中的位置和作用，如图 8.2(b)中的下模座的主视图就是按工作位置来绘制的。

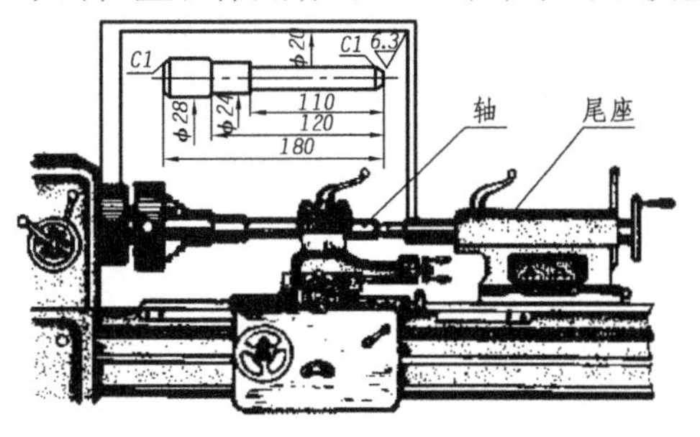

(a)零件的加工位置

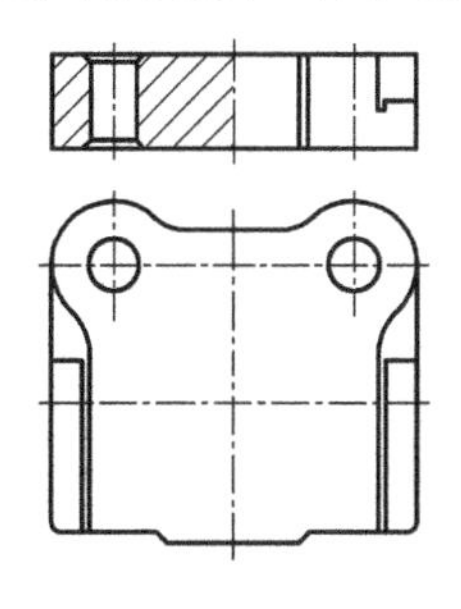

(b)工作位置原则

图 8.2 合理位置选择主视图

(2)形状特征原则

形状特征原则就是将最能反映零件形状特征的方向作为主视图的投影方向，即主视图要较多地反映零件各部分的形状及它们之间的相对位置，以满足表达零件清晰的要求。图 8.3 所示是确定机床尾架主视图投影方向的比较。图 8.3(a)的表达效果显然比图 8.3(b)的表达效果要好得多。

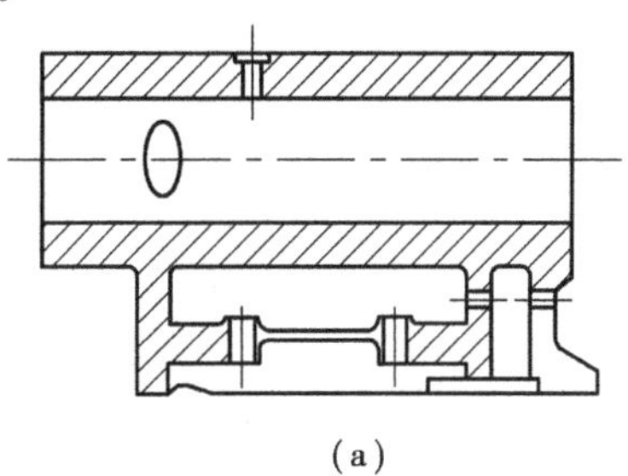

(a)

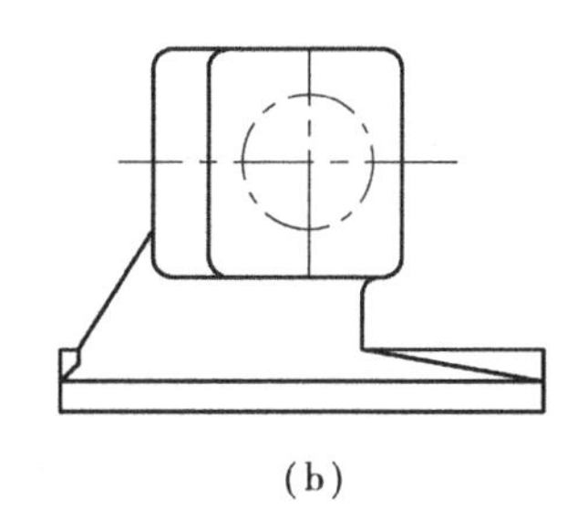

(b)

图 8.3 确定主视图投影方向的比较

2)其他视图的选择

对于结构复杂的零件，必须选择其他视图。其原则是，在完整、清晰地表达零件内、外结构形状的前提下，尽量减少图形个数，以方便画图和看图。选用其他视图时，应注意以下几点：

①全面考虑还需要的其他视图，使每个视图具有独立存在的意义及明确的表达重点，注意避免不必要的细节重复，在明确表达零件的前提下，使视图数量为最少。

②优先考虑采用基本视图，并且尽量在基本视图上作剖视；对尚未表达清楚的局部结构和倾斜部分结构，可增加必要的局部(剖)视图和局部放大图等。

③按照视图表达零件形状要正确、完整、清晰、简便的要求，进一步综合、比较、调整、完善，选出最佳的表达方案。

任何一台机器都是由若干零件组装而成,任何一个零件出现问题都会影响整个机器的运行。这好比个人和集体的关系,我们要把小我融入大我之中,把个人的前途和命运与集体的前途和命运联系在一起,担当起强国一代肩负的历史责任。

1. 科学没有国界的差别,科学家却有家国的归属。中国航天之父钱学森说:“无一日,一时,一刻不思归国,参加伟大的建设。”两弹元勋邓稼先说:“为了这份事业,死了也值得。”FAST 前任首席科学家南仁东说:“知识没有国界,但国家要有知识。”他们放弃国外高薪工作回到祖国,为祖国的科学建设奋斗到最后一刻。他们就是把小我融入大我,把个人的力量融入祖国强盛、民族复兴的伟业之中的时代楷模。请大家结合自身经历,谈一谈把小我融入大我的实例。

2. 请分析下面这张零件图包含的内容和采用的表达方法。

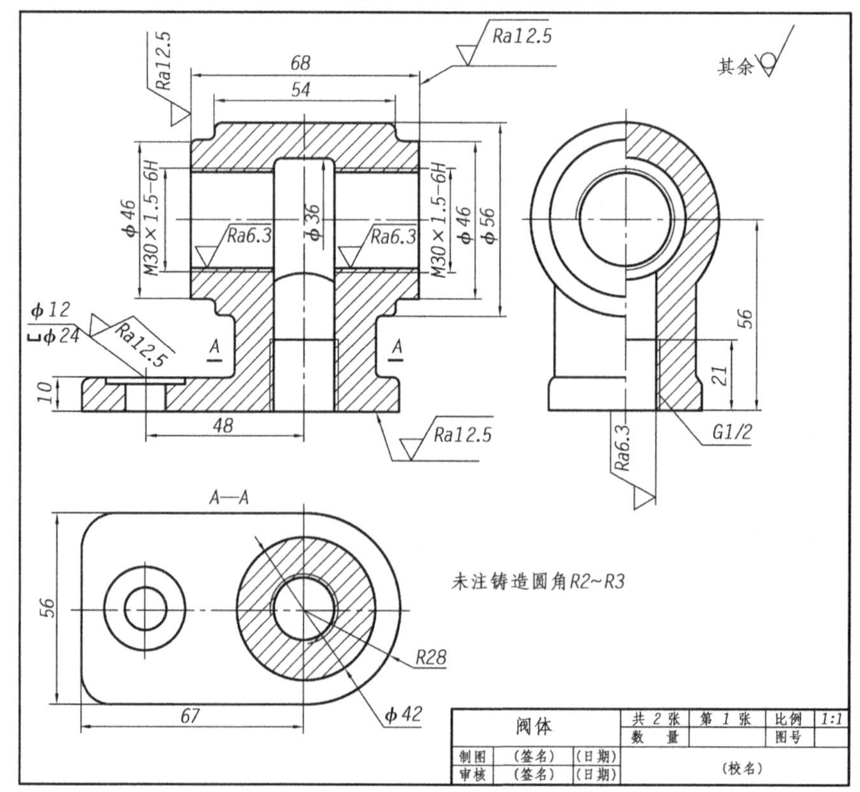

2. 参照立体示意图和已选定的一个视图,确定表达方案(比例 1∶1)。

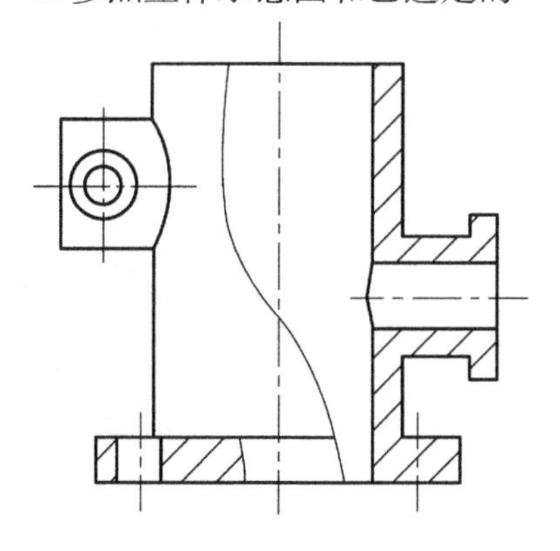

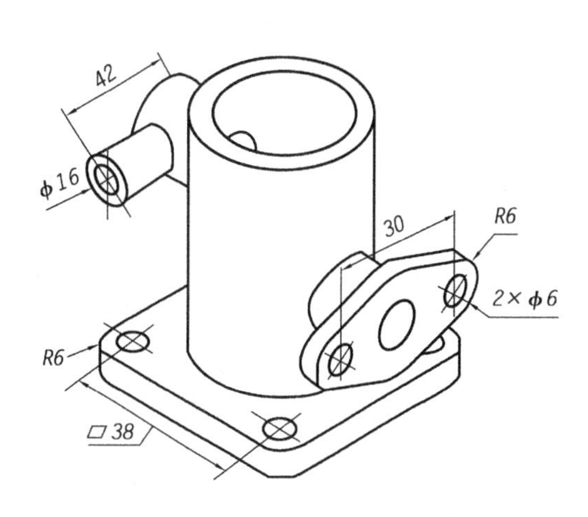

8.2 零件图中的尺寸标注

【想一想】某公司设计一个轴套零件,内部为阶梯孔结构,甲、乙两个设计人员在尺寸标注上存在分歧,甲标注尺寸如图(a)所示,乙标注尺寸如图(b)所示。他们标注的尺寸都符合我们之前学习的标注原则,但请大家思考哪个更合理。

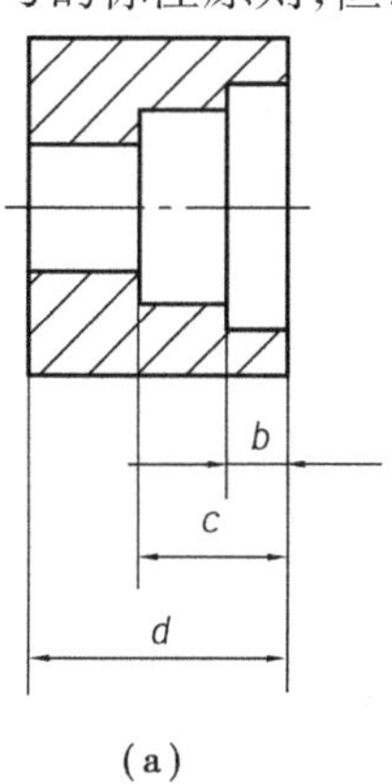

(a)

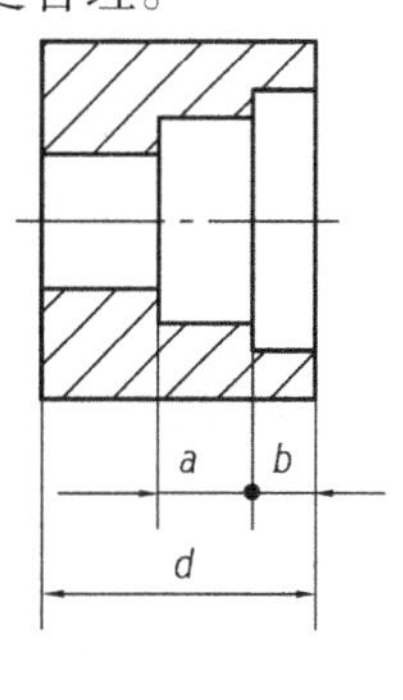

(b)

【启示】零件上各部分的大小是按照图样上所标注的尺寸进行制造和检验的。零件图中的尺寸,不但要按前面的要求标注得正确、完整、清晰,而且必须注得合理。所谓合理,是指所注的尺寸既符合零件的设计要求,又要从加工人员和检验人员角度考虑,不便于加工和检验的尺寸也是不合理的。我们要多站在他人的角度考虑问题。

零件图中的尺寸标注

为了合理地标注尺寸,必须对零件进行结构分析、形体分析和工艺分析,根据分析先确定尺寸基准,然后选择合理的标注形式,结合零件的具体情况标注尺寸。

8.2.1 合理选择尺寸基准

任何零件都有长、宽、高三个方向的尺寸,每个方向至少要选择一个尺寸基准。一般常选择零件结构的对称面、回转轴线、主要加工面、重要支承面或结合面作为尺寸基准。根据基准的作用不同,基准分为下面两类。

1)设计基准

根据零件结构特点和设计要求而选定的基准,称为设计基准。零件有长、宽、高三个方向,每个方向都要有一个设计基准,该基准又称为主要基准,如图 8.4(a)所示。

对于轴套类和轮盘类零件,实际设计中经常采用的是轴向基准和径向基准,而不用长、宽、高基准,如图 8.4(b)所示。

2)工艺基准

在加工时,确定零件装夹位置和刀具位置的一些基准以及检测时所使用的基准,称为工艺基准。工艺基准有时可能与设计基准重合,该基准不与设计基准重合时又称为辅助基准。零件同一方向有多个尺寸基准时,主要基准只有一个,其余均为辅助基准,辅助基准必有一个尺寸与主要基准相联系,该尺寸称为联系尺寸。如图 8.4(a)中的 40、11、30,图 8.4(b)中的 30、90。

选择基准的原则:尽可能使设计基准与工艺基准一致,以减少两个基准不重合而引起的尺寸误差。当设计基准与工艺基准不一致时,应以保证设计要求为主,将重要尺寸从设计基准注出,次要基准从工艺基准注出,以便加工和测量。

8.2.2 合理标注尺寸需要注意的问题

1)结构上的重要尺寸必须直接注出

重要尺寸是指零件上对机器的使用性能和装配质量有关的尺寸,这类尺寸应从设计基准直接注出。如图 8.5(a)中的高度尺寸 32±0.08 为重要尺寸,应直接从高度方向主要基准直接注出,以保证精度要求,8.5(b)为不合理标注。

2)避免出现封闭的尺寸链

封闭的尺寸链是指一个零件同一方向上的尺寸像车链一样,一环扣一环首尾相连,成为

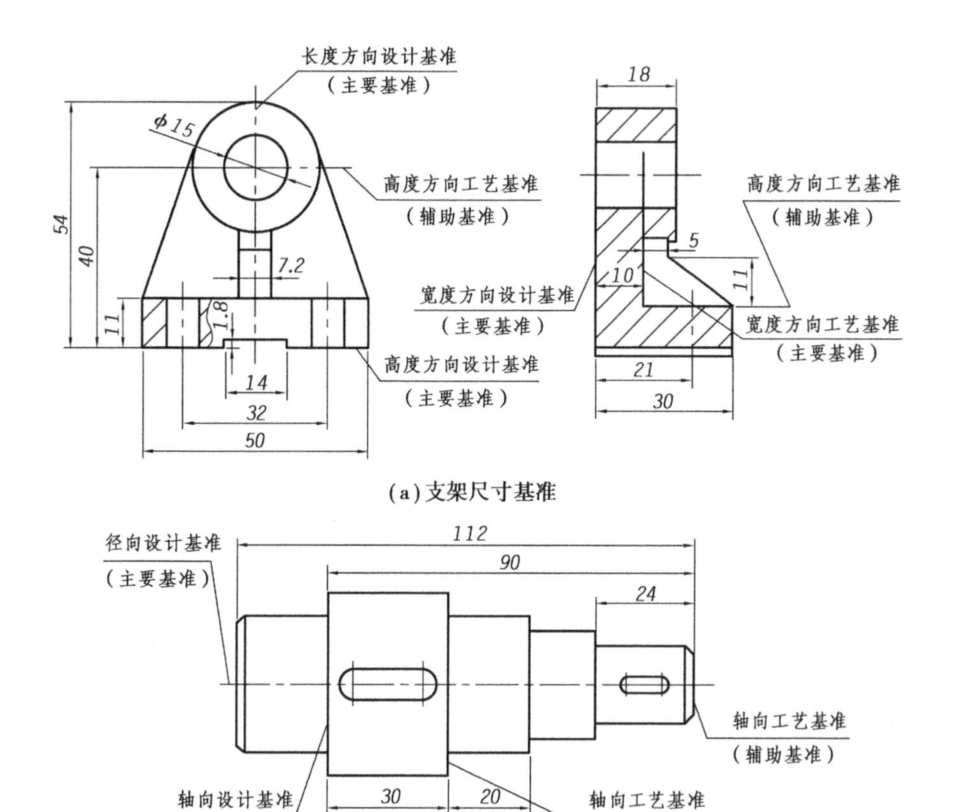

(a)支架尺寸基准

(b)轴类尺寸基础

图 8.4　尺寸基准

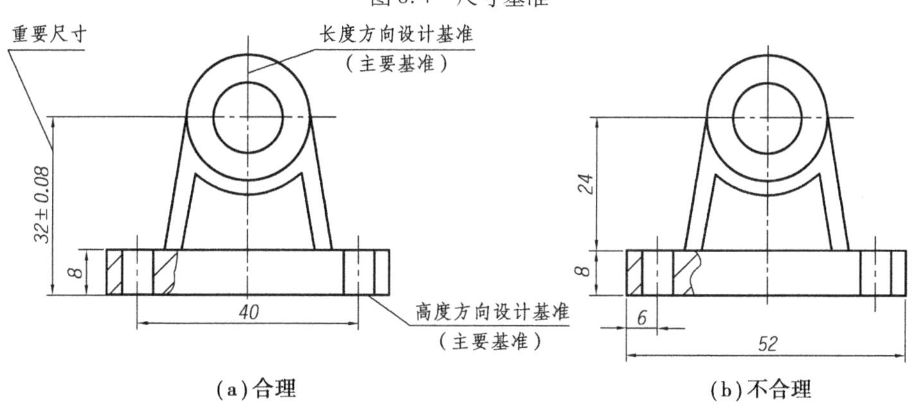

(a)合理　　(b)不合理

图 8.5　重要尺寸从设计基准直接注出

封闭形状的情况。如图 8.6 所示，各分段尺寸与总体尺寸间形成封闭的尺寸链，在机器生产中这是不允许的，因各段尺寸加工不可能绝对准确，总有一定误差，而各段尺寸误差的和不可能正好等于总体尺寸的误差。故在标注尺寸时，应将次要轴段尺寸空出不注（称为开口环），如图 8.7(a)所示。这样，其他各段加工的误差都积累至这个不要求检验的尺寸上，而全长及主要轴段的尺寸则因此得到保证。如需标注开口环的尺寸时，可将其注成参考尺寸，如图 8.7(b)所示。

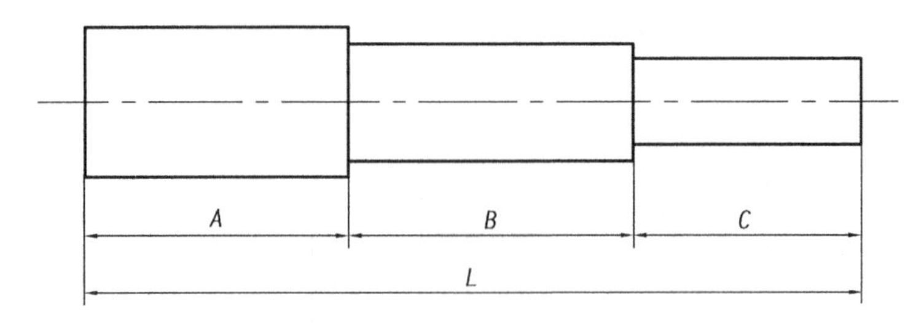

图 8.6　封闭的尺寸链

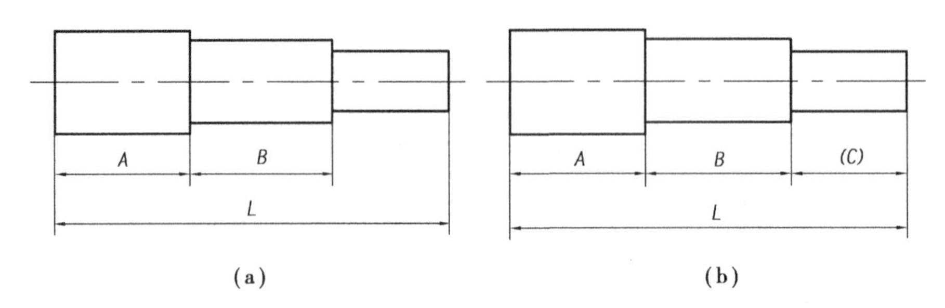

图 8.7　开口环的确定

3）考虑零件加工、测量和制造的要求

①考虑加工看图方便。不同加工方法所用尺寸分开标注，便于看图加工，如图 8.8 所示，是把车削与铣削所需要的尺寸分开标注。

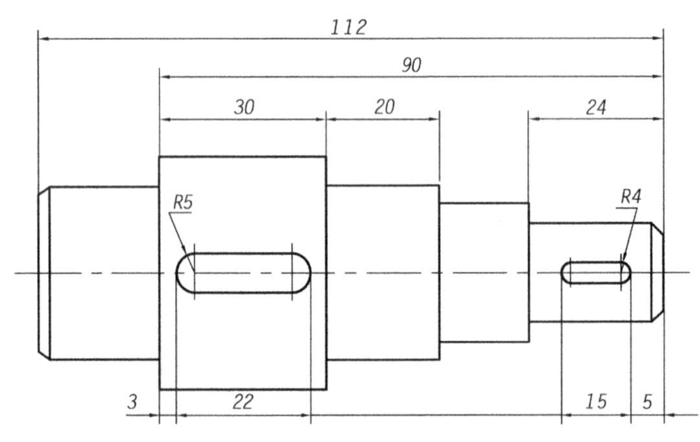

图 8.8　按加工方法标注

②考虑测量方便。尺寸标注有多种方案，但要注意所注尺寸是否便于测量如图 8.9 所示。所示结构，两种不同标注方案中，不便于测量的标注方案是不合理的。

4）零件上常见孔的尺寸标注

国家标准《技术制图　简化表示法》（GB/T 24741—2009）中要求标注尺寸时，应使用符号和缩写词（见表 8.1 中的说明）。

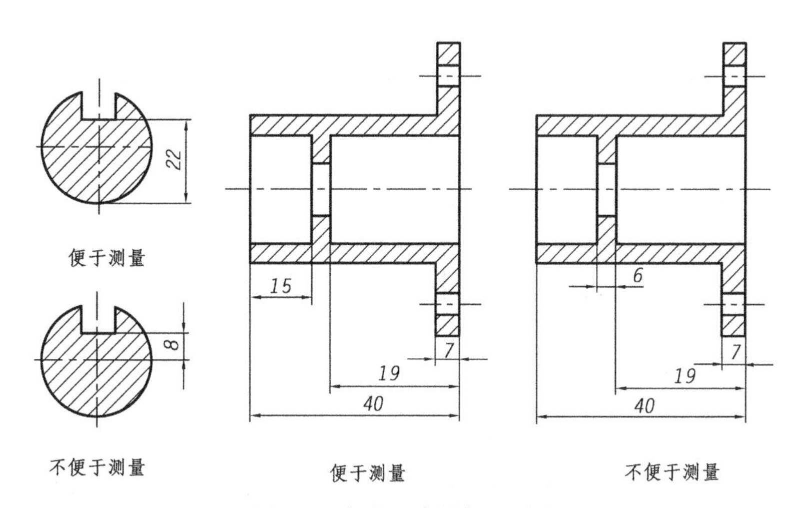

图 8.9 标注尺寸要便于测量

表 8.1 各种孔的尺寸

零件结构类型	一般注法	简化注法	说明
锥形沉孔	4×φ5 10	4×φ5↧10 4×φ5↧10	4×φ5 表示直径为 5 mm,均布的四个光孔,孔深可与孔径连注,也可分开注出
光孔	90° φ10 6×φ6.5	6×φ6.5 ⌵φ10×90° 6×φ6.5 ⌵φ10×90°	6×φ6.5 表示直径为6.5 mm均匀分布的6个孔。锥形沉孔可以旁注,也可直接注出
柱形沉孔	φ11.5 6 6×φ6.5	6×φ6.5 ⌴φ11.5↧6 6×φ6.5 ⌴φ11.5↧6	柱形沉孔的直径为 φ11.5 mm,深度为 6 mm,均须标注
锪平沉孔	φ15 锪平 8×φ6.5	8×φ6.5 ⌴φ15 8×φ6.5 ⌴φ15	锪平面 φ15 mm 的深度不必标注,一般锪平到不出现毛面为止

续表

零件结构类型	一般注法	简化注法	说明
通孔螺孔	2×M8-6H	2×M8-6H　2×M8-6H	2×M8 表示公称直径为 8 mm 的 2 个螺孔，可以旁注，也可直接注出
不通螺孔	2×M8-6H　12　15	2×M8-6H↧12 孔↧15　2×M8-6H↧12 孔↧15	一般应分别注出螺纹和孔的深度尺寸

课程育人

设计人员在标注尺寸时，不仅要标注得正确、完整、清晰，而且还要站在制造人员和检验人员的角度考虑，便于加工和检验。这也是换位思考的一种体现。当你学会换位思考的时候，就会在遇到问题时多站在别人的角度看问题，设身处地地为别人着想，我们才能够更多地理解别人，宽容别人。

课后练习

1. 请举例说明零件图的尺寸标注中换位思考的实例。
2. 请比较下图中尺寸标注的合理性？

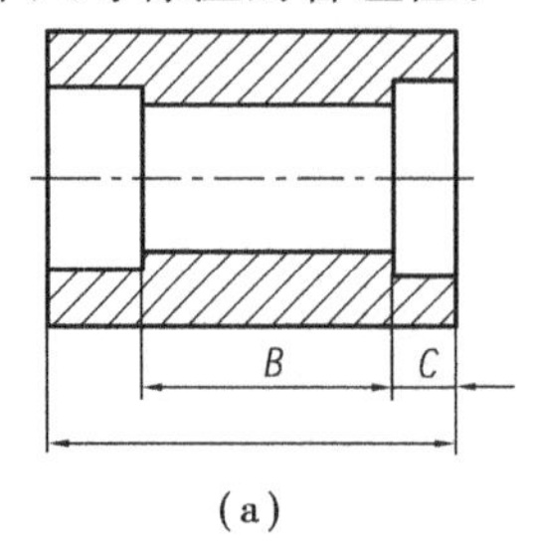

(a)

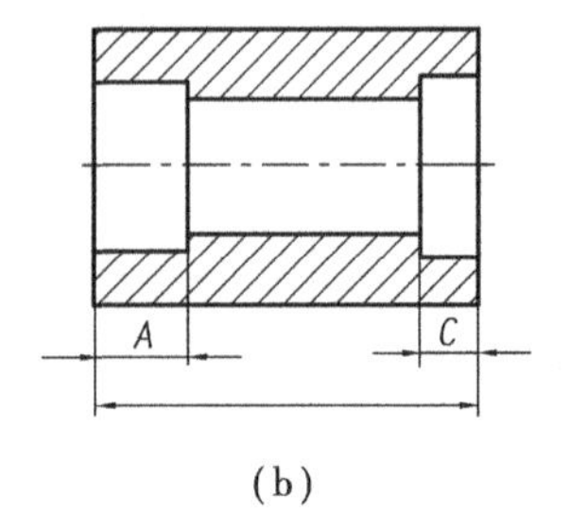

(b)

3. 指出轴的长度方向主要尺寸基准，并标注尺寸，数值从图中量取（取整数），比例1∶2，右端螺纹标记为M20-5g6g。

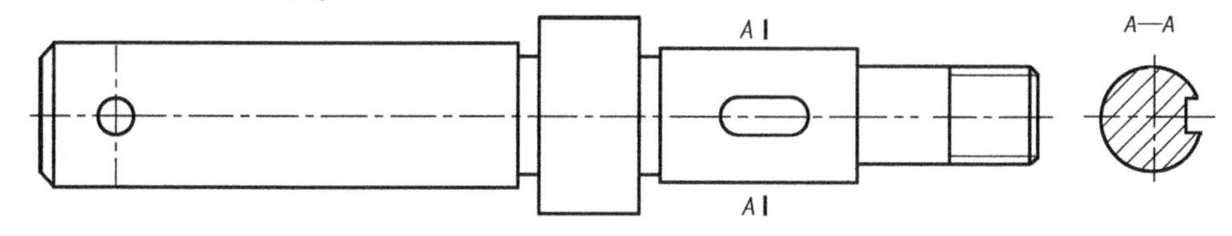

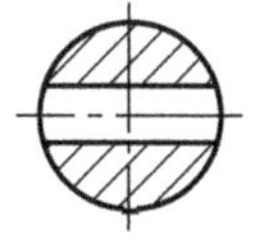

8.3 常见的零件工艺结构

【案例】由一个高温熔点导致价值数百万浆毂的报废

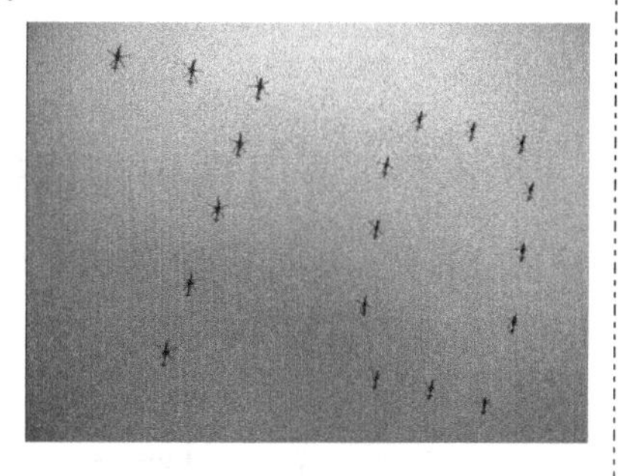

70周年国庆阅兵中，“70”字样编队中的“7”字是由8架直-10武装直升机组成的。直-10是中国直升机工业和陆军航空兵从无到有，由弱变强的一个转折点，直10是由中国独立自主研发，从1988年到2010年经过12年的刻苦攻关，最后取得了成功。当然这其中也经历了很多挫折。浆毂是直升机的关键部件，价值数百万，第一次做实验时预计使用寿命是3个月，然而却在第一天就坏了，工作人员把关键部位切开，通过理化分析，发现是由一个高温熔点导致的轻微裂痕造成的。工作人员排查了零件加工的每一个步骤，最终确定是由于零件加工工艺设计不合理导致的。

【启示】工艺规程制订得是否合理，直接影响工件的质量、劳动生产率和经济效益。画零件图时，在零件图上应反映加工工艺对零件结构的各种要求。零件的结构工艺性是评价零件结构设计优劣的重要指标。

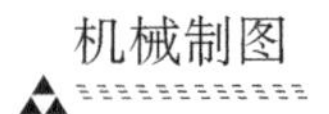

8.3.1 钻孔工艺结构

零件的工艺结构

用钻头钻盲孔时，由于钻头顶部有接近120°的圆锥面，所以盲孔总有一个120°的圆锥面，扩孔时也有一个锥角为120°的圆台面。如图8.10所示。此外钻孔时，应尽量使钻头垂直于孔的端面，否则易将孔钻偏或将钻头折断。

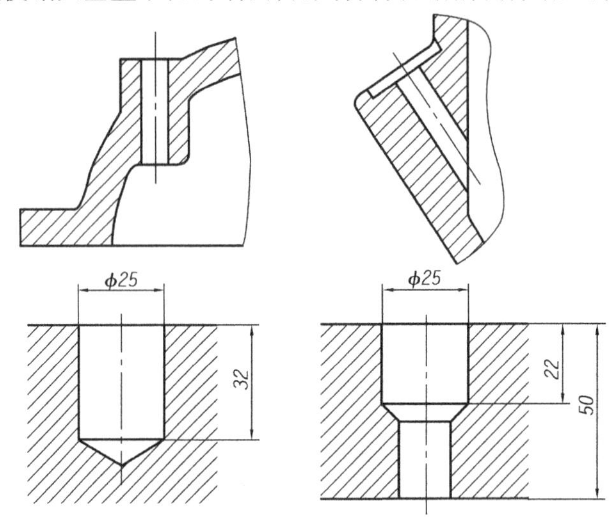

图8.10　钻孔工艺结构

8.3.2 退刀槽和越程槽

切削时，为使刀具易于退刀，并在装配时容易与零件靠紧，常在加工表面的台肩处先加工出退刀槽或越程槽。常见退刀槽和越程槽的结构及尺寸标注如图8.11所示。

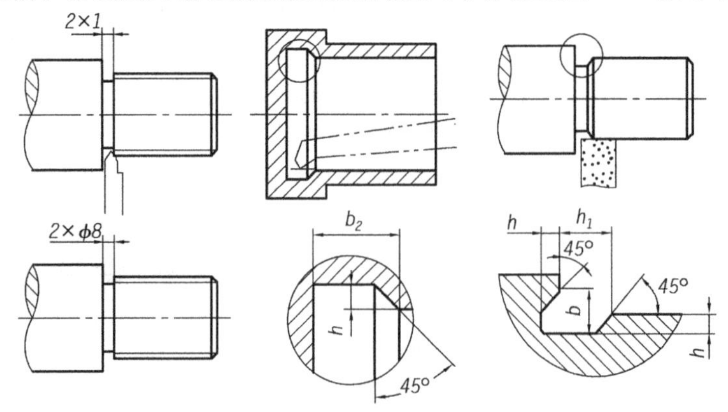

图8.11　退刀槽和越程槽

8.3.3 倒角和倒圆

为了去除零件的毛刺、锐边,便于装配和操作安全,常在轴和孔的端部,加工成圆台状的倒角;为了避免应力集中而产生裂纹,轴肩根部一般加工成圆角过渡,称为倒圆,其画法和标注如图 8.12。在不致引起误解时倒圆或倒角可省略不画,如图 8.12(c)所示,倒角一般为 45°,也允许为 30°或 60°,如图 8.12(d)。

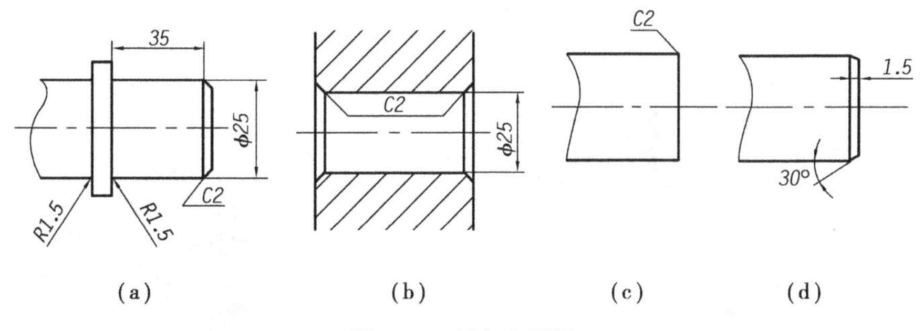

图 8.12 倒角和倒圆

8.3.4 铸件工艺结构

铸件各部分的壁厚应尽量均匀,在不同壁厚处应使厚壁和薄壁逐渐过渡,以免在铸造时在冷却过程中形成热节,产生缩孔。铸件上两表面相交处应做成圆角,铸造圆角的大小一般为 $R3 \sim R5$,可集中标注在技术要求中。铸件在起模时,为起模顺利,在起模方向上的内、外壁上应有适当的斜度,通常在图样上不画出,也不标注。如图 8.13 所示。

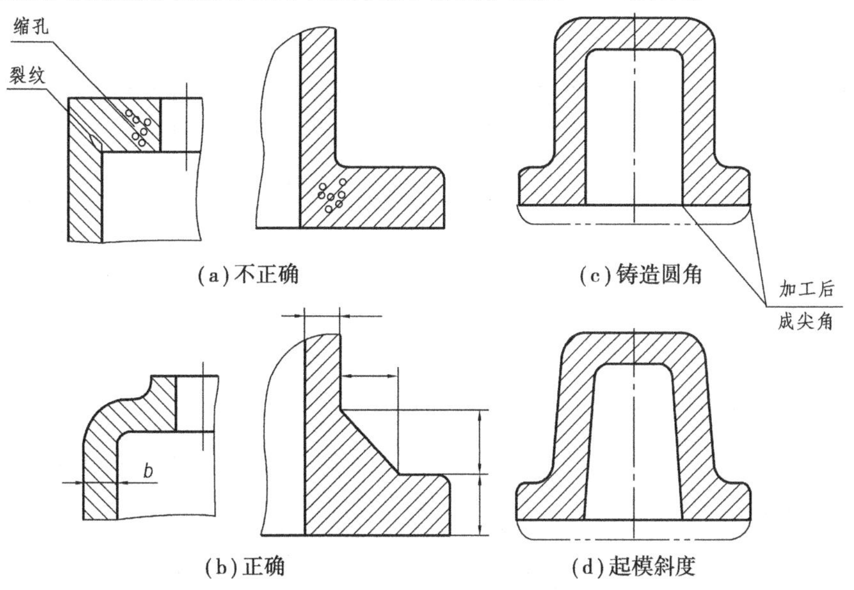

图 8.13 铸件工艺结构

8.3.5 过渡线

两个非切削表面相交处一般均做成圆角过渡,所以两表面的交线变得不明显,这种交线成为过渡线。当过渡线的投影和面的投影重合时，按面的投影绘制，当过渡线的投影和面的投影不重合时，过渡线按其理论交线绘制，但线的两端要与其他轮廓线断开。如图 8.14 所示。

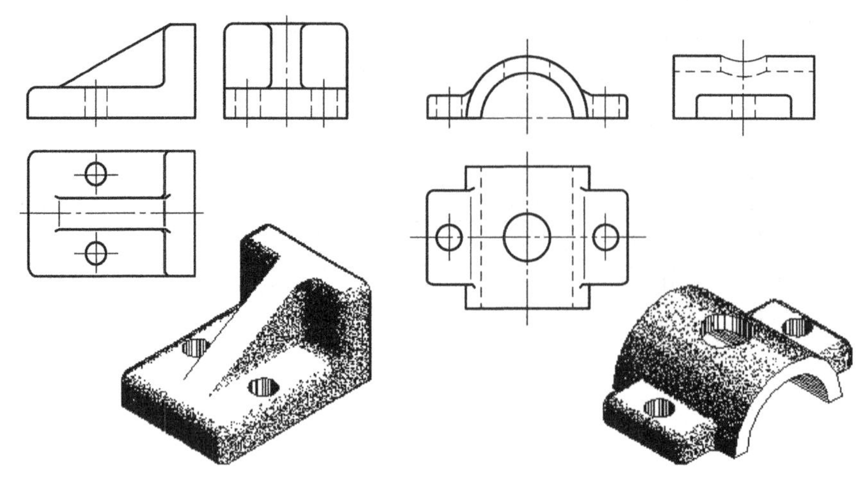

图 8.14 过渡线

8.3.6 工艺凸台、凹坑和凹槽

零件中凡与其他零件接触的表面一般都要加工。为了减少机械加工量及保证两表面接触良好，应尽量减少加工面积和接触面积，常用的方法是把零件接触表面做成凸台、凹坑和凹槽，其结构形状如图 8.15 所示。

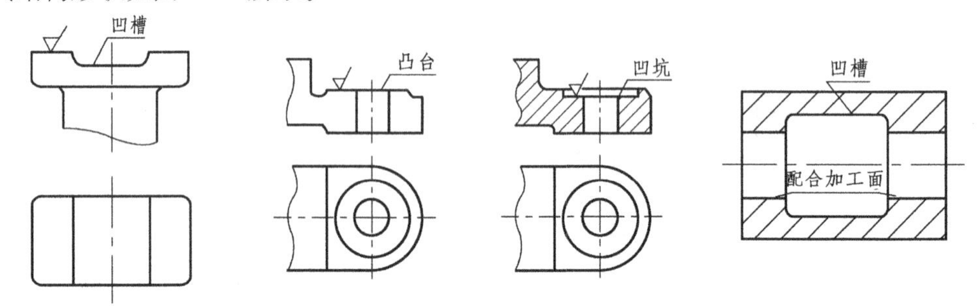

图 8.15 凸台、凹坑和凹槽

8.3.7 中心孔

在机械图样中，完工零件上是否保留中心孔的要求通常有三种：在完工的零件上保留中心孔，在完工的零件上可以保留中心孔，在完工的零件上不允许保留中心孔。它们的画法及标注如图 8.16 所示。

图 8.16 中心孔的规定画法

国庆70周年阅兵总共有160余架飞机，这些飞机都是我国自主研发、制造的现役主战装备。从1958年开始涉足直升机生产至今，我国的直升机工业经历了引进专利、改装国产、合作开发和自主研制的发展历程。目前，我国直升机生产能力已在追赶世界先进水平。

一个微小的高温熔点就导致了价值数百万浆毂的报废，可见零件结构工艺的重要性。“千里之堤，溃于蚁穴”，世事无小事，只要是你生活和工作的一部分，就值得你去重视。

1. 同学们，请查阅资料，了解一下70周年国庆阅兵中，“70”字样编队中的“0”字是由什么直升机组成的。同时谈一谈你知道的军工重器。

2. 看懂下列图形的结构，找出不合理的工艺结构有哪些。(　　　　)

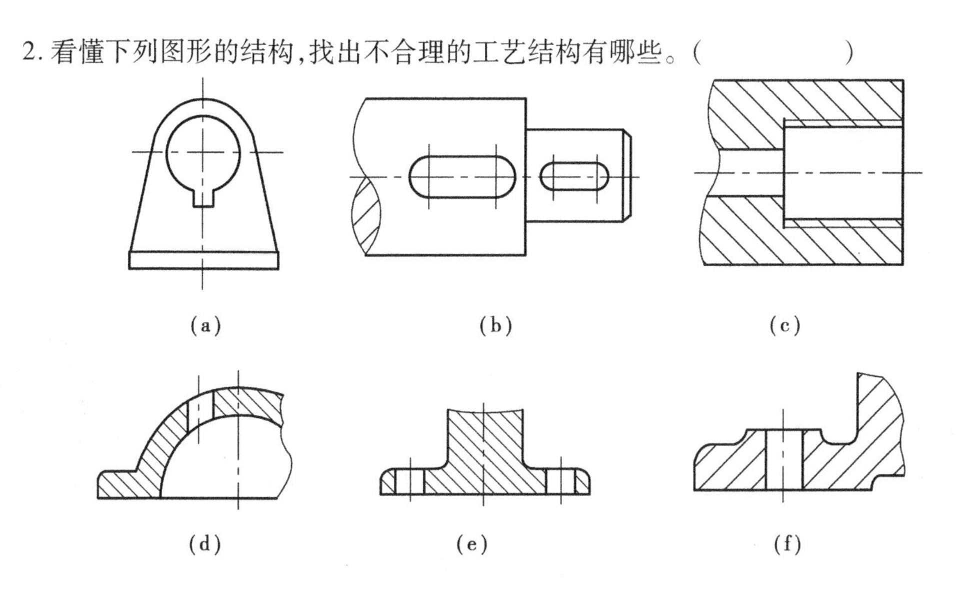

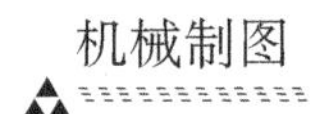

8.4 机械图样中的技术要求

【案例】从箭镞看秦朝的统一技术标准

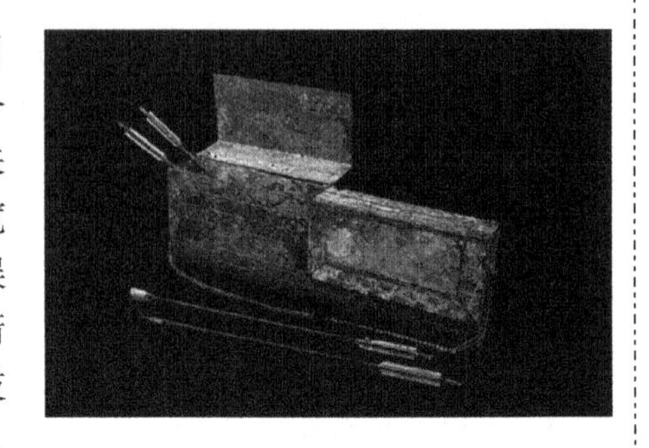

箭是秦始皇兵马俑中出土最多的一种兵器,目前,考古工作者已经清理出土了箭镞4万多个,令人惊讶的是这些箭镞都是按照统一的技术标准来进行生产的。据专家抽样测量,不同箭镞的主面宽度的平均误差为±0.267 mm,而主面长度的平均误差为±0.572 mm。而且,在兵马俑里发现的这些箭支是用于弩机的,因此弓弩机也需要按照统一的技术标准来制造,以便两者更好地契合。根据测量,兵马俑中出土的弩机关键零部件都做了非常精细的打磨,平均误差仅约±1.9 mm,悬刀(扳机)、望山(瞄准器)等零部件甚至可以在不同的弩机中替换使用。

【启示】秦的这一套统一的技术标准,对秦的历史产生了深远的影响。这些零件都具有互换性,互换性是机械制造、仪器仪表和其他许多工业生产中生产和制造产品的重要原则。

8.4.1 公差与配合的基本概念及标注

极限与配合

1)基本术语与定义

①基本尺寸:设计时确定的尺寸称为基本尺寸,如图8.17中的$\phi 50$。

②实际尺寸:零件加工后实际测量得到的尺寸。

③最大极限尺寸:零件实际尺寸所允许的最大值。

④最小极限尺寸:零件实际尺寸所允许的最小值。

⑤极限偏差　上偏差:最大极限尺寸和基本尺寸的差。下偏差:最小极限尺寸和基本尺寸的差。孔的上、下偏差代号分别为ES和EI,轴的上、下偏差代号分别为es和ei。

⑥公差:允许尺寸的变动量,公差等于最大极限尺寸和最小极限尺寸的差。

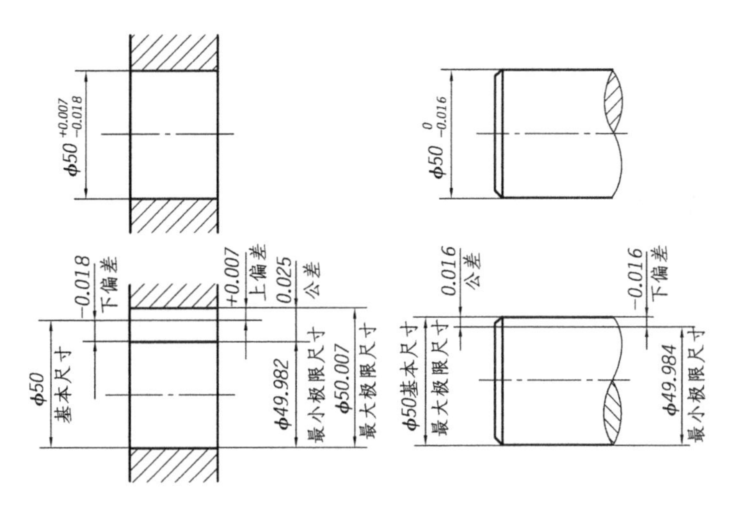

图 8.17 公差与配合的基本概念

⑦公差带图。

用零线表示基本尺寸，上方为正，下方为负，用矩形的高表示尺寸的变化范围(公差)，矩形的上边代表上偏差，矩形的下边代表下偏差，距零线近的偏差为基本偏差，矩形的长度无实际意义，这样的图形叫公差带图。如图 8.18 所示。

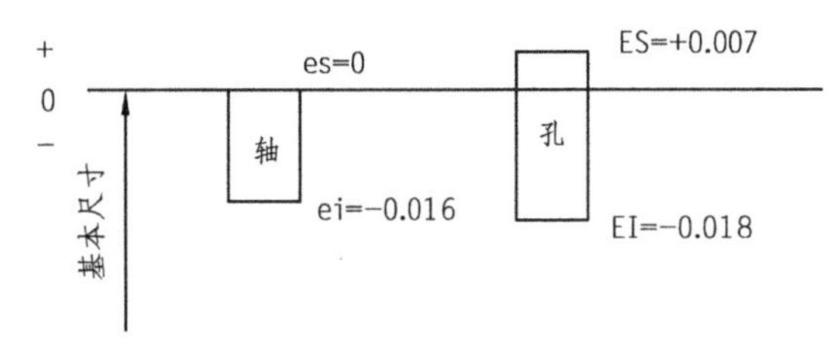

图 8.18 公差带图

2)标准公差和基本偏差系列

①标准公差　标准公差分为 20 个等级，分别为 IT01、TI0、IT1、IT2、IT3……IT17、IT18。其中 IT01 精度最高，IT18 精度最低。具体数值见附表。

②基本偏差　是用来确定公差带相对于零线位置的上偏差或下偏差，一般指靠近零线的那个偏差。

当公差带位于零线上方时，其基本偏差为下偏差，当公差带位于零线下方时，其基本偏差为上偏差。基本偏差决定公差带的位置，标准公差决定公差带的高度。基本偏差系列见图 8.19。

例如：φ50f6

其中：φ50—基本尺寸，f6—轴的公差带代号(基本偏差为小写字母表示轴)，f—基本偏差为 f，6—公差等级为 6 级精度。

例如：φ80K7

其中：φ80—基本尺寸，K7—孔的公差带代号(基本偏差为大写字母表示孔)，K—基本偏差为 K，7—公差等级为 7 级精度。

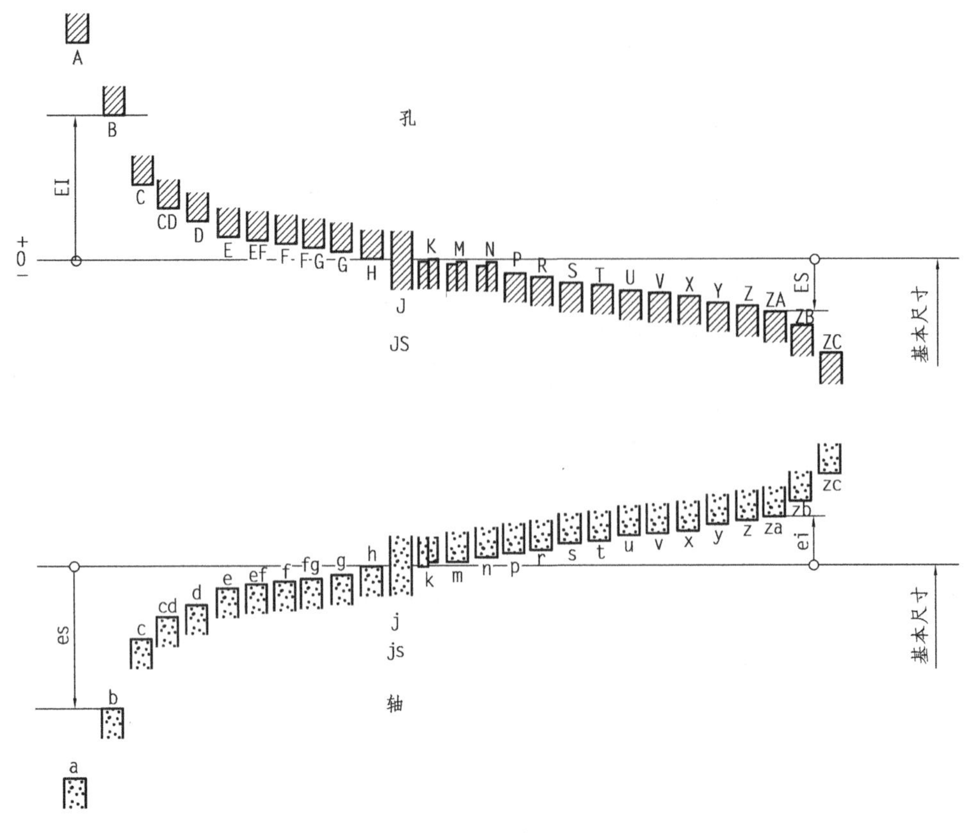

图 8.19　基本偏差系列

3)配合类别

基本尺寸相同,相互结合的轴和孔公差带之间的关系称为配合。按配合性质不同可分为间隙配合、过盈配合和过渡配合。

(1)间隙配合

具有间隙(包括最小间隙等于零)的配合。特点:孔公差带在轴公差带之上。间隙配合公差带图如图 8.20 所示。

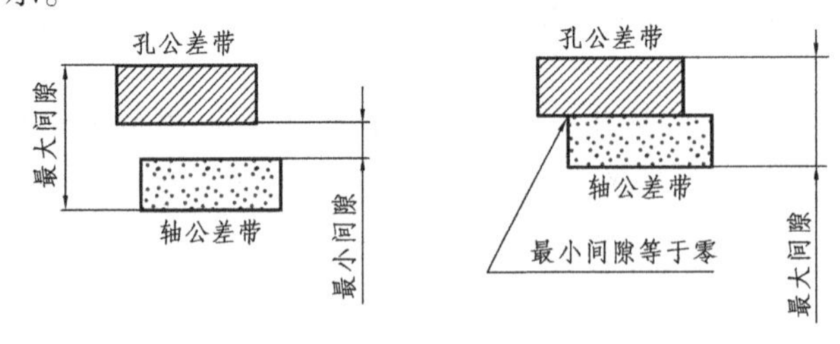

图 8.20　间隙配合公差带图

(2)过盈配合

具有过盈(包括最小过盈等于零)的配合。特点:孔公差带在轴公差带之下。过盈配合公差带图如图 8.21 所示。

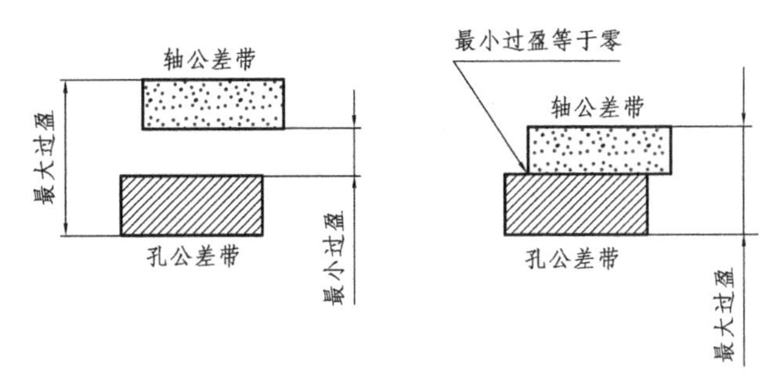

图 8.21 过盈配合公差带图

(3)过渡配合

孔和轴的公差带相互交叠,任取其中一对孔和轴相配合,可能具有间隙,也可能具有过盈的配合。过渡配合公差带图如图 8.22 所示。

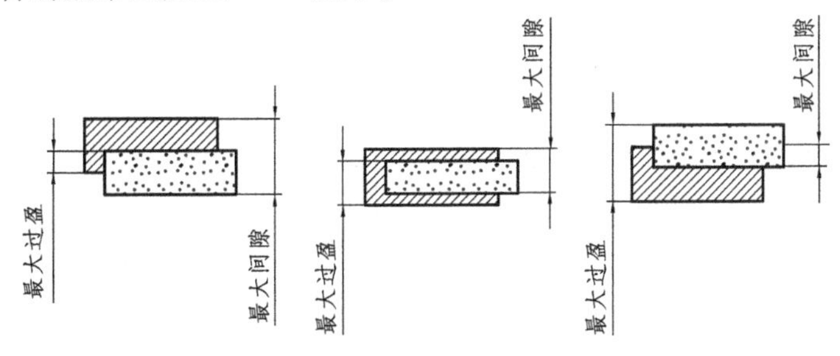

图 8.22 过渡配合公差带图

4)基准制

制造配合的零件时,使其中一种零件作为基准件,它的基本偏差固定,通过改变另一种非基准件的基本偏差来获得各种不同性质配合的制度称为基准制。国家标准规定了两种配合制度:基孔制和基轴制。

(1)基孔制

基孔制中的孔称为基准孔,其基本偏差规定为 H(下偏差为零)。如图 8.23 所示。

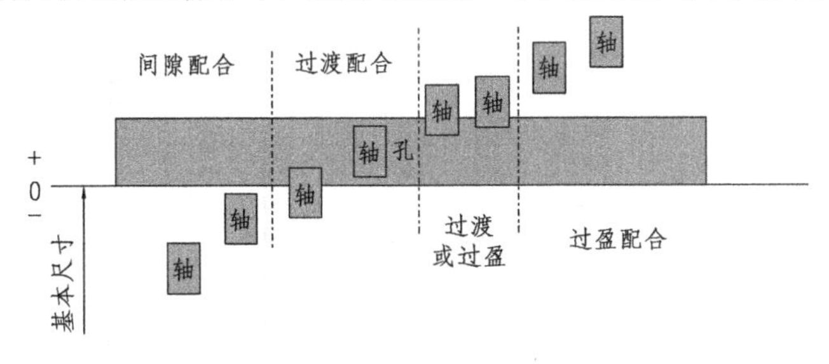

图 8.23 基孔制

(2)基轴制

基轴制中的轴称为基准轴,其基本偏差规定为 h(上偏差为零)。如图 8.24 所示。

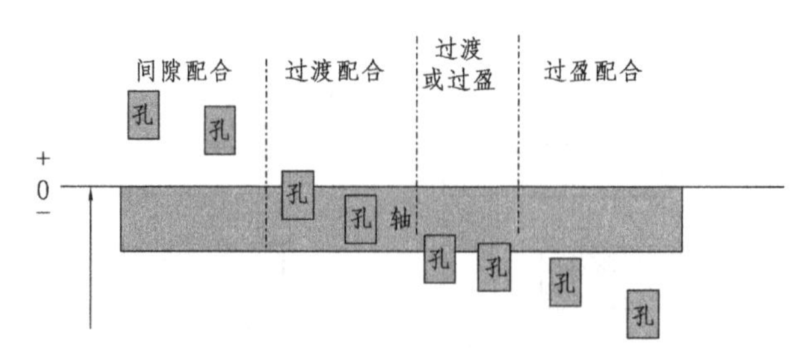

图 8.24　基轴制

5)标注

①在零件图上标注,如图 8.25 所示。

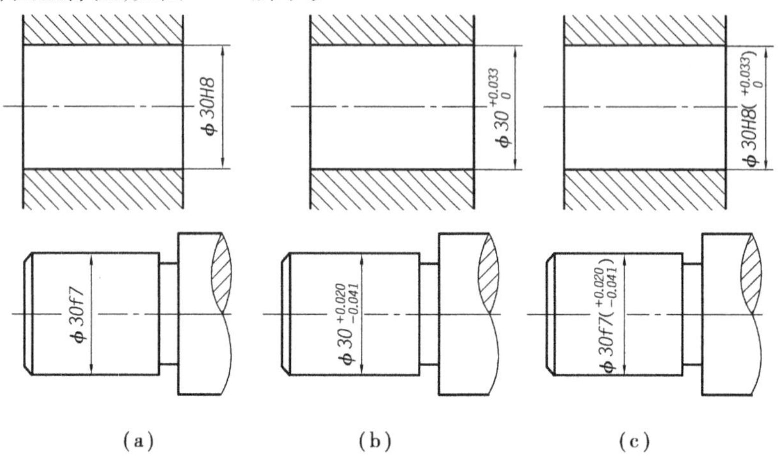

图 8.25　零件图上的标注

②在装配图上标注,如图 8.26 所示。

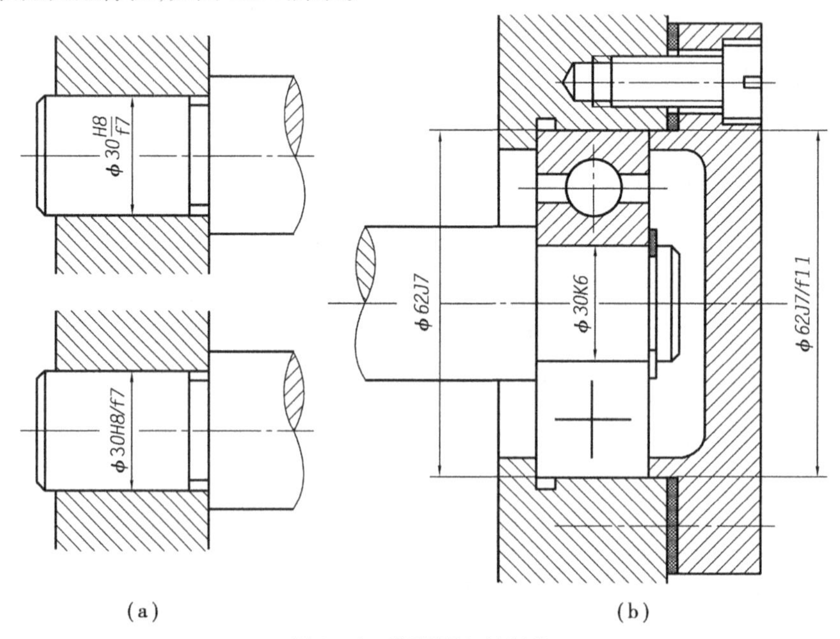

图 8.26　装配图上的标注

8.4.2 表面粗糙度

表面粗糙度

1)表面粗糙度的概念和评定参数

在零件加工时,由于切削变形和机床振动等因素,使零件的实际加工表面存在着微观的高低不平,这种微观的高低不平程度称为表面粗糙度。

(1)轮廓算术平均偏差 *Ra*

在取样长度 *L*(用于判别具有表面粗糙度特征的一段基准线长度)内,轮廓偏距 *Z*(表面轮廓上的点至基准线的距离)绝对值的算术平均值,用 *Ra* 表示,如图 8.27 所示。

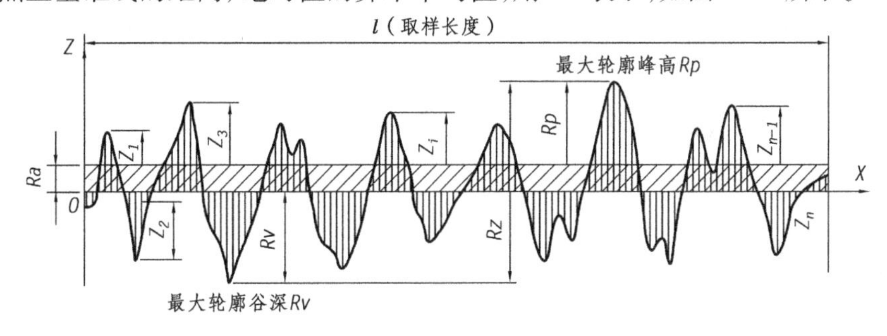

图 8.27 轮廓算术平均偏差

用公式可表示为:

$$Ra = \frac{1}{l}\int_0^1 |Z(x)|\mathrm{d}x \quad 或 \quad Ra \approx \frac{1}{n}\sum_{i=1}^{n}|Z_i|$$

(2)轮廓最大高度 *Rz*

在一个取样长度内,最大轮廓峰高和最大轮廓谷深之和,见图 8.27。

国家标准 GB/T 131—2006《产品几何技术规范(GPS)技术产品文件中表面结构的表示法》规定了表面结构的符号、代号及在图样上的注法方法。

表面结构图形符号的比例、尺寸及画法如图 8.28 和表 8.2 所示,图形符号及其含义见表 8.3。

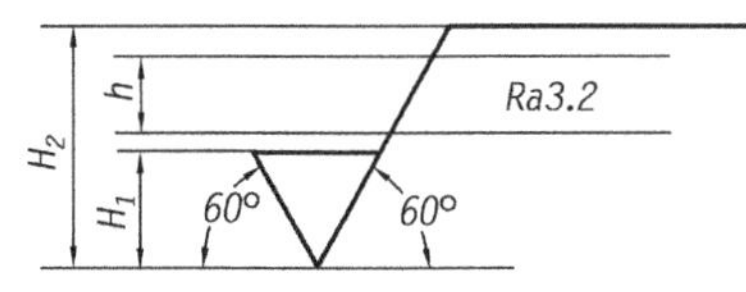

图 8.28 表面结构基本图形符号的画法

表 8.2 表面结构基本图形符号的尺寸 单位:mm

数字及字母高度 *h*	2.5	3.5	5	7	10	14	20
符号线宽 字母线宽	0.25	0.35	0.5	0.7	1	1.4	2
高度 H_1	3.5	5	7	10	14	20	28
高度 H_2(最小值)	7.5	10.5	15	21	30	42	60

注:H_2 及图形符号长边的横线的长度取决于标注内容。

表 8.3　表面结构符号及其含义

序号	符号	意义
1		基本符号,表示表面可用任何方法获得。当不加注粗糙度参数值或有关说明时,仅适用于简化代号标注
2		表示表面是用去除材料的方法获得,如车、铣、钻、磨
3		表示表面是用不去除材料的方法获得,如铸、锻、冲压、冷轧等
4		在上述三个符号的长边上可加一横线,用于标注有关参数或说明

2)表面粗糙度的选用

在常用值范围内(*Ra* 为 0.025 ~ 6.3 μm),优先选用 *Ra*,因为它能够比较全面地反映被测表面的微小峰谷特征,同时上述范围内被测表面 *Ra* 的实际值能够用轮廓仪方便地测出。

粗糙度要求特别高或特别低(*Ra*<0.025 μm 或 *Ra*>6.3 μm)时,选用 *Rz*。*Rz* 用于测量部位小、峰谷小或有疲劳强度要求的零件表面的评定。

一般来说,对于零件的所有内外表面,需要明确哪些是加工面,那些是非加工面,以及表面加工精度如何,均可以通过表面粗糙度的选用和标注来完成。表面粗糙度的选用,主要是参数值的选择。选用时应该满足零件表面功用要求和经济合理。一般来说,零件的配合表面或尺寸精度高的表面、耐磨蚀表面等,要求表面平整、光滑,表面粗糙度参数 *Ra* 应取小值;非配合表面、低精度尺寸的表面,则可取大值。在满足功用的前提下,尽量选用较大的参数值,以降低成本。各种加工方法所能达到的 *Ra* 值及应用情况见表 8.4。

表 8.4　*Ra* 的数值对应的加工方法及主要应用

Ra/μm	表面特征	加工方法举例
25	可见刀痕	粗车、粗铣、粗刨、钻、粗纹锉刀和粗砂轮加工
12.5	微见刀痕	粗车、刨、立铣、平铣、钻
6.3	可见加工痕迹	精车、精铣、精刨、铰、镗、粗磨等
3.2	微见加工痕迹	
1.6	看不见加工痕迹	
0.8	可辨加工痕迹方向	精车、精铰、精镗、半精磨等

3)表面粗糙度代号的标注

①表面结构要求对每一表面一般只注一次,并尽可能注在相应的尺寸及其公差的同一视图上。除非另有说明,所标注的表面结构要求是对完工零件表面的要求。

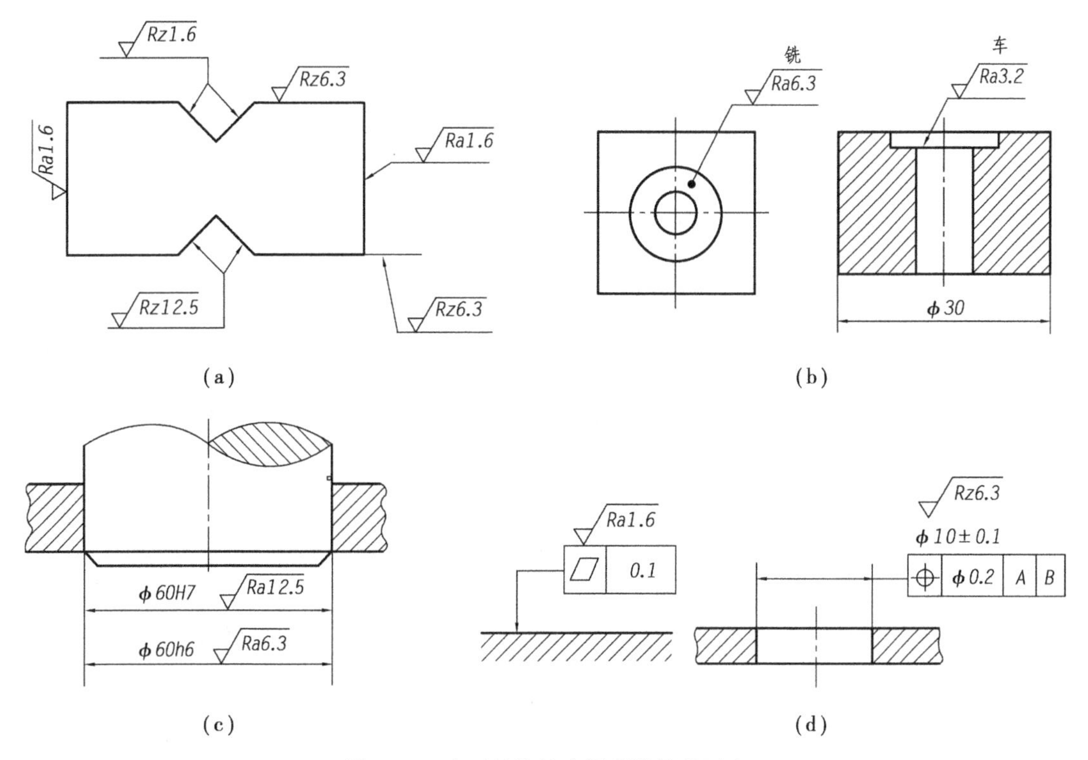

图 8.29 表面结构基本图形符号的画法

②表面结构的注写和读取方向与尺寸的注写和读取方向一致。表面结构要求可标注在轮廓线上,其符号应从机件外指向并接触其表面,如图 8.29(a)所示。必要时,表面结构也可用带箭头或黑点的指引线引出标注,如图 8.29(b)所示。

③在不致引起误解时,表面结构要求可以标注在给定的尺寸线上,如图 8.29(c)所示。

④表面结构要求可标注在形位公差框格的上方,如图 8.29(d)所示。

8.4.3 几何公差

零时加工过程中,不仅会产生尺寸误差、也会出现形状和相对位置的几何误差。为保证零件的装配和使用要求、在图样上除给出尺寸及其公差要求外,还必须给出几何公差(形状、方向、位置和跳动公差)要求。

几何公差

1)几何公差项目及符号

国家标准 GB/T 1182—2018 将几何公差分为形状公差、方向公差、位置公差及跳动公差 4 种类型,共计 19 项几何公差特征项目。其几何特征项目和符号见表 8.5。

2)几何公差的标注

在图样中,几何公差的标准包括了几何公差特征项目符号、公差值、基准要素等内容和标注。通常采用几何公差框格进行标注。公差框格由两个或多个组成,第一格为几何公差项目符号,第二格为公差值及相关符号,第三格及以后各格为基准代号字母及有关符号。如图 8.30 所示。

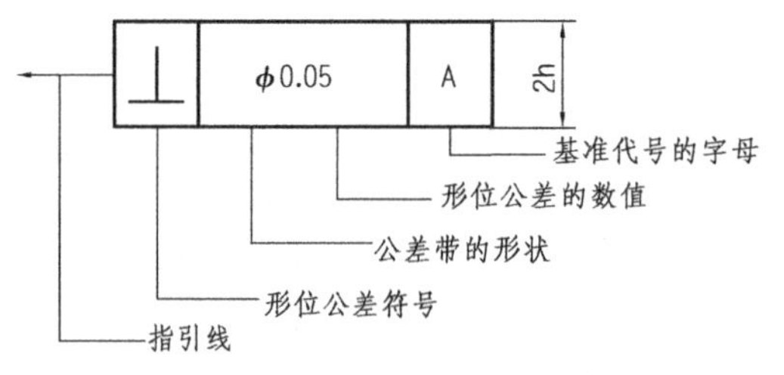

图 8.30　形状和位置公差的代号

几何公差

公差类型	几何特征	符　号	有无基准
形状公差	直线度	—	无
	平面度	▱	无
	圆度	○	无
	圆柱度	⌭	无
	线轮廓度	⌒	无
	面轮廓度	⌓	无
方向公差	平行度	∥	有
	垂直度	⊥	有
	倾斜度	∠	有
	线轮廓度	⌒	有
	面轮廓度	⌓	有

公差类型	几何特征	符　号	有无基准
位置公差	位置度	⌖	有或无
	同心度（用于中心点）	◎	有
	同轴度（用于轴线）	◎	有
	对称度	⌯	有
	线轮廓度	⌒	有
	面轮廓度	⌓	有
跳动公差	圆跳动	↗	有
	全跳动	⌰	有

(1) 被测要素的标注

标注形位公差时，指引线的箭头要指向被测要素的轮廓线或其延长线上。当被测要素是线或表面时，指引线的箭头应指向要素的轮廓线或其延长线上，并明显地与尺寸线错开。如图 8.31 所示。

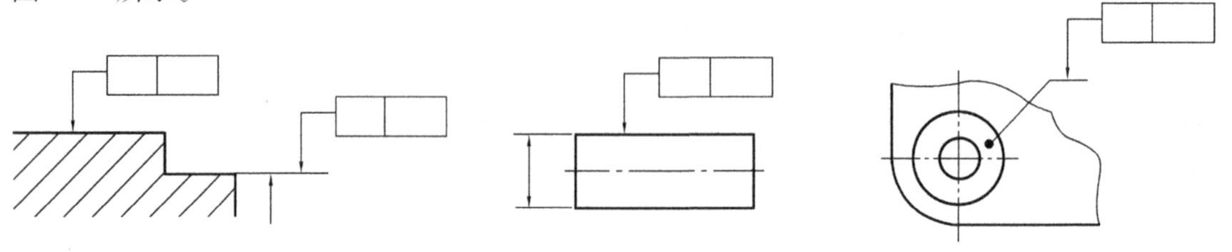

图 8.31　被测要素的标注（一）

当被测要素是轴线时，指引线的箭头应与该要素尺寸线的箭头对齐，指引线箭头所指方向是公差带的宽度方向或直径方向。当被测要素为各要素的公共轴线或公共中心平面时，指引线箭头可直接指在轴线或中心线上。如图 8.32 所示。

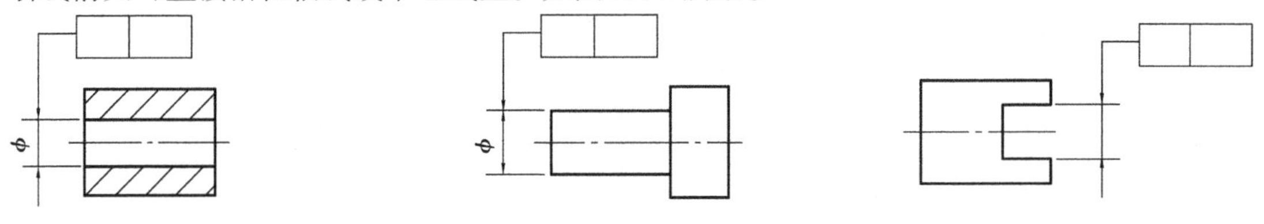

图 8.32　被测要素的标注(二)

(2)基准要素的标注

基准要素是零件上用于确定被测要素的方向和位置的点、线或面，用基准符号(字母注写在基准方格内，与一个涂黑的或空白的三角形相连)表示，表示基准的字母也应注写在公差框格内，如图 8.33 所示。

带基准字母的基准三角形应按如下规定放置：

①当基准要素是轮廓线或轮廓面时，基准三角形放置在要素的轮廓线或其延长线上(与尺寸线明显错开)，如图 8.33 所示。

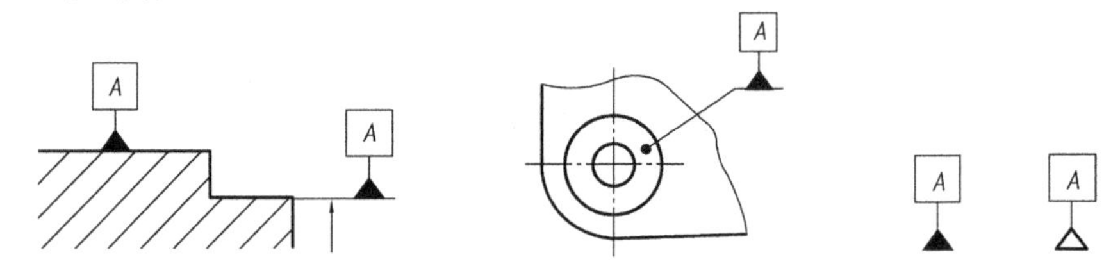

图 8.33　基准要素为表面时的注法

②当基准要素是轴线或中心平面时，基准三角形应放置在该尺寸线的延长线上。如果没有足够的位置标注基准要素尺寸的两个尺寸箭头，则其中一个箭头可用基准三角形代替，如图 8.34 所示。

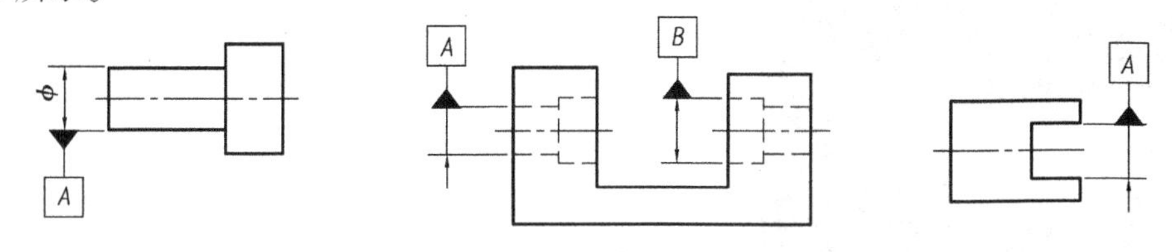

图 8.34　基准要素为轴线或中心平面时的注法

3)几何公差标注示例

几何公差的标注示例如图 8.35 所示，图中各符号的含义为：

两端面

| ↗ | 0.01 | A | 含义是：直径为 22 圆锥的大、小两端面对基准(该段轴的轴心线)圆跳动公差为 0.01 mm。

| ○ | 0.04 | 含义是：圆锥体任一正截面的圆度公差为 0.04 mm。

| ⌭ | 0.05 | 含义是：18 段圆柱面的圆柱度公差为 0.05 mm。

◎ | φ0.1 | B−C 含义是:M12 外螺纹的轴心线对公共基准(两端中心孔轴心线)的同轴度公差为 0.1 mm。

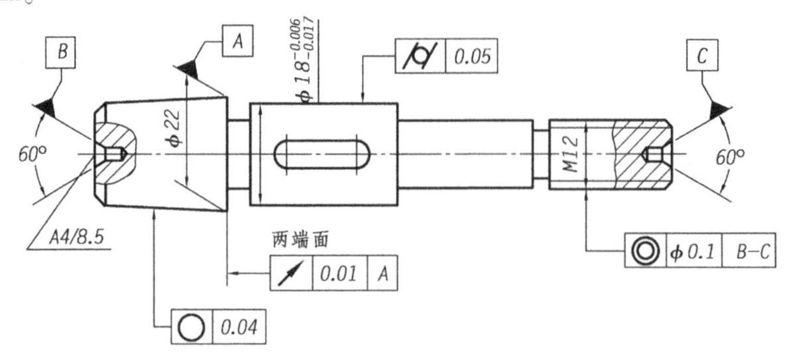

图 8.35 形位公差标注示例

我国秦朝的标准化制度比西方国家的生产技术革命的标准化制度早两千多年。每一个秦国士兵的背后,都有着来自秦的统一技术标准的有力保障。

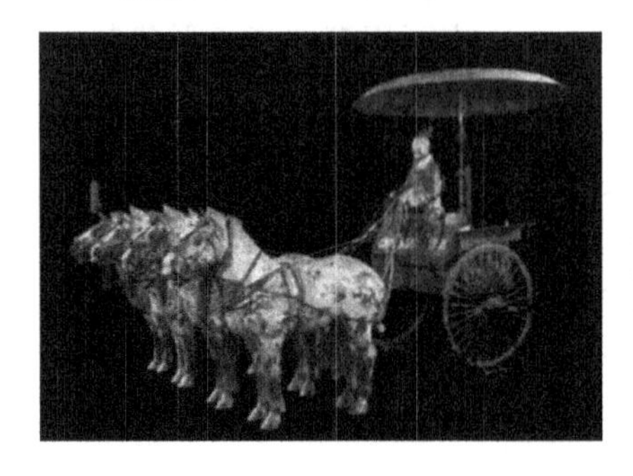

1. 考古学家在兵马俑中共清理出了战车上百辆,这些战车都是用木头和金属制造而成的,由于受到过焚烧,再加上后来坑顶坍塌受到重压,出土时几乎重叠和挤压在了一起。但经过研究,我们仍然可以确定这些战车的形制、规格和标准都是完全一致的。并且,包括毂、牙、辐、衡、辀等在内,战车的关键零部件的几何形状、尺码、表面质量和机械性能都几乎完全一样,是可以替换使用的。请同学们结合实例谈谈技术要求的重要性。

2. 根据装配图中的配合代号,查表得上、下极限偏差值后标注在零件图上,并填空。

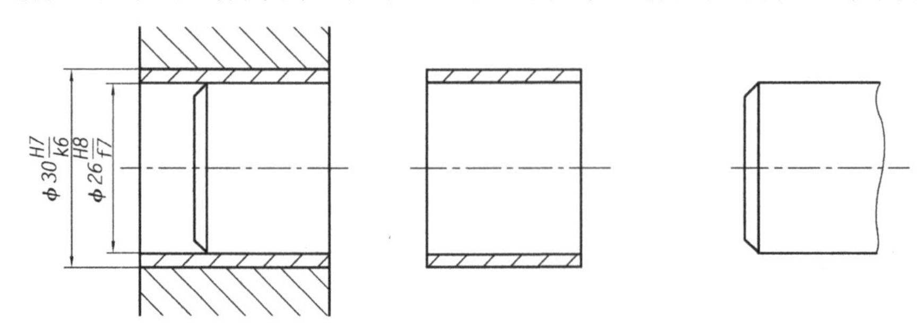

(1)轴套与泵体孔 ϕ30H7/k6

公称尺寸________,基________制;公差等级:轴 IT________级,孔 IT________级;轴套与泵体孔是________配合;轴套:上极限偏差________,下极限偏差________;泵体孔:上极限偏差________,下极限偏差________。

(2)轴与轴套孔 ϕ26H8/f7

公称尺寸________,基________制;公差等级:轴 IT________级,孔 IT________级;轴和轴套是________配合;轴:上极限偏差________,下极限偏差_______;轴套:上极限偏差_______,下极限偏差______。

8.5 零件图的识读方法

【案例】上海市第三中级人民法院首起侵犯商业秘密案

2017 年 7 月 21 日,上海市第三中级人民法院对该院首起侵犯商业秘密案作出一审判决:被告人平某在甲单位工作期间,利用职务便利,获取了原单位研发的某生产线整套技术图纸。2013 年 6 月,平某从甲单位离职,加入乙单位,由方某聘任为公司顾问,负责技术指导。在乙单位研发同类型生产线设备的过程中,平某将其从原单位非法获取的技术图纸披露给乙单位机械设计部经理和技术核心人员龚某使用。龚某利用上述技术图纸,设计制造了同类型生产线设备。其间,龚某告知方某该生产线设备存在侵犯知识产权权益的情况。方某为谋取公司利益,允许公司继续生产并实际对外销售。被告单位和 3 名被告人均构成侵犯商业秘密罪,被告单位被判处罚金人民币 500 万元,3 名被告人被依法作出二年有期徒刑等不同处罚。

【启示】技术图纸对企业非常重要,具有知识产权,泄露图纸对企业危害严重,并且要负法律责任,所以大家一定要树立保密意识,做到诚实守信,遵守职业道德和法律规范。

8.5.1 读零件图的要求

(1)了解零件的名称、用途、材料和数量等。
(2)了解组成零件各部分结构形状特点、功用,以及它们之间的相对位置。
(3)了解零件的尺寸标注、制造方法和技术要求。

8.5.2 读零件图的方法和步骤

(1)看标题栏

首先看标题栏,了解零件的名称、材料、比例等,并浏览全图,对零件有个概括了解,如:零件属什么类型，大致轮廓和结构等。

(2)表达方案分析

根据视图布局，首先确定主视图，围绕主视图分析其他视图的配置。对于剖视图、断面图要找到剖切位置及方向，对于局部视图和局部放大图要找到投影方向和部位，弄清楚各个图形彼此间的投影关系。

(3)形体分析

首先利用形体分析法，将零件按功能分解为主体、安装、联接等几个部分，然后明确每一部分在各个视图中的投影范围与各部分之间的相对位置，最后仔细分析每一部分的形状和作用。

(4)分析尺寸和技术要求

根据零件的形体结构，分析确定长、宽、高各方向的主要基准。分析尺寸标注和技术要求，找出各部分的定形和定位尺寸，明确哪些是主要尺寸和主要加工面，进而分析制造方法等，以便保证质量要求。

(5)综合考虑

综上所述，将零件的结构形状、尺寸标注及技术要求综合起来，就能比较全面地阅读这张零件图。在实际读图过程中，上述步骤常常是穿插进行的。

8.5.3 读图举例

读轴的零件图，如图 8.36 所示。

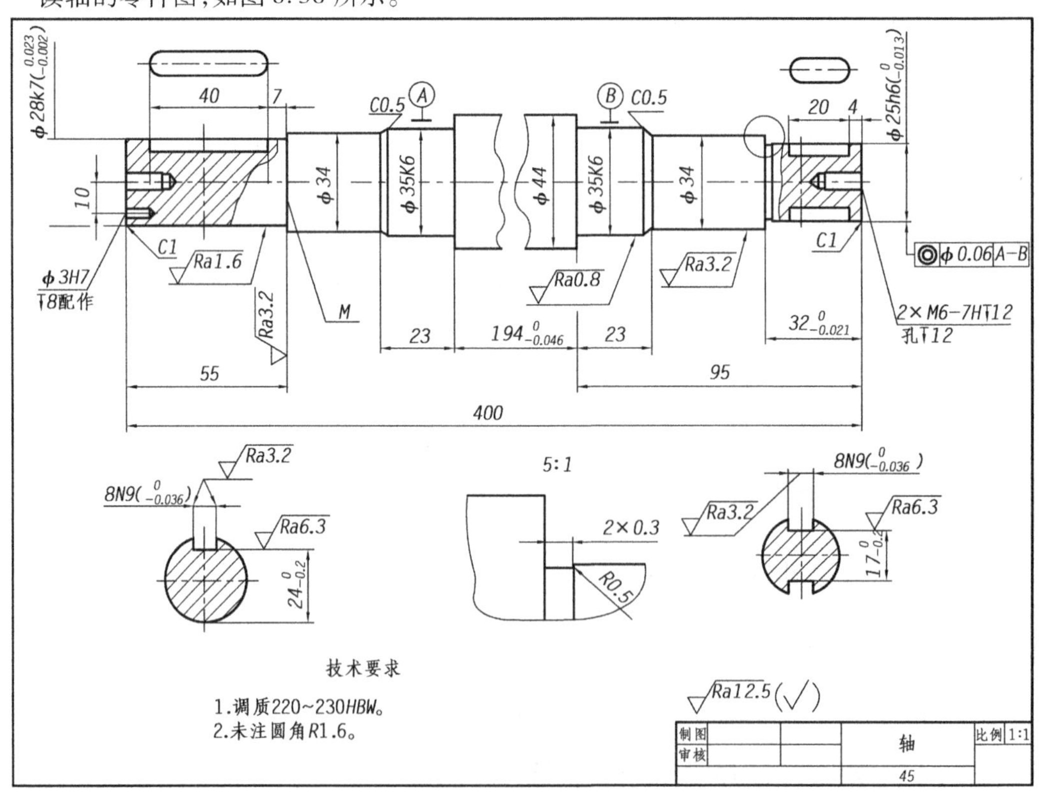

图 8.36　轴零件图

1)看标题栏

从标题栏可知,该零件叫轴。轴是用来传递动力和运动的,其材料为45号钢。从总体尺寸看,最大直径44 mm,总长400 mm,属于较小的零件。

2)综合分析

综合分析主要是对表达方案、形体结构、尺寸及技术要求等方面进行分析。

(1)分析表达方案和形体结构

按轴的加工位置将其轴线水平放置,轴的主体结构形状是实心的同轴回转体。采用一个基本视图(主视图)和若干辅助视图表达。轴的两端用局部剖视图表达键槽和螺孔,销孔。截面相同的较长轴段采用折断画法。用两个断面图分别表示单键和双键的宽度和深度。用局部视图的简化画法表达键槽的形状。用局部放大图表示砂轮越程槽的结构。

(2)分析尺寸

①以水平轴线为径向(高度和宽度方向)主要尺寸基准,由此直接注出各轴段直径及有配合要求的轴段尺寸,如ϕ28h7、ϕ35k6、ϕ25h6等。

②以中间最大轴段的端面(可选择其中任一端面)为轴向(长度方向)主要尺寸基准。由此注出23、$194_{-0.046}^{0}$和95。再以轴的左、右端面以及M端面为长度方向尺寸的辅助基准。由右端面注出$32_{-0.021}^{0}$、4、20;由左端面注出55;由M面注出7、40;尺寸400是轴的总长尺寸。

③轴上与标准件连接的结构,如键槽,销孔,螺纹孔的尺寸,按标准查表获得。

④轴向尺寸不能注成封闭尺寸链,选择不重要的轴段ϕ34为尺寸开口环,不注长度方向尺寸,使长度方向的加工误差都集中在这段。

(3)分析技术要求

①凡注有公差带尺寸的轴段,均与其他零件有配合要求,表面粗糙度要求较严。

②轴段ϕ25h6尺寸线的延长线上所指的几何公差代号,其含义为ϕ25h6的轴线对公共基准轴线A—B的同轴度误差不大于0.06 。

③轴(45钢)应经调质处理(220-230HBW),以提高材料的韧性和强度。所谓调质处理,是指淬火后在450 ~650 ℃进行高温回火。

3)综合考虑

通过上述看图分析,对轴的作用、结构形状、尺寸大小、主要加工方法及加工中的主要技术指标要求,就有了较清楚的认识。

职业道德是一种职业规范,工程师应具备诚实、守信、敬业、对科技进步永远充满信心、敢于攀登的品德。零件图是企业的核心技术文件,具有知识产权。泄露图纸属于违法行为。我们要遵守职业道德和法律规范,树立保密意识。

1. 位于意大利佛罗伦萨的圣母百花大教堂，是文艺复兴时期最著名的建筑之一。1418 年，这座教堂已经基本建成，但是它遇到的难题是以当时的技术，无法按照设计完成如此之高又如此之大的穹顶，当人们面对没有穹顶的教堂，不知所措的时候，一名为菲利波布鲁内莱斯基的工程师出现了，他发明了一种起重机，在不借助任何拱架的情况下，将 400 多万块砖运送到教堂顶部，建成了世界第一座大穹顶教堂。但是这位非凡的设计师为了防止别人剽窃他的方法，却没有留下一张图纸和一组计算数据，正是这个原因，他的这项伟大发明也没有流传和推广。请同学们谈谈对这件事的看法。

2. 读懂底座零件图。

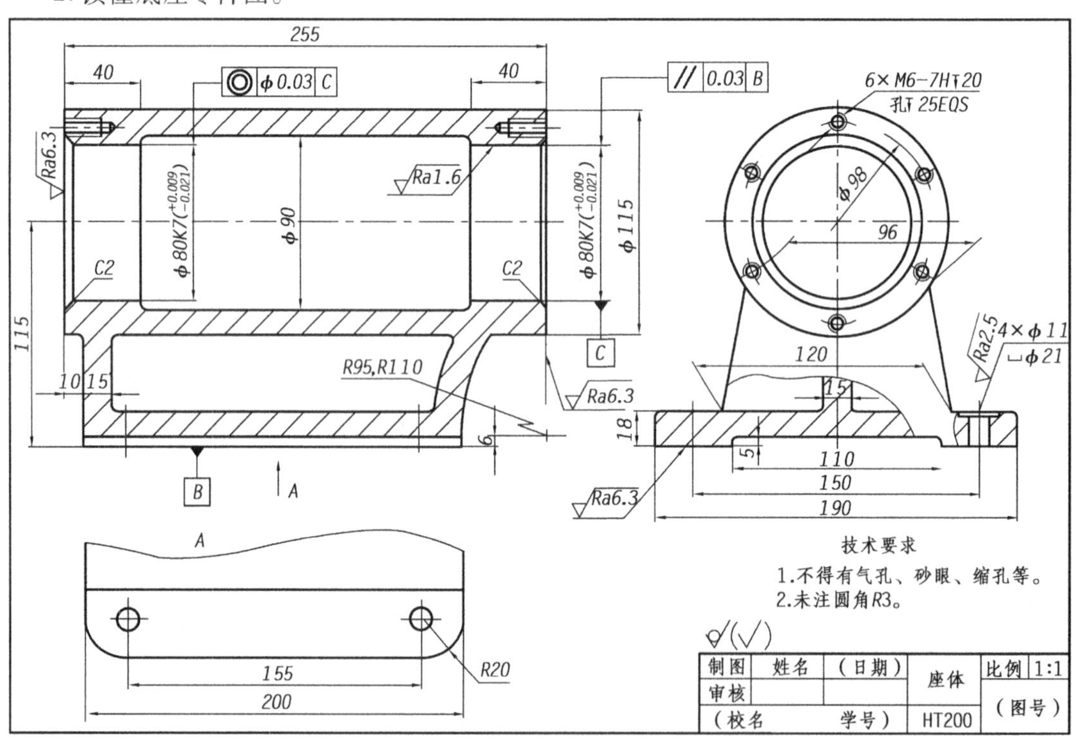

9　装配图

知识目标

1. 了解装配图的内容和表示法；
2. 掌握装配图的规定画法和特殊画法；
3. 了解常见装配结构；
4. 掌握由零件图画装配图的方法；
5. 掌握装配图的读图方法。

技能目标

1. 能够由零件图拼画装配图；
2. 能够由装配图拆画零件图；
3. 具备识读装配图的能力。

素质目标

1. 激发民族责任感；
2. 培养认识标准的重要性和遵守标准的职业素养；
3. 培养工程师的责任与担当精神；
4. 培养敬业、精益、专注的“工匠精神”；
5. 培养创新和环保意识。

9.1　装配图概述

【案例】2019 年国家科技进步特等奖——新海旭号挖泥船实现系统 100% 国产化

海上大型绞吸疏浚装备俗称挖泥船，是海上资源开发，港口建设，填海造地，航海疏浚等海上工程作业离不开的大型特种装备。2000 年之前,我们国内对于大型挖掘船属于无设计、无制造,无配套的能力,基本都是进口的,价格非常昂贵。由上海交通大学船舶设计团队牵头的世界上最大最先进的海上非自航绞吸疏浚装备新海旭号是我国自主设计和建造的,被称为国之重器,从整个船的设备系统,包括挖掘系统,输送系统,定位系统,疏浚控制系统,完全自主可控,系统 100% 实现了国产化,研制周期缩短了 44% ,成本只有国外同类产品的 50% 。各项技术在国际上都是领先水平,荣获 2019 年国家科技进步奖的特等奖。

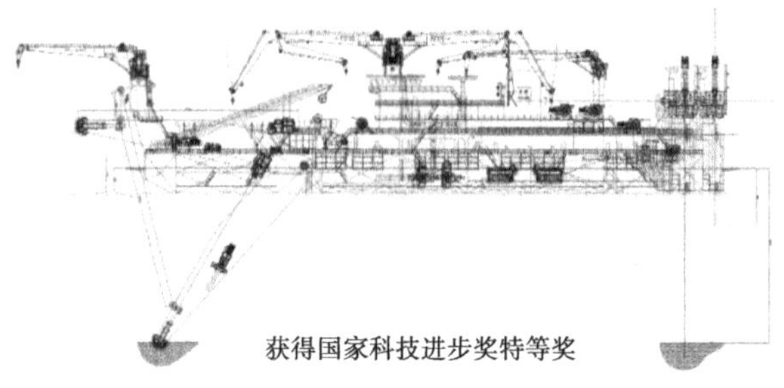

【启示】科技创新是一个国家发展的动力。工欲善其事必先利其器,大国重器一定要牢牢抓住自己手里,用它保证制造业的发展。装配图是用来表达机构或机器的一种图样,是进行设计、装配、检验、安装、调试和维修时所必需的技术文件。

装配图的内容

9.1.1 装配图的内容

装配图是表达机器或部件的图样。通常用来表达机器或部件的工作原理以及零部件间的装配、连接关系,是机械设计和生产中的重要技术文件之一。

1)装配图的内容

图 9.1 所示为铣刀头的装配图,现以铣刀头为例,初步了解装配图的内容。

由图 9.1 铣刀头装配图可以看出,一张完整的装配图应具备如下的内容:

①一组图形。表达出机器或部件的工作原理、零件之间的装配关系和主要结构形状。

②必要的尺寸。主要指与部件或机器有关的规格、装配、安装、外形等方面的尺寸。

③技术要求。与部件或机器有关的性能、装配、检验、试验、使用等方面的要求。

④零件的序号和明细栏。说明部件或机器的组成情况,如零件的代号、名称、数量和材料等。

⑤标题栏。填写图名、图号、设计单位、制图、审核、日期和比例等。

2)装配图与零件图的关系

零件图表示零件的结构形状、大小和有关技术要求,并根据它加工制造零件。装配图表

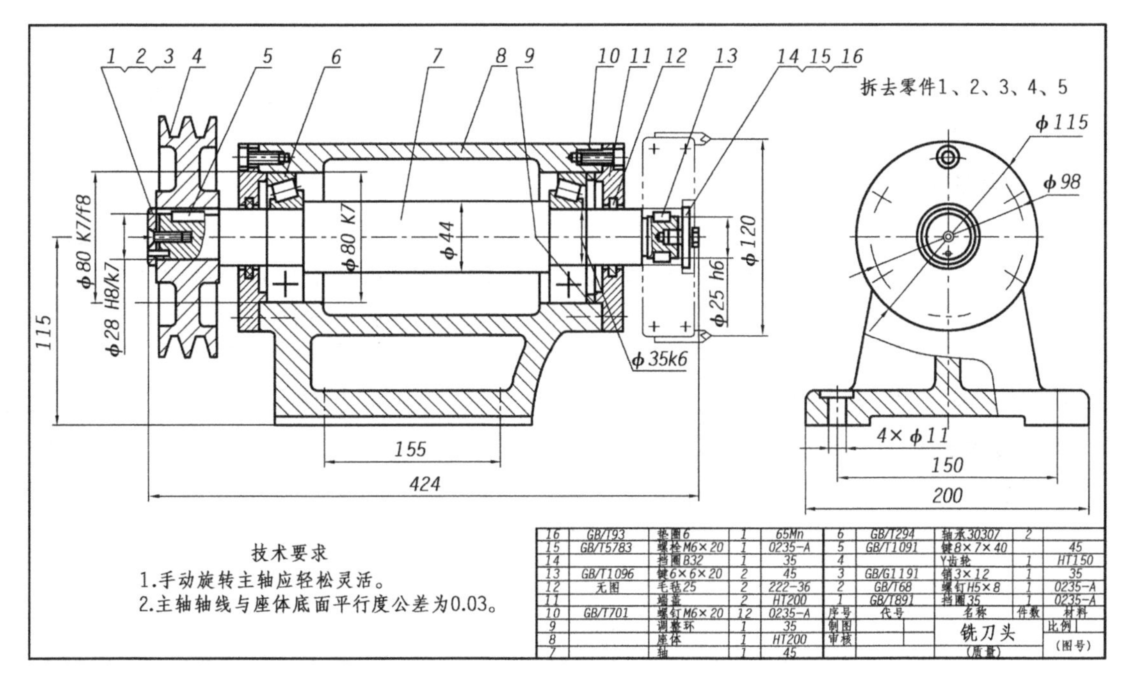

图 9.1 铣刀头装配图

示机器或部件的工作原理、零件间的装配关系、连接方式和零件的主要结构形状，以及在装配、检验、安装时所需要的尺寸数据和技术要求。

产品在设计过程中，一般先画出装配图，再根据装配图绘制零件图。装配时，根据装配图将零件装配成部件（或机器）。因此，零件与部件以及零件图与装配图之间的关系十分密切。

9.1.2 装配图的尺寸标注和技术要求

1）尺寸标注

由于装配图和零件图的作用不同，对尺寸标注的要求也不同。在装配图中应标注下列五种尺寸。

（1）规格（性能）尺寸

这类尺寸用来说明机器或部件的规格或性能，它是设计和用户选用产品的主要依据。如图 9.1 中 φ120 和 115 等。

（2）装配尺寸

这类尺寸用来表明零件间装配关系和重要的相对位置，用来保证机器或部件的工作精度和性能。主要包括：

①配合尺寸。表示零件间有配合要求的尺寸，如图 9.1 中尺寸 φ80K7/f8、φ28H8/k7 等。

②相对位置尺寸。表示装配时需要保证的零件间较重要的距离、间隙等。

③零件间的连接尺寸。如连接用的螺钉、螺栓和销等的定位尺寸，如图 9.1 中 φ98。

（3）外形尺寸

外形尺寸表明了机器（或部件）所占的空间大小，供包装、运输和安装时参考，如图 9.1 中总长尺寸 424，总宽尺寸 200。

(4)安装尺寸

安装尺寸是将机器安装在地基上或部件装配在机器上所使用的尺寸,如图 9.1 中 155、150 和 4×ϕ11 等。

(5)其他重要尺寸

除了上述四类尺寸之外,在装配图上有时还需要标注出一些其他重要尺寸,比如设计时为保证强度、刚度的重要结构尺寸;为了装配时保证相关零件的相对位置协调而标注轴向尺寸等。需要说明的是,上述介绍的五类尺寸并不是相互孤立的,装配图上的某些尺寸有时兼有几种意义;同样,不是每一张装配图都具有上述各种尺寸。在学习装配图的尺寸标注时,要根据装配图的作用,真正领会标注上述几种尺寸的意义,从而做到合理地标注尺寸。

2)技术要求

装配图上一般应注写以下几方面的技术要求:

①装配过程中的注意事项和装配后应满足的技术要求。如保证间隙,精度要求,润滑方法,密封要求等。

②检验、试验的条件和规范以及操作要求。

③部件或机器的性能规格参数,以及运输使用时的注意事项和涂饰要求等。

9.1.3 装配图中的零、部件序号及明细栏和标题栏

为了机械产品的装配、图样管理和有效地组织生产等,在装配图上要对所有零件或部件编上序号,并在标题栏的上方设置明细栏。

1)零(部)件序号

①装配图中编写零、部件序号的常用方法如图 9.2 所示。

同一装配图中编写零、部件序号的形式应一致;指引线应自所指部分的可见轮廓引出,并在末端画一圆点。如所指部分轮廓内不便画圆点时,可在指引线末端画一箭头,并指向该部分的轮廓;指引线可画成折线,但只可曲折一次。

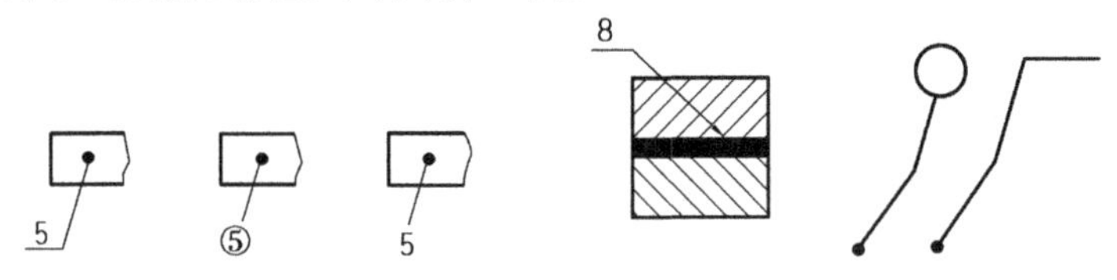

图 9.2 零、部件序号注写形式

②一组紧固件以及装配关系清楚的零件组,可以采用公共指引线,如图 9.3 所示。

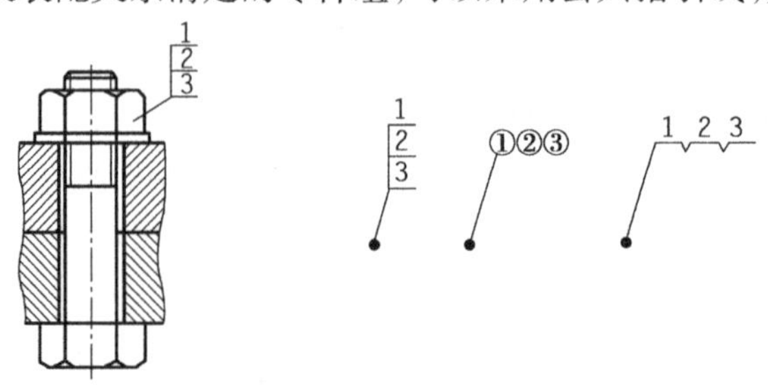

图 9.3 公共指引线

为了便于看图，应使序号依顺时针或逆时针方向顺序排列，如无法连续时，可只在某个视图的水平或垂直方向顺序排列；在画零件序号时，应先按一定位置画好横线或圆，然后再与零件一一对应，画出指引线和小圆点(画之前要核对零件数量)。

2)明细栏和标题栏

为了便于读图和图样管理，应对每个不同的零件或部件进行编号，同时还应编制出相应的明细栏，明细栏写在标题栏的上方。填写内容一般应遵守以下规定：

①明细栏内零件序号自下而上按顺序填写。如向上位置不够时，明细栏的一部分可以放在标题栏的左边。所填零件序号应和图中所编零件的序号一致，如图9.4所示。

②填写标准件时，应在“名称”栏内写出规定标记中除标准号以外的其余内容；并在代号栏中写上标准代号。如图9.1中零件5、6等。

③“备注”栏内可填写常用件的重要参数。如齿轮的模数、齿形角及齿数；弹簧内外直径、簧丝直径、工作圈数和自由高度等。

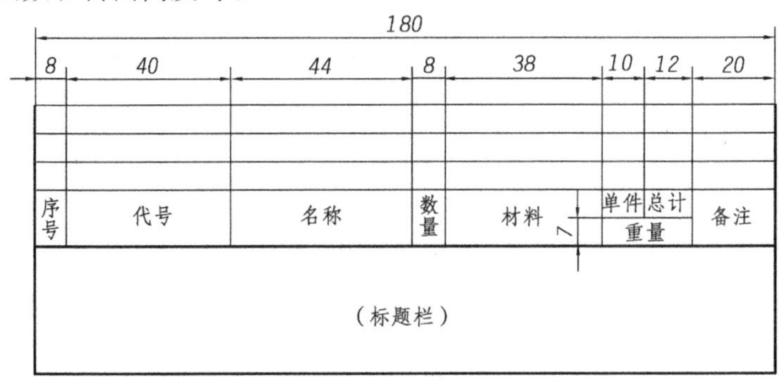

图9.4 标题栏和明细表的格式及内容

从无到有，从整船进口到国内自主设计建造，再到领先于世界。我国一跃成为世界疏浚大国和强国。同时，为了国家的一带一路建设，我国为国外的沿线国家提供基础性建设工作。

任何一台机器都是由若干零部件组装而成的。每种零件都起着不同的作用，相互协调，共同完成任务。正如我们每个人在社会中扮演着不同的角色，承担着不同的责任，协同合作，共同发展。

1. 看懂溢流阀的装配图。

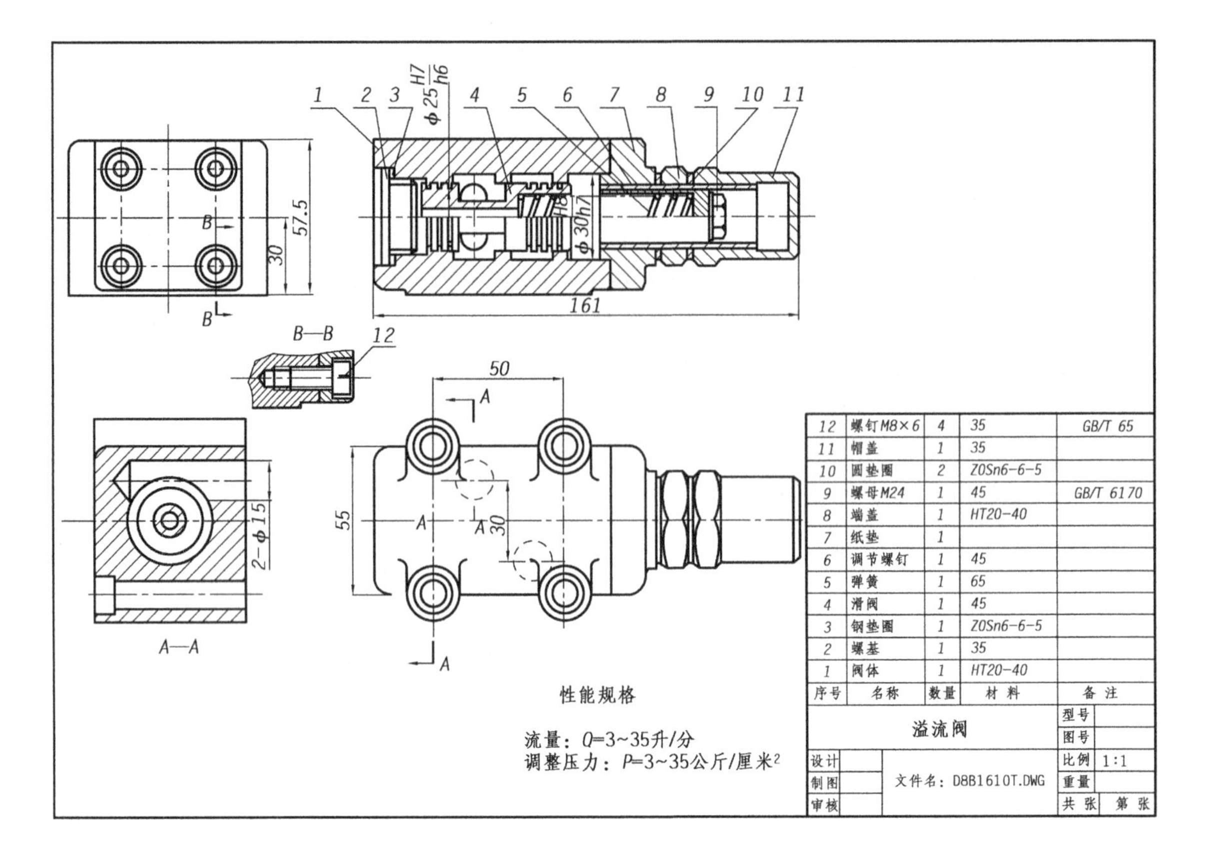

序号	名称	数量	材料	备注
12	螺钉M8×6	4	35	GB/T 65
11	帽盖	1	35	
10	圆垫圈	2	ZOSn6-6-5	
9	螺母M24	1	45	GB/T 6170
8	端盖	1	HT20-40	
7	纸垫	1		
6	调节螺钉	1	45	
5	弹簧	1	65	
4	滑阀	1	45	
3	钢垫圈	1	ZOSn6-6-5	
2	螺塞	1	35	
1	阀体	1	HT20-40	

9.2 装配图的图样画法

【案例】标准为中国质量作证

2012年，载有乘客和船员共4 229人的意大利游轮“歌诗达·康科迪亚号”触礁搁浅，震惊世界。这起事故造成33人死亡，耗资6.12亿美元建造的邮轮毁于一旦，而事故原因正是船长判断失误，偏离航线，触及暗礁造成的。能给船舶装上大脑，让它们能够辅助船长更加精准地判断吗？2017年12月5日中国打造出了全球第一个智能船舶控制系统“大智号”，它被称为“智慧大脑”。虽然中国已经拥有完全自主知识产权的智能船舶控制系统，但由于国内没有配套的装备，“大智号”上大量的传感器和设备都需要从国外采购，而这一问题的背后，其实是标准缺失问题。这就意味着中国的船舶即使有强劲的动力心脏，智慧的大脑，但是身体躯干长什么样，有哪些内脏，怎么分布，还是要听别人的，一旦标准被修改，还要重新追赶生产技术，始终被其他国家所牵制。

【启示】标准是为了在一定的范围内获得最佳秩序，经协商一致制造并由公认机构批准，共同使用和重复使用的一种规范性文件。国家制图标准规定了装配图的图样画法，我们在绘制装配图时要遵守标准的规定，才能绘制出规范的图样。

零件图中的各种表示法（视图、剖视图、断面图等）同样适用于装配图，但装配图着重表达装配体的结构特点、工作原理以及各零件间的装配关系。针对这一特点，国家标准制订了装配图的规定画法和特殊画法。

9.2.1　装配图的规定画法

1）相邻两零件的画法

装配图的图样画法

两相邻零件的接触面或配合面只画一条轮廓线（粗实线）。如图 9.5 中的轴承内孔与轴；非配合面、非接触面即使它们之间的间隙很小，也必须画出两条轮廓线。如图 9.5 中的螺钉与端盖上的孔。

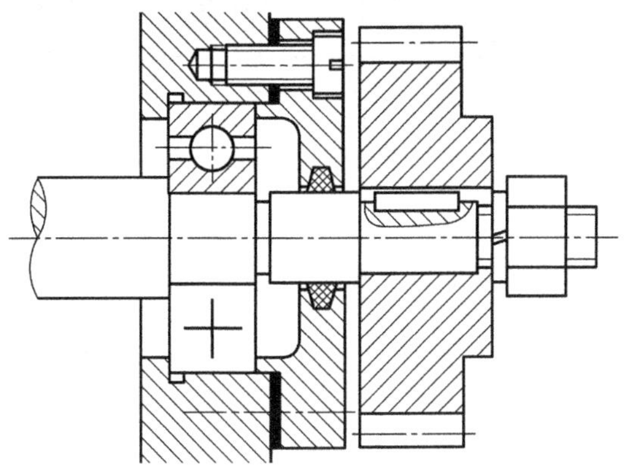

图 9.5　规定画法

2）实心件和紧固件的画法

在装配图中，对于实心件（如轴、手柄、连杆、吊钩、球、键、销等）和紧固件（如螺栓、螺母、垫圈等），若按纵向剖开，且剖切平面通过其对称平面或轴线时，则这些零件均按不剖绘制。但当剖切平面垂直于上述的一些实心件和紧固件的轴线剖切时，则这些零件应按剖视绘制，画出剖面符号。如图 9.5 中的轴、键、螺母和垫圈都按不剖绘制。

3）剖面线的画法

相邻两个零件的剖面线倾斜方向应相反。三个零件相邻时，除其中两个零件的剖面线倾斜方向相反外，对第三个零件应采用不同的剖面线间隔，并与同方向的剖面线错开。在装配图中，宽度小于或等于 2 mm 的狭小面积的断面，可用涂黑代替剖面符号。如图 9.5 中的垫片。

9.2.2 装配图的简化画法

1)沿零件的结合面剖切和拆卸画法

在装配图中,当某些零件遮住了需要表达的结构和装配关系时,可假想沿某些零件的结合面剖切或假想将某些零件拆卸后绘制。需要说明时,可在相应的视图上方加注“拆去××等”。如图9.6俯视图右半部分是沿轴承盖与轴承座结合面剖切,拆去轴承盖等零件后画出的半剖视图。结合面上不画剖面线,被剖切到的螺栓按规定必须画出剖面线。

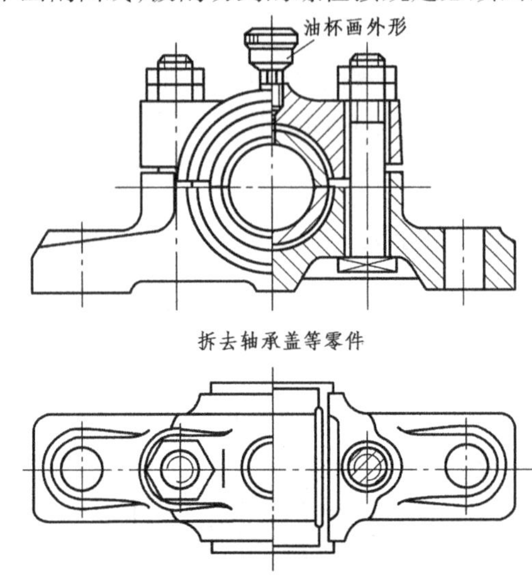

图9.6 沿零件结合面剖切和拆卸画法

2)相同规格零件组画法

装配图中相同规格的零件组(如螺钉连接),可详细地画出一处,其余用细点画线表示其装配位置(图9.5)。

3)组合件的简化画法

在装配图中,当剖切平面通过某些标准产品的组合件时,允许只画出其外形轮廓,如图9.6中的油杯。

4)零件工艺结构的简化

在装配图中,零件的工艺结构如圆角、倒角、退刀槽等允许省略不画(图9.5)。

5)单独表示某个零件的画法

在装配图中,可以单独画出某一零件的视图,但必须在所画视图的上方注写该零件的名称,在相应的视图附近用箭头指明投射方向,并注写同样的字母。

9.2.3 装配图的特殊画法

1)夸大画法

在装配图中允许将一些很薄的垫片、锥度较小的锥销、锥孔等夸大画出。如图9.5中的调整垫片采用的是夸大画法。

2)假想投影画法

①为了表示运动零件的极限位置和运动范围,常把它画在一个极限位置上,再用双点画线画出其余位置的假想投影,以表示零件的另一极限位置,并注上尺寸。例如,图9.7中手柄的运动范围是用双点画线画出的。

②为了表示装配体与其他零(部)件的安装或装配关系,常把该装配体相邻而又不属于该装配体的有关零(部)件的轮廓线用双点画线画出,如图9.7所示。

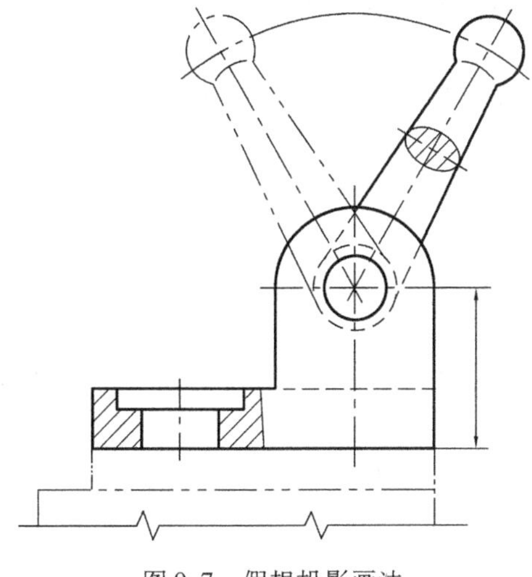

图9.7　假想投影画法

3)展开画法

为了表示部件传动机构的传动路线及各轴之间的装配关系,可按传动顺序沿轴线剖开,并将其展开画出。在展开剖视图的上方应注上"X—X展开",如图9.8所示。

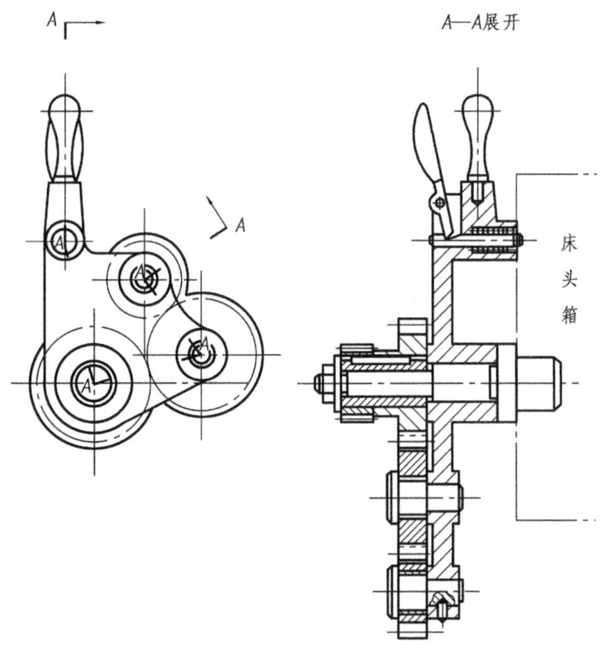

图9.8　展开画法

标准是企业产品生产的重要依据，是保证产品质量，提高产品市场竞争力的前提条件。在当今竞争日趋激烈的国际贸易中，标准已成为各国竞争的焦点之一，谁掌握了标准制定权，谁的技术转化为标准，谁就掌握了市场的主动权。对标准的认同体现了对国家实力和行业水平的认同。标准提升产品质量，让中国质量走向世界。

1. 某个电子行业的企业，为 Dell、siemens、lenovo、hp 等客户做代工，同时也生产自有品牌的产品，在这里有一个奇怪的现象，就是给 siemens、dell 等要求高的客户做代工时，制造的品质非常的好，可是一到了生产自有品牌的产品时，则质量一落千丈。请同学们谈一谈对这件事的看法。

2. 读懂下图的装配图，并在右侧抄画装配图。

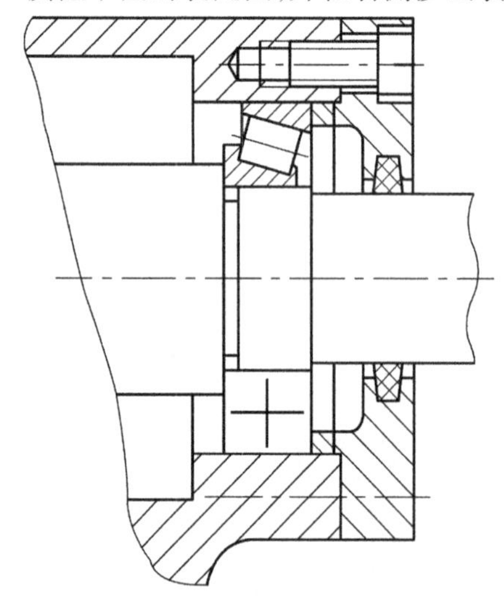

9.3 常见装配结构

【案例】大众汽车召回事件

1972 年,大众汽车因为车辆雨刷臂螺钉松动隐患召回了 370 万台车型。雨刮臂螺钉松动可能会导致两根雨刷突然卡顿,如果遇到暴雨天气,其危险性可想而知。

【启示】雨刮臂螺钉的松动是因为装配结构不合理导致的,由此可见装配结构合理的重要性。在绘制装配图时,应考虑装配结构的合理性,以保证机器和部件的性能,使连接可靠,便于零件装拆。

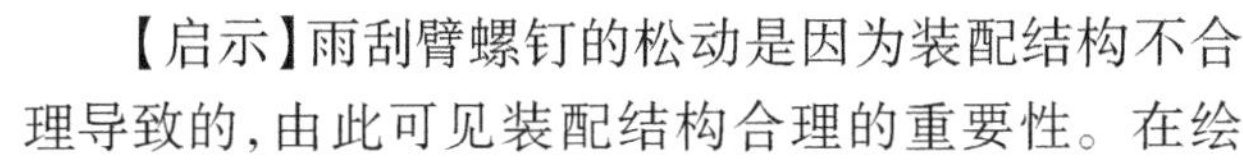

9.3.1 接触面与配合面的结构

常见装配结构

①两个零件之间在同一方向上的接触面数量,一般不得多于一个,否则会给加工和装配带来困难,如图 9.9 所示。

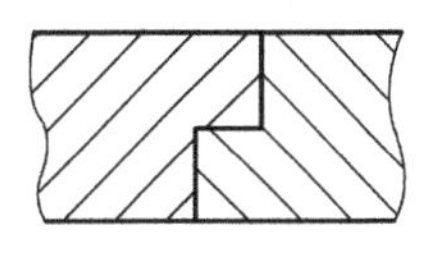

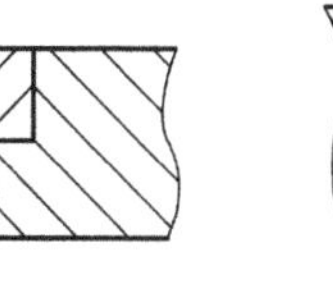

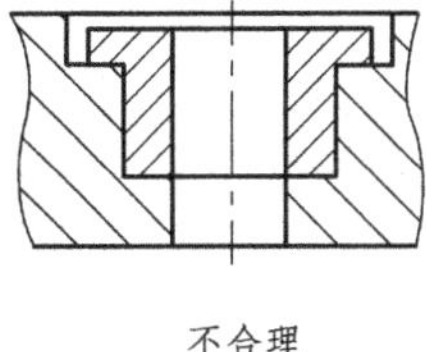

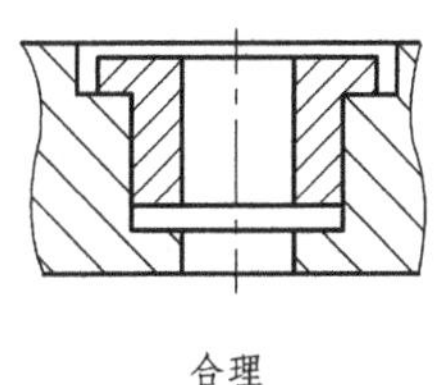

图 9.9 同方向上只能有一对接触面

②为了使具有不同方向接触面的两个零件接触良好,在接触面的交角处不应都做成尖角或大小相同的圆角,而应在孔的端部制成倒角,或在轴的根部切槽,如图 9.10 所示。

③当锥孔不通时,圆锥面接触应有足够的长度,且锥体顶部与锥孔底部之间必须留有间隙,否则得不到稳定的配合,如图 9.11 所示。

④为了保证接触面良好,接触面需经机械加工。因此合理的减少加工面积,不但可以降低加工费用,而且可以改善接触情况,如图 9.12 所示。

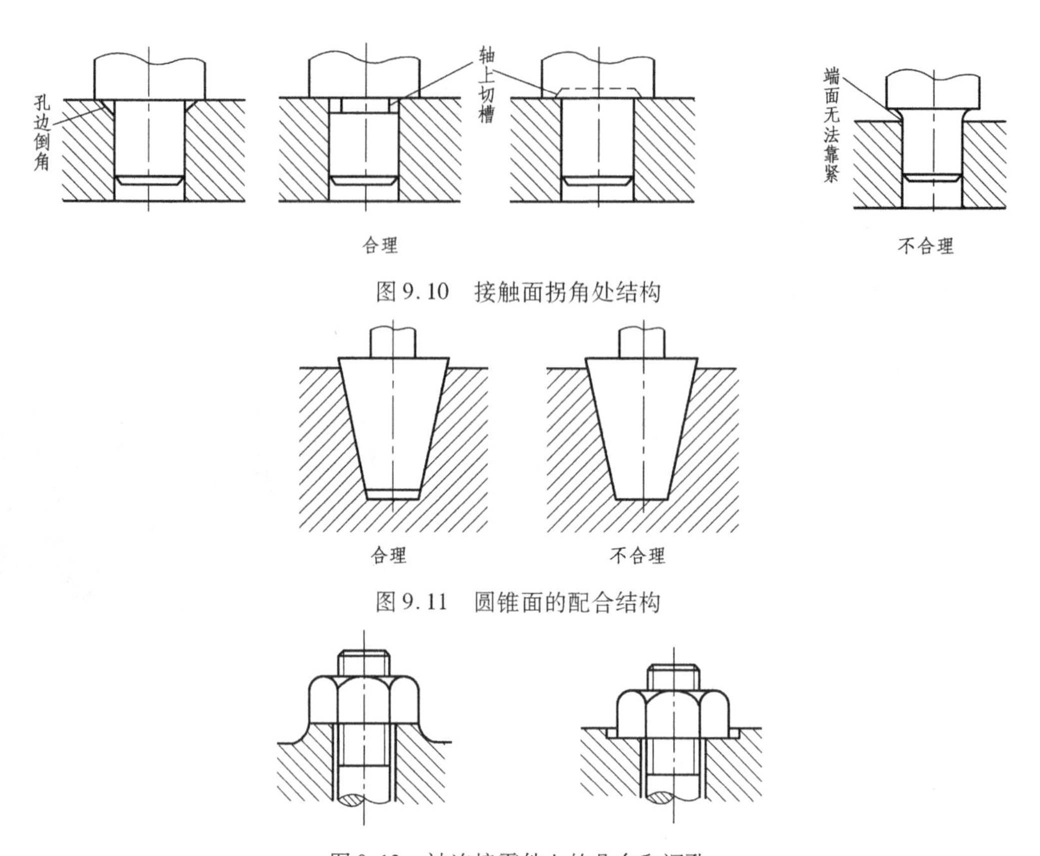

图 9.10　接触面拐角处结构

图 9.11　圆锥面的配合结构

图 9.12　被连接零件上的凸台和沉孔

9.3.2　安装与拆卸的结构

①当零件用螺纹紧固件连接时，应考虑装拆的可能性，设计时必须留出工具的活动空间和装拆螺栓的空间，如图 9.13 所示。

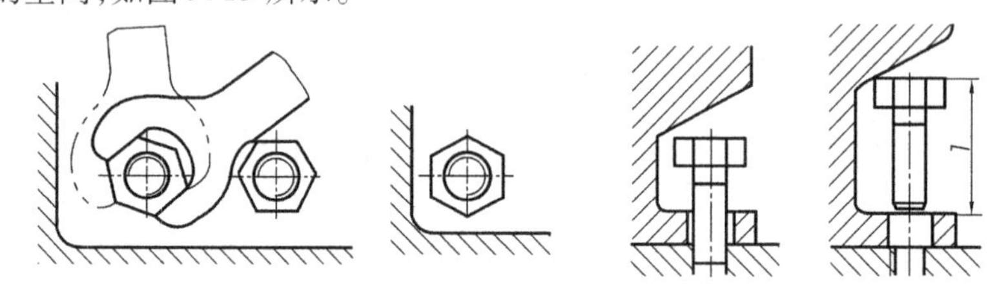

图 9.13　留出紧固件的装拆空间

②在用轴肩或孔肩定位滚动轴承时，应考虑维修拆卸的方便。如设计成图 9.14(a)、(c)，将很难拆卸。如改成图 9.14(b)、(d)形式，就可以很容易地将轴承顶出。

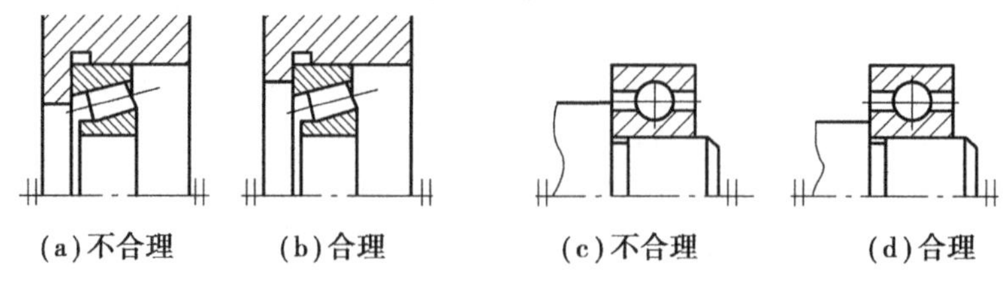

(a)不合理　(b)合理　(c)不合理　(d)合理

图 9.14　考虑轴承拆卸

9.3.3 密封装置

各种密封方法所用的零件，有的已经标准化，如密封圈和毡圈；有的某些局部结构标准化，如轴承盖的毡圈槽、油沟等，其尺寸要从有关手册中查取。标准化的零件要采用规定画法，如图 9.15 所示。

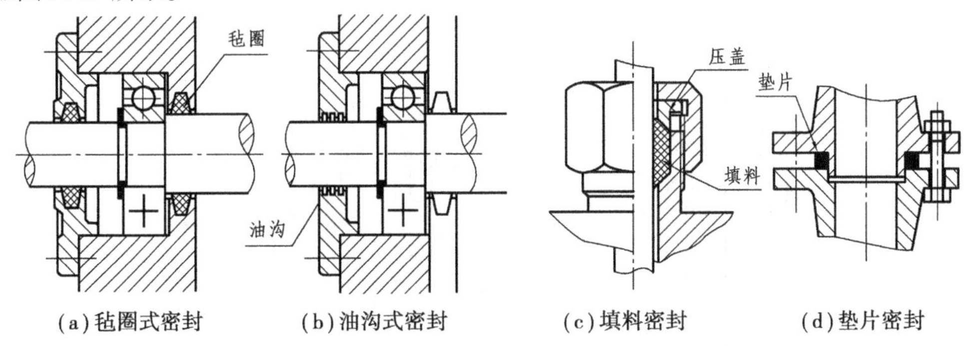

图 9.15 密封装置

9.3.4 防松结构

虽螺纹具有自锁性，但在冲击、振动、高温和变载的作用下，连接可能发生松脱。故在设计螺纹连接时，要考虑防松结构的设计，常见螺纹连接的防松结构如图 9.16 所示。

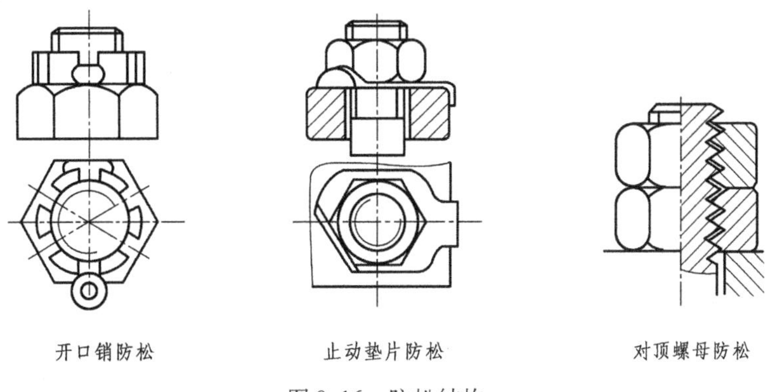

图 9.16 防松结构

一颗螺钉的松动导致数百万汽车的召回，其经济损失不言而喻，可见装配结构的重要性。一个小小的隐患可能引起严重的事故，作为工程技术人员，在技术上需要精益求精，在工程质量上需要一丝不苟。

请同学们分析下图中的密封结构。

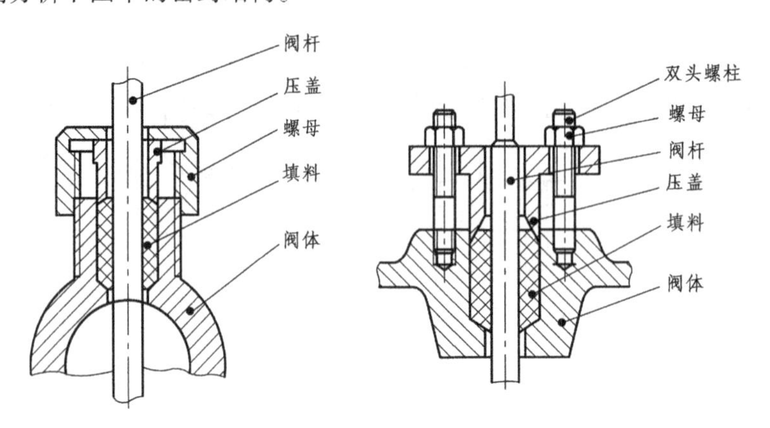

9.4 由零件图画装配图

【案例】大国工匠重现旷世兵马俑

兵马俑号称世界第八大奇迹,但兵马俑刚刚出土的时候,这座丰碑作倒伏状,2 000 多年的历史积尘已经把它们压成碎片。如何让这个碎片化的历史文化奇迹完整挺立起来,当时全世界也没有人曾经面对过这么大的难题。中国的工匠们最终让久已“粉身碎骨”的兵马俑恢复了原身。在碎片堆里拼接兵马俑的过程中,只要有一块陶片位置出现错误,整个拼接过程就必须重来。拼接难度最大的是那些体积小、图案较少的陶片,为了一块陶片,有时需要琢磨十多天,反复预演数十次,甚至上百次,一件兵马俑的修复往往需要耗时一年,甚至更久。修复之后,工作人员还必须对每一个陶俑的现状图,病害图经过图纸的形式表现出来。这个图就相当于陶俑的“身份证”。

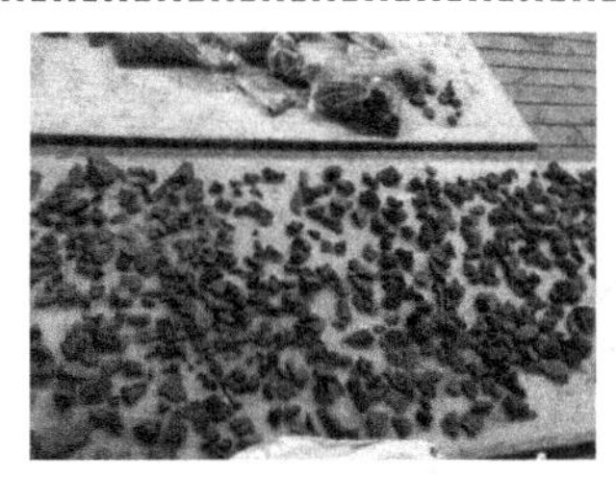

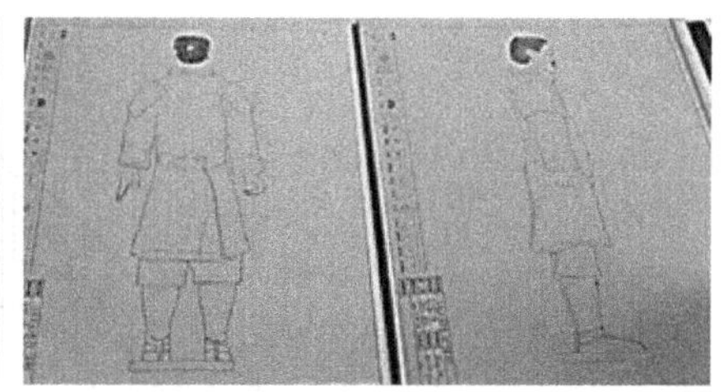

【启示】看似一个简单的刮刀清理动作,修复者们练习了上千万次,才把握住毫厘之间的分寸。他们是当之无愧的大国工匠。我们在画装配图时,也需要他们这种"工匠精神",专注绘图的每个细节,做到精益求精。

由零件图画装配

装配图的作用是表达机器或部件的工作原理、装配关系以及主要零件的结构形状。因此,在画装配图以前,要对所绘制的机器或部件的工作原理、装配关系以及主要零件形状、零件与零件之间的相对位置、定位方式等做仔细的分析。现以绘制单级齿轮减速器装配图为例,介绍根据零件图绘制装配图的方法与步骤。

9.4.1 分析了解绘制对象的用途、性能、工作原理和结构特点

减速器是改变传动速度的一种部件,如图 9.17 所示。它是以齿轮作为动力传递机构,通过齿轮将电机的转速减速到所需要的工作转速。

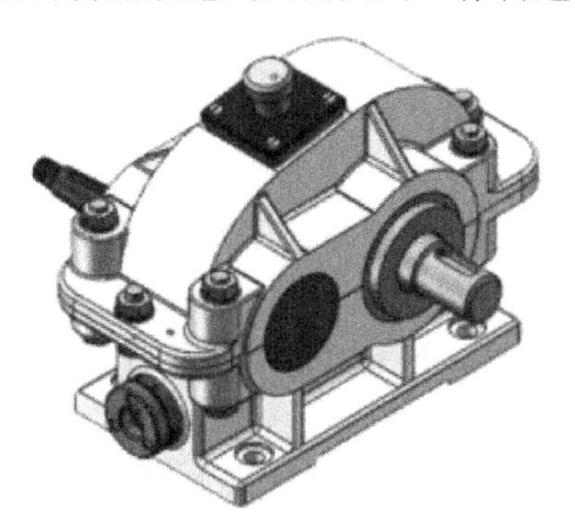
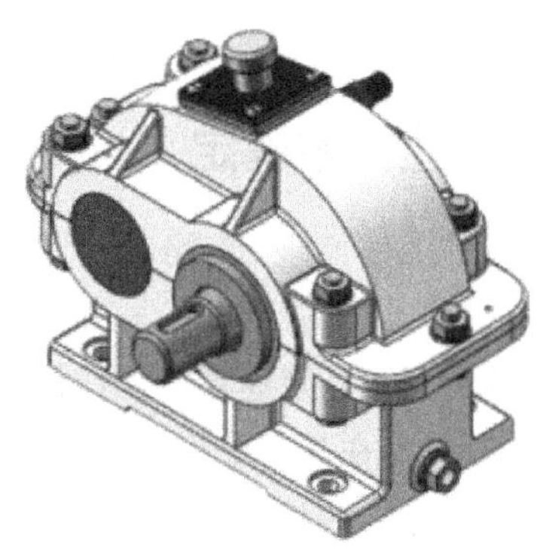

图 9.17 减速器

根据图 9.18 单级减速器装配示意图可知,它由两个轴系构成,每个轴上装配有若干零件。左边小齿轮轴为输入端,右边大齿轮轴为输出端。左边高速轴端部有一键槽,可与一皮带轮连接,并通过皮带轮传动与电机连接,经过减速器内的一对齿轮传动后,右端低速轴的键槽则用来与工作机的输入端连接。

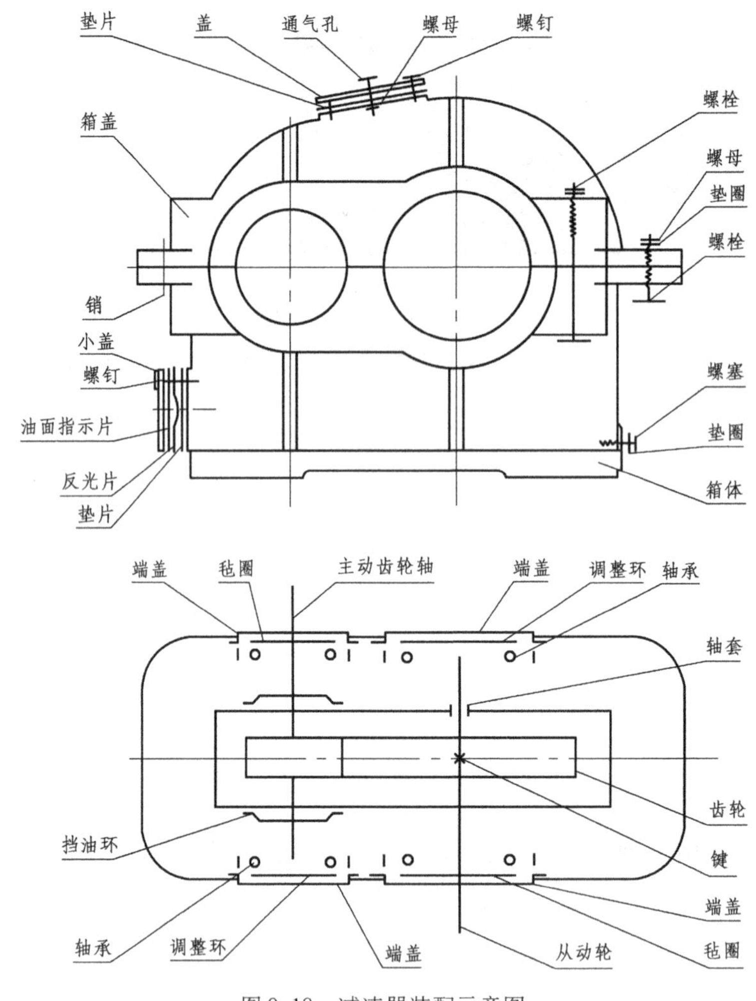

图 9.18　减速器装配示意图

9.4.2　表达方案确定

在对减速器的工作原理、装配示意图分析的基础上，确定了减速器装配图的具体表达方案。

①装配图的主视图。减速器按工作位置且并按左低右高的方式放置，主视图用于表达整个减速器的外部形状，在其中采用了几个局部视图分别用于表达箱盖和箱体间的螺栓连接和销连接、箱盖上部的通气装置、箱体左下部的油面观察装置、箱体右下部的清油装置。

②装配图的俯视图。俯视图采用沿箱盖和箱体结合面剖切的画法，用于表达减速器的工作原理及两个轴系上各个零件的装配情况。

③装配图的左视图。左视图采用了拆卸画法，用来补充表达主、俯视图上没有表达的箱盖和箱体的外部形状、箱座左下部的油面观察装置形状、输入轴和输出轴与整体的相对位置等。

④其他视图。在装配图中采用了单独画出一个零件的方法分别用于清楚表达某些零件的结构和形状。

9.4.3　绘制装配图

1）确定比例和图幅

根据装配示意图和零件图计算出装配体的总长、总宽和总高，再按照确定的表达方案选定的视图数量来最终选择图幅和绘图比例。

2）布置图面

先画出图框，再根据选定的视图表达方案，布置好各视图的具体位置，画出各视图的中心线和基准线，并将明细栏和标题栏的位置确定好，如图9.19所示。

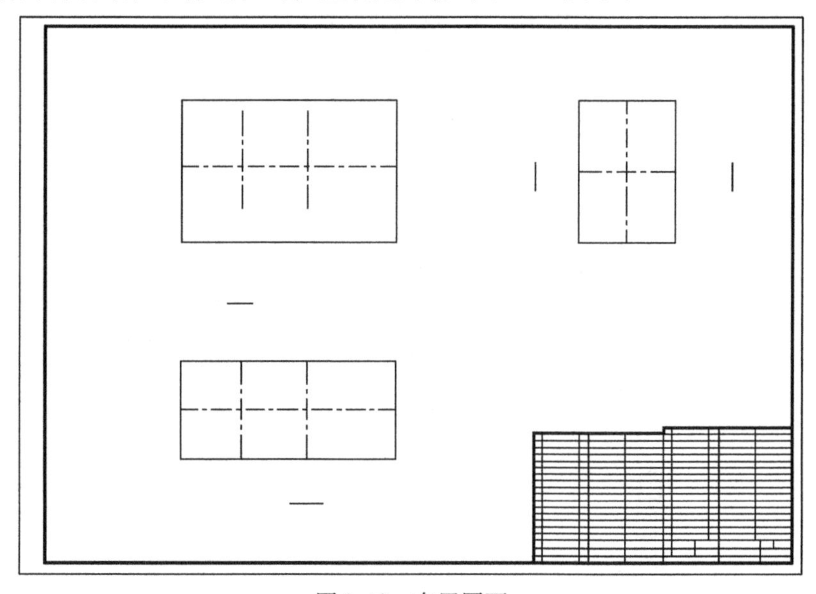

图9.19　布置图面

3）画主要零件轮廓

画装配图一般应从主要装配线画起，故减速器的装配图从俯视图画起。先画出二个轴系装配的俯视图，然后再三个视图结合绘制箱体和箱盖，最后绘制其他部分。

①绘制主动齿轮轴轴系装配俯视图。先将小齿轮轴上齿轮的中心线与俯视图中水平中心线对齐，按小齿轮轴的零件图绘制小齿轮轴。按装配关系依次分别绘制轴系上部的挡油环、轴承、端盖、密封。然后再依次画出轴系下部的挡油环、轴承、调整环、端盖，如图9.20所示。

②绘制从动齿轮轴轴系装配俯视图。先将从动齿轮轴上齿轮的中心线与俯视图中水平中心线对齐，按齿轮零件图绘制齿轮。接下来按装配关系依次分别绘制从动轴（齿轮抵在从动轴轴肩上）、轴系上部的套筒、轴承、调整环、端盖。然后再依次画出轴系下部的轴承、端盖、密封，如图9.20所示。在绘图过程中，注意主动齿轮与从动轴齿轮轮齿的啮合画法。

③绘制箱体三视图。将箱体水平中心线与上面所画两齿轮中心线对齐，按箱体零件图绘制箱体三视图，注意箱体的轮廓线被二个轴系挡住的部分不用画出，如图9.21所示。

④绘制箱盖主、左视图。按箱座与箱盖的装配关系，绘制箱盖主、左视图。在主视图中补充两齿轮啮合时分度圆的投影。在左视图中补充主动轴和从动轴的投影，如图9.22所示。

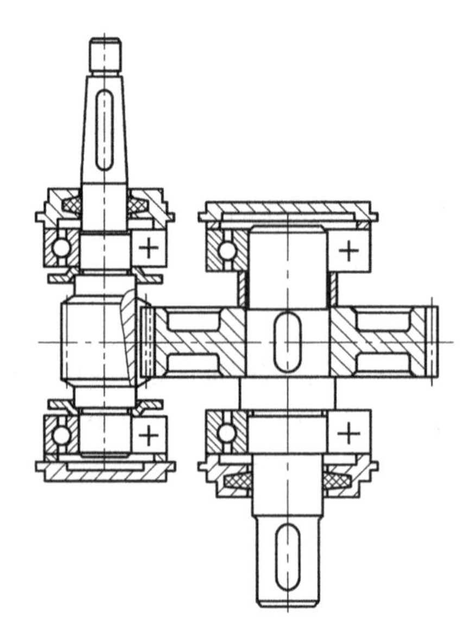

图 9.20　主动轴和从动轴轴系画法

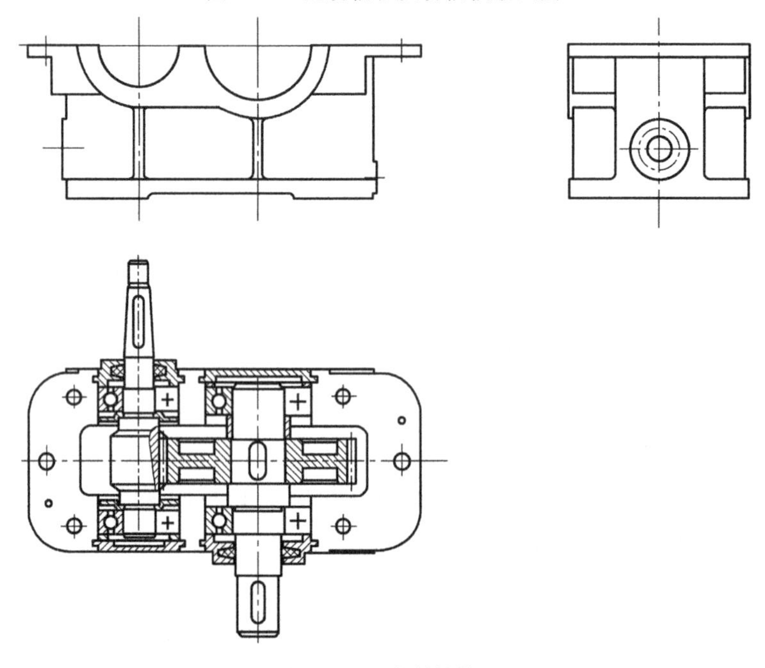

图 9.21　绘制箱体

⑤绘制箱盖与箱体的连接部分。箱体与箱盖是通过螺栓和销来连接的。由于结构需要，螺栓连接有 2 组为较短螺栓连接,4 组为较长螺栓连接,销连接有 2 处。在主视图上分别用局部剖视画出这两种螺栓连接(螺栓、弹簧垫圈、螺母)和销连接。俯视图由于采用沿箱体与箱盖结合面剖切,因此只画出剖切螺栓杆和销的剖视图。左视图画出螺栓连接和销连接的外形图,如图 9.23 所示。

⑥绘制清油装置。减速器的清油装置是将垫圈和螺塞通过螺纹与箱体右端的螺纹孔相连接,具体装配画法如图 9.24 所示。

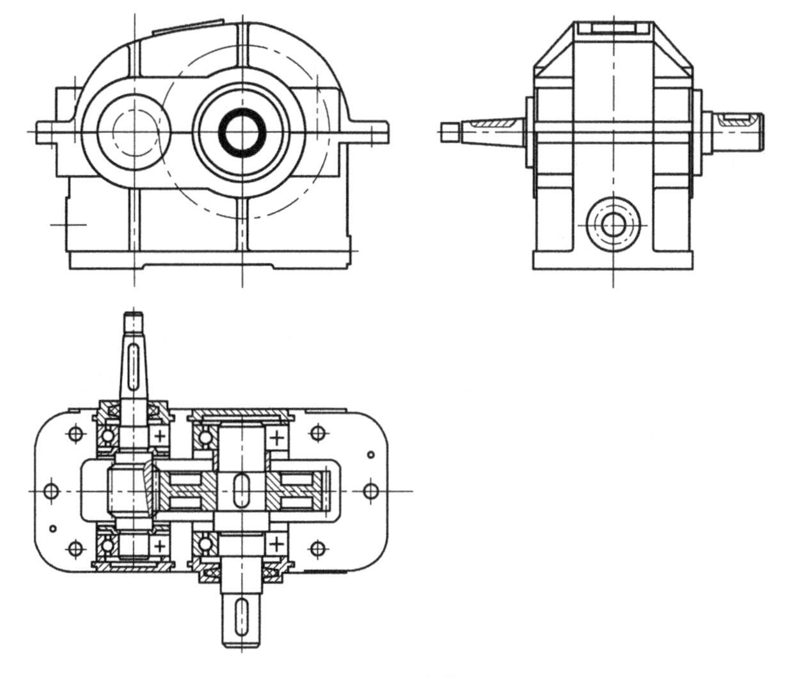

图 9.22 绘制箱盖

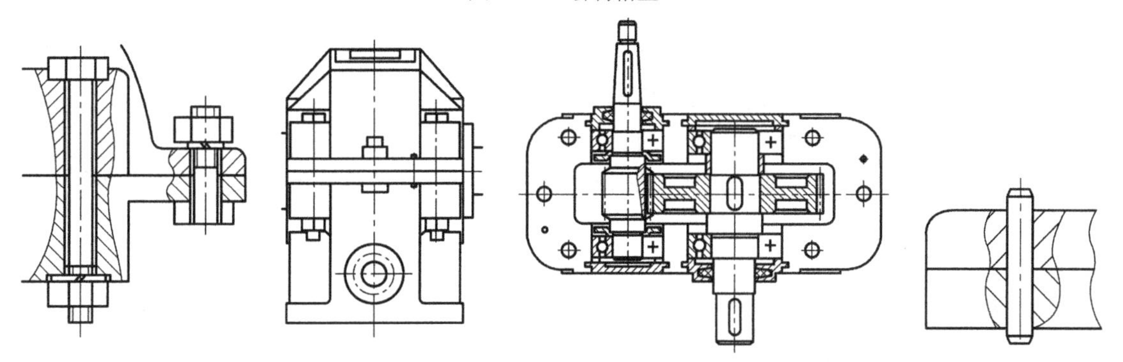

图 9.23 绘制箱盖与箱体的连接

⑦绘制油面观察装置。油面观察装置由 2 个垫片、反光片、油面指示片、小盘、螺钉构成。通过螺钉与箱座左下部螺孔相连,其在主视图和左视图的画法如图 9.25 所示。

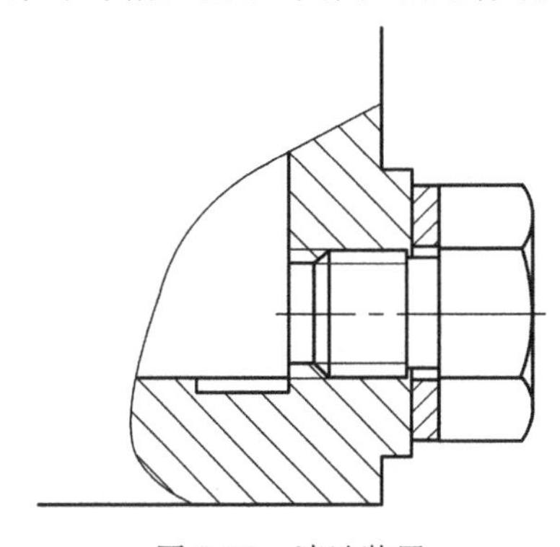

图 9.24 清油装置

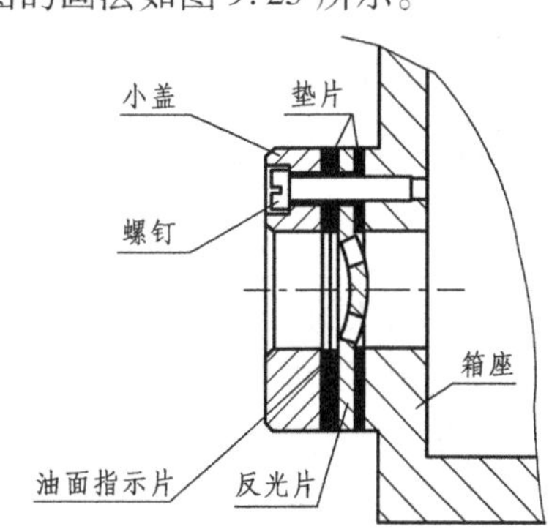

图 9.25 油面观察装置

⑧绘制透气装置。透气装置由通气孔、盖、垫片、螺钉和螺母构成。盖和垫片通过螺钉与箱盖相连,通气孔通过螺母固定在箱盖上。主视图中用局部剖视图表示连接过程,为了表示盖的形状和螺钉的连接情况,用一个斜视图来表示。对通气孔用一个剖视来单独表示。具体画法如图 9.26 所示。

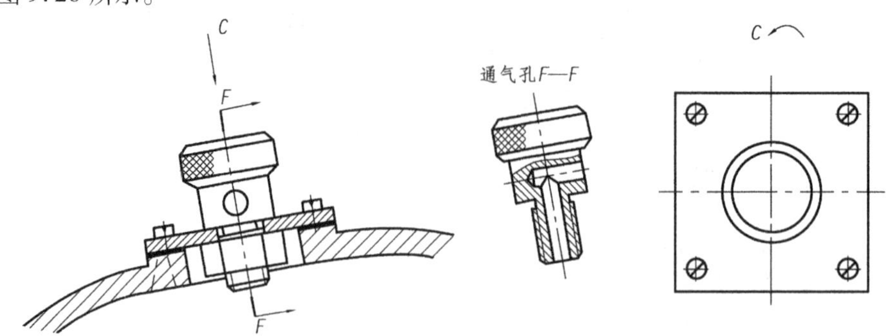

图 9.26 透气装置

4)标注尺寸,技术要求

①标注尺寸。

主动齿轮轴输入端、从动轴输出端的轴径尺寸和键槽尺寸是减速器的规格尺寸。

减速器的装配尺寸主要有:俯视图上滚动轴承与二个轴之间、滚动轴承与箱体轴承孔之间、端盖与箱体轴承孔之间、齿轮与从动轴间的配合尺寸;主视图上两轴的中心距、俯视图中箱体和箱盖结合面上螺栓和销之间的相对位置尺寸也是装配尺寸。

减速器的外形尺寸为整个装配体的总长、总宽和总高。

此外,减速器的安装尺寸包括箱座底板上的安装用沉孔的定形和定位尺寸,以及两齿轮的中心高,如图 9.27 所示。

②注写技术要求。如图 9.27 所示。

5)填写明细栏和标题栏

需要为零件编号并填写明细栏和标题栏,如图 9.27 所示。

6)完成装配图

检查整个装配图,正确无误后对整个装配图进行加深,完成装配图,如图 9.27 所示。

当威武列队的兵马俑军阵为全世界所敬仰的时候,我们真切体会到了使命的价值。在貌似重复中不断应对新问题,修复者把这份工匠式劳作变成了艺术和学问。他们成为国家文化使命的有力承担者。我们要学习他们敬业、专注、精益求精,力求完美的“工匠精神”。由零件图拼接画装配图时,需要我们了解零件之间的连接关系和装配要求,专注绘图的每个细节,绘出“完美”的图形。

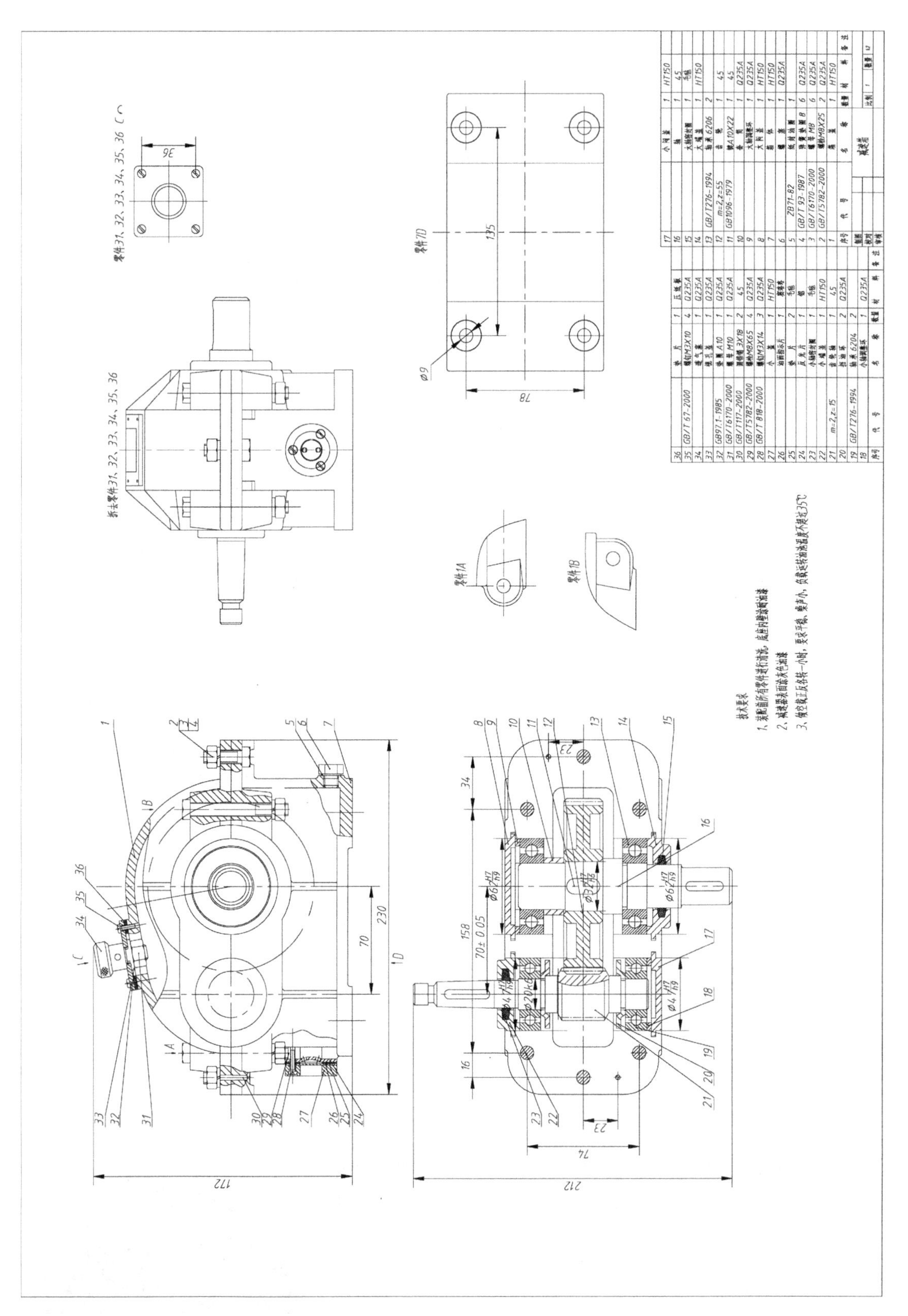

图 9.27 减速器装配图

1.《大国工匠》第二季人物:为导弹发动机雕刻火药药面的徐立平,从事着一个火花就可能失去生命的高危工种长达 28 年,只因母亲一句“没有国何有家”的教诲;焊工卢仁峰,攻克了高强度钢板焊接开裂的难关,让阅兵场上的装甲方队不仅威武,而且能够经得住实战的考验,而大家并不知道,他带着一只残缺的左手在焊接岗位坚守了 30 余年;给歼-15 舰载机生产标准件的方文墨,手工加工精度超过数控机床,突破了教科书上人类手工加工能力的极限,背后却是他几年甚至十几年的苦练;铸造导弹舱体的毛腊生,在大山深处的三线基地里和砂子打了一辈子交道,不善言谈的他把所有的心声都吐露给了不能说话的砂子。请同学们想一想他们的身上都有什么样的共同特征?

2. 请同学们读懂千斤顶的装配图。

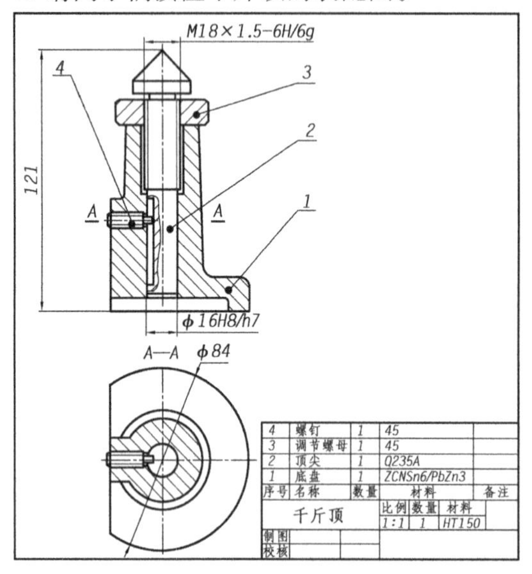

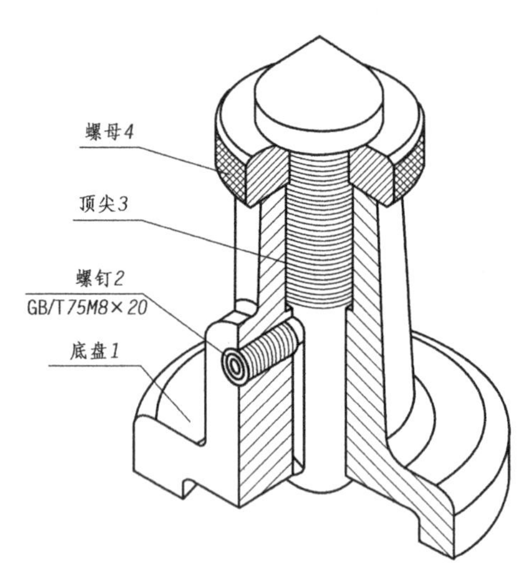

9.5 读装配图和拆画零件图

【小知识】装配式建筑

传统盖房子所有步骤几乎都在工地上进行,不仅浪费巨大,而且污染环境。装配式建筑是指部分或全部配件在工厂制造,后运输到施工现场,并将配件通过可靠的装配方式组装而成。这种新型的装配式建筑借鉴了制造业的手段,每一个部件都严格按照要求,在流水线上生产,这让材料的损耗率不到3%,在工地上对水电的需求也大大降低,

只要几把电钻和电焊，建筑就能拔地而起。

【启示】装配式建筑具备标准化设计、工厂化生产、装配化施工、一体化装修、信息化管理、智能化应用等特点，是现代工业化生产的代表。中国已经规划未来 10 年内 30% 的新增建筑都将使用装配式方法搭建，到那时将为世界节省 12% 的资源消耗。

在机器或部件的设计、制造、安装、使用和维修中往往需要阅读装配图。从装配图上可以了解机器或部件的用途、性能和工作原理，弄清各零件之间的装配关系、各零件的定位和固定方式以及各个零件的作用，进一步明确部件的使用、调整方法，以及各零件装、拆次序及方法。另外，设计时还需从装配图上拆画零件图。读装配图的要求如下：

①了解机器或部件的性能、功能和工作原理。

②零件间的装配关系及零件的拆装顺序。

③各零件的主要结构形状和作用。

④其他系统，如润滑系统、防漏系统的原理和构造。

9.5.1 读装配图的方法和步骤

1)概括了解

从标题栏和明细栏可以了解装配体的名称，各零(部)件的名称、数量和材料等，从这些信息中就能初步判断装配体及其组成零件的作用和制造方法等。

2)表达分析

分析各视图之间的关系，找出主视图，弄清各个视图所表达的重点，要注意找出剖视图的剖切位置以及向视图、斜视图和局部视图的投射方向和表达部位等，理解表达意图。

3)深入了解部件或机器的工作原理和装配关系

①从主视图入手，根据各装配干线，对照零件在各视图中的投影关系。

②由各零件剖面线的不同方向和间隔，分清零件轮廓的范围。

③由装配图上所标注的配合代号，了解零件间的配合关系。

④根据常见结构的表达方法来识别零件，如油环、轴承、密封结构等。

⑤根据零件序号对照明细栏，找出零件数量、材料、规格，帮助了解零件作用和确定零件在装配图中的位置和范围。

⑥利用一般零件结构有对称性的特点，以及相互连接两零件的接触面应大致相同的特点，帮助想象零件的结构形状。有时甚至还要借助于阅读有关的零件图，才能彻底读懂装配图，了解机器(或部件)的工作原理、装配关系及各零件的功用和结构特点。

4)分析零件

分析零件的目的是弄清楚零件的结构形状和各零件间的装配关系。一台机器(或部件)

上有标准件、常用件和一般零件。对于标准件、常用件一般是容易弄懂的,但一般零件有简有繁,它们的作用和地位又各不相同,应先从主要零件分析,运用上述第3点所述方法确定零件的范围、结构、形状、功用和装配关系。

5)归纳总结

在对装配关系和主要零件的结构进行分析的基础上,还要对技术要求、全部尺寸进行研究,进一步了解机器(或部件)的设计意图和装配工艺性。最后归纳总结装配和拆卸顺序、运动是怎样在零件间传递的、系统是怎样润滑和密封的。

9.5.2 由装配图拆画零件图

在产品设计过程中,一般是按功能要求先设计、绘制出部件装配图,确定零件主要结构,然后再根据装配图画零件图,将各零件结构、形状大小完全确定,以利于加工制造。由装配图拆画零件图是设计工作中的一个重要环节,由装配图拆画零件图的过程简称为拆图。拆图应在读懂装配图的基础上进行。拆图的过程往往也是完成零件设计的过程,一般可按以下步骤:

1)分离零件,确定零件的结构形状

①读懂装配图,分析所拆零件的作用和结构,从各零件中分离出来,确定该零件的投影轮廓。

②补齐装配图中被其他零件遮挡的轮廓线,想象零件的结构形状。

③对于装配图中简化了的工艺结构,如倒角、退刀槽等要补画出来。

2)选择零件的表达方案

零件视图的选择应按零件本身的结构形状特点而定,不一定要与装配图中的表达方法一样。一般来讲,箱体类零件的主视图多与装配图中的位置和投影方向的选择一致,轴套类零件的主视图一般应按加工位置放置(即轴线水平放置)确定主视图。

3)标注零件的尺寸

分析零件各部分尺寸的作用及其对部件的影响,首先确定主要尺寸和选择尺寸基准。

①对装配图中已注明的尺寸,按所标注的尺寸和公差带代号(或偏差值)直接注在零件图上。

②标准件和标准结构有关的尺寸(如螺纹、销孔、键槽等)可从明细栏及相应标准中查到,有些尺寸需要计算确定(如齿轮的分度圆、齿顶圆等)。

③其他装配图中未标注的尺寸,可从图上直接按比例量取,并作圆整。

4)确定零件的技术要求

零件的技术要求除在装配图上已标出的(如极限与配合)可直接应用到零件图上外,其他的技术要求,如表面粗糙度、几何公差等,要根据零件的作用通过查表或参照类似产品确定。

5)标题栏

标题栏中所填写的零件名称、材料和数量等要与装配图明细栏中的内容一致。

9.5.3 应用举例

现以图9.28所示的机用虎钳为例,介绍读装配图和拆画零件图的一般方法和步骤。

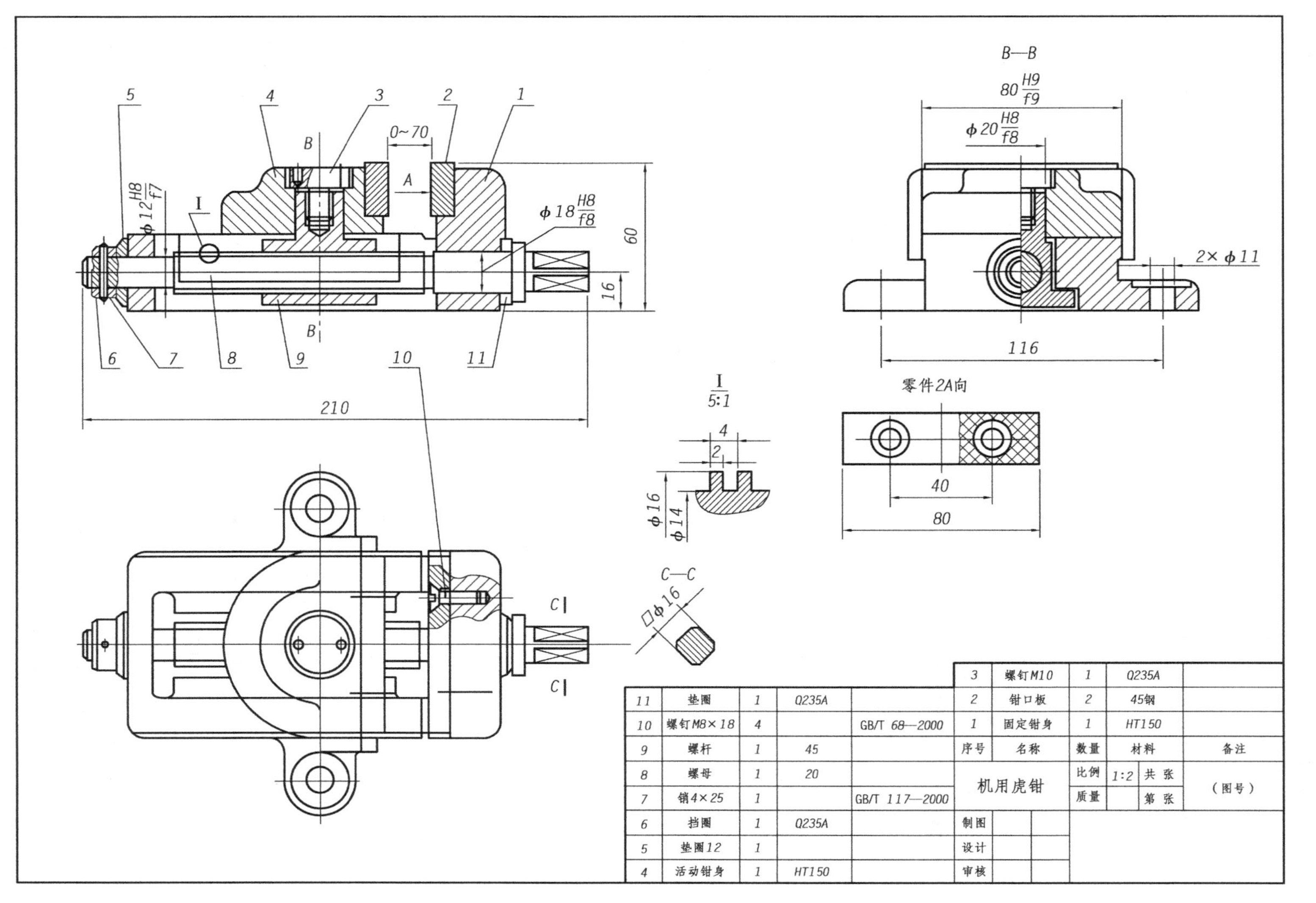

图9.28 机用虎钳装配图

1)概括了解

①从标题栏和有关资料中了解部件的名称、绘图比例等,名称往往可以反映出部件的功用。

②从明细栏中了解组成部件的零件数目及其在装配图中的位置,初步了解各零件的主要作用。

③分析视图,弄清楚各视图的表达方法以及投影关系,明确表达重点,初步判定部件的大致结构。

图9.28所示部件名为机用虎钳。机用虎钳是安装在机床工作台上,用于夹紧工件,以便进行切削加工的一种通用工具。本例的机用虎钳由11种零件组成。其中垫圈5、圆锥销7、螺钉10是标准件,其他为非标准件。

2)分析视图,明确表达目的

首先要找到主视图,再根据投影关系识别出其他视图,然后找出剖视图和断面图所对应的剖切位置,识别出表达方法的名称,从而明确各视图表达的意图和重点,为进一步深入读图做好准备。在图9.28所示机用虎钳装配图采用了三个基本视图,并在基本视图上作剖视。同时采用了局部放大图、移出断面图、单个零件表示法等表达方法。

主视图采用全剖视,主要反映机用虎钳的工作原理和零件的装配关系,表示了一条水平装配线的装配关系。俯视图主要表达机用虎钳的外形,并通过局部剖视表达钳口板与固定钳身连接的局部结构。左视图采用*B—B*半剖视,表达固定钳身、活动钳身和螺母三个零件之间的装配关系。

局部放大图表达了螺纹的牙型,移出断面图表达了螺杆右侧的结构形状,通过单个零件2的画法表达了钳口板的结构。

3)分析工作原理和零件的装配关系

从反映工作原理、装配关系较明显的视图入手,抓主要装配干线或传动路线,弄清各装配线含有哪些零件,各零件的主要结构形状,它们如何定位和固定,零件间的配合情况以及零件的运动情况和零件的作用。读懂各条装配线的结构,是读装配图的关键。

该机用虎钳的主视图反映其工作原理:旋转螺杆9,使螺母8带动活动钳身4在水平方向右、左移动,从而夹紧或松开工件,机用虎钳的最大夹持厚度为70 mm。

以主视图为主,经阅读区分可知:螺母8从固定钳身1下方的空腔装入工字形槽内,再装入螺杆9,用垫圈11、垫圈5、挡圈6和圆锥销7将螺杆轴向固定,螺钉3将活动钳身4与螺母8连接,最后用螺钉10将两块钳口板2分别与固定钳身1、活动钳身4连接。

4)分析视图,看懂零件的结构形状

读图时,借助序号指引的零件上的剖面线,利用同一零件在不同视图上的剖面线方向与间隔一致的规定,对照投影关系以及与相邻零件的装配情况,逐步想象出各零件的主要结构形状。分析时,有些零件的具体形状可能表达的不够清楚,这时需要根据该零件的作用以及相邻零件的装配关系进行推想,完整构思出零件的结构形状。

把机用虎钳每个零件的结构形状都想清楚后,将各零件联系起来,进而想出整个部件的形状,如图9.29所示。

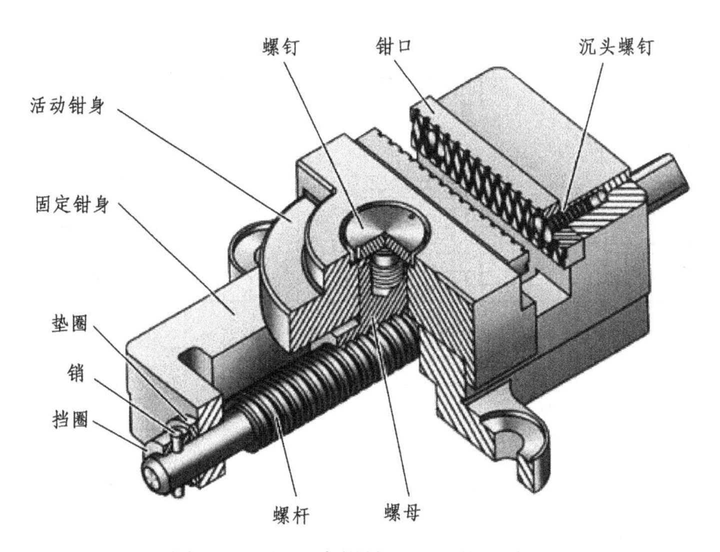

图 9.29 机用虎钳轴测图及装配关系

5)拆画零件图

(1)分离零件

①首先去除螺杆装配线上的垫圈 5、挡圈 6、销 7、螺杆 9、垫圈 11。

②去除螺钉 10、钳口板 2、螺母 8。

③去除活动钳身 4,余下的即为固定钳身,如图 9.30 所示。

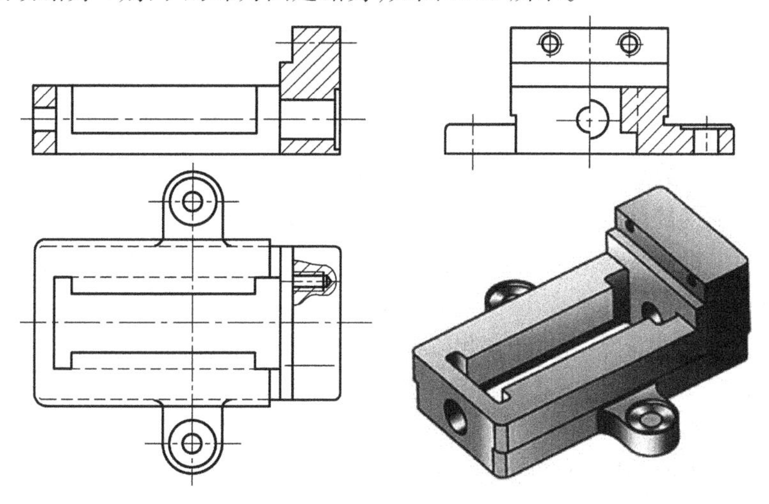

图 9.30 从装配图中分离固定钳身零件

(2)重新选择零件的表达方案

由于装配图的视图表达是从整个部件的角度考虑的,因此在确定零件图的表达方案时,要表达清楚零件的全部结构形状,应根据零件在装配图中的位置以及结构形状来重新考虑。所以在拆画零件图时,零件主视图的确定,视图数量等并不一定和装配图的表达方案一致。尽管有时候二者是相同的,但绝不能简单照抄装配图视图方案而不去重新选择。

固定钳身的主视图应按工作位置原则考虑,即与装配图一致,根据其结构形状,增加其俯视图和左视图。为表达其内部结构,主视图采用全剖视图,左视图采用半剖视图,俯视图采用局部剖视图,如图 9.31 所示。

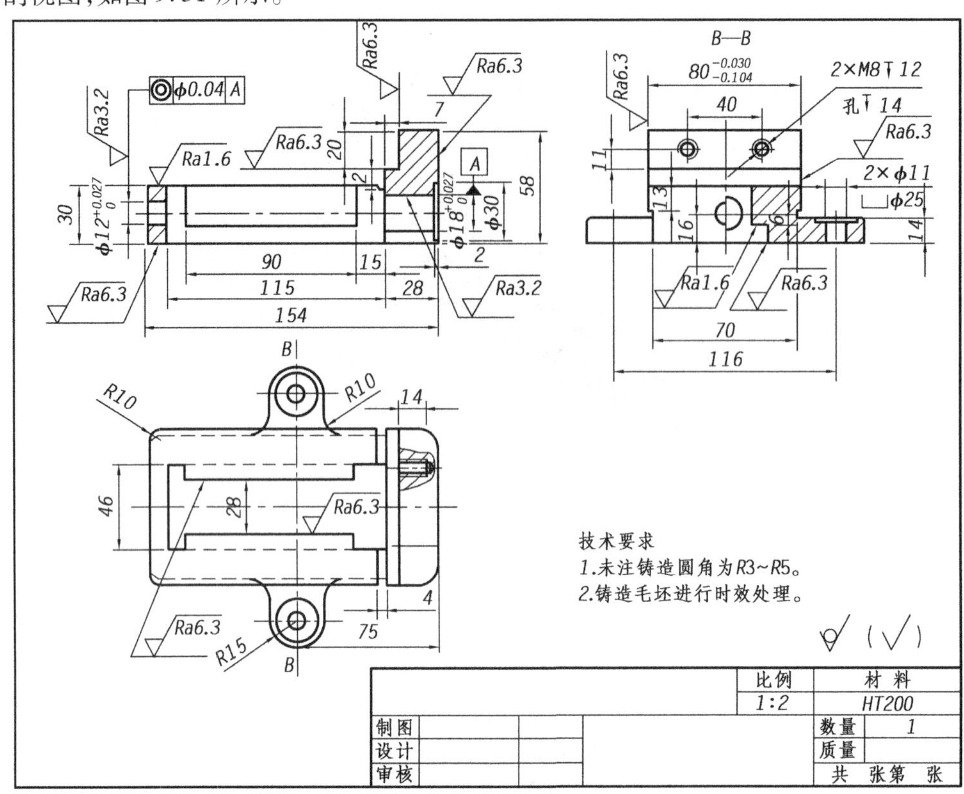

图 9.31　固定钳身零件图

(3)标注完整的尺寸

零件图中的尺寸数字应根据装配图来确定,主要有以下几种获取方式:

①从装配图中直接获取。凡装配图中已标注了的该零件尺寸,或与被拆画零件有关的应照样标注。如固定钳身底部的安装孔尺寸 2×ϕ11,安装孔的定位尺寸 116,左右孔的直径等。

②根据明细栏或相关标准查出来。凡与螺纹紧固件、键、销和滚动轴承等装配之处的尺寸均需如此。对于常见局部工艺结构如退刀槽、圆角等,标准中也有规定值或推荐值,应查阅后确定标注。如图 9.31 中沉孔尺寸和螺纹孔尺寸等。

③根据公式计算出来。某些数值,应通过准确的计算后标注,不宜在装配图中直接量取。例如拆画齿轮零件图时,其分度圆、齿顶圆均应根据模数、齿数等基本参数计算出来。

④从装配图中按比例量出来。装配图中不标注的零件几何形状等尺寸可直接从装配图中量取,再按图示比例换算后标注,零件上的多数非功能尺寸都是如此确定的。如固定钳身总长 154、总高 58 等。

(4)分析零件的功能作用,标注技术要求

根据零件的加工、检验、装配及使用中的要求查阅相关资料来制定技术要求,或在参照同类产品采用类比法制定。

①根据各表面作用确定其表面粗糙度要求。

②按公差带代号查表标注尺寸公差或标注公差带代号。

③确定几何公差要求并进行标注。

固定钳身零件的技术要求标注如图 9.31 所示。

(5)校核零件图、加深图线,填写标题栏。

在完成零件图后,还需要对零件图的视图、尺寸、技术要求等各项内容进行全面校核,根据装配图明细栏中该零件相应内容填写零件图的标题栏,按零件图要求完成全图。

最后完成的零件图如图 9.31 所示。

2016 年,国务院下发《关于大力发展装配式建筑的指导意见》,明确提出,力争用 10 年左右的时间,使装配式建筑占新建建筑面积的比例达到 30%。与传统建筑比,装配式建筑从设计、加工、安装、装修都更加强调标准化、模块化,效率更高,施工周期更短,资源更加节约。

1. 中国除了出口口罩、防护服、呼吸机……还能出口医院? 2020 年 3 月 27 日,韩国版火神山医院在韩国闻庆开始安装,4 月 1 日正式交付。这座医院是在中国完成设计制造之后,再海运到韩国进行组装,请大家了解一下这是如何做到的。

2. 读装配图。下图为钻模的装配图,请读图完成以下内容。

(1)该装配体的名称是________,共由________种零件组成。

(2)表达该装配体共用了________个视图,主视图采用了________剖视,左视图采用了________剖视。

(3)图中有双点画线的图形,这种画法称为________画法。

(4)安装在该装配中的零件需钻________个孔,孔的定位尺寸为________。

(5)3 号零件共________个,起________作用。

(6)件号 8 的作用是____________________。

(7)解释配合代号 $\phi10$ H7/h6 的含义______________________________。

(8)按先后顺序填写拆卸工作的顺序______________________________。

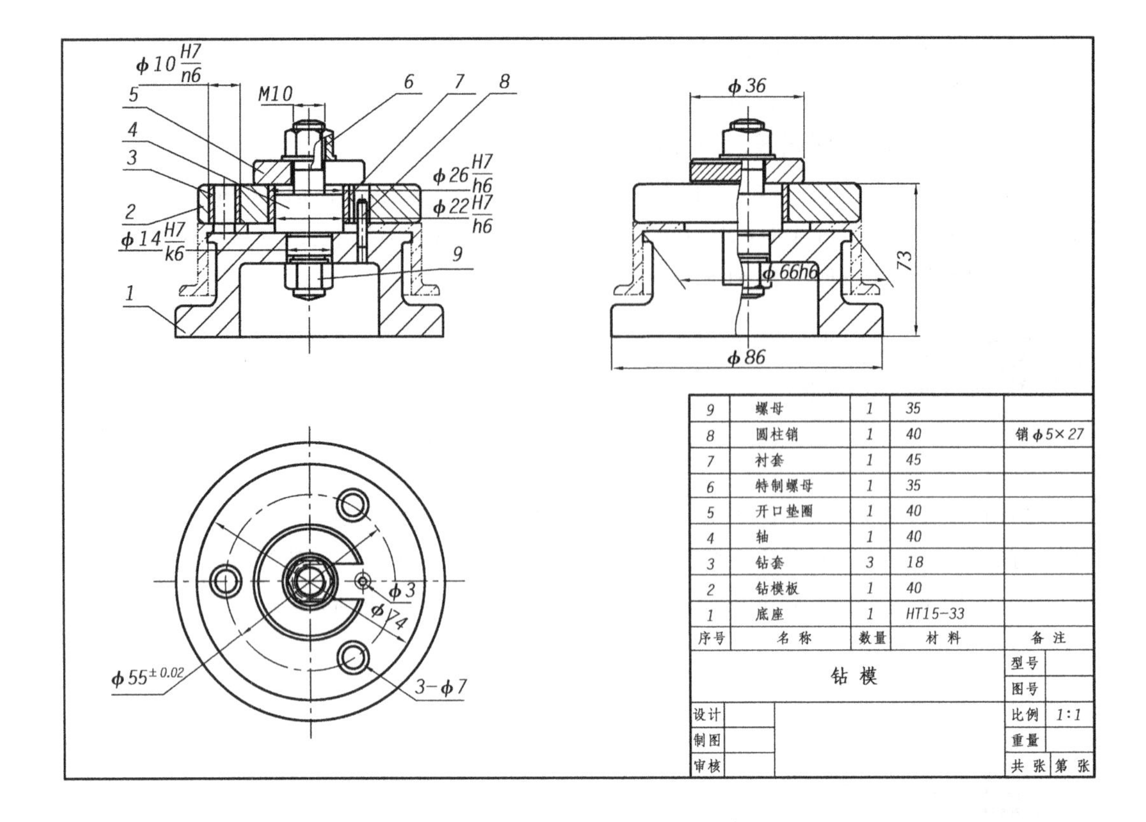

序号	名 称	数量	材 料	备 注
9	螺母	1	35	
8	圆柱销	1	40	销 φ5×27
7	衬套	1	45	
6	特制螺母	1	35	
5	开口垫圈	1	40	
4	轴	1	40	
3	钻套	3	18	
2	钻模板	1	40	
1	底座	1	HT15-33	

钻 模			型号	
			图号	
设计			比例	1:1
制图			重量	
审核			共 张	第 张

附　录

附表 1　普通螺纹牙型、直径与螺距（摘自 GB/T 192—2003、GB/T 196—2003）　　单位：mm

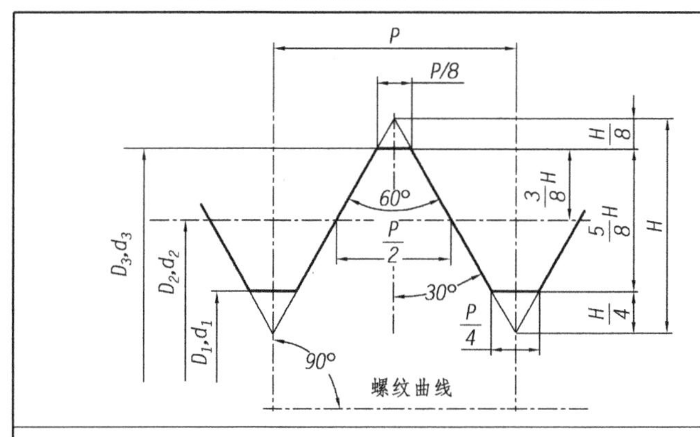

D—内螺纹基本大径（公称直径）
d—外螺纹基本大径（公称直径）
D_2—螺纹基本中径
d_2—外螺纹基本中径
D_1—内螺纹基本小径
d_1—外螺纹基本小径
P—螺距
H—原始三角形高度

标记示例：
M10（粗牙普通外螺纹、公称直径 $d=10$、中径及大径公差带均为 6g、中等旋合长度、右旋）
M10×1-LH（细牙普通内螺纹、公称直径 $D=10$、螺距 $P=1$、中径及大径公差带均为 6H、中等旋合长度、左旋）

公称直径 D、d			螺距 P	
第一系列	第二系列	第三系列	粗牙	细牙
4	3.5		0.7	0.5
5 6		5.5	0.8 1	0.5 0.75
8	7	9	1 1.25 1.25	0.75 1、0.75 1、0.75
10 12		11	1.5 1.5 1.75	1.25、1、0.75 1.5、1、0.75 1.25、1
16	14	15	2 2	1.5、1.25、1 1.5、1 1.5、1

续表

公称直径 D、d			螺距 P	
第一系列	第二系列	第三系列	粗牙	细牙
20	18	17	2.5 2.5	1.5、1 2、1.5、1 2、1.5、1
24	22	25	2.5 3	2、1.5、1
	27	26 28	3	1.5 2、1.5、1 2、1.5、1
30	33	32	3.5 3.5	(3)、2、1.5、1 2、1.5 (3)、2、1.5
36	39	35 38	4	1.5 3、2、1.5 1.5 3、2、1.5

注:M14×1.25 仅用于火花塞;M35×1.5 仅用于滚动轴承锁紧螺母。

附表 2　梯形螺纹直径与螺距系列(摘自 GB/T 5796.3—2005)　单位:mm

标记示例:Tr36×12(6)-LH

梯形螺纹,公称直径 d=36 mm,导程 12,螺距为 6,双线左旋。

公称直径 d		螺距 P	中径 $d_2=D_2$	大径 D_4	小径		公称直径 d		螺距 P	中径 $d_2=D_2$	大径 D_4	小径	
第一系列	第二系列				d_3	D_1	第一系列	第二系列				d_3	D_1
8		1.5	7.25	8.30	6.20	6.50			3	24.5	26.5	22.5	23.0
	9	105	8.25	9.30	7.20	7.50		26	5	23.5	26.5	20.5	21.0
		2	8.00	9.50	6.50	7.00			8	22.0	27.0	17.0	18.0
10		1.5	9.25	10.30	8.20	8.50			3	26.5	28.5	24.5	25.0
		2	9.00	10.50	7.50	8.00	28		5	25.5	28.5	22.5	23.0
	11	2	10.00	11.5	8.50	9.00			8	24.0	29.0	19.0	20.0
		3	9.50	11.50	7.50	8.00			3	28.5	30.5	26.5	29.0
12		2	11.00	12.50	9.50	10.0		30	6	27.0	31.0	23.0	24.0
		3	10.50	12.50	8.50	9.00			10	25.0	31.0	19.0	20.0

续表

公称直径 d		螺距 P	中径 $d_2=D_2$	大径 D_4	小径		公称直径 d		螺距 P	中径 $d_2=D_2$	大径 D_4	小径	
第一系列	第二系列				d_3	D_1	第一系列	第二系列				d_3	D_1
	14	2	13.00	14.50	11.50	12.0	32		3	30.5	32.5	28.5	29.0
		3	12.50	14.50	10.50	11.0			6	29.0	33.0	25.0	26.0
16		2	15.00	16.50	13.50	14.0			10	27.0	33.0	21.0	22.0
		4	14.00	16.50	11.50	12.0		34	3	32.5	34.5	30.5	31.0
	18	2	19.00	18.50	15.50	16.0			6	31.0	35.0	27.0	28.0
		4	16.00	18.50	13.50	14.0			10	29.0	35.0	23.0	24.0
20		2	19.00	20.50	17.50	18.0	36		3	34.0	36.5	32.0	33.0
		4	18.00	20.50	15.50	16.0			6	33.0	37.0	29.0	30.0
	22	3	20.50	20.50	18.50	19.0			10	31.0	37.0	25.0	26.0
		5	19.00	20.50	16.50	17.0		38	3	36.5	38.5	34.5	35.0
		8	18.00	23.00	13.00	14.0			7	34.5	39.0	30.0	31.0
24		3	22.50	24.50	20.50	21.0			10	33.0	39.0	27.0	28.0
		5	21.50	24.50	18.50	19.0	40		3	38.5	40.5	36.5	37.0
		8	20.00	25.00	15.00	16.0			7	31.0	41.0	32.0	33.0

附表 3　螺纹密封的管螺纹(摘自 GB/T 7306.1—2000)　　单位:mm

标记示例:

$1^1/_2$ 圆锥内螺纹:$Rc1^1/_2$;

$1^1/_2$ 圆柱内螺纹:$Rp1^1/_2$;

$1^1/_2$ 圆锥外螺纹:$R1^1/_2$;

$1^1/_2$ 圆锥外螺纹,左旋:$Rc1^1/_2$-LH。

圆锥内螺纹与圆锥外螺纹的配合: $Rc1^1/_2/R1^1/_2$;

圆柱内螺纹与圆锥外螺纹的配合: $Rc1^1/_2/R1^1/_2$;

尺寸代码	每 25.4 mm 内的牙数 n	螺距 p	牙高	圆弧半径 $r\approx$	基本上的基本直径			基准距离	有效螺纹长度
					大径(基准直径) $d=D$	中径 $d_2=D_1$	小径 $d_1=D_1$		
1/16	28	0.907	0.851	0.125	7.723	7.142	6.561	4.0	6.5
1/8	28	0.907	0.851	0.125	9.728	9.147	8.566	4.0	6.5
1/4	19	1.337	0.856	0.184	13.157	12.301	11.445	6.0	9.7
3/8	19	1.337	0.856	0.184	16.662	15.806	14.950	6.4	10.1
1/2	14	1.814	1.162	0.249	20.955	19.793	18.631	8.2	13.2

续表

尺寸代码	每 25.4 mm 内的牙数 n	螺距 p	牙高	圆弧半径 $r\approx$	基本上的基本直径			基准距离	有效螺纹长度
					大径(基准直径) $d=D$	中径 $d_2=D_1$	小径 $d_1=D_1$		
4/3	14	1.814	1.162	0.269	26.441	25.279	24.117	9.5	14.5
1	11	2.309	1.479	0.317	33.249	31.770	30.291	10.4	16.8
11/4	11	2.309	1.479	0.317	41.910	40.431	38.952	12.7	19.1
11/2	11	2.309	1.479	0.317	47.803	48.324	44.845	12.7	19.1
2	11	2.309	1.479	0.317	59.614	58.135	56.656	15.9	23.4
21/2	11	2.309	1.479	0.317	75.184	73.705	72.226	17.5	26.7
3	11	2.309	1.479	0.317	87.884	86.405	84.926	24.6	29.8
31/2	11	2.309	1.479	0.317	100.330	98.351	97.372	22.2	31.4
4	11	2.309	1.479	0.317	113.030	111.531	110.072	25.4	35.8
5	11	2.309	1.479	0.317	138.430	135.951	136.472	28.6	40.1

附表 4　非螺纹密封的管螺纹(摘自 GB/T 7307—2001)　　单位:mm

标记示例:　　内外螺纹的装配标记;G$1^{1}/_{2}$/G$1^{1}/_{2}$A;

$1^{1}/_{2}$ 内螺纹:G$1^{1}/_{2}$;

$1^{1}/_{2}$A 级外螺纹:G$1^{1}/_{2}$A;

$1^{1}/_{2}$B 级外螺纹,左旋:G$1^{1}/_{2}$B-LH。

尺寸代号	每 25.4 mm 内的牙数 n	螺距 p	牙高 h	圆弧半径 $r\approx$	基面上的基本直径		
					大径 $d=D$	中径 $d_2=D_2$	小径 $d_1=D_1$
$^{1}/_{16}$	28	0.907	0.851	0.125	7.323	7.142	6.561
$^{1}/_{8}$	28	0.907	0.851	0.125	9.728	9.147	8.566
$^{1}/_{4}$	19	1.337	0.856	0.184	13.157	12.301	11.445
$^{3}/_{8}$	19	1.337	0.856	0.184	16.662	15.806	14.950
$^{1}/_{2}$	14	1.814	1.162	0.249	20.955	19.793	18.631
$^{5}/_{8}$	14	1.814	1.162	0.249	22.911	21.749	20.587
$^{3}/_{4}$	14	1.814	1.162	0.249	26.441	25.279	24.117
$^{7}/_{8}$	14	1.814	1.162	0.249	30.201	29.039	27.877
1	11	2.309	1.479	0.317	33.249	31.770	30.291
$1^{1}/_{8}$	11	2.309	1.479	0.317	37.897	36.418	34.939
$1^{1}/_{4}$	11	2.309	1.479	0.317	41.910	40.431	38.952
$1^{1}/_{2}$	11	2.309	1.479	0.317	47.803	48.324	44.845

续表

尺寸代号	每 25.4 mm 内的牙数 n	螺距 p	牙高 h	圆弧半径 $r\approx$	基面上的基本直径		
					大径 $d=D$	中径 $d_2=D_2$	小径 $d_1=D_1$
$1^3/_4$	11	2.309	1.479	0.317	53.746	52.267	50.788
2	11	2.309	1.479	0.317	59.614	58.135	56.656
$2^1/_4$	11	2.309	1.479	0.317	65.710	64.231	62.752
$2^1/_2$	11	2.309	1.479	0.317	75.184	73.705	72.226
$2^3/_4$	11	2.309	1.479	0.317	81.534	80.055	78.576
3	11	2.309	1.479	0.317	87.884	86.405	84.926
$3^1/_2$	11	2.309	1.479	0.317	100.330	98.351	97.372
4	11	2.309	1.479	0.317	113.030	111.531	110.072
$4^1/_2$	11	2.309	1.479	0.317	138.430	135.951	136.472

附表 5　六角头螺栓　　单位：mm

六角头螺栓——C 级（摘自 GB/T 5780—2016）

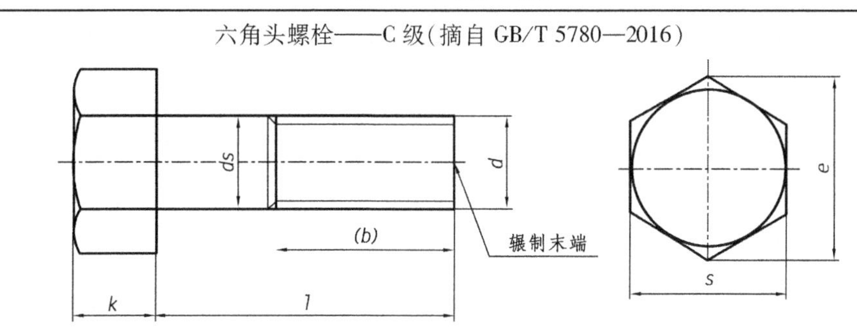

标记示例：

螺栓 GB/T 5780　M20×100

（螺纹规格 d=M12、公称长度 l=100 右旋、性能等级为 4.8 级、不经表面处理、杆身半螺纹、C 级的六角头螺栓）

六角头螺栓——全螺纹——C 级（摘自 GB/T 5781—2016）

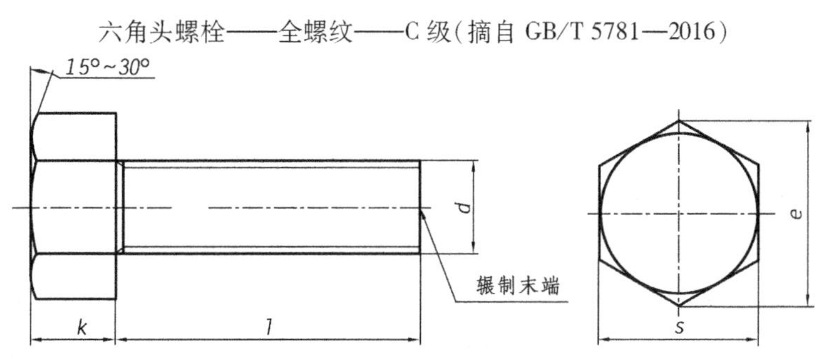

标记示例：

螺栓 GB/T 5781 M12×80

（螺纹规格 d=M12、公称长度 l=80 右旋、性能等级为 4.8 级、不经表面处理、全螺纹、C 级的六角头螺栓）

续表

螺纹规格 d		M5	M6	M8	M10	M12	M16	M20	M24	M30	M36	M42	M48
$b_{参考}$	$l \leqslant 125$	16	18	22	26	30	38	40	54	66	78	—	—
	$125 < l \leqslant 200$	—	—	28	32	36	44	52	60	72	84	96	108
	$l > 200$	—	—	—	—	—	57	65	73	85	97	109	121
$k_{公称}$		3.5	4.0	5.3	6.4	7.5	10	12.5	15	18.7	22.5	26	30
s_{max}		8	10	13	16	18	24	30	36	46	55	65	75
e_{max}		8.63	10.9	14.2	17.6	19.9	26.2	33.0	39.6	50.9	60.9	72.0	82.6
d_{smax}		5.48	6.48	8.58	10.6	12.7	16.7	20.8	24.8	30.8	37.0	45.0	49.0
$l_{范围}$	GB/T 5780—2016	25 ~ 50	30 ~ 60	35 ~ 80	40 ~ 100	45 ~ 120	55 ~ 160	65 ~ 200	80 ~ 240	90 ~ 300	110 ~ 300	160 ~ 420	180 ~ 480
	GB/T 5781—2016	10 ~ 40	12 ~ 50	16 ~ 65	20 ~ 80	25 ~ 100	30 ~ 100	40 ~ 100	50 ~ 100	60 ~ 100	70 ~ 100	80 ~ 420	90 ~ 480
$l_{系列}$		10、12、16、20 ~ 50(5 进位)、(55)、60(65)、70 ~ 160(10 进位)、180、220 ~ 500(20 进位)											

注:1. 括号内的规格尽可能不用。末端按 GB/T 2—2001 规定。

2. 螺纹公差;8g(GB/T 5780—2016);6g(GB/T 5781—2016);机械性能等级;4.6、4.8;产品等级;C。

附表 6 Ⅰ型六角螺母

单位:mm

Ⅰ型六角螺母-A 和 B 级(摘自 GB/T 6170—2015) Ⅰ型六角螺母-细牙-A 和 B 级(摘自 GB/T 6171—2016)

Ⅰ型六角螺母-C 级(摘自 GB/T 41—2016)

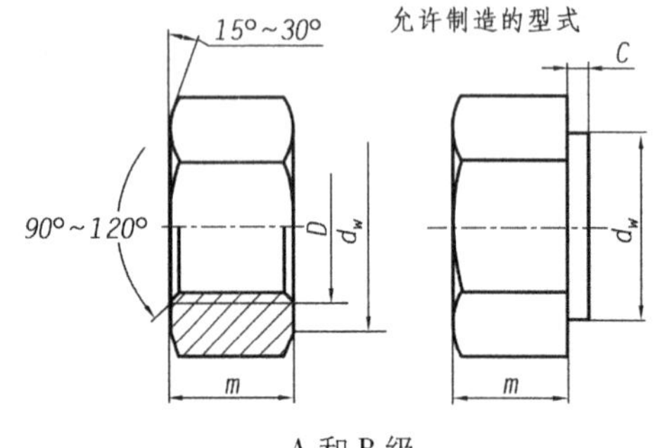

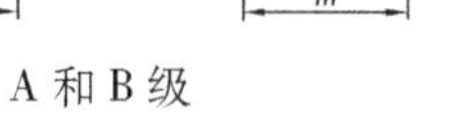

A 和 B 级

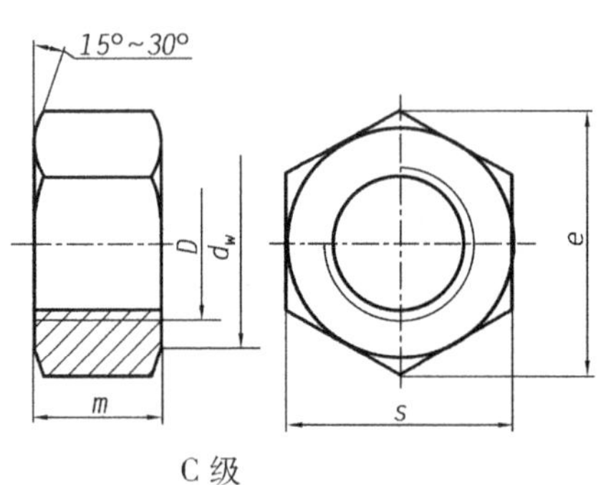

C 级

标记示例:

螺母 GB/T B 41 M12(螺纹规格 D=M12、性能等级为 5 级、不经表面处理、C 级的Ⅰ型六角螺母)

螺母 GB/T 6171 M24×2(螺纹规格 D=M24 公称长度 P=2、性能等级为 10、不经表面处理、B 级的Ⅰ型细牙六角螺母)

螺纹规格	D	M4	M5	M6	M8	M10	M12	M16	M20	M24	M30	M36	M42	M48
	$D \times P$	—	—	—	M8 ×1	M10 ×1	M12 ×1.5	M16 ×1.5	M20 ×2	M24 ×2	M30 ×2	M36 ×3	M42 ×3	M48 ×3
C		0.4	0.5		0.6			0.8				1		
S_{max}		7	8	10	13	16	18	24	30	36	46	55	65	75

续表

螺纹规格		M4	M5	M6	M8	M10	M12	M16	M20	M24	M30	M36	M42	M48
螺纹规格	D	M4	M5	M6	M8	M10	M12	M16	M20	M24	M30	M36	M42	M48
	$D\times P$	—	—	—	M8 ×1	M10 ×1	M12 ×1.5	M16 ×1.5	M20 ×2	M24 ×2	M30 ×2	M36 ×3	M42 ×3	M48 ×3
e_{min}	A、B 级	7.66	8.79	11.05	14.38	17.77	20.03	26.75	32.95	39.95	50.85	60.79	72.02	82.6
	C 级	—	8.63	10.89	14.2	17.59	19.85	26.17						
m_{max}	A、B 级	3.2	4.7	5.2	6.5	5.4	10.8	14.8	18	21.54	25.6	31	34	38
	C 级	—	5.6	6.1	7.9	9.5	12.5	15.9	18.7	22.3	26.4	31.5	34.9	38.9
d_{wmin}	A、B 级	5.9	6.9	8.9	11.6	14.6	16.6	22.5	27.7	33.2	42.7	51.1	60.6	69.4
	C 级	—	6.9	8.7	11.5	14.5	16.5	22						

注:1. P—螺距。

2. A 级用于≤16 的螺母;B 级用于 D>16 的螺母;C 级用于 D≥5 的螺母。

3. 螺纹公差:A、B 级为 6H,C 级为 7H;机械性能等级:A、B 级为 6、8、10 级,C 级为 4、5 级。

附表 7 双头螺柱(摘自 GB/T 897~900—1988) 单位:mm

$b_m=1d$(GB/T 879—1988);$b_m=1.25d$(GB/T 898—1988);$b_m=1.5d$(GB/T 899—1988);$b_m=2d$(GB/T 900—1988)

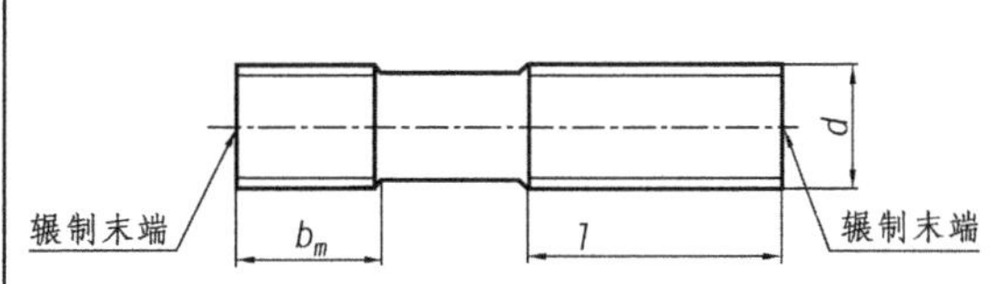

$D_{smax}=d$

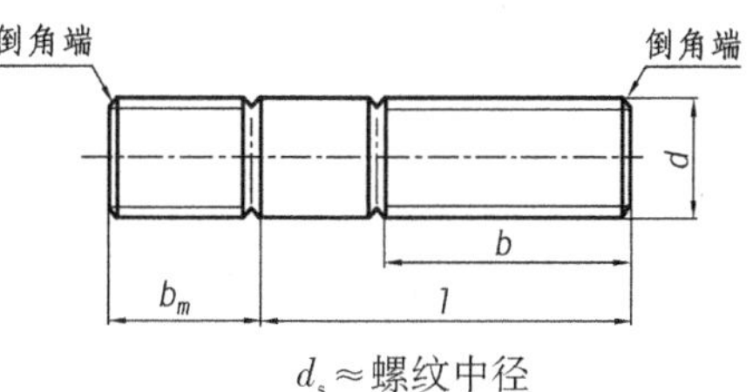

d_s≈螺纹中径

标记示例:螺柱 GB/T 900 M10×50(两端均为粗牙普通螺纹、$d=10$、$l=50$、性能等级为 4.8 级、不经表面处理、B 型、$b_m=2d$ 的双头螺柱)

螺柱 GB/T 900 AM10-10×1×50(旋入机体一端为粗牙普通螺纹、旋螺母端为螺距 $p=1$ 的细牙普通、$d=10$、$l=50$、性能等级为 4.8 级、不经表面处理、A 型、$b_m=2d$ 的双头螺柱)

螺纹规格(d)	b_m(旋入机体端长度)				l/b(螺柱长度/旋入螺母端长度)
	GB/T 897	GB/T 898	GB/T 899	GB/T 900	
M4	—	—	6	8	$\frac{16\sim22}{8}$ $\frac{25\sim40}{14}$
M5	5	6	8	10	$\frac{16\sim22}{8}$ $\frac{25\sim50}{16}$
M6	6	8	10	12	$\frac{20\sim22}{10}$ $\frac{25\sim30}{14}$ $\frac{32\sim75}{18}$
M8	8	10	12	16	$\frac{20\sim22}{12}$ $\frac{25\sim30}{16}$ $\frac{32\sim90}{22}$
M10	10	12	15	20	$\frac{25\sim28}{14}$ $\frac{30\sim38}{16}$ $\frac{40\sim120}{26}$ $\frac{130\sim180}{32}$

续表

螺纹规格(*d*)	b_m(旋入机体端长度)				*l*/*b*(螺柱长度/旋入螺母端长度)
	GB/T 897	GB/T 898	GB/T 899	GB/T 900	
M12	12	15	18	24	$\frac{25\sim30}{14}$ $\frac{32\sim40}{26}$ $\frac{45\sim120}{26}$ $\frac{130\sim180}{32}$
M16	16	20	24	32	$\frac{30\sim38}{16}$ $\frac{40\sim55}{20}$ $\frac{60\sim120}{30}$ $\frac{130\sim200}{36}$
M20	20	25	30	40	$\frac{35\sim40}{20}$ $\frac{45\sim65}{30}$ $\frac{70\sim120}{38}$ $\frac{130\sim200}{44}$
(M24)	24	30	36	48	$\frac{45\sim50}{25}$ $\frac{55\sim75}{35}$ $\frac{80\sim120}{46}$ $\frac{130\sim200}{52}$
(M30)	30	38	45	60	$\frac{60\sim65}{40}$ $\frac{70\sim90}{50}$ $\frac{95\sim120}{66}$ $\frac{130\sim200}{72}$ $\frac{210\sim250}{85}$
M36	36	45	54	72	$\frac{65\sim75}{45}$ $\frac{80\sim110}{60}$ $\frac{120}{78}$ $\frac{130\sim200}{84}$ $\frac{210\sim300}{97}$
M42	42	52	63	84	$\frac{70\sim80}{50}$ $\frac{85\sim110}{70}$ $\frac{120}{90}$ $\frac{130\sim200}{96}$ $\frac{210\sim300}{109}$
M48	48	60	72	96	$\frac{80\sim90}{60}$ $\frac{95\sim110}{80}$ $\frac{120}{102}$ $\frac{130\sim200}{108}$ $\frac{210\sim300}{121}$
L 系列	12、(14)、16、(18)、20、(22)、25、(28)、30、(32)、35、(38)、40、45、50、55、60、(65)、70、75、80、(85)、90、(95)、100～260(10 进位)、280、300				

注:1. 尽可能不采用括号内的规格。末端按 GB/T 2—2001 规定。

2. $b_m=1d$,一般用于钢对钢;$b_m=(1.25\sim1.50)d$,一般用于钢对铸铁;$b_m=2d$,一般用于钢对铝合金。

附表 8　螺钉(一)　　　　单位:mm

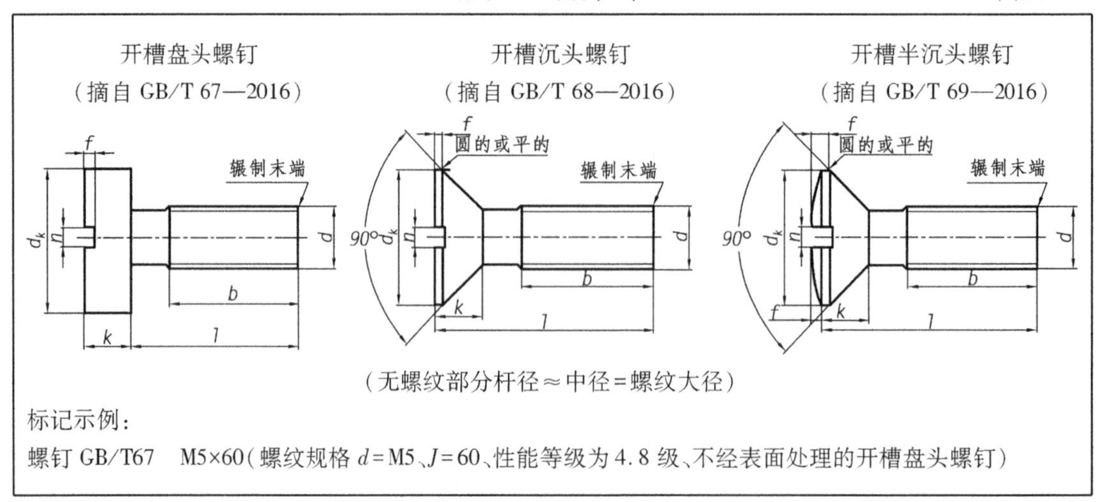

(无螺纹部分杆径≈中径=螺纹大径)

标记示例:

螺钉 GB/T67　M5×60(螺纹规格 *d*=M5、*J*=60、性能等级为 4.8 级、不经表面处理的开槽盘头螺钉)

续表

螺纹规格 d	P	b_{min}	n 公称	f	r_f	k_{max}		d_{kmax}		t_{min}			$J_{范围}$		全螺纹时最大长度	
				GB/T69	GB/T69	GB/T67	GB/T68 GB/T69	GB/T67	GB/T68 GB/T69	GB/T67	GB/T68	GB/T69	GB/T67	GB/T68 GB/T69	GB/T67	GB/T68 GB/T69
M2	0.4	25	0.5	4	0.5	1.3	1.2	4	3.8	0.5	0.4	0.8	2.5~20	3~20	10	
M3	0.5		0.8	6	0.7	1.8	1.6	5.6	5.5	0.7	0.6	1.2	4~30	5~30		
M4	0.7	38	1.2	9.5	1	2.4	2.7	8	8.4	1	1	1.6	5~40	6~40	40	45
M5	0.8				1.2	3		9.5	9.3	1.2	1.1	2	6~50	8~50		
M6	1		1.2	12	1.4	3.6	3.3	12	12	1.4	1.2	2.4	8~60	8~60		
M8	1.25		2	16.5	2	4.8	4.65	16	16	1.9	1.8	3.2	10~80			
M10	1.5		2.5	19.5	2.3	6	5	20	20	2.4	2	3.8				
$J_{系列}$	2、2.5、3、4、5、6、8、10、12、(14)、16、20~50(5进位)、(55)、60、(65)、70、(75)、80															

注：螺纹公差：6g；机械性能等级：4.8、5.8；产产品等级：A。

附表 9　螺钉(二)　　单位：mm

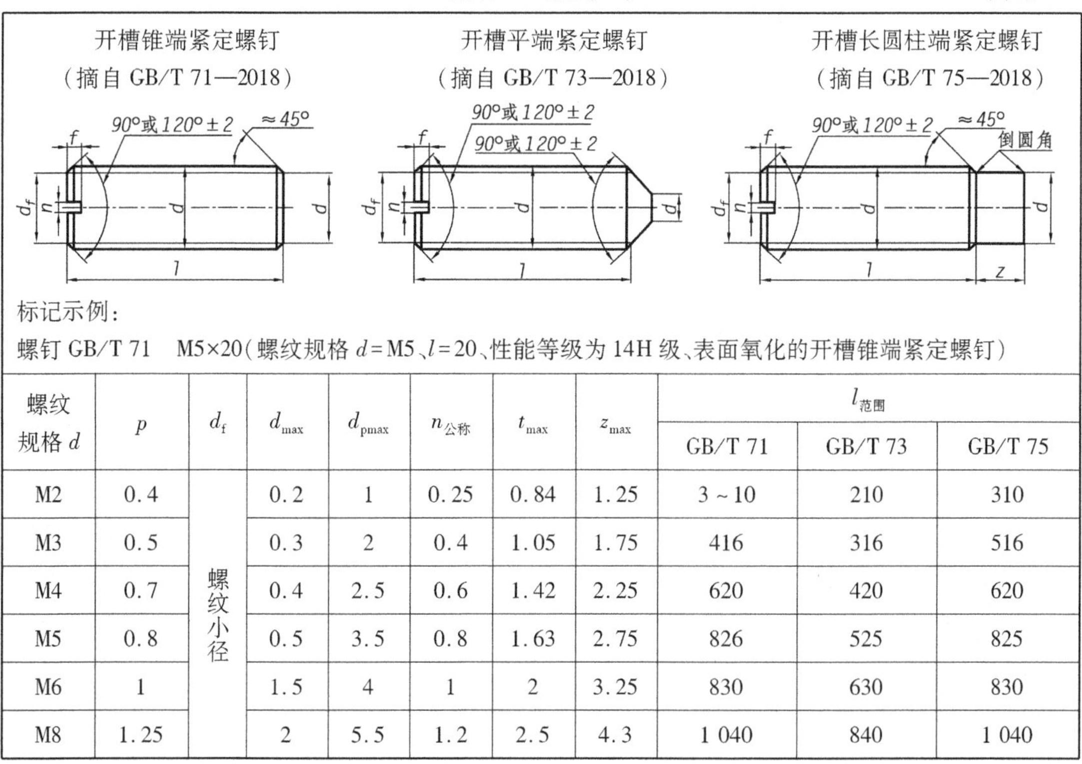

标记示例：

螺钉 GB/T 71　M5×20(螺纹规格 d=M5、l=20、性能等级为 14H 级、表面氧化的开槽锥端紧定螺钉)

螺纹规格 d	p	d_f	d_{max}	d_{pmax}	$n_{公称}$	t_{max}	z_{max}	$l_{范围}$		
								GB/T 71	GB/T 73	GB/T 75
M2	0.4	螺纹小径	0.2	1	0.25	0.84	1.25	3~10	210	310
M3	0.5		0.3	2	0.4	1.05	1.75	416	316	516
M4	0.7		0.4	2.5	0.6	1.42	2.25	620	420	620
M5	0.8		0.5	3.5	0.8	1.63	2.75	826	525	825
M6	1		1.5	4	1	2	3.25	830	630	830
M8	1.25		2	5.5	1.2	2.5	4.3	1 040	840	1 040

续表

螺纹规格 d	p	d_f	d_{max}	d_{pmax}	$n_{公称}$	t_{max}	z_{max}	$l_{范围}$		
								GB/T 71	GB/T 73	GB/T 75
M10	1.5	螺纹小径	2.5	7	1.6	3	5.3	1 250	1 050	1 250
M12	1.75		3	8.5	2	3.6	6.3	1 460	1 260	1 460
$J_{系列}$	2、2.5、3、4、5、6、8、10、12、(14)、16、20～50(5 进位)、(55)、60、(65)、70、(75)、80									

注:螺纹公差:6g;机械性能等级:14H、22H;产品等级:A。

附表 10　内六角圆柱头螺钉(二)(摘自 GB/T 70.1—2008)　　单位:mm

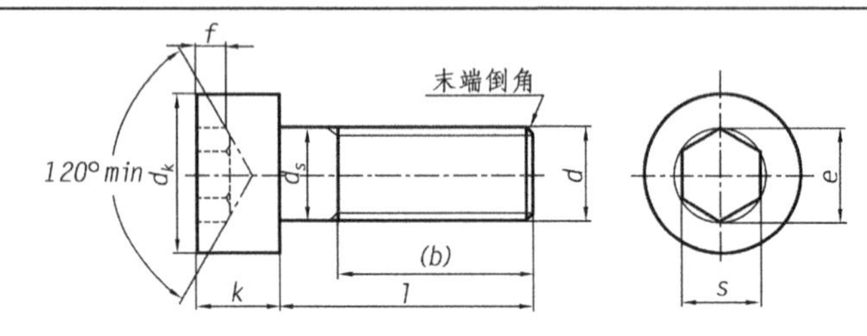

标记示例:

螺钉 GB/T 70.1　M5×20(螺纹规格 d=M5、l=20、性能等级为 8.8 级、表面氧化的内六角圆柱头螺钉)

螺纹规格 d		M5	M5	M6	M8	M10	M12	M14	M16	M20	M24	M30	M36
螺距 P		0.7	0.8	1	1.25	1.5	1.75	2	2	2.5	3	3.5	4
$b_{参考}$		20	22	24	28	32	36	40	44	52	60	72	84
d_{kmax}	光滑头部	7	8.5	10	13	16	18	21	24	30	36	45	54
	滚花头部	7.22	8.72	10.22	13.27	16.27	18.27	21.33	24.33	30.33	36.39	45.39	54.46
k_{max}		4	5	6	8	10	12	14	16	20	24	30	36
l_{min}		2	2.5	3	4	5	6	7	8	10	12	15.5	19
$S_{公称}$		3	4	5	6	8	10	12	14	17	19	22	27
e_{min}		3.44	4.58	5.72	6.86	9.15	11.43	13.72	16	19.44	21.73	25.15	30.35
d_{smax}		4	5	6	8	10	12	14	16	20	24	30	36
$l_{范围}$		6～40	8～50	10～60	12～80	16～100	20～120	25～140	25～160	30～200	40～200	45～200	55～200
全螺纹时最大长度		25	25	30	35	40	45	55	55	65	80	90	100
$l_{系列}$		6、8、10、12、(14)、(16)、20～50(5 进位)、(55)、60、(65)、70～160(10 进位)、180、200											

注:1. 尽可能不采用括号内的规格。末端按 GB/T 2—2001 规定。
2. 机械性能等级:8.8、12.9。
3. 螺纹公差:机械性能等级 8.8 级时为 6g,12.9 时为 5g、6g。
4. 产品等级:A。

附表 11　垫圈　　　　单位:mm

小垫圈—A 级(摘自 GB/T 848—2002)
平垫圈—A 级(摘自 GB/T 97.1—2002)
平垫圈—倒角型—A 级(摘自 GB/T 97.2—2002)
平垫圈—C 级(摘自 GB/T 95—2002)
大垫圈—A 级(摘自 GB/T 96.1—2002)
特大垫圈—C 级(摘自 GB/T 5287—2002)

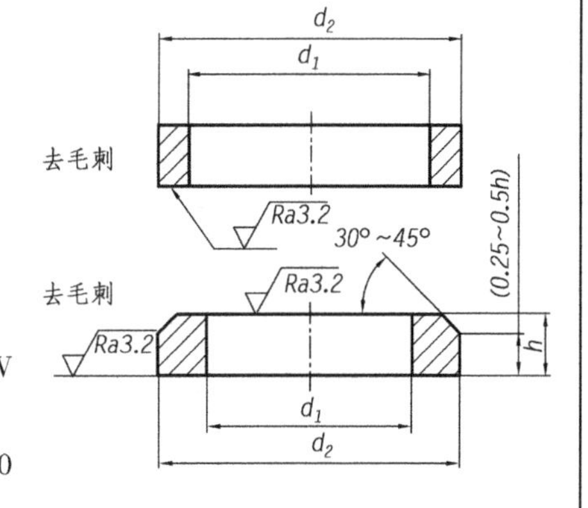

标记示例:

垫圈 GB/T 95 8(标准系列、公称尺寸 $d=8$、性能等级为 100HV 级、不经表面处理的平垫圈)

垫圈 GB/T 97.2 8(标准系列、公称尺寸 $d=8$、性能等级为 A140 级、倒角型、不经表面处理的平垫圈)

<table>
<tr><th rowspan="3">公称尺寸(螺纹规格)d</th><th colspan="9">标准系列</th><th colspan="3">特大系列</th><th colspan="3">大系列</th><th colspan="3">小系列</th></tr>
<tr><th colspan="3">GB/T 95
(C 级)</th><th colspan="3">GB/T 97.1
(A 级)</th><th colspan="3">GB/T 97.2
(A 级)</th><th colspan="3">GB/T 5287
(C 级)</th><th colspan="3">GB/T 96.1
(A 级)</th><th colspan="3">GB/T 848
(A 级)</th></tr>
<tr><th>$d_{1\min}$</th><th>$d_{2\min}$</th><th>h</th><th>$d_{1\min}$</th><th>$d_{2\min}$</th><th>h</th><th>$d_{1\min}$</th><th>$d_{2\min}$</th><th>h</th><th>$d_{1\min}$</th><th>$d_{2\min}$</th><th>h</th><th>$d_{1\min}$</th><th>$d_{2\min}$</th><th>h</th><th>$d_{1\min}$</th><th>$d_{2\min}$</th><th>h</th></tr>
<tr><td>4</td><td>—</td><td>—</td><td>—</td><td>4.3</td><td>9</td><td>0.8</td><td>—</td><td>—</td><td>—</td><td>—</td><td>—</td><td>—</td><td>74.3</td><td>12</td><td>1</td><td>4.3</td><td>8</td><td>0.5</td></tr>
<tr><td>5</td><td>5.5</td><td>10</td><td>1</td><td>5.3</td><td>10</td><td>1</td><td>5.3</td><td>10</td><td>1</td><td>5.5</td><td>18</td><td rowspan="2">2</td><td>5.3</td><td>15</td><td>1.2</td><td>5.3</td><td>9</td><td>1</td></tr>
<tr><td>6</td><td>6.6</td><td>12</td><td rowspan="2">1.6</td><td>6.4</td><td>12</td><td rowspan="2">1.6</td><td>6.4</td><td>12</td><td rowspan="2">1.6</td><td>6.6</td><td>22</td><td>6.4</td><td>18</td><td>1.6</td><td>6.4</td><td>11</td><td rowspan="3">1.6</td></tr>
<tr><td>8</td><td>9</td><td>16</td><td>8.4</td><td>16</td><td>8.4</td><td>16</td><td>9</td><td>28</td><td rowspan="2">3</td><td>8.4</td><td>24</td><td>2</td><td>8.4</td><td>15</td></tr>
<tr><td>10</td><td>11</td><td>20</td><td>2</td><td>10.5</td><td>20</td><td>2</td><td>10.5</td><td>20</td><td>2</td><td>11</td><td>34</td><td>10.5</td><td>30</td><td>2.5</td><td>10.5</td><td>18</td></tr>
<tr><td>12</td><td>13.5</td><td>24</td><td rowspan="2">2.5</td><td>13</td><td>24</td><td rowspan="2">2.5</td><td>13</td><td>24</td><td rowspan="2">2.5</td><td>13.5</td><td>44</td><td rowspan="2">4</td><td>13</td><td>37</td><td rowspan="3">3</td><td>13</td><td>20</td><td>2</td></tr>
<tr><td>14</td><td>15.5</td><td>28</td><td>15</td><td>28</td><td>15</td><td>28</td><td>15.5</td><td>50</td><td>15</td><td>44</td><td>15</td><td>24</td><td rowspan="2">2.5</td></tr>
<tr><td>16</td><td>17.5</td><td>30</td><td rowspan="2">3</td><td>17</td><td>30</td><td rowspan="2">3</td><td>17</td><td>30</td><td rowspan="2">3</td><td>17.5</td><td>56</td><td rowspan="2">5</td><td>17</td><td>50</td><td>17</td><td>28</td></tr>
<tr><td>20</td><td>22</td><td>37</td><td>21</td><td>37</td><td>21</td><td>37</td><td>22</td><td>72</td><td>22</td><td>60</td><td>4</td><td>21</td><td>34</td><td>3</td></tr>
<tr><td>24</td><td>26</td><td>44</td><td rowspan="2">4</td><td>25</td><td>44</td><td rowspan="2">4</td><td>25</td><td>44</td><td rowspan="2">4</td><td>26</td><td>85</td><td rowspan="2">6</td><td>26</td><td>72</td><td>5</td><td>25</td><td>39</td><td rowspan="2">4</td></tr>
<tr><td>30</td><td>33</td><td>56</td><td>31</td><td>56</td><td>31</td><td>56</td><td>33</td><td>105</td><td>33</td><td>92</td><td>6</td><td>31</td><td>50</td></tr>
<tr><td>36</td><td>39</td><td>66</td><td>5</td><td>37</td><td>66</td><td>5</td><td>37</td><td>66</td><td>5</td><td>39</td><td>125</td><td>8</td><td>39</td><td>110</td><td>8</td><td>37</td><td>60</td><td>5</td></tr>
<tr><td>42</td><td>45</td><td>78</td><td rowspan="2">8</td><td>—</td><td>—</td><td>—</td><td>—</td><td>—</td><td>—</td><td>—</td><td>—</td><td>—</td><td>45</td><td>125</td><td rowspan="2">10</td><td>—</td><td>—</td><td>—</td></tr>
<tr><td>48</td><td>52</td><td>92</td><td>—</td><td>—</td><td>—</td><td>—</td><td>—</td><td>—</td><td>—</td><td>—</td><td>—</td><td>52</td><td>145</td><td>—</td><td>—</td><td>—</td></tr>
</table>

注:1. A 级适用于精装配系列,C 级适用于中等装配系列。

2. C 级垫圈没有 $Ra3.2$ 和去毛刺的要求。

3. GB/T 848—2002 主要用于圆柱头螺钉,其他用于标准的六角螺栓、螺母和螺钉。

附表 12　标准型弹簧垫圈(摘自 GB/T 93—1987)　　单位:mm

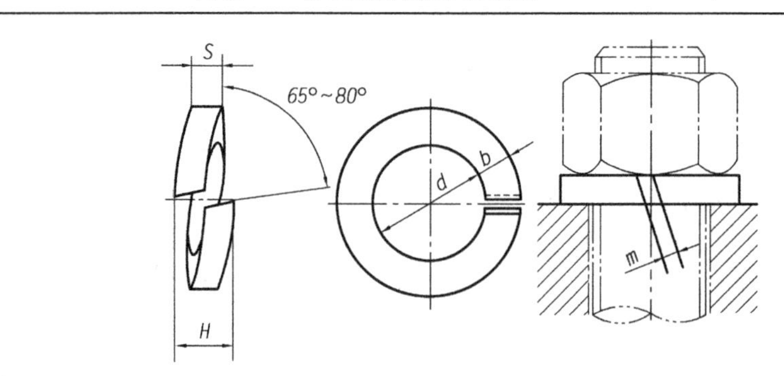

标记示例:

垫圈 GB/T 93 10

(规格 10、材料为 65Mn、表面氧化的标准型弹簧垫圈)

规格(螺纹大径)	4	5	6	8	10	12	16	20	24	30	36	42	48
d_{1min}	4.1	5.1	6.1	8.1	4.2	12.2	16.2	20.2	24.5	30.5	36.5	42.5	48.5
$S=b_{公}$	1.1	1.3	1.6	2.1	2.6	3.1	4.1	5	6	7.5	9	10.5	12
$m\leqslant$	0.55	0.65	0.8	1.05	1.3	1.55	2.05	2.5	3	3.75	4.5	5.25	6
H_{max}	2.75	3.25	4	5.25	6.5	7.75	10.25	12.5	15	18.75	22.5	26.25	30

注:m 应大于零。

附表 13　圆柱销(不淬硬钢和奥氏体不锈钢)(摘自 GB/T 119.1—2000)　　单位:mm

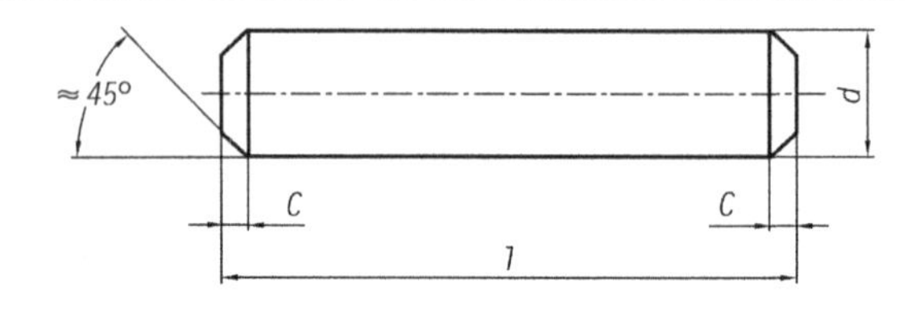

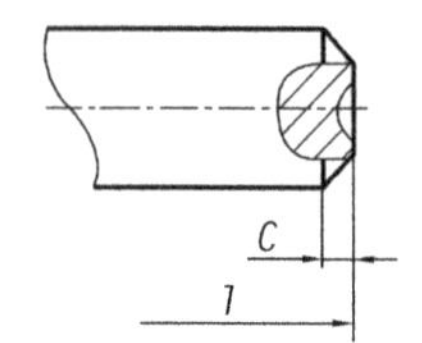

标记示例:

销 GB/T 119.1 6M6×30

(公称直径 $d=6$,公差为 M6、公称长度 $l=30$、不经表面处理的圆柱销)

标记示例:

销 GB/T 119.1 10M6×30-A1

(公称直径 $d=10$,公差为 M6、公称长度 $l=30$、材料为 A1 组奥氏体不锈钢、表面简单处理的圆柱销)

d(公称) m6/h8	2	3	4	5	6	8	10	12	16	20	25
$c\approx$	0.35	0.5	0.65	0.8	1.2	1.6	2	2.5	3	3.5	4
$l_{范围}$	6~20	8~30	8~40	10~50	12~60	14~80	18~95	22~140	26~180	35~200	50~200
$l_{系列}$(公称)	2、3、4、5、6~32(2 进位)、35~100(5 进位)、120~200(按 20 递增)										

附表 14 圆锥销(摘自 GB/T 117—2000) 单位:mm

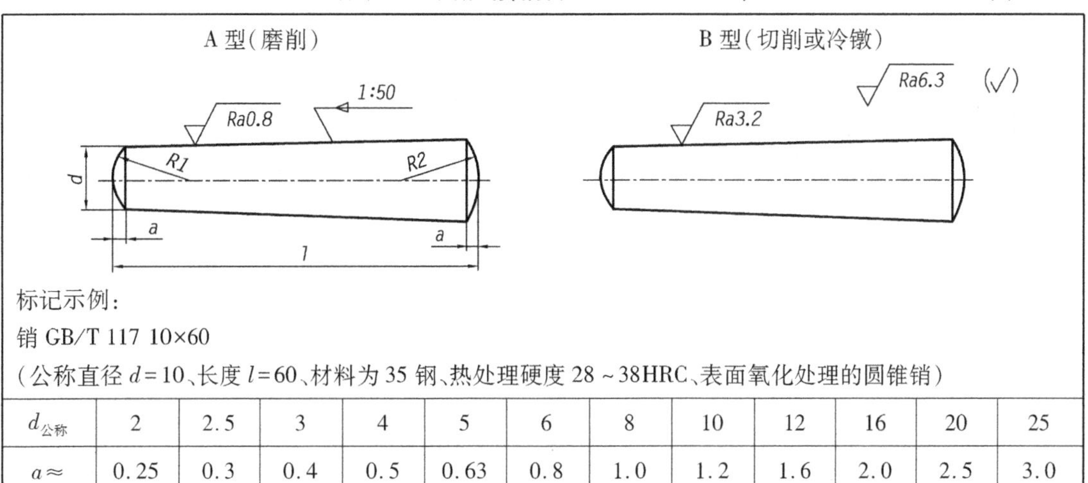

标记示例:

销 GB/T 117 10×60

(公称直径 d=10、长度 l=60、材料为 35 钢、热处理硬度 28~38HRC、表面氧化处理的圆锥销)

$d_{公称}$	2	2.5	3	4	5	6	8	10	12	16	20	25
$a\approx$	0.25	0.3	0.4	0.5	0.63	0.8	1.0	1.2	1.6	2.0	2.5	3.0
$l_{范围}$	10~35	10~35	12~45	14~55	18~60	22~90	22~120	26~160	32~180	40~200	45~200	50~200
$l_{系列}$	2、3、4、5、6~32(2 进位)、35~100(5 进位)、120~200(20 进位)											

附表 15 开口销(摘自 GB/T 91—2000) 单位:mm

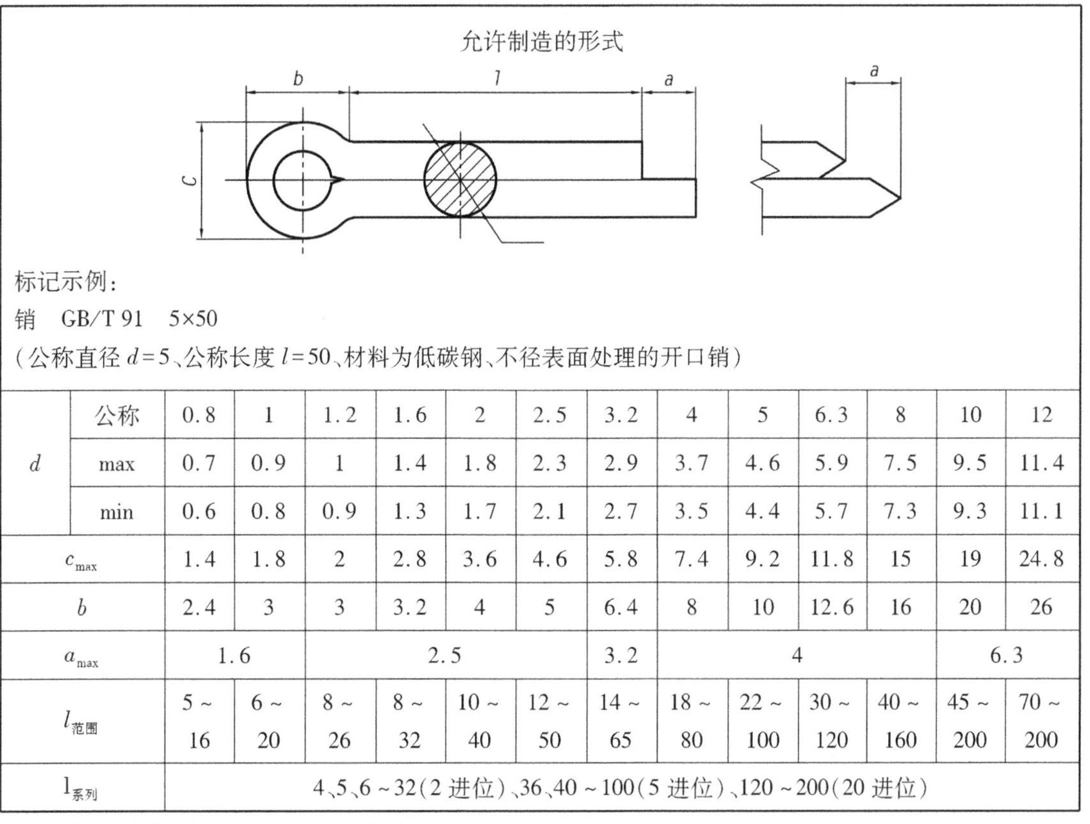

标记示例:

销 GB/T 91 5×50

(公称直径 d=5、公称长度 l=50、材料为低碳钢、不径表面处理的开口销)

d	公称	0.8	1	1.2	1.6	2	2.5	3.2	4	5	6.3	8	10	12
	max	0.7	0.9	1	1.4	1.8	2.3	2.9	3.7	4.6	5.9	7.5	9.5	11.4
	min	0.6	0.8	0.9	1.3	1.7	2.1	2.7	3.5	4.4	5.7	7.3	9.3	11.1
c_{max}		1.4	1.8	2	2.8	3.6	4.6	5.8	7.4	9.2	11.8	15	19	24.8
b		2.4	3	3	3.2	4	5	6.4	8	10	12.6	16	20	26
a_{max}		1.6		2.5				3.2	4				6.3	
$l_{范围}$		5~16	6~20	8~26	8~32	10~40	12~50	14~65	18~80	22~100	30~120	40~160	45~200	70~200
$l_{系列}$		4、5、6~32(2 进位)、36、40~100(5 进位)、120~200(20 进位)												

注:销孔的公称直径等于 $d_{公称}$,$d_{min}\leqslant$(销的直径)$\leqslant d_{max}$。

附表 16 普通平键及键槽各部分尺寸(摘自 GB/T 1095—2003、GB/T 1096—2003) 单位:mm

普通平键、键槽的尺寸与公差(GB/T 1095—2003) 普通平键的形式与尺寸(GB/T 1096—2003)

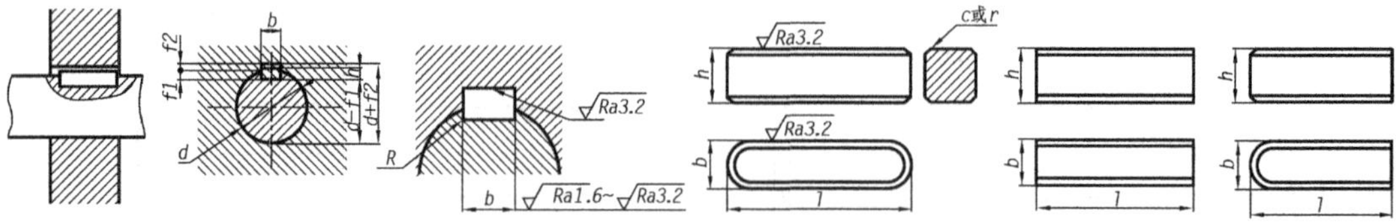

A 型 B 型 C 型 A 型 B 型 C 型

标记示例:键 16×10×100 GB/T 1096(圆头普通平键、$b=16$、$h=10$、$L=100$)

键 B16×10×100GB/T 1096(平头普通平键、$b=16$、$h=10$、$L=100$)

键 C16×10×100GB/T 1096 (单元头普通平键、$b=16$、$h=10$、$L=100$)

轴	键		键槽											
公称直径 d	键尺寸 $b\times h$(h8)(h11)	长度 L (h14)	宽度 b						深度				半径 r	
			基本尺寸 b	极限偏差					轴 t_1		毂 t_2			
				松连接		正常连接		紧密连接	基本尺寸	极限偏差	基本尺寸	极限偏差		
				轴 H9	毂 D10	轴 N9	毂 JS9	轴和毂 P9					min	max
>10 ~ 12	4×4	8 ~ 45	4	+0.030 0	+0.078 +0.030	0 -0.030	±0.015	-0.012 -0.042	2.5	+0.1 0	1.8	+0.1 0	0.08	0.16
>12 ~ 17	5×5	10 ~ 56	5						3.0		2.3		0.16	0.25
>17 ~ 22	6×6	14 ~ 70	6						3.5					
>22 ~ 30	8×7	18 ~ 90	8	+0.036 0	+0.098 +0.040	0 -0.036	±0.018	-0.015 -0.051	4.0	+0.2 0		+0.2 0		
>30 ~ 38	10×8	22 ~ 110	10						5.0				0.25	0.40
>38 ~ 44	12×8	28 ~ 140	12	+0.043 0	+0.120 +0.050	0 -0.043	±0.0215	-0.018 -0.061	5.0					
>44 ~ 50	14×9	36 ~ 160	14						5.5					
>50 ~ 58	16×10	45 ~ 180	16						6.0					
>58 ~ 65	18×11	50 ~ 200	18						7.0					
>65 ~ 75	20×12	56 ~ 220	20	+0.052 0	+0.149 +0.065	0 -0.052	±0.026	-0.022 -0.074	7.5				0.40	0.60
>75 ~ 85	22×14	63 ~ 250	22						9.0					
>85 ~ 95	25×14	70 ~ 280	25						9.0					
>95 ~ 110	16×10	80 ~ 320	28						10					

注:1. L 系列:6 ~ 22(2 进位)、25、28、32、36、40、45、50、56、63、70、80、90、100、125、140、160、180、200、220、250、280、320、360、400、450、500。

2. GB/T 1095—2003、GB/T 1096—2003 中无轴的公称直径一列,现列出仅供参考。

附表 17 滚动轴承

单位：mm

深沟球轴承（摘自 GB/T 276—2013）	圆锥滚子轴承（摘自 GB/T 297—2015）	推力球轴承（摘自 GB/T 301—2015）
标记示例： 深沟球轴承 6310 GB/T 276	标记示例： 滚动轴承 30212 GB/T 297	标记示例： 滚动轴承 51305 GB/T 301

轴承型号	尺寸/mm			轴承型号	尺寸/mm					轴承型号	尺寸/mm			
	d	D	B		d	D	B	C	T		d	D	T	d_1
尺寸系列[(0)2]				尺寸系列[02]						尺寸系列[12]				
6202	15	35	11	30203	17	40	12	11	13.25	51202	15	32	12	17
6203	17	40	12	30204	20	47	14	12	15.25	51203	17	35	12	19
6204	20	47	14	30205	25	52	15	13	16.25	51204	20	40	14	22
6205	25	52	15	30206	30	62	16	14	17.25	51205	25	47	15	27
6206	30	62	16	30207	35	72	17	15	18.25	51206	30	52	16	32
6207	35	72	17	30208	40	80	18	16	19.75	51207	35	62	18	37
6208	40	80	18	30209	45	85	19	16	20.75	51208	40	68	19	42
6209	45	85	19	30210	50	90	20	17	21.75	51209	45	73	20	47
6210	50	90	20	30211	55	100	21	18	22.75	51210	50	78	22	52
6211	55	100	21	30212	60	110	22	19	23.75	512115	55	90	25	57
6212	60	110	22	30213	65	120	23	20	24.75	1212	60	95	26	62
尺寸系列[(0)3]				尺寸系列[03]						尺寸系列[13]				
6302	15	42	13	30302	15	42	13	11	14.25	51304	20	47	18	22
6303	17	47	14	30303	17	47	14	12	15.25	51305	25	52	18	27
6304	20	52	15	30304	20	52	15	13	16.25	51306	30	60	21	32
6305	25	62	17	30305	25	62	17	15	18.25	51307	35	68	24	37
6306	30	72	19	30306	30	72	19	16	20.75	51308	40	78	26	42
6307	35	80	21	30307	35	80	21	18	22.75	51309	45	85	28	47
6308	40	90	23	30308	40	90	23	20	25.25	51310	50	95	31	52
6309	45	100	25	30309	45	100	25	22	27.25	51311	55	105	35	57
6310	50	110	27	30310	50	110	27	23	29.25	51312	60	110	35	62
6311	55	120	29	30311	55	120	29	25	31.50	51313	65	115	36	67
6312	60	130	31	30312	60	130	31	26	33.50	51314	70	125	40	72

注：圆括号中的尺寸系列代号在轴承代号中省略。

附表 18 轴的常用公差带及其极限偏差(摘自 GB/T 1800.2—2009)

单位：μm

代号		a	b	c	d	e	f	g	h								js	k	m	n	p	r	s	t	u	v	x	y	z
公称尺寸(mm)		公差等级																											
大于	至	11	11	11	9	8	7	6	5	6	7	8	9	10	11	12	6	6	6	6	6	6	6	6	6	6	6	6	6
—	3	−270 −330	−140 −200	−60 −120	−20 −45	−14 −28	−6 −16	−2 −8	0 −4	0 −6	0 −10	0 −14	0 −25	0 −40	0 −60	0 −100	±3	+6 0	+8 +2	+10 +4	+12 +6	+16 +10	+20 +14	—	+24 +18	—	+26 +20	—	+32 +26
3	6	−270 −345	−140 −215	−70 −145	−30 −60	−20 −38	−10 −22	−4 −12	0 −5	0 −8	0 −15	0 −22	0 −30	0 −48	0 −75	0 −120	±4	+9 +1	+12 +4	+16 +8	+20 +12	+23 +15	+27 +19	—	+31 +23	—	+36 +28	—	+43 +35
6	10	−280 −370	−150 −240	−80 −170	−40 −76	−25 −47	−13 −28	−5 −14	0 −6	0 −9	0 −15	0 −22	0 −36	0 −58	0 −90	0 −150	±4.5	+10 +1	+15 +6	+19 +10	+24 +15	+28 +19	+32 +23	—	+37 +28	—	+43 +34	—	+51 +42
10	14	−290 −400	−150 −260	−95 −205	−50 −93	−32 −59	−16 −34	−6 −17	0 −8	0 −11	0 −18	0 −27	0 −43	0 −70	0 −110	0 −180	±5.5	+12 +1	+18 +7	+23 +12	+29 +18	+34 +23	+39 +28	—	+44 +33	—	+51 +40	—	+61 +50
24	30																									+50 +39	+56 +45	—	+71 +60
18	24	−300 −430	−160 −290	−110 −240	−65 −117	−40 −73	−20 −41	−7 −20	0 −9	0 −13	0 −21	0 −33	0 −52	0 −84	0 −130	0 −210	±6.5	+15 +2	+21 +8	+28 +15	+35 +22	+41 +28	+48 +35	—	+54 +41	+60 +47	+67 +54	+76 +63	+86 +73
24	30																							+54 +41	+61 +58	+68 +55	+77 +64	+88 +75	+101 +88
30	40	−310 −470	−170 −330	−120 −280	−80 −142	−50 −59	−25 −50	−9 −258	0 −11	0 −16	0 −25	0 −39	0 −62	0 −100	0 −160	0 −250	±8	+18 +2	+25 +9	+33 +17	+42 +26	+50 +34	+59 +43	+64 +48	+76 +60	+81 +68	+96 +80	+110 +94	+128 +112
40	50	−320 −480	−180 −340	−130 −290																				+70 +54	+86 +70	+97 +81	+113 +97	+130 +114	+152 +136
50	65	−340 −530	−190 −380	−140 −330	−100 −174	−60 −106	−30 −60	−10 −29	0 −13	0 −19	0 −30	0 −46	0 −74	0 −120	0 −190	0 −300	±9.5	+21 +2	+30 +11	+39 +20	+51 +32	+60 +41	+72 +53	+85 +66	+106 +87	+121 +120	+141 +122	+163 +144	+191 +172
65	80	−360 −550	−200 −390	−150 −340																		+62 +43	+78 +59	+94 +75	+121 +102	+139 +120	+165 +146	+193 +174	+229 +210
80	100	−380 −600	−220 −440	−170 −390	−120 −207	−72 −126	−36 −71	−12 −34	0 −15	0 −22	0 −35	0 −54	0 −87	0 −140	0 −220	0 −350	±11	+25 +3	+35 +13	+45 +23	+59 +37	+73 +51	+93 +71	+113 +91	+146 +124	+168 +146	+200 +178	+236 +214	+280 +258
100	120	−410 −630	−240 −460	−180 −400																		+76 +54	+101 +79	+126 +104	+166 +144	+194 +172	+232 +210	+276 +254	+332 +310

120	140	-460 -710	-260 -510	-200 -450																		+88 +63	+117 +92	+147 +122	+195 +170	+227 +202	+273 +248	+325 +300	+390 +365
140	160	-520 -770	-280 -530	-210 -460	-145 -245	-85 -148	-43 -83	-14 -39	0 -18	0 -25	0 -40	0 -63	0 -100	0 -160	0 -250	0 -400	±12.5	+28 +3	+40 +15	+52 +27	+68 +43	+90 +65	+125 +100	+159 +134	+215 +190	+253 +228	+305 +280	+365 +340	+440 +415
160	180	-580 -830	-310 -560	-230 -480																		+93 +68	+133 +108	+171 +146	+235 +210	+277 +252	+335 +310	+405 +380	+490 +465
180	220	-660 -950	-340 -630	-240 -530																		+106 +77	+151 +122	+195 +166	+265 +236	+313 +281	+379 +350	+454 +425	+459 +520
200	225	-740 -1 030	-380 -670	-260 -550	-170 -285	-100 -172	-50 -96	-15 -44	0 -20	0 -29	0 -46	0 -72	0 -115	0 -185	0 -290	0 -460	±14.5	+33 +4	+46 +17	+60 +31	+79 +50	+109 +80	+159 +130	+209 +180	+287 +258	+339 +310	+414 +385	+499 +470	+604 +575
225	250	-820 -1 110	-420 -710	-280 -570																		+113 +84	+169 +140	+225 +196	+313 +284	+369 +340	+454 +425	+549 +520	+669 +640
250	280	-920 -1 240	-480 -800	-300 -620	-190 -320	-110 -191	-56 -108	-17 -49	0 -23	0 -32	0 -52	0 -81	0 -130	0 -210	0 -320	0 -520	±16	+36 +4	+52 +20	+66 +34	+88 +56	+126 +94	+190 +158	+250 +218	+347 +315	+417 +385	+507 +475	+612 +580	+742 +710
280	315	-1 050 -1 370	-540 -860	-330 -650																		+150 +114	+244 +208	+330 +294	+471 +435	+566 +530	+696 +660	+856 +820	+1 036 +1 000
315	355	-1 200 -1 560	-600 -960	-360 -720	-210 -350	-125 -214	-62 -119	-18 -54	0 -25	0 -36	0 -57	0 -89	0 -140	0 -230	0 -360	0 -570	±18	+40 +4	+57 +21	+73 +37	+98 +62	+144 +108	+226 +190	+304 +268	+426 +390	+511 +475	+626 +590	+766 +730	+936 +900
335	400	-1 350 -1 710	-680 -1 040	-400 -760																		+150 +114	+244 +208	+330 +294	+471 +435	+566 +530	+696 +660	+856 +820	+1 036 +1 000
400	450	-1 500 -1 900	-760 -1 160	-440 -840	-230 -385	-135 -232	-68 -131	-20 -60	0 -27	0 -40	0 -63	0 -97	0 -155	0 -250	0 -400	0 -630	±20	+45 +5	+63 +23	+80 +40	+108 +68	+166 +126	+272 +232	+370 +330	+530 +490	+635 +595	+780 +740	+960 +920	+1 140 +1 100
450	500	-1 650 -2 050	-840 -1 240	-480 -880																		+172 +132	+292 +252	+400 +360	+580 +540	+700 +660	+860 +820	+1 040 +1 000	+290 +1 250

附表 19　孔的常用公差带及其极限偏差(摘自 GB/T 1800.2—2009)

单位:μm

代号		A	B	C	D	E	F	G	H							JS		K	M	N	P	R	S	T	U				
公称尺寸(mm)		公差等级																											
大于	至	11	11	11	9	8	8	7	6	7	8	9	10	11	12	6	7	6	7	8	7	6	7	6	7	7	7	7	7
—	3	+330 +270	+200 +140	+120 +60	+45 +20	+28 +14	+20 +6	+12 +2	+6 0	+10 0	+14 0	+25 0	+40 0	+60 0	+100 0	±3	±5	0 -6	0 -10	0 -14	-2 -12	-4 -10	-4 -14	-6 -12	-6 -16	-10 -20	-14 -24	—	-18 -28
3	6	+345 +270	+215 +140	+145 +70	+60 +30	+38 +20	+28 +10	+16 +4	+8 0	+12 0	+18 0	+30 0	+48 0	+75 0	+120 0	±4	±6	+2 -6	+3 -9	+5 -13	0 -12	-5 -13	-4 -16	-9 -17	-8 -20	-11 -23	-15 -27	—	-19 -31
6	10	+370 +280	+240 +150	+170 +80	+76 +40	+47 +25	+35 +13	+20 +5	+9 0	+15 0	+22 0	+36 0	+58 0	+90 0	+150 0	±4.5	±7	+2 -7	+5 -10	+6 -16	0 -15	-7 -16	-4 -19	-12 21	-9 -24	-13 -28	-17 -32	—	-22 -37
10	14	+400 +290	+260 +150	+205 +95	+93 +50	+59 +32	+43 +16	+24 +6	+11 0	+18 0	+27 0	+43 0	+70 0	+110 0	+180 0	±5.5	±9	+2 -11	+6 -15	+10 -19	0 -18	-9 -20	-5 -23	-15 -26	-11 -29	-16 -34	-21 -39	—	-26 -44
24	30																												
18	24	+430 +300	+290 +160	+240 +110	+117 +65	+73 +40	+53 +20	+28 +7	+13 0	+21 0	+33 0	+52 0	+84 0	+130 0	+210 0	±6.5	±10	+2 -11	+6 -15	+10 -21	0 -21	-11 -24	-7 -28	-18 -31	-14 -35	-20 -41	-27 -48	—	-33 -54
24	30																											-33 -54	-40 -61
30	40	+470 +310	+330 +170	+280 +120	+142 +80	+89 +50	+64 +25	+34 +9	+16 0	+25 0	+39 0	+62 0	+100 0	+160 0	+250 0	±8	±12	+3 -13	+7 -18	+12 -27	0 -25	-12 -18	-8 -33	-21 -37	-17 -42	-25 -50	-34 -59	—	-33 -54
40	50	+480 +320	+340 +180	+290 +130																								-33 -54	-40 -61
50	65	+530 +340	+380 +190	+330 +140	+174 +100	+106 +60	+76 +30	+40 +10	+19 0	+30 0	+46 0	+74 0	+120 0	+190 0	+300 0	±9.5	±15	+4 -15	+9 -21	+14 -32	0 -30	-14 -33	-9 -39	-26 -45	-21 -51	-30 -60	-42 -72	-55 -85	-76 -106
65	80	+550 +360	+390 +200	+340 +150																						-32 -62	-48 -78	-64 -94	-91 -121
80	100	+600 +380	+440 +220	+390 +170	+207 +120	+125 +72	+90 +36	+47 +12	+22 0	+35 0	+54 0	+87	+140 0	+220 0	+350 0	±11	±17	+4 -18	+10 -25	+16 -38	0 -35	-16 -38	-10 -45	-30 -52	-24 -59	-38 -73	-58 -93	-78 -113	-111 -146
100	120	+630 +410	+460 +240	+400 +180																						-41 -76	-66 -101	-91 -126	-131 -166

120	140	+710 +460	+510 +260	+450 +200																						-48 -88	-77 -117	-107 -147	-155 -195
140	160	+770 +520	+530 +280	+460 +210	+245 +145	+148 +85	+106 +43	+54 +14	+25 0	+40 0	+63 0	+100 0	+160 0	+250 0	+400 0	±12.5	±20	+4 -21	+12 -28	+20 -43	0 -40	-20 -45	-12 -52	-36 -61	-28 -68	-50 -90	-85 -125	-119 -159	-175 -215
160	180	+830 +580	+560 +310	+480 +230																						-53 -93	-93 -133	-131 -171	-195 -235
180	220	+950 +660	+630 +340	+530 +240																						-60 -106	-105 -151	-149 -195	-219 -265
200	225	+1 030 +740	+670 +380	+550 +260	+285 +170	+172 +100	+122 +50	+61 +15	+29 0	+46 0	+72 0	+115 0	+185 0	+290 0	+460 0	±14.5	±23	+5 -25	+13 -33	+22 -50	0 -46	-22 -51	-14 -60	-41 -70	-33 -79	-63 -109	-113 -159	-163 -209	-241 -287
225	250	+1 110 +820	+710 +420	+570 +280																						-67 -113	-123 -169	-179 -225	-267 -313
250	280	+1 240 +920	+800 +480	+620 +300	+320 +190	+191 +110	+137 +56	+69 +17	+32 0	+52 0	+81 0	+130 0	+210 0	+320 0	+520 0	±16	±26	+5 -27	+16 -36	+25 -56	0 -52	-25 -57	-14 -66	-47 -79	-36 -88	-74 -126	-138 -190	-198 -250	-295 -347
280	315	+1 370 +1 050	+860 +540	+650 +330																						-78 -130	-150 -202	-220 -272	-330 -382
315	355	+1 560 +1 200	+960 +600	+720 +360	+350 +210	+214 +125	+151 +62	+75 +18	+36 0	+57 0	+89 0	+140 0	+230 0	+360 0	+570 0	±18	±28	+7 -29	+17 -29	+28 -61	- -57	-26 -62	-16 -73	-51 -87	-41 -98	-87 -144	-169 -226	-247 -304	-369 -426
335	400	+1 710 +1 350	+1 040 +680	+760 +400																						-93 -150	-187 -244	-273 -330	-414 -471
400	450	+1 900 +1 500	+1 160 +760	+840 +440	+385 +230	+232 +135	+165 +68	+83 +20	+40 0	+63 0	+97 0	+155 0	+250 0	+400 0	+630 0	±20	±31	+8 -32	+18 -45	+29 -68	0 -63	-27 -67	-17 -80	-55 -93	-45 -108	-103 -166	-209 -272	-307 -370	-467 -530
450	500	+2 050 +1 650	+1 240 +840	+880 +480																						-109 -172	-229 -292	-337 -400	-517 -580

附表 20　基孔制常用、优先配合(GB/T 1801—2009)

基准轴	轴																				
	a	b	c	d	e	f	g	h	js	k	m	n	p	r	s	t	u	v	x	y	z
	间隙配合								过渡配合			过盈配合									
H6						H6/f5	H6/g5	H6/h5	H6/js5	H6/k5	H6/m5	H6/n5	H6/p5	H6/r5	H6/s5	H6/t5					
H7						H7/f6	◤H7/g6	◤H7/h6	H7/js6	◤H7/k6	H7/m6	◤H7/n6	◤H7/p6	H7/r6	◤H7/s6	H7/t6	◤H7/u6	H7/v6	H7/x6	H7/y6	H7/z6
H8					H8/e7	◤H8/f7	H8/g7	◤H8/h7	H8/js7	H8/k7	H8/m7	H8/n7	H8/p7	H8/r7	H8/s7	H8/t7	H8/u7				
H8				H8/d8	H8/e8	H8/f8		H8/h8													
H9			H9/c9	◤H9/d9	H9/e9	H9/f9		◤H9/h9													
H10			H10/c10	H10/d10				H10/h10													
H11	H11/a11	H11/b11	◤H11/c11	H11/d11				◤H11/h11													
H12		H12/b12						H12/h12													

注:① $\frac{H6}{n5}$、$\frac{H7}{p6}$ 在≤3 mm 和 $\frac{H8}{r7}$ ≤100 mm 时为过渡配合。

②标注“◤”的配合为优先配合。

附表 21　基轴制常用、优先配合(GB/T 1801—2009)

基准轴	孔																				
	A	B	C	D	E	F	G	H	JS	K	M	N	P	R	S	T	U	V	X	Y	Z
	间隙配合								过渡配合			过盈配合									
h5						F6/h5	G6/h5	H6/h5	JS6/h5	H6/k5	M6/h5	N6/h5	P6/h5	R6/h5	S6/h5	T6/h5					
h6						F7/h6	◤G7/h6	◤H7/h6	JS7/h6	◤K7/h6	M7/h6	◤N7/h6	P7/h6	R7/h6	◤S7/h6	T7/h6	◤U7/h6				
h7					E8/h7	◤F8/h7		◤H8/h7	JS8/h7	K8/h7	M8/h7	N8/h7									
h8				D8/h8	E8/h8	F8/h8		H8/h8													
h9				◤D9/h9	E9/h9	F9/h9		◤H9/h9													
h10				D10/h10				H10/h10													
h11	A11/h11	B11/h11	◤C11/h11	D11/h11				◤H10/h11													
h12		B12/h12						H12/h12													

注:标注“◤”的配合为优先配合。

参考文献

[1] 钱可强,邱坤. 机械制图[M].3 版. 北京:化学工业出版社,2016.
[2] 钱可强,邱坤. 机械制图习题集[M].3 版. 北京:化学工业出版社,2017.
[3] 佟莹,宋丽莉. 机械制图[M]. 北京:铁道出版社,2017.
[4] 高成慧,刘呈呈. 画法几何与机械制图[M]. 成都:西南交通大学出版社,2019.
[5] 钱可强. 机械制图习题集[M].5 版. 北京:高等教育出版社,2018.
[6] 汪勇,张玲玲. 机械制图[M].3 版. 成都:西南交通大学出版社,2019.
[7] 吴卓,王林军,秦小琼. 画法几何及机械制图习题集[M].2 版. 北京:北京理工大学出版社,2018.
[8] 丁乔. 工程制图教程[M]. 西安:西安交通大学出版社,2019.
[9] 魏芳,常江. 机械制图[M]. 北京:铁道出版社,2015.